大学软件学院软件开发系列教材

ASP.NET程序开发实用教程

纪禹希　黄盛奎　编著

清华大学出版社
北　京

内 容 简 介

本书从零基础开始，对 ASP.NET 程序设计的相关知识进行深入细致的讲解。

全书共分 11 章，主要内容包括 ASP.NET 4.0 简介、C#语言基础、ASP.NET 常用内置对象、Web 服务器控件、数据库操作技术、数据访问服务器控件、ASP.NET 4.0 与 Ajax、成员资格及角色管理等，最后通过简易电费收费系统和学生成绩管理系统两个实例对前面的知识进行综合运用。

本书不仅可以作为普通高等院校的教材，同时也是广大 ASP.NET 爱好者自学的首选用书。

图书在版编目(CIP)数据

ASP.NET 程序开发实用教程/纪禹希，黄盛奎编著. --北京：清华大学出版社，2013（2018.1 重印）
(大学软件学院软件开发系列教材)
ISBN 978-7-302-31763-0

Ⅰ. ①A…　Ⅱ. ①来…　②黄…　Ⅲ. ①网页制作工具—程序设计—高等学校—教材　Ⅳ. ①TP393.092

中国版本图书馆 CIP 数据核字(2013)第 057828 号

责任编辑：桑任松　杨作梅
装帧设计：杨玉兰
责任校对：李玉萍
责任印制：刘海龙

出版发行：清华大学出版社
网　　址：http://www.tup.com.cn，http://www.wqbook.com
地　　址：北京清华大学学研大厦 A 座　　邮　　编：100084
社 总 机：010-62770175　　邮　　购：010-62786544
投稿与读者服务：010-62776969，c-service@tup.tsinghua.edu.cn
质 量 反 馈：010-62772015，zhiliang@tup.tsinghua.edu.cn
课 件 下 载：http://www.tup.com.cn,010-62791865
印 刷 者：清华大学印刷厂
装 订 者：北京市密云县京文制本装订厂
经　　销：全国新华书店
开　　本：185mm×260mm　　印　张：27.5　　字　　数：666 千字
版　　次：2013 年 5 月第 1 版　　印　　次：2018 年 1 月第4 次印刷
印　　数：6001～7000
定　　价：46.00 元

产品编号：045183-01

前　言

ASP.NET 技术作为当前最热门的 Web 开发技术之一，经历短短的几年，已经从 ASP.NET 1.0 发展到 ASP.NET 4.5。

本书以 ASP.NET 4.0 和 Visual Studio 2010 为基础，从基础出发，全面、系统地介绍 ASP.NET 4.0 开发技术。读者还可以从中学到 C# 4.0 和 Visual Studio 2010 的新增功能。

本书以清晰的条理、通俗易懂的示例，让初学者可以快速地掌握通过 ASP.NET 4.0 开发网站的方法。

1. 本书内容

本书以 ASP.NET 4.0(C#)为核心进行介绍，各章的主要内容说明如下。

第 1 章：介绍 ASP.NET 4.0 的新特性，阐述.NET 框架的发展历程，对 ASP.NET 的运行环境进行讲解，包括安装与配置 IIS 以及使用 Visual Studio 2010 创建网站。

第 2 章：讲解 C#语言的一些基础知识，如程序结构、关键字、数据类型，及面向对象编程的属性、方法和事件等。

第 3 章：ASP.NET 提供的常用内置对象有 Request、Response、Application、Session、Cookie、Server 等。这些对象使用户更容易收集通过浏览器请求发送的信息、响应浏览器以及存储用户信息，以实现其他特定的状态管理和页面信息的传递。

第 4 章：主要学习 Web 服务器控件和 HTML 服务器控件，包括数据控件、导航控件、登录控件和 Web 部件的相关知识。

第 5 章：以 Microsoft SQL Server 2008 为例来演示数据库的操作技术，包括数据库的安装、创建、备份和分离等，同时对 ADO.NET 对象的使用及数据库的连接进行阐述。

第 6 章：ASP.NET 提供了丰富的数据访问和绑定控件，利用这些控件，只需少量代码或无需代码，就可以将数据访问功能添加到 ASP.NET 页面。本章主要介绍数据访问相关控件，包括 SqlDataSource 控件、GridView 控件、FormView 控件和 DetailsView 控件。

第 7 章：学习 ASP.NET 4.0 与 Ajax，介绍 Ajax 的概念、Ajax 的运行原理，对 ASP.NET Ajax 服务器控件 UpdatePanel、Timer、Updateprogress 等进行阐述，并介绍 Ajax Control Toolkit 的一些常用控件的使用。

第 8 章：主要介绍主题与母版页的创建。主题可以为 Web 服务器控件提供一致的外观设置，ASP.NET 母版页可以为网站的内容页创建一致的布局。

第 9 章：使用 ASP.NET 成员角色管理，可以极大地提高权限管理模块的开发效率，减轻开发人员的工作量。本章介绍成员资格及角色管理的相关知识与应用，对 ASP.NET 的安全性也进行讲解。

第 10 章：通过简易电费收费系统的开发，向读者介绍管理信息系统的基本开发方法，以及使用 Microsoft Visual Studio 2010 开发应用软件的关键技术。

第 11 章：通过一个复杂的学生成绩管理系统的开发，向读者介绍成绩管理系统的主要模块的开发，有助于读者快速掌握 ASP.NET 开发技术。

2. 本书特色

(1) 本书在每章后面，增加了上机实训，以便课后加强读者的动手能力。

(2) 每章后面的习题帮助读者温习所学知识。

(3) 对于后面的案例，本书提供了实例完整的源文件。

(4) 对于一些细节之处，本书在全书需注意的地方，增加了“注意”段落，以便读者能更好地掌握细节。

3. 本书读者

本书专门为在校学生和零基础的读者量身定制，是普通高等院校 ASP.NET 程序设计课程的首选教材，同时也可作为 ASP.NET 爱好者的自学用书。

4. 本书作者

本书由四川大学纪希禹老师和成都纺织高等专科学校黄盛奎老师编著。参与本书编写和校稿工作的还有黄定光、尼春雨、张丽、陈丽丽、刘攀攀、蔡大庆、王国胜、伏银恋、曹培培、周杰、胡文华、王雪丽、张阳、张旭、尚峰等人，在此对他们的辛勤付出表示感谢。当然，由于水平有限，疏漏之处在所难免，读者在阅读的过程中如遇到什么问题或者有好的建议或意见，欢迎随时与我们联系。

编　者
2013 年 3 月

目　　录

第 1 章 ASP.NET 4.0 简介

学习目的与要求：

本章主要介绍 ASP.NET 的发展及.NET 框架 4.0 的新特性。对于 ASP.NET 4.0，读者需熟悉并理解它的新特性和功能，以加深对.NET 框架的理解，学习并掌握搭建 ASP.NET 的开发环境，包括硬件要求和软件环境，需要学会配置 IIS 环境和安装 Visual Studio 2010 开发环境。对于 ASP.NET 4.0 应用程序结构，要求深刻理解，从而更好地熟悉 ASPX 网页的代码模式。

1.1 ASP.NET 4.0 概述

ASP.NET 4.0 是微软于 2010 年推出的 ASP.NET 版本，是对 ASP.NET 3.5 各方面的技术升级。本节主要了解和熟悉 ASP.NET 的发展及 ASP.NET 4.0 的新特性。

1.1.1 ASP.NET 的发展

ASP.NET 是微软推出的 ASP(Active Server Pages)的新一代语言，是微软发展的新体系结构.NET 的一部分，是 ASP 和.NET 技术的结合。它提供了比 ASP 更为丰富的实用性和易用性。

ASP 是 Microsoft 公司 1996 年 11 月推出的 Web 应用程序开发技术，它既不是一种程序语言，也不是一种开发工具，而是一种技术框架，无须使用微软的产品就能编写它的代码，能产生和执行动态、交互式、高效率的站点服务器的应用程序。运用 ASP，可将 VB(VBScript)、JS(JavaScript)等脚本语言嵌入到 HTML 中，快速完成网站的应用程序设计，无需编译，可在服务器端直接执行。

ASP.NET 与 ASP 的最大区别，在于编程思维的转换，而不仅仅在于功能的增强。

早期的 ASP 使用 VBS/JS 这样的脚本语言混合 HTML 来编程，而 VB/JS 属于弱类型、面向结构的编程语言，而非面向对象，容易产生代码逻辑混乱、难于管理、代码的可重用性差等缺点，特别是对于底层的操作，只能通过组件来完成。

ASP.NET 的发展历程大致分为以下几个阶段。

(1) 2000 年，微软首次发布 ASP.NET 1.0。

(2) 2005 年 11 月，微软又发布了 ASP.NET 2.0。ASP.NET 2.0 的发布标志着.NET 技术走向成熟。

(3) 2008 年，微软推出了 ASP.NET 3.5。

(4) 2010 年又发布了 ASP.NET 4.0。ASP.NET 可以使用多种开发语言，比如 VB.NET 和 C#，其中 C#最为常用。因为 C#是.NET 独有的语言，并且对 Web 开发做了很多优化以提高程序开发效率；而 VB.NET 适合于以前使用过 VB 语言做开发的程序员。

1.1.2 ASP.NET 4.0 的新特性

ASP.NET 4.0 的新特性主要体现在以下几个方面。

1. 核心服务

(1) 预加载 Web 应用程序

某些 Web 应用程序在第一次请求提供服务之前，需要加载大量的数据或执行开销很大的初始化处理。在 ASP.NET 早期的版本中，对于此类情况，必须采用自定义方法“唤醒”ASP.NET 应用程序，然后在 Global.asax 文件中的 Application_Load 方法中运行初始化代码。

为应对这种情况，当 ASP.NET 4.0 运行时，ASP.NET 4.0 提供一种新的应用程序预加

载管理器。预加载功能提供了一种可控的方法，用于启动应用程序池，初始化 ASP.NET 应用程序，然后接受 HTTP 请求。通过这种方法，我们可以在处理第一项 HTTP 请求之前执行开销很大的应用程序初始化的工作。

例如，可以使用预加载管理器初始化某个应用程序，然后向负载平衡器发出信号，告知应用程序已初始化并做好了接受 HTTP 请求的准备。

若要使用应用程序预加载管理器，就需要配置 applicationHost.config 文件，设置 IIS 中的应用程序池为自动启动。

(2)　永久重定向页面

在应用程序的生命周期内，Web 应用程序中有可能修改 URL 的显示规则。

在 ASP.NET 中，开发人员处理对旧的 URL 的请求的传统方式是使用 Redirect 方法将请求转发至新的 URL。然而，Redirect 方法会发出 HTTP 302 临时重定向。这会产生额外的 HTTP 往返。

ASP.NET 4.0 增加了一个 RedirectPermanent 帮助方法，使用该方法可以方便地发出 HTTP 301(永久跳转)的响应，如下面的示例代码所示：

```
RedirectPermanent("/main/index.aspx");
```

(3)　会话状态压缩

默认情况下，ASP.NET 提供了用于存储整个 Web 应用程序中的会话状态的选项：

- 第一个选项是一个调用进程外会话状态服务器的会话状态提供程序。
- 第二个选项是一个在 SQL Server 数据库中存储数据的会话状态提供程序。

由于这两个选项均在 Web 应用程序的工作进程之外存储状态信息，因此在将会话状态发送至远程存储器之前，必须对其进行序列化。如果会话状态中保存了大量数据，序列化数据的大小可能变得很大。

ASP.NET 4.0 针对这两种类型的进程外会话状态提供程序引入了一个新的压缩选项。使用此选项，在 Web 服务器上有多余 CPU 周期的应用程序可以大大缩减序列化会话状态数据的大小。

可以使用配置文件中 sessionState 元素的新增加的 compressionEnabled 属性设置此选项。当 compressionEnabled 配置选项设置为 true 时，ASP.NET 使用.NET 框架的 GZipStream 类对序列化会话状态进行压缩和解压缩。

(4)　可扩展输出缓存

自从 ASP.NET 1.0 发布开始，一般都是通过使用输出缓存将页、控件和 HTTP 响应保存在内存中。对于后续的 Web 请求，ASP.NET 可以从内存中检索存在的缓存输出，并不是从头开始重新生成输出，从而更快地提供响应。但该方法有一个限制，就是缓存的数据必须存储在内存中。在负载较大的服务器上，输出缓存的内存需求可能会与 Web 应用程序其他部分的内存需求产生冲突。

ASP.NET 4.0 为输出缓存增加了扩展性，使我们能够配置一个或多个自定义输出缓存提供程序。输出缓存提供程序可使用任何存储机制保存 HTML 内容。这些存储选项包括本地或远程磁盘、云存储和分布式缓存引擎。

借助 ASP.NET 4.0 中可以定制输出缓存提供程序的功能，我们就可以为网站设计更为主动而且更加智能的输出缓存策略。

(5) 扩展允许的 URL 范围

ASP.NET 4.0 引入了一些新选项，用于扩展应用程序 URL 的范围。以前版本的 ASP.NET 根据 NTFS 文件路径限制，将 URL 路径长度约束为不超过 260 个字符。在 ASP.NET 4.0 中，可以根据应用程序的需要，使用 httpRuntime 配置元素的两个新特性来选择增大(或减小)此限制。

比如：

```
<httpRuntime maxRequestPathLength="260" maxQueryStringLength="2048" />
```

2. Web 窗体增强功能

从 ASP.NET 1.0 版开始，Web 窗体已成为 ASP.NET 中的核心功能。ASP.NET 4.0 在这方面做了许多改进，例如以下方面：

- 可以设置 meta 标记。
- 加强对视图状态的控制。
- 支持最近引入的浏览器和设备。
- 可以更方便地使用浏览器的功能。
- 支持对 Web 窗体使用 ASP.NET 路由。
- 加强对生成的 ID 的控制。
- 可以将所选行保留在数据控件中。
- 加强对 FormView 和 ListView 控件中呈现的 HTML 的控制。
- 使用 QueryExtender 控件筛选数据。

3. 对 Web 标准的支持和辅助功能的增强

ASP.NET 控件的早期版本有时会呈现不符合 HTML、XHTML 或辅助功能标准的标记。ASP.NET 4.0 消除了其中大部分异常情况，并提高了 CSS 的兼容性。比如用于验证控件的 CSS，在 ASP.NET 3.5 中，验证控件呈现将默认颜色 red 呈现为内联样式。而在默认情况下，ASP.NET 4.0 不会呈现将颜色设置为红色的内联样式，内联样式仅用于隐藏或显示验证程序。

4. ASP.NET 多定向的增强功能

ASP.NET 4.0 为多定向增加了新的功能，使我们可以更轻松地处理面向.NET 框架早期版本的项目。

多定向功能是在 ASP.NET 3.5 中引入的，使我们能够直接使用 Visual Studio 的最新版本，而无需将现有网站或 Web 服务升级至.NET 框架最新版本。

在 Visual Studio 2008 中，当处理面向.NET 框架早期版本的项目时，开发环境的大部分功能均适用于目标版本。但是，IntelliSense 显示的是当前版本中提供的语言功能，属性窗口显示的是当前版本中提供的属性。在 Visual Studio 2010 中，仅显示.NET 框架目标版本中提供的语言功能和属性。

除了以上几个特性外，Visual Studio 2010 对 ASP.NET 4.0 的支持也改进了不少，比如在 Web 应用程序部署方面，ASP.NET 早期版本中必须手动完成的许多过程的自动化，在 Visual Studio 2010 中可以自动执行部署。

1.2　.NET 框架概述

.NET 框架是微软推出的一个全面且一致的编程模型，用于构建具有以下特点的应用程序：在外观方面提供无与伦比的用户体验；支持无缝而安全的通信；能够为一系列业务流程建立模型。

它是集成在 Windows 中的一个组件，它支持生成和运行下一代应用程序与 XML Web Services。

.NET 框架旨在实现下列目标。

(1) 提供一个一致的面向对象的编程环境，而无论对象代码是在本地存储和执行，还是在本地执行但在 Internet 上分布，或者是在远程执行的。

(2) 提供一个将软件部署和版本控制冲突最小化的代码执行环境。

(3) 提供一个可提高代码(包括由未知的或不完全受信任的第三方创建的代码)执行安全性的代码执行环境。

(4) 提供一个可消除脚本环境或解释环境的性能问题的代码执行环境。

(5) 使开发人员的经验在面对类型大不相同的应用程序(如基于 Windows 的应用程序和基于 Web 的应用程序)时保持一致。

(6) 按照标准生成所有通信，以确保基于.NET 框架的代码可与任何其他代码集成。

.NET 框架具有两个主要组件：公共语言运行时(Common Language Runtime，CLR)和.NET 框架类库(Framework Class Library，FCL)。

CLR 是.NET 框架的基础。FCL 是一个综合性的面向对象的可重用类型集合，可以使用它开发多种应用程序，这些应用程序包括传统的命令行或图形用户界面(GUI)应用程序，也包括基于 ASP.NET 所提供的最新创新的应用程序(如 Web 窗体和 XML Web Services)。

.NET 框架可由非托管组件承载，这些组件将公共语言运行时加载到它们的进程中并启动托管代码的执行，从而创建一个可以同时利用托管和非托管功能的软件环境。.NET 框架不但提供若干个运行时宿主，而且还支持第三方运行时宿主的开发。

1.2.1　.NET 框架的发展历程

.NET 框架的发展历程可以从表 1.1 中清晰地看到，.NET 框架的发展速度是非常快的，经过短短的 10 年，已经推出了.NET 框架的众多版本，并且每一次版本的升级，都有重大的突破。

在 2012 年 2 月份，微软又推出了.NET 框架 4.5 Beta 版本进行公测。

为便于学习，本书以.NET 框架 4.0 为标准进行讲解。

表 1.1 .NET 框架的发展历程

版 本	Visual Studio 版本	发布时间(年份)
.NET Framework 1.0	Visual Studio 2002	2002
.NET Framework 1.1	Visual Studio 2003	2003
.NET Framework 2.0	Visual Studio 2005	2005
.NET Framework 3.0	Visual Studio 2005	2006
.NET Framework 3.5	Visual Studio 2008	2008
.NET Framework 4.0	Visual Studio 2010	2010
.NET Framework 4.5 Beta	Visual Studio 2012 Beta	2012

1.2.2 .NET 框架体系

.NET 框架是用于构建和运行下一代软件应用程序和 XML Web Services 的 Windows 组件。其体系结构如图 1.1 所示。

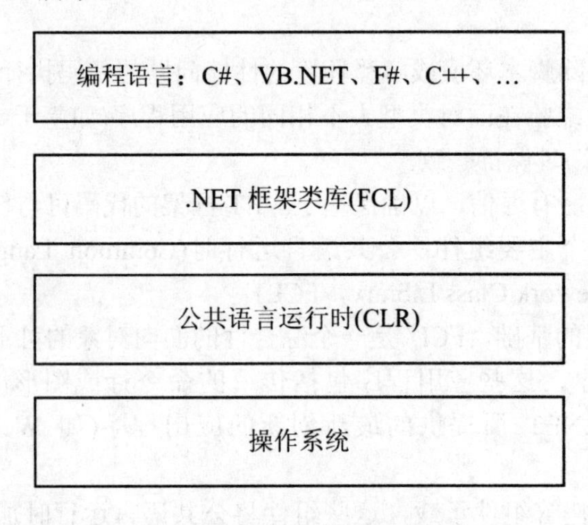

图 1.1 .NET 框架体系

从图 1.1 中可以看出，在.NET 框架上可以运行多种语言，这是.NET 的一大优点。由于.NET 框架支持多种语言，并且要在不同语言对象之间进行交互，因此就要求这些语言必须遵守一些共同的规则。在这个交互之中，CLR 将各种不同的语言翻译成另一种通用的语言，即.NET 中间语言(MSIL)。执行时再由 CLR 载入内存，通过实时解释，将其转换为 CPU 可执行代码。中间语言类似于汇编语言，与二进制代码非常接近，因此实时解释的速度非常快。

从.NET 框架体系中，可以看到 CLR 是.NET 框架的核心，它不仅提供了程序运行时内存管理、线程执行、代码执行、代码安全验证、编译以及其他系统服务的工作，而且还监视程序的运行，强制实施代码访问安全，通过严格类型验证和代码验证加强代码可靠性。

1.2.3　.NET 框架 4.0 的新特性

.NET 框架 4.0 与使用.NET 框架早期版本生成的应用程序有很高的兼容性，除了提高安全性、标准遵从性、正确性、可靠性和性能所做的一些更改之外。基于框架早期版本的应用程序将继续在默认情况下所针对的版本上运行。

.NET 框架 4.0 提供了下列新功能和改进。

(1) 托管扩展性框架

托管扩展性框架(Managed Extensibility Framework，MEF)是.NET 框架 4.0 中的一个新库，可帮助生成可扩展和可组合的应用程序。使用 MEF 可指定可以扩展应用程序的位置，公开要提供给其他可扩展应用程序的服务并创建供可扩展应用程序使用的部件。MEF 还可以基于元数据启用可用部件的便捷发现功能，而无需加载部件的程序集。

(2) 并行计算

.NET 框架 4.0 引入了用于编写多线程和异步代码的新编程模型，极大地简化了应用程序和库开发人员的工作。该新模型使开发人员可以通过固有方法编写高效、细化且可伸缩的并行代码，而不必直接处理线程或线程池。新的 System.Threading.Tasks 命名空间和其他相关类型支持此新模型。并行 LINQ(PLINQ)是 LINQ to Objects 的并行实现，能够通过声明性语法实现类似的功能。

(3) ADO.NET

ADO.NET 提供了一些用于 Entity 框架的新功能，其中包括持久性未知对象、LINQ 查询中的函数以及自定义对象层代码生成。有关更多信息，参见 ADO.NET 中的新增功能。ASP.NET 4.0 的动态数据得到了增强，为我们提供快速生成数据驱动网站的更强大功能。这包括基于数据模型中定义的约束的自动验证。可以使用属于动态数据项目一部分的字段模板轻松更改为 GridView 和 DetailsView 控件中的字段生成的标记。

(4) Windows 通信基础类库(WCF)

在 Windows 通信基础类库(Windows Communication Foundation，WCF)中改进了以下几个方面。

- 基于配置的激活：取消了对具有.svc 扩展名文件的要求。
- System.Web.Routing 集成：通过允许使用无扩展 URL，使我们能更好地控制服务的 URL。
- 多个 IIS 网站绑定支持：允许我们在同一网站上具有多个使用相同协议的基址。
- 路由服务：允许基于内容路由消息。
- 支持 WS-Discovery：允许创建和搜索可发现服务。
- 标准终端节点：预定义的终端节点，可允许只指定某些属性。
- 工作流服务：通过提供用于发送和接收消息的活动、基于内容关联消息的功能以及工作流服务主机来集成 WCF 和 WF。

(5) Windows 工作流基础类库 WF

在 Windows 工作流基础类库(Workflow Foundation，WF)中改进了以下几个方面。

- 改进的工作流活动模型：Activity 类提供工作流行为的基本抽象。

- 各种复合活动选项：工作流可从以传统的流控制结构为模型的新建流控制活动(如 Flowchart、TryCatch 和 Switch<T>)受益。
- 扩展的内置活动库：活动库的新增功能包括新的流控制活动、用于操作成员数据的活动以及用于控制事务的活动。
- 显式活动数据模型：用于存储或移动数据的新增选项，包括变量和方向参数。
- 增强的宿主、持久性和跟踪选项：宿主增强包括更多的运行工作流选项，如使用 Persist 活动的显式保持，保持而不进行卸载，使用非持久区域阻止保持，使用宿主中的环境事务，将跟踪信息记录到事件日志，以及使用 Bookmark 对象继续挂起的工作流。

以上几项是.NET 框架 4.0 中新增的主要特性，更多关于.NET 框架 4.0 的新功能，可以查阅 MSDN 文档。

1.3 ASP.NET 的运行环境

IIS 是 Internet 信息服务(Internet Information Service)的缩写，它是由微软公司提供的基于运行 Microsoft Windows 的互联网基本服务；同时也是 ASP.NET 的运行环境。本节主要介绍安装和配置 IIS 的知识以及 Microsoft Visual Studio 2010(VS2010)的安装。

1.3.1 安装和配置 IIS

默认情况下，Windows XP 安装时是不会自动安装 IIS 的，只能手动安装。下面介绍在 Windows XP 操作系统上安装 IIS 的具体步骤。

(1) 选择“开始”→“设置”→“控制面板”菜单命令，打开“控制面板”窗口，如图 1.2 所示。

图 1.2 控制面板

(2) 双击“添加或删除程序”选项，弹出“添加或删除程序”对话框，单击“添加/删除 Windows 组件”选项，在弹出的“Windows 组件向导”对话框中，选中“Internet 信息服务(IIS)”选项，如图 1.3 所示。

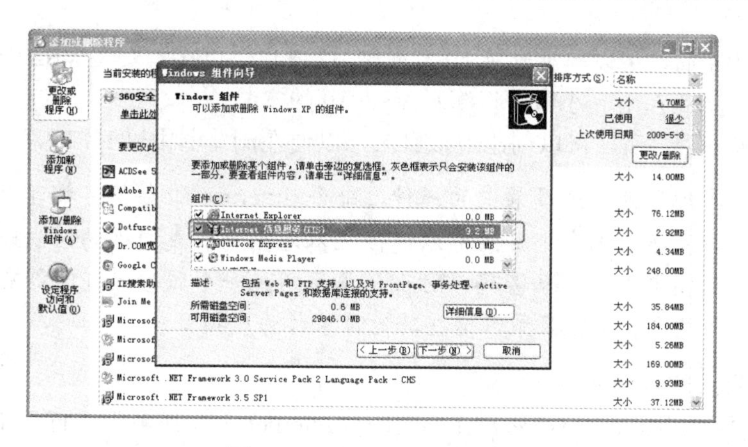

图 1.3　添加 Windows 组件

(3) 在光驱中放入 Windows XP 系统光盘，并单击“下一步”按钮，弹出“Windows 组件向导”安装对话框，如图 1.4 所示。

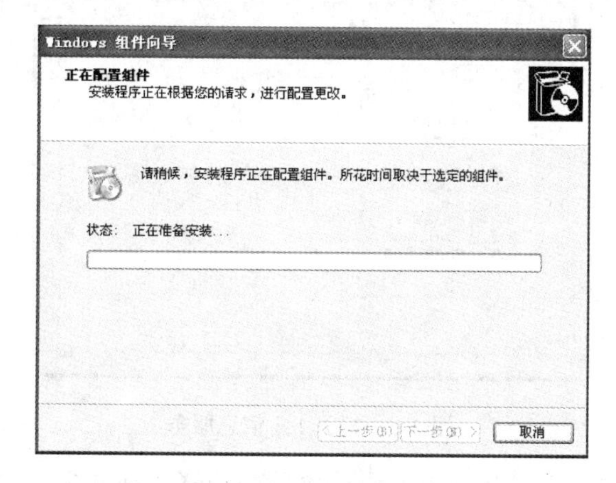

图 1.4　“Windows 组件向导”安装对话框

(4) 安装完成后，出现完成“Windows 组件向导”界面，单击“完成”按钮，即完成了 IIS 的安装，如图 1.5 所示。

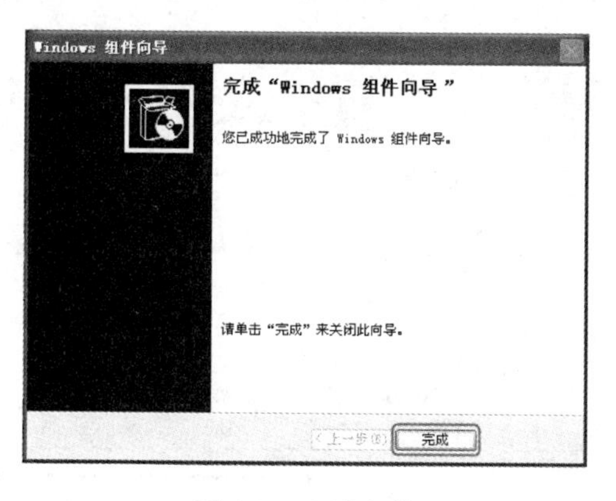

图 1.5　完成安装

安装完成之后，还需在服务器上部署 ASP.NET 4.0 的运行环境.NET 框架 4.0。通常在安装和配置好 IIS 后，可以单独安装.NET 框架 4.0，也可以接着安装 VS2010，因为 VS 中自带.NET 框架 4.0。在下一小节中将演示 VS2010 的安装。

安装 IIS 服务器之后，可以创建虚拟目录，以便在浏览器中以 HTTP 方式访问。

小知识： 虚拟目录也是目录中的一种，每个 Internet 服务其实都可以从多个目录进行发布，而每个目录可以定位在本地驱动器或网络的任意地点，可以为目录指定用户名和密码，防止恶意访问。一个服务器可以拥有一个主目录和任意多个其他目录，这些其他目录称为虚拟目录。

创建虚拟目录的步骤如下。

(1) 选择“控制面板”→“管理工具”→“Internet 信息服务”，打开 IIS 管理器，即“Internet 信息服务”，如图 1.6 所示。

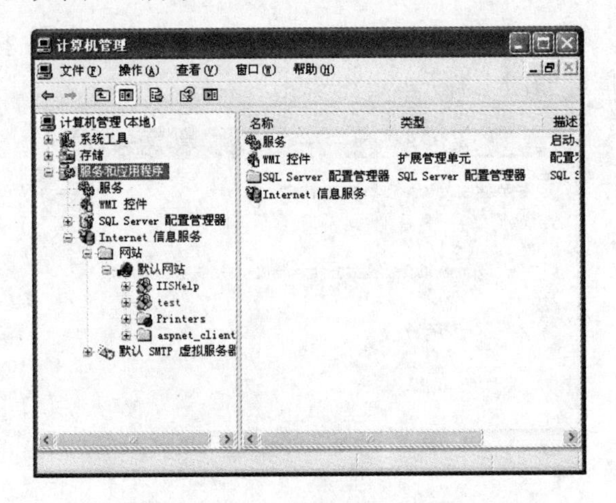

图 1.6　打开 IIS 信息服务

(2) 右击“默认网站”，从弹出的快捷菜单中选择“新建”→“虚拟目录”命令，如图 1.7 所示。

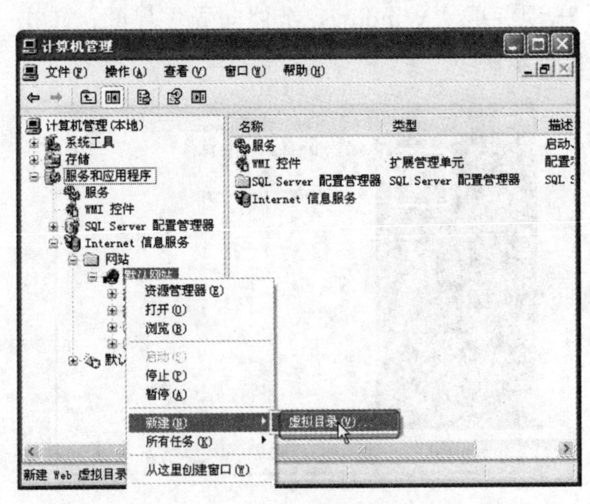

图 1.7　新建虚拟目录

(3) 弹出“虚拟目录创建向导”对话框，如图 1.8 所示，单击“下一步”按钮。

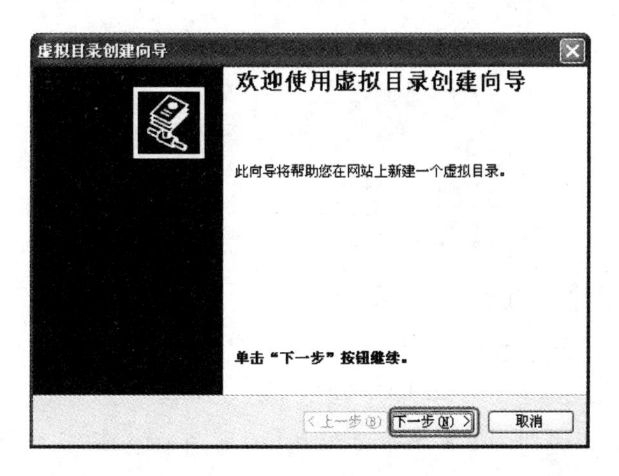

图 1.8　"虚拟目录创建向导"对话框

(4) 输入虚拟目录的别名，如图 1.9 所示，单击"下一步"按钮。

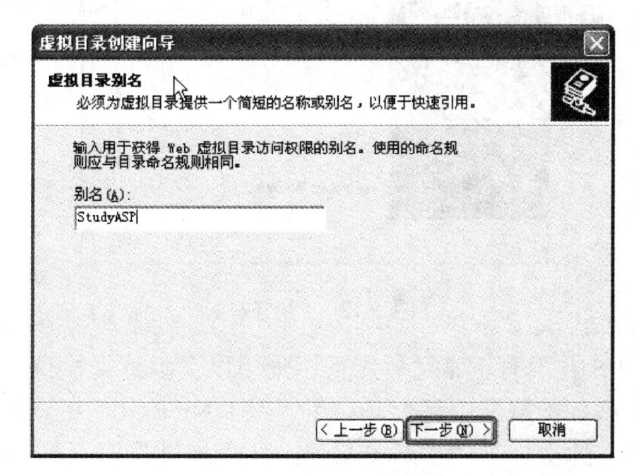

图 1.9　为虚拟目录起别名

(5) 选择存放位置，选择网页文件的物理路径，如图 1.10 所示。

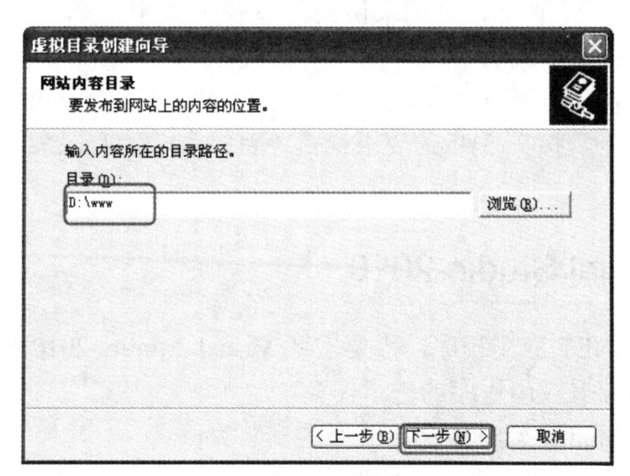

图 1.10　设置虚拟目录存放位置

(6) 权限设置，默认选择前两项，一般情况下，采用默认设置，如图 1.11 所示。

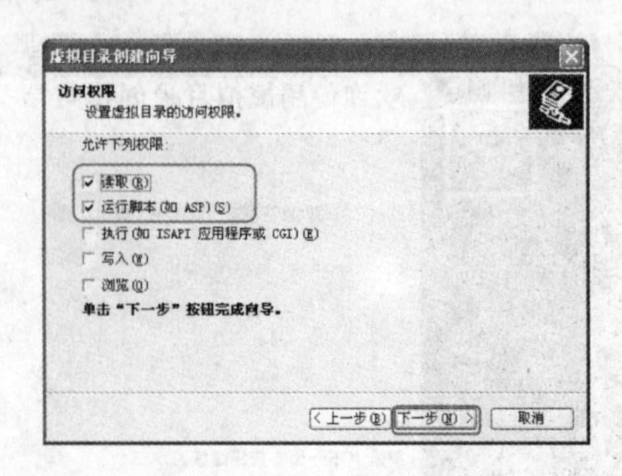

图 1.11　虚拟目录访问权限

(7) 虚拟目录创建成功，单击“完成”按钮，如图 1.12 所示。

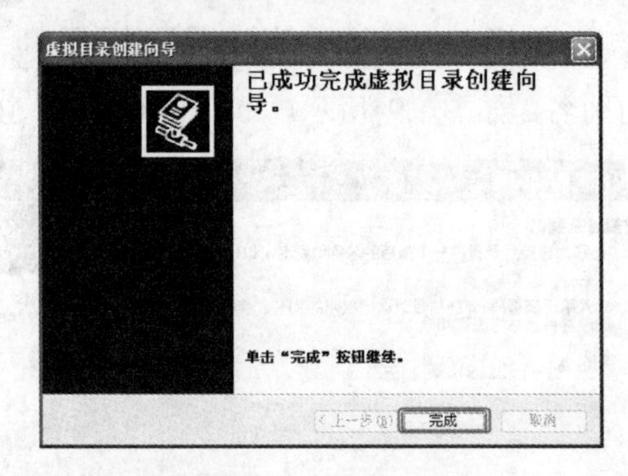

图 1.12　创建成功

若安装完成后，IIS 并没有正常运行，可以采用以下步骤来检查。

(1) 检查“Web 服务扩展”中是否开启了“ASP.NET 4.0”的支持。

(2) 打开网站所在的文件夹(如 wwwroot)，在“属性”对话框的“安全”选项卡中，检查有没有 Internet 来宾账户，如没有，应添加，并为其至少指定一个“只读”权限。

(3) 在 IIS 管理器中，选中“默认网站”后，单击“属性”，在“主目录”选项卡中，查看有没有选中“读取”、“记录访问”以及“索引资源”，单击“授权及访问控制”下的“编辑”，查看“匿名访问”和“集成 Windows 验证”选项是否选中。

(4) 检查“默认网站”下面的应用程序，右击网站对应的应用程序，从弹出的快捷菜单中选择“属性”命令，按第(3)步的要求检查“目录”、“目录安全”和“文档”这三个选项。

1.3.2　安装 Visual Studio 2010

为便于开发 ASP.NET 应用程序，需要安装 Visual Studio 2010 集成开发环境。它简化了有关创建、调试和部署应用程序的基本任务。

下面就以 Visual Studio 2010 中文旗舰版的安装为例。

(1) 将 Visual Studio 2010 旗舰版光盘放到光驱中，光盘自动运行后会进入安装程序文件界面。如果光盘不能自动运行，双击光盘下的 setup.exe，弹出“Visual Studio 2010 安装程序”界面，如图 1.13 所示。

图 1.13　VS2010 的安装界面

(2) 单击“安装 Microsoft Visual Studio 2010”选项，弹出“Microsoft Visual Studio 2010 旗舰版”对话框，如图 1.14 所示。

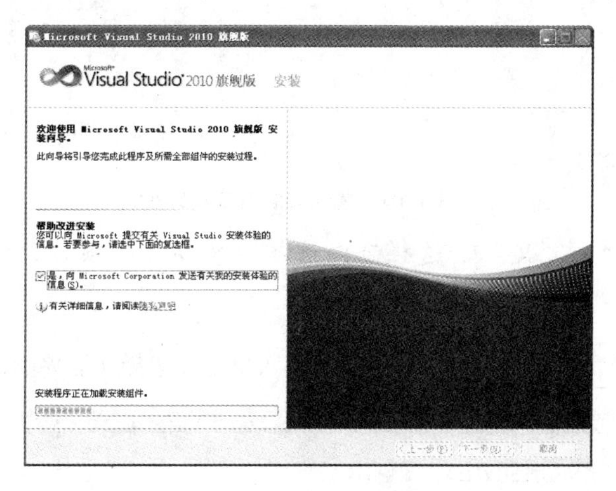

图 1.14　安装向导

(3) 安装组件加载完毕后，单击“下一步”按钮，进入如图 1.15 所示的“Microsoft Visual Studio 2010 旗舰版安装程序 - 起始页”界面，选择“我已阅读并接受许可条款”。

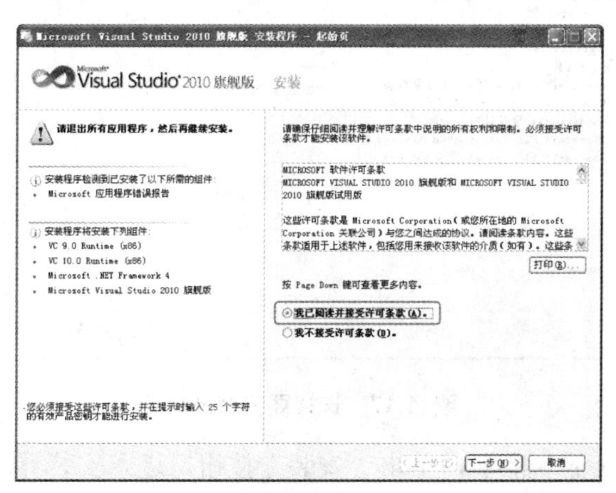

图 1.15　接受许可条款

(4) 单击“下一步”按钮，进入如图 1.16 所示的“Microsoft Visual Studio 2010 旗舰版安装程序 - 选项页”界面，选择要安装的功能和安装路径。一般使用默认设置即可，在此，选择“自定义”，并把安装路径设为“d:\Program Files\Microsoft Visual Studio 10.0\”。

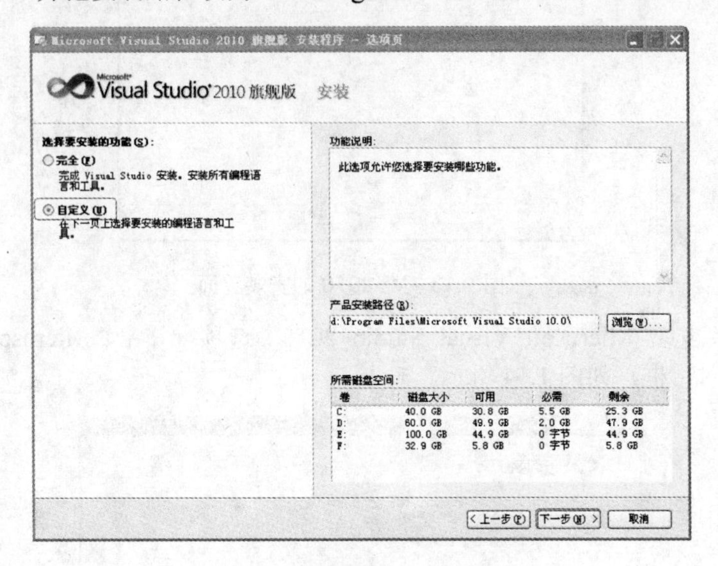

图 1.16 选择安装方式和路径

注意： 选择“自定义”，这样可以选择希望安装的项目，增加了安装程序的灵活性。

(5) 选择好路径后单击“下一步”按钮，进入自定义选择功能界面，如图 1.17 所示。

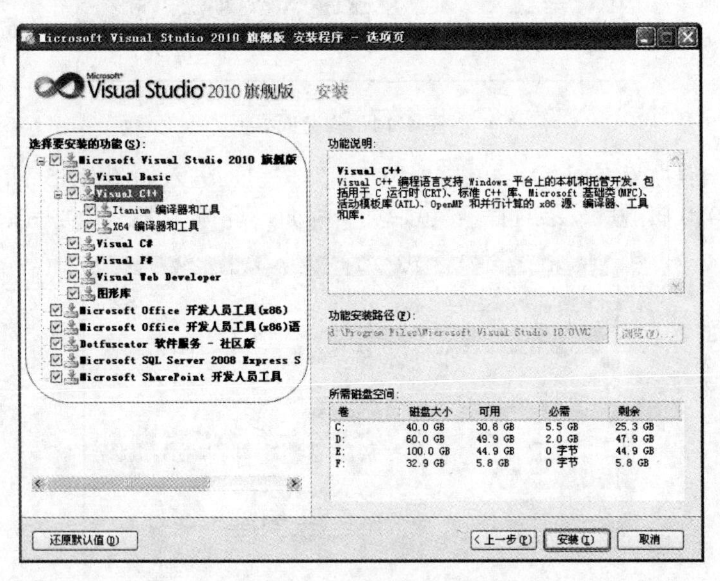

图 1.17 选择要安装的功能

(6) 选择好要安装的功能后，单击“安装”按钮，进入安装界面，可以看到，VS2010 会自动安装.NET 框架 4.0 组件，如图 1.18 所示。

(7) 当所有组件安装完成后，单击“下一步”按钮，显示 Visual Studio 2010 旗舰版安装成功信息。单击“完成”按钮，如图 1.19 所示，Visual Studio 2010 程序开发环境就安装完成了。

图 1.18　VS 2010 的安装页

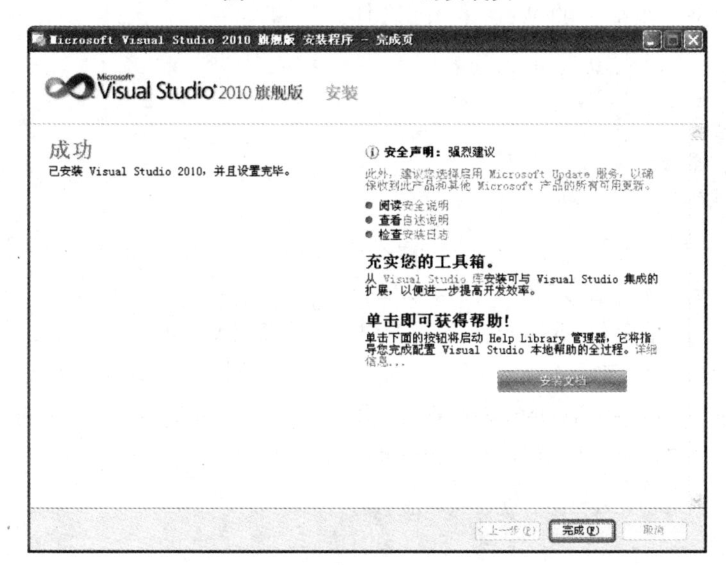

图 1.19　VS 2010 安装完成

1.4　ASP.NET 4.0 应用程序文件

ASP.NET 是开发 Web 应用程序的基础架构，它是基于 B/S(浏览器/服务器)架构的应用程序，程序的代码是在服务器端编译完，根据浏览器的请求发送给浏览器的。Web.config 和 Global.asax 是 ASP.NET 中两个重要的文件，它们可以在适当的目录级别实现应用程序所需级别的配置详细信息，而不影响较高目录级别中的配置设置。

1.4.1　配置文件

ASP.NET 的配置文件称为 Web.config 文件，它们可以出现在 ASP.NET 应用程序的多个目录中。ASP.NET 配置文件具有下列特征：

- 使用应用于配置文件所在的目录及其所有子目录中的资源的配置文件。
- 允许配置数据放在将使它具有适当范围(整台计算机、所有的 Web 应用程序、单个应用程序或该应用程序中的子目录)的位置。
- 允许重写从配置层次结构中的较高级别继承的配置设置。还允许锁定配置设置，以防止它们被较低级别的配置设置所重写。
- 将配置设置的逻辑组组织成节的形式。

ASP.NET 使用 XML 格式的.config 文件来配置应用程序，因此 Web.config 文件是标准格式的 XML 文档。

一般情况下，网站配置文件和网域相对应，每一个网域都有一个配置文件，例如用 VS2010 创建一个网站时，就会自动地创建一个“Web.config”配置文件，可以在这个文件中添加标签，增加自己的规则。通常，Web.config 文件必须至少具有<configuration>元素和<system.web>元素。这两个元素将包含各个配置元素。

下面的示例是一个最小的 Web.config 文件：

```
<?xml version="1.0" encoding="utf-8" ?>
<configuration>
   <system.web>
   </system.web>
</configuration>
```

Web.config 文件的第一行将文档描述为 XML 格式，并指定字符编码类型。所有.config 文件的第一行都必须相同。

<configuration>元素和<system.web>元素标记了 Web.config 文件的开始和结束位置。这些行本身并不执行任何操作，但这些行提供了一个结构，允许在以后添加配置设置。通常可以在<system.web>和</system.web>行之间添加 ASP.NET 配置设置的主要内容。这两行用于标记 ASP.NET 配置设置的开始和结束位置。比如下面这个应用程序的配置文件：

```
<?xml version="1.0" encoding="utf-8"?>
<configuration>
   <connectionStrings>
      <add name="ApplicationServices"
        connectionString="data source=.\SQLEXPRESS;Integrated
        Security=SSPI;AttachDBFilename=|DataDirectory|\aspnetdb.mdf;
        User Instance=true" providerName="System.Data.SqlClient" />
   </connectionStrings>
   <system.web>
      <compilation debug="true" strict="false" explicit="true"
        targetFramework="4.0" />
      <authentication mode="Forms">
         <forms loginUrl="~/Account/Login.aspx" timeout="2880" />
      </authentication>
```

```
    <membership>
      <providers>
        <clear/>
        <add name="AspNetSqlMembershipProvider"
          type="System.Web.Security.SqlMembershipProvider"
          connectionStringName="ApplicationServices"
          enablePasswordRetrieval="false"
          enablePasswordReset="true"
          requiresQuestionAndAnswer="false"
          requiresUniqueEmail="false"
          maxInvalidPasswordAttempts="5"
          minRequiredPasswordLength="6"
          minRequiredNonalphanumericCharacters="0"
          passwordAttemptWindow="10"
          applicationName="/" />
      </providers>
    </membership>
    <profile>
      <providers>
        <clear/>
        <add name="AspNetSqlProfileProvider"
          type="System.Web.Profile.SqlProfileProvider"
          connectionStringName="ApplicationServices"
          applicationName="/"/>
      </providers>
    </profile>
    <roleManager enabled="false">
      <providers>
        <clear/>
        <add name="AspNetSqlRoleProvider"
          type="System.Web.Security.SqlRoleProvider"
          connectionStringName="ApplicationServices"
          applicationName="/" />
        <add name="AspNetWindowsTokenRoleProvider"
          type="System.Web.Security.WindowsTokenRoleProvider"
          applicationName="/" />
      </providers>
    </roleManager>
  </system.web>
  <system.webServer>
    <modules runAllManagedModulesForAllRequests="true"/>
  </system.webServer>
</configuration>
```

此文件可以被整个网站所共享。

1.4.2　Global.asax

Global.asax 文件包含响应 ASP.NET 或 HTTP 模块所引发的应用程序级别和会话级别事件的代码，它是一个可选的文件。通常，Global.asax 文件驻留在 ASP.NET 应用程序的根目录中。运行时，分析 Global.asax 并将其编译到一个动态生成的.NET 框架类，该类是从 HttpApplication 基类派生的。

默认时，Global.asax 中的内容如下所示：

```
<%@ Application Language="C#" %>
<script runat="server">
    void Application_Start(object sender, EventArgs e)
    {
        // 在应用程序启动时运行的代码
    }
    void Application_End(object sender, EventArgs e)
    {
        //应用程序关闭时自动调用
    }
    void Application_Error(object sender, EventArgs e)
    {
        // 在出现未处理的错误时运行的代码
    }
    void Session_Start(object sender, EventArgs e)
    {
        // 在新会话启动时运行的代码
    }
    void Session_End(object sender, EventArgs e)
    {
        // 在会话结束时运行的代码。
        // 注意：只有在 Web.config 文件中的 sessionstate 模式设置为 InProc 时，
        // 才会引发 Session_End 事件。
        // 如果会话模式设置为 StateServer
        // 或 SQLServer，则不会引发该事件
    }
</script>
```

关于“runat”，如果该值为 runat="server"，则此属性指定 script 块中包含的代码在服务器而不是客户端上运行，此属性对于服务器端代码块是必需的。通常，网站的计数、在线人数等，均可以利用此文件来实现。

1.5　ASPX 网页代码模式

ASP.NET 最基本的网页是以.aspx 为后缀名的网页，这种网页简称为 ASPX 网页。

ASPX 网页一般由以下两部分组成。

- 可视元素：包括 HTML、标记、服务器控件。
- 页面逻辑元素：包括事件处理程序和其他代码。

ASP.NET 页面中包含两种代码模式，一种是单文件页模式，另一种是代码隐藏页模式，下面分别介绍。

1.5.1　单文件页模式

在单文件页模式中，页的标记及其编程代码位于同一个.aspx 文件中。编程代码位于 script 块中，该块包含 runat="server"特性，此特性将其标记为 ASP.NET 应执行的代码。

下面的代码示例演示一个单文件页，此页中包含一个 Button 控件和一个 TextBox 控件，其中 script 块中就包含了 Button 控件的 Click 事件处理程序：

```
<%@ Page Language="C#" %>
<script runat="server">
void Button1_Click(Object sender, EventArgs e)
{
    TextBox1.Text = "现在时间: " + DateTime.Now.ToString();
}
</script>
<html>
<head><title>Single-File Page Model</title></head>
<body>
<form id="Form1" runat="server">
    <div>
        <asp:TextBox ID="TextBox1" runat="server" Width="168px">
        </asp:TextBox>
        <br />
        <asp:Button id="Button1" runat="server" onclick="Button1_Click"
          Text="查看时间">
        </asp:Button>
    </div>
</form>
</body>
</html>
```

在 script 部分，其实可以包含页所需的任意多的代码。代码可以包含页中控件的事件处理程序、方法、属性及通常在类文件中使用的任何其他代码。在运行时，单文件页被作为从 Page 类派生的类进行处理。该页不包含显式类声明。但编译器将生成把控件作为成员包含的新类。

1.5.2　代码隐藏页模式

代码隐藏页(或称后置代码)是 Web 应用程序项目中的默认设置，通过代码隐藏页模式，可以在一个文件(.aspx 文件)中保留标记，并在另一个文件中保留编程代码。代码文件的名称会根据所使用的编程语言而有所变化。如使用 C#语言，将会有如图 1.20 所示的两个文件。分别是以.aspx 和.cs 文件为后缀的文件，这两个文件形成了整个 Web 窗体。

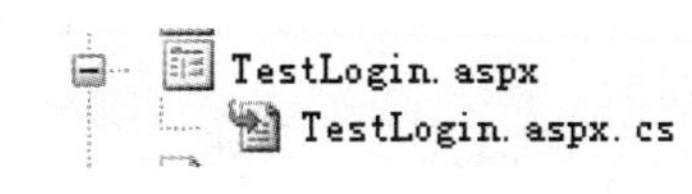

图 1.20　代码隐藏模式

注意：并非所有的.NET 框架编程语言都可用于为 ASP.NET 网页创建代码隐藏文件。若要创建代码隐藏文件，必须使用支持分部类的语言。

比如，一个名为 TestLogin 的网页，其对应的 HTML 标记位于.aspx 文件中，而代码位于 TestLogin.aspx.cs 文件中。

前台代码如下：

```
<%@ Page Language="C#" AutoEventWireup="true"
 CodeFile="TestLogin.aspx.cs" Inherits="TestLogin" %>
<!DOCTYPE html PUBLIC "-//W3C//DTD XHTML 1.0 Transitional//EN"
 "http://www.w3.org/TR/xhtml1/DTD/xhtml1-transitional.dtd">
<html xmlns="http://www.w3.org/1999/xhtml">
<head runat="server">
   <title></title>
</head>
<body>
   <form id="form1" runat="server">
   <div>
      <asp:TextBox ID="TextBox1" runat="server"></asp:TextBox><br />
      <asp:Button ID="Button1" runat="server" Text="查看时间" />
   </div>
   </form>
</body>
</html>
```

在单文件模式和代码隐藏模式之间，.aspx 页有两处差别：

- 在代码隐藏模式中，不存在具有 runat="server"特性的 script 块(如果要在页中编写客户端脚本，则该页可以包含不具有 runat="server"特性的 script 块)。
- 代码隐藏模式中的@Page 指令包含引用外部文件(TestLogin.aspx.cs)和类的特性。这些特性将.aspx 页链接至其代码。

在此示例中，用于标识代码隐藏文件的特性是 CodeFile。在 Web 应用程序项目中，该特性名为 CodeBehind。

1.5.3 两种模式的比较

单文件页模式和代码隐藏页模式功能相同。在运行时，这两个模式以相同的方式执行，而且它们之间没有性能差异。因此，代码页模式的选择取决于其他因素。例如，要在应用程序中组织代码的方式、将页面设计与代码编写分开是否重要等。

1. 单文件页模式的优点

通常，单文件模式适用于特定的页，在这些页中，代码主要由页中控件的事件处理程序组成。

优点如下：

- 在没有太多代码的页中，可以方便地将代码和标记保留在同一个文件中，这一点比代码隐藏模式的其他优点都重要。例如，由于可以在一个地方看到代码和标记，因此单文件页更容易看懂。
- 由于文件之间没有相关性，因此如果使用的是 Visual Studio 之外的工具，则更容易对单文件页进行重命名。

2. 代码隐藏页的优点

代码隐藏页的优点如下：

- 代码隐藏页的优点使其适用于包含大量代码或多个开发人员共同创建网站的 Web 应用程序。
- 代码隐藏页可以清楚地分隔标记(用户界面)和代码。这一点很实用，可以在程序员编写代码的同时让设计人员处理标记。
- 代码可在多个页中重用。

1.6　Visual Studio 2010 的使用

Visual Studio 是由基于组件的开发工具和其他技术组成的套件，用于生成功能强大、性能卓越的应用程序。Visual Studio 系列不断地在更新，截止 2012 年的 6 月，微软已经发布“Visual Studio 2012”，为便于学习，本书所有案例均以“Visual Studio 2010”中文旗舰版为开发环境进行演示。

为使读者快速掌握 Visual Studio 2010 的使用，下面创建一个网站项目为示例。

1.6.1　Visual Studio 2010 开发环境

在使用 Visual Studio 2010 之前，有必要先熟悉一下 Visual Studio 2010 开发环境，在图 1.21 中显示的是常用的 Visual Studio 2010 开发布局视图。

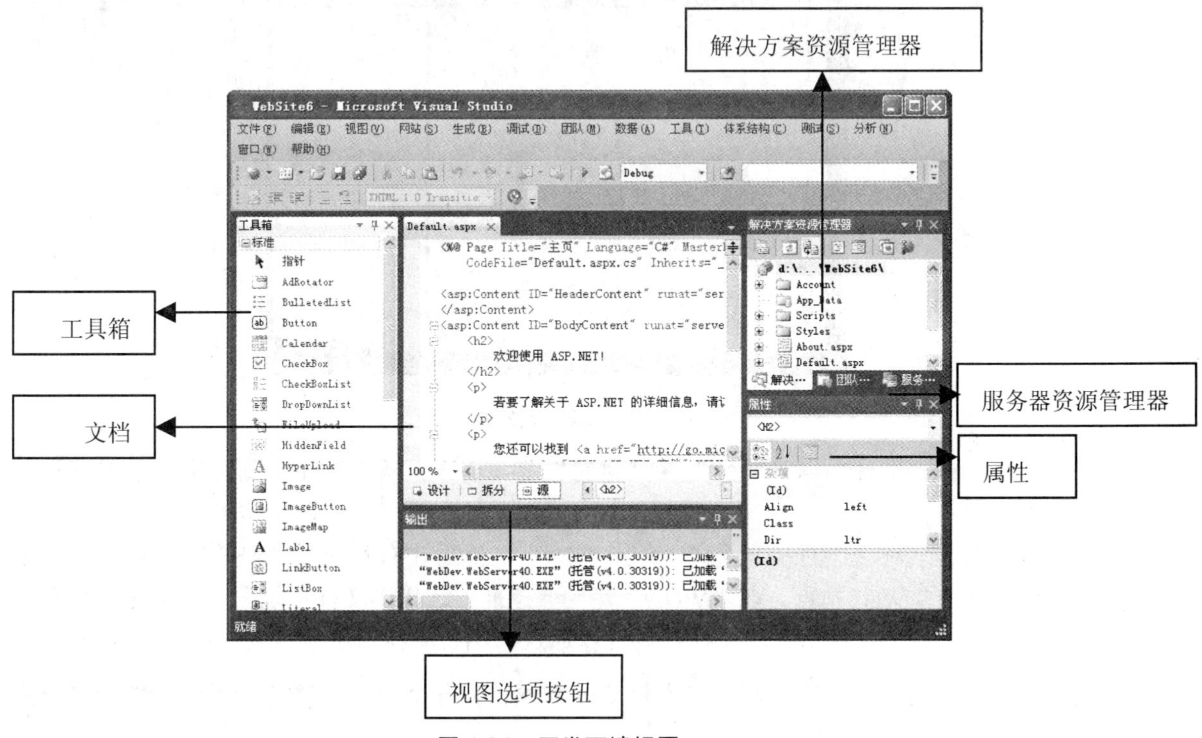

图 1.21　开发环境视图

对相关各项的说明如下。

- 解决方案资源管理器：显示网站中的文件和文件夹。
- 文档窗口：显示正在选项卡式窗口中处理的文档。单击选项卡可以实现在文档间切换。
- 属性窗口：允许更改页、HTML 元素、控件及其他对象的设置。
- 视图选项按钮。主要展示同一文档的不同视图。“设计”视图是一种近似 所见即所得(WYSIWYG)的编辑界面。“源”视图是页面的 HTML 编辑器。“拆分”视图可同时显示文档的“设计”视图和“源”视图。如果要在“设计”视图中打开网页，可在“工具”菜单中选择“选项”命令，在弹出的对话框中选择“HTML 设计器”节点，然后更改“起始页位置”选项。
- 工具箱：提供可以拖到页上的控件和 HTML 元素。“工具箱”元素按常用功能进行分组。
- 服务器资源管理器/数据库资源管理器：用于显示数据库连接。如果未显示“服务器资源管理器”，可以单击“视图”菜单上的“服务器资源管理器”或“数据库资源管理器”。

1.6.2 创建网站项目

(1) 在“开始”菜单中打开 Visual Studio 2010，初始界面如图 1.22 所示。

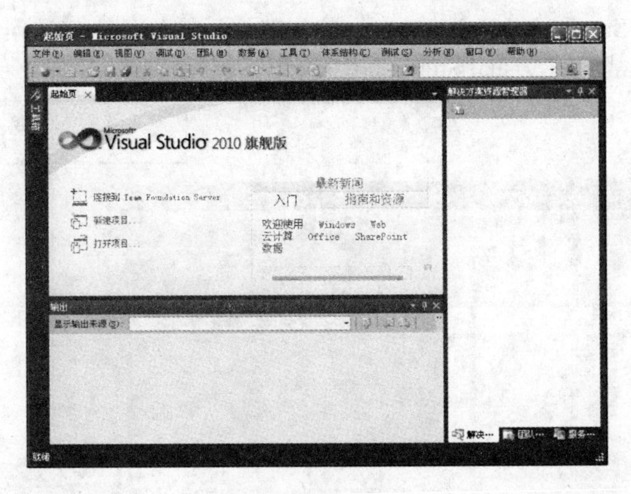

图 1.22 起始页

(2) 选择“文件”→“新建”→“网站”菜单命令，将会弹出“新建网站”对话框，如图 1.23 所示。

(3) 在这个对话框的左侧选择“Visual C#”，然后在右侧选择“ASP.NET 网站”来创建 ASP.NET 的 Web 站点。在“Web 位置”下拉框中选择“文件系统”，然后选择保存路径和语言。路径为文件系统的路径，也可以通过“浏览”按钮进一步选择所保存的位置。

注意： 创建网站项目时，需要指定一个模板。每个模板创建包含不同文件和文件夹的 Web 项目。

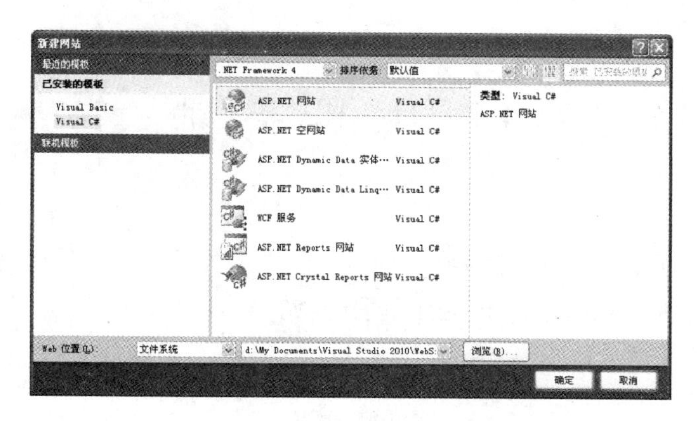

图 1.23　新建网站

(4) 单击“确定”按钮，Visual Studio 将创建一个包含预置功能的 Web 项目，这些功能面向布局(母版页、Default.aspx 以及级联样式表)和身份验证(ASP.NET 成员资格)。

默认情况下，在创建新页后，Visual Studio 会在“源”视图中显示该页，我们可以在此视图中查看该页的 HTML 元素。如图 1.24 所示显示了一个网页的“源”视图。

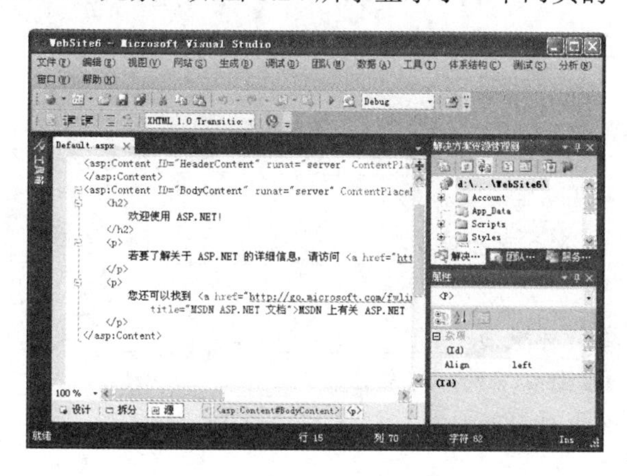

图 1.24　“源”视图

(5) 按 F5 功能键，运行该网站，即可以在 IE 浏览器中浏览 Default.aspx 页面，效果如图 1.25 所示。

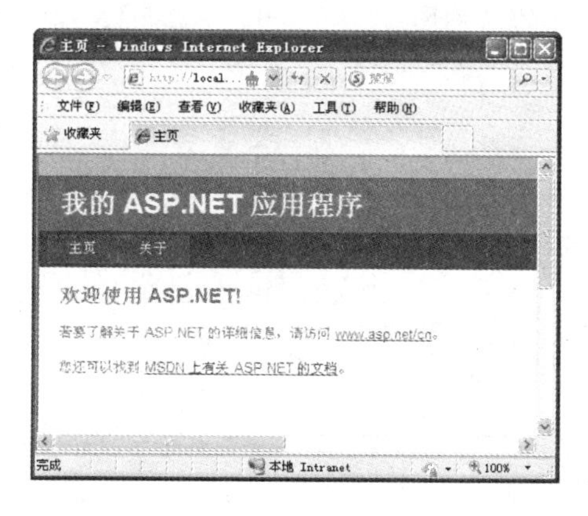

图 1.25　运行网站

1.7 上机实训

(1) 实验目的

① 熟悉 Visual Studio 2010 的安装。

② 掌握如何使用 Visual Studio 2010 创建网站。

③ 掌握 ASPX 网页代码模式。

(2) 实验内容

① 练习安装 Visual Studio 2010 中文旗舰版，并自定义安装。

② 熟悉 Visual Studio 2010 开发环境，包括视图、工具箱等。

③ 新建一个 ASP.NET 网站，并输出“Hello World!”。

1.8 本章习题

一、填空题

(1) ASP.NET 是微软推出的__________的新一代语言，是微软发展的新体系结构.NET 的一部分。

(2) .NET 框架的两个主要组件是________和________，其中______是____.NET 框架的核心。

(3) ASP.NET 的运行环境为________________________。

(4) ASPX 网页一般由以下两部分组成：__________和____________。

(5) ASP.NET 页面中包含两种代码模式，一种是________，另一种是__________。

二、简答题

(1) 简述 ASP.NET 和 ASP 的区别。

(2) 简述 ASP.NET 4.0 的新特性。

(3) 画出.NET 框架组件的结构图。

ASP.NET

ASP.NET

第 2 章 C#语言基础

学习目的与要求：

在正式开始学习以 ASP.NET 开发网站前，有必要对 C#有一定的基础。本章将讲解 C#语言的一些基础知识，比如程序结构、关键字、数据类型，以及面向对象编程的属性、方法和事件等，要求读者熟悉 C#的命名空间、代码注释方式，掌握数据类型的使用及类型的转换，掌握运算符的使用，熟练使用 C#的控制语句，能够深刻理解面向对象编程的一些基本概念。

2.1 C#语言概述

C#是一种面向对象的语言，是运行于.NET 框架之上的高级程序设计语言。可以用它来构建在.NET 框架上运行的各种安全、可靠的应用程序。比如，使用 C#来创建传统的 Windows 客户端应用程序、XML Web 服务、分布式组件、客户端/服务器应用程序、数据库应用程序等。Visual C# 2010 提供了高级代码编辑器、方便的用户界面设计器、集成调试器和许多其他工具。利用 C#，可以轻松地在 C# 4.0 版和.NET 框架 4.0 版的基础上开发应用程序。

C#语法简化了 C++的诸多复杂性，并提供了很多强大的功能，例如可为 null 的值类型，有枚举、委托、Lambda 表达式和直接内存访问，这些都是 Java 所不具备的。

C#支持泛型方法和类型，从而提供了更出色的类型安全和性能。C#还提供了迭代器，允许集合类的实施者定义自定义的迭代行为，以便容易被客户端代码使用。C#语言的语法规则与其他高级语言相比并没有很大差别，所以，对于熟悉 C/C++/Java 的读者，可以快速学会，并应注意体会 C#语言的独有之处。本章只能对 C#语言进行简单介绍，要完整介绍面向对象的理论和使用 C#进行面向对象的编程需要很多篇幅，读者可以参考一些专门介绍面向对象编程的书籍。

2.1.1 程序结构

C#中程序结构的关键概念是命名空间、类型、成员和程序集。C#程序可由一个或多个文件组成。每个文件都可以包含零个或零个以上的命名空间。比如下面的代码：

```
using System;    //命名空间
class Test
{
   static void Main(string[] args)
   {
      System.Console.WriteLine("Hello, World!"); /*输出语句*/
   }
}
```

对相关各项说明如下。

- 命名空间："using System;"的作用是导入命名空间，该语句类似于 C 和 C++中的#include 命令。System 是.NET 框架提供的最基本的命名空间之一，其后面的 Console 是 System 命名空间中包含的系统类库中已定义的一个类。也可使用 namespace 关键字声明命名空间。
- 代码注释：字符"//"将行的剩余部分标记为一个注释，这样 C#编译器就会忽略它。另外，/*和*/之间的代码也会被当作注释。
- 类声明：与 C++一样，Visual C#中的所有函数都必须封装在一个类中。class 语句声明一个新的 C#类。上面的示例就声明了一个 Test 类，该类包含一个函数，即 Main()函数。在 C#文件中定义类时，还可以把它包括在命名空间定义中。以后，当定义了另一个类，在另一个文件中执行相关操作时，就可以在同一个命名空间中包含它，创建一个逻辑组合。

- Main()函数：在应用程序加载到内存之后，Main()函数就会接收控制，因此，应该将应用程序启动代码放在此函数中。传递给程序的命令行参数存储在 args 字符串数组中。

以上是一个 C#程序的基本结构，在实际应用中，根据开发者的需要，不断地调整和设计所需要的命名空间、类等。当然，C#也有自己的书写规则，主要有以下三点：

- 每条语句以分号“;”结尾。
- 空行和缩进被忽略。
- 多条语句可以处于同一行，之间用分号分隔即可。

2.1.2　创建 C#控制台程序

在了解 C#的程序结构后，首先我们来看怎样在 VS2010 中创建 C#程序，怎样运行写好的 C#代码，这时，我们需要用到 C#控制台程序。在这一章中，我们主要利用 C#控制台程序来练习 C#语法基础，做一些演示，以便熟悉和理解 C#的语法。

创建 C#控制台程序的步骤如下。

(1) 运行“开始”菜单中的“Visual Studio 2010”程序。

(2) 从菜单栏中选择“文件”→“新建”→“项目”命令，弹出“新建项目”对话框，如图 2.1 所示。

图 2.1　新建项目

(3) 在“新建项目”对话框的左侧列表框中选择“Visual C#”→“Windows”项，然后在右侧的列表框中选择“控制台应用程序”，来创建 C#控制台应用程序。在“解决方案名称”文本框中输入“helloworld”，单击“确定”按钮。

(4) 创建后，VS2010 默认的视图是 Program.cs 文件，编写代码如下：

```
using System;
using System.Collections.Generic;
using System.Linq;
using System.Text;
```

```
namespace ConsoleApplication3
{
    class Program
    {
        static void Main(string[] args)
        {
            Console.Write("hello world!");
            Console.ReadLine();
        }
    }
}
```

(5) 按 F5 功能键，运行程序，结果如图 2.2 所示。

图 2.2 运行程序

可以看到，将打开“控制台”窗口，并显示“hello world!”，按 Enter 键退出该程序。

注意：Console.ReadLine()使程序在用户按 Enter 键之前暂停。如果省略此行，命令行窗口会立即消失，将看不到程序的输出。

2.1.3 关键字

关键字是对编译器具有特殊意义的预定义保留标识符。它们不能在程序中用作标识符，除非它们有一个@前缀。例如，@if 是有效的标识符，但 if 不是，因为 if 是关键字。

表 2.1 列出的关键字在 C#程序的任何部分都是保留标识符。

表 2.1 C#关键字

abstract	as	base	bool
break	byte	case	catch
char	checked	class	const
continue	decimal	default	do
double	else	enum	event
explicit	extern	false	for
finally	fixed	float	foreach
goto	if	implicit	interface
in	new	int	internal
out	lock	long	object
operator	private	null	override

续表

params	ref	out	readonly
short	protected	public	sbyte
sealed	string	return	stackalloc
static	throw	sizeof	switch
this	uint	true	try
typeof	ushort	ulong	unchecked
unsafe	volatile	using	void
while	virtual		

注意： 关键字在 VS2010 IDE 环境的代码窗口中默认以蓝色显示。

C#中的字母可以大小写混合，但必须注意的是，C#把同一字母的大小写当作两个不同的字符对待(区分大小写)，例如，“T 与“t”对 C#来说，是两个不同的字符。

2.2　变量和常量

C#是一种强类型语言。每个变量和常量都有一个类型，每个计算为值的表达式也是如此。本节我们来学习变量和常量的用法。

2.2.1　变量

变量表示数值、字符串值或类的对象。变量存储的值可能会发生更改，但名称保持不变。变量是字段的一种类型。

在声明变量时给变量初始化，即赋初值，也可在后面的使用中给变量赋值。

下面的代码提供了一个简单的示例，演示如何声明一个整型变量，并为它赋值，然后再为它赋一个新值：

```
int a = 8;  //声明了变量 a，并初始化为 8，即 a 变量的值为 8
a = 22;     //给变量 a 重新赋值，a 的值现在变为 22
```

变量的命名也有一定的规则，C#中声明变量也要遵循一定的规则，使编码更规范，规则如下：

- 变量名不能用 C#中的关键字，如 class、int、bool 等在 C#中有特殊意义的字符。
- 变量名中通常不能有中文字符。
- 变量名要以字母或下划线开头，如 abc、_bc 等。
- 使用多个单词组成变量时，在 C#中应使用骆驼命名法，即一个单词的首字母小写，其他单词的首字母大写，如 txtPassword、lblUser 等。

在 C#语言中，变量有 7 种类型，分别是静态变量、实例变量、数组元素、值参数、引用参数、输出参数和局部变量。限于篇幅关系，这里只重点讲解一下静态变量和局部变量，其他概念读者可以参考 C#有关的编程书籍。

1. 静态变量

使用 static 修饰符声明的字段称为静态变量。一旦静态变量所属的类被装载，直到包含该类的程序运行结束时，它将一直存在。静态变量的初始值就是该变量类型的默认值。为了便于定义赋值检查，静态变量最好在定义时赋值。例如：

```
static int ab = 0;  //在定义时就赋值，使ab的值为0
```

2. 局部变量

局部变量是指在一个独立的程序块、一个 for 语句、switch 语句，或者 using 语句中声明的变量，它只在该范围中有效。当程序运行到这一范围时，该变量即开始生效，程序离开时变量就失效了。

与其他几种变量类型不同的是，局部变量不会被自动初始化，所以也就没有默认值。在进行赋值检查的时候，局部变量被认为没有被赋值。

注意：局部变量需要注意初始化问题，局部变量需要人工赋值后才能使用。

2.2.2 常量

常量用于在整个程序中将数据保持同一个值，常量是在编译时已知并在程序的生存期内不发生更改的不可变值。

常量使用 const 修饰符进行声明。只有 C#内置类型(System.Object 除外)可以声明为 const。语法如下：

```
const 数据类型 常量名 = 常量值;
```

常量可标记为 public、private、protected、internal 或 protected internal。这些访问修饰符定义类的用户访问该常量的方式，比如：

```
public const int S_year = 2012;
```

在此示例中，常量 S_year 始终为 2012，不可更改。

变量命名必须直观易懂，尽量不使用缩写，必要时与类型相关。

注意：用户定义的类型(包括类、结构和数组)不能为 const。

2.3 C#数据类型

C#语言的数据类型按数据的存储方式划分，可以分为两种：值类型和引用类型。

值类型是利用变量存储数据，而引用类型的变量存储对实际数据的引用。引用类型也称为对象。

2.3.1 值类型

值类型主要由以下数据类型组成，如表 2.2 所示。

表 2.2　值类型

类　型	类　别	后　缀
bool	布尔	
byte	无符号、数值、整数	
char	无符号、数值、整数	
decimal	数值、十进制	M 或 m
double	数值、浮点	D 或 d
enum	枚举	
float	数值、浮点	F 或 f
int	有符号、数值、整数	
long	有符号、数值、整数	L 或 l
sbyte	有符号、数值、整数	
short	有符号、数值、整数	
struct	结构类型	
uint	无符号、数值、整数	U 或 u
ulong	无符号、数值、整数	UL 或 ul
ushort	无符号、数值、整数	

从表 2.2 中，可以把这些类型划分为整型、浮点型、decimal、bool、结构类型和枚举。下面分别阐述。

1. 整型

表 2.3 显示了整型的大小和范围，这些类型构成了简单类型的一个子集。

表 2.3　整型类型

类　型	大　小	范　围
sbyte	有符号 8 位整数	-128 ~ 127
byte	无符号 8 位整数	0 ~ 255
char	16 位 Unicode 字符	U+0000 ~ U+ffff
short	有符号 16 位整数	-32768 ~ 32767
ushort	无符号 16 位整数	0 ~ 65535
int	有符号 32 位整数	-2147483648 ~ 2147483647
uint	无符号 32 位整数	0 ~ 4294967295
long	有符号 64 位整数	-9223372036854775808 ~ 9223372036854775807
ulong	无符号 64 位整数	0 ~ 18446744073709551615

注意： 如果整数表示的值超出了 ulong 的范围，将产生编译错误。

2. 浮点型

表 2.4 显示了浮点型的精度和大致范围。

表 2.4　浮点型

类　型	大致范围	精　度
float	±1.5e−45 ~ ±3.4e38	7 位有效数字
double	±5.0e−324 ~ ±1.7e308	15 到 16 位有效数字

float 关键字表示存储 32 位浮点值的简单类。

默认情况下，赋值运算符右侧的实数被视为 double 类型。因此，应使用后缀 f 或 F 初始化浮点型变量，比如：

```
float a = 8.6F;
float b = 234.23F;
```

注意： 如果在以上声明中不使用后缀，则会因为将一个 double 值存储到 float 变量中而发生编译错误。

关于浮点型的转换，可在一个表达式中兼用数值整型和浮点型。在此情况下，整型将转换为浮点型。

转换规则如下：

- 如果其中一个浮点型为 double，则表达式的计算结果为 double 或 bool(在关系表达式或布尔表达式中)。
- 如果表达式中不存在 double 类型，则表达式的计算结果为 float 或 bool(在关系表达式或布尔表达式中)。

3. decimal

与浮点型相比，decimal 类型具有更高的精度和更小的范围，这使它适合于财务和货币计算。

decimal 类型的大致范围和精度如表 2.5 所示。

表 2.5　decimal 类型

类　型	大致范围	精　度
decimal	$\pm 1.0 \times 10^{-28} \sim \pm 7.9 \times 10^{28}$	28~29 位有效数字

如果要把实数被视为 decimal 类型，应使用后缀 m 或 M，例如：

```
decimal mSalary = 5000.5m;
```

如果没有后缀 m，数字将被视为 double 类型，从而导致编译错误。

4. bool

bool 用于声明变量来存储布尔值 true 和 false。可将布尔值赋给 bool 变量。也可以将计算为 bool 类型的表达式赋给 bool 变量。

比如：

```
bool p = true;
Console.WriteLine(p);
p = false;
Console.WriteLine(p);
```

输出：

```
True
False
```

在 C++中，bool 类型的值可转换为 int 类型的值；也就是说，false 等效于零值，而 true 等效于非零值。但在 C#中，不允许 bool 类型与其他类型之间的相互转换。

比如下列代码：

```
bool a = 1;  // 错误，不存在这种写法
bool ab = 1;  // 错误，不存在这种写法
bool a = true ;  // 正确，可以被执行
```

5. 结构类型

在实际应用中，经常把一组相关的信息放在一起。把一系列相关的变量组织成为一个整体的过程，称为生成结构的过程。这个整体的类型就叫作结构类型，每一个变量称为结构的成员。结构类型采用 struct 进行声明，比如要定义一个学生有关信息的结构：

```
struct Student
{
   public int idnum;
   public string name;
   public int age;
   ...
}
Student s1;
```

上述代码中，s1 是一个 Student 结构类型的变量。public 表示对结构类型的成员的访问权限。对结构成员的访问，通过结构变量名加上访问符“.”，再跟成员的名称：

```
s1.idnum = 20120241;
s1.name = "张三" ;
s1.age = 23;
```

6. 枚举类型

枚举类型实际上是为一组在逻辑上密不可分的整数值提供一个便于记忆的符号。枚举类型采用 enum 来进行声明，下面声明一个代表星期的枚举类型的变量：

```
enum WeekDay
{
   Sun, Mon, Tue, Wed, Thu, Fri, Sat
};
WeekDay day;
```

枚举元素的默认基础类型为 int。默认情况下，第一个枚举数的值为 0，后面每个枚举数的值依次递增 1。例如：

```
//Sun 为 0，Mon 为 1，Tue 为 2，……
enum WeekDay {Sun, Mon, Tue, Wed, Thu, Fri, sat};
//Mon 为 1，Tue 为 2，……Sun 为 7
enum WeekDay {Mon=1, Tue, Wed, Thu, Fri, Sat, Sun};
```

注意： 在定义枚举类型时，可以选择基类型，但可以使用的基类型仅限于 long、int、short 和 byte。

2.3.2 引用类型

引用类型的变量又称为对象，仅仅存储对实际数据的引用，并不存储它们所代表的实际数据。

在 C#中，引用类型主要包括 object 类型、dynamic 类型、类、接口、string 类型、数组和委托，其中 dynamic 是 C# 4.0 新增的一个类型。这里首先介绍 dynamic 类型、object 类型、string 类型、数组及委托。

1. dynamic 类型

C# 4.0 引入了一个新类型：dynamic。该类型的对象实例能够绕过静态类型检查的过程。在大部分的情况下，dynamic 类型能像 object 类一样工作。但是，dynamic 类型在编译时存在，在运行时则不存在。比如下列代码：

```
dynamic a = 1;
object  b = 1;
Console.WriteLine(a.GetType()); //显示 a 和 b 的运行时类型
Console.WriteLine(b.GetType());
```

输出：

```
System.Int32
System.Int32
```

任何对象都可隐式转换为动态类型，也可以在显式类型转换中，作为转换的目标类型。比如下列代码：

```
dynamic d;
int a = 9527;
d = (dynamic)a;
Console.WriteLine(d);

string b = "Hello World!";
d = (dynamic)b;
Console.WriteLine(d);

DateTime c = DateTime.Today;
d = (dynamic)c;
Console.WriteLine(d);
```

输出：

```
9527
Hello World!
2012-7-14  0:00:00
```

dynamic 类型主要提供一种自定义动态机制，编译器在编译的时候不再对类型进行检查，编译器默认 dynamic 对象支持我们想要的任何特性。对 dynamic 变量使用“智能感知”时，会提示“dynamic 表示其操作将在运行时解析的对象”，如图 2.3 所示。

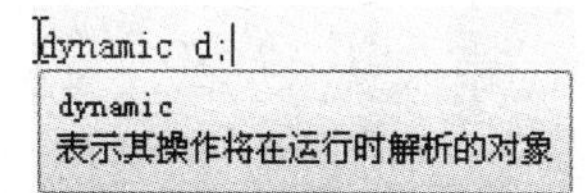

图 2.3　智能提示

关于 dynamic 类型，这里就不再深入探讨，读者可查阅相关的资料做深入了解。

2. object 类型

object 类型在.NET 框架中是 Object 的别名。object 类是所有类的基类，C#中所有的类型都是直接或间接地从 object 继承而来。可以将任何类型的值赋给 object 类型的变量。将值类型的变量转换为对象的过程称为“装箱”。 将对象类型的变量转换为值类型的过程称为“拆箱”。例如：

```
object a;
a = 100;
Console.WriteLine(a);
```

3. string 类型

string 类型表示一个字符序列(Unicode 字符)。string 是.NET 框架中 String 的别名。

字符串在实际中应用非常广泛，利用 string 类中封装的各种内部操作，可以很容易地完成对字符串处理，比如：

```
string str1 = "Who " + "are you ?" ;  // “+”运算符用于连接字符串
string str2 = "who";
char x = str2[2];  // x = 'h';
```

字符串文本可包含任何字符，包括转义字符。常用的转义字符如表 2.6 所示。

表 2.6　常用的转义字符

转 义 符	字 符 名	转 义 符	字 符 名
\'	单引号	\f	换页
\"	双引号	\n	换行
\\	反斜杠	\r	回车
\0	空字符	\t	水平制表符
\a	警告(产生蜂鸣)	\v	垂直制表符
\b	退格		

string 类型也可使用相等运算符，但使用相等运算符(==和!=)是为了比较 string 对象(而不是引用)的值：

```
string str1 = "who";
string str2 = "whom";
Console.WriteLine(str1 == str2);
//结果输出：False
```

4. 数组

数组是同一数据类型的一组值，属于引用类型。

语法：

```
数据类型[元素个数] 数组名称;
```

比如：

```
int [] Arrayb;              // 声明一个整型的一维数组
float [] Arrayf;            // 声明一个浮点型的一维数组
string [] Arrays;           // 声明一个字符串型的一维数组
```

声明数组变量时，还没有创建数组，还没有为数组中的元素分配任何内存空间，因此，声明数组后，需要对数组实例化：

```
Arrayb = new int [8];
Arrays = new string [20];
```

new 运算符用来创建数组，为数组中各元素分配内存空间，并把它们初始化为默认值。在上例中，所有数组元素都被初始化为零。例如数组 Arrayb 中包含从 anArray[0]到anArray[7]的 8 个元素，每个元素的取值都是零。

数组可以是一维的，也可以是多维的，同样也支持数组的数组，即数组的元素还是数组。这一点与 C/C++基本一致，就里就不再赘述。

另外，在 C#中，数组提供了一些有用的特性。

- 数组名.Length：返回一个整数，该整数表示该数组的所有维数中元素的总数。
- 数组名.Rank：返回一个整数，该整数表示该数组的维数。
- 数组名.GetLength(int dimension)：返回一个整数，该整数表示该数组的指定维(由参数 dimension 指定，维度从零开始)中的元素个数。

例如：

```
int[] Arrayb;
Arrayb = new int[8];
int i = Arrayb.Length;
int j = Arrayb.Rank;
int k = Arrayb.GetLength(0);
Console.WriteLine(i.ToString());
Console.WriteLine(j.ToString());
Console.WriteLine(k.ToString());
```

输出：

```
8
1
8
```

5. 委托

委托类型的声明与方法签名相似，有一个返回值和任意数目任意类型的参数：

```
public delegate void aDelegate(string message);
public delegate int bDelegate(MyType m, long num);
```

delegate 是一种可用于封装命名或匿名方法的引用类型。委托类似于 C++中的函数指针；但是，委托是类型安全和可靠的。

2.4　运　算　符

C#提供大量的运算符，这些运算符是指定在表达式中执行哪些操作的符号，与 C/C++相比，C#的运算符没有太大的差别。表 2.7 列出了 C#的主要运算符。每个组中的运算符具有相同的优先级。

表 2.7　C#的主要运算符

类　型	运 算 符
算术运算符	+ - * / %
逻辑运算符	& | ^ ~ && || !
字符串连接运算符	+
增量和减量运算符	++ --
移位运算符	<< >>
比较运算符	== != <> <= >=
赋值运算符	= += -= *= /= %= |= ^= <<= >>=
点运算符	.
索引运算符	[]
数据类型转换运算符	()
条件运算符	?:
委托连接和删除运算符	+ -
对象创建运算符	new
溢出异常控制运算符	checked unchecked
间接寻址运算符	* -> &(只用于不安全的代码) []
命名空间别名限定符	::
空接合运算符	??
获取类型的 System.Type 对象	typeof

上面的有些运算符与C、C++用法相同，在这里，只介绍几个典型的运算符。

(1) 点“.”运算符

点运算符“.”用于成员访问。点运算符指定类型或命名空间的成员。例如，点运算符用于访问.NET框架类库中的特定方法：

```
System.Console.WriteLine("Hello, World!");
```

(2) 圆括号“()”运算符

圆括号“()”除了用于指定表达式中运算符的顺序外，还用于强制转换或类型转换。例如：

```
Double a = 4534.5;
int x;
x = (int)a;
```

(3) 方括号“[]”索引运算符

方括号[]用于数组、索引器和特性，也可用于指针。

若要访问数组的一个元素，则用方括号括起所需元素的索引。

例如：

```
int [] arrys;
arrys = new int [10];
arrys[0] = 12;
```

(4) 命名空间别名限定符运算符“::”

命名空间别名限定符运算符“::”用于查找标识符。它通常放置在两个标识符之间。

例如：

```
global::System.Console.WriteLine("Hello, World");
```

注意： 命名空间别名限定符可以是global。这将调用全局命名空间中的查找，而不是在别名命名空间中。

(5) 加号“+”运算符

加号“+”运算符既可作为算术运算符，也可作为字符串连接运算符。

例如下面的代码：

```
class Test
{
    static void Main()
    {
        Console.WriteLine(+6);
        Console.WriteLine(6 +6);
        Console.WriteLine("6" + "6");
        Console.WriteLine(6.0 + "6");
    }
}
```

输出：

```
6
12
66
66
```

(6) 条件运算符“?:”

根据 Boolean 表达式的值返回两个值之一。下面是条件运算符的语法：

```
condition ? first_expression : second_expression;
```

condition 必须为 true 或 false。如果 condition 为 true，则返回值为 first_expression 的结果。如果 condition 为 false，则返回值为 second_expression 的结果。只计算两个表达式之一。first_expression 和 second_expression 的类型必须相同，或者必须存在从一种类型到另一种类型的隐式转换。

(7) typeof 运算符

typeof 运算符用于获取类型的 System.Type 对象。比如下面的代码：

```
Console.WriteLine(typeof(int));
Console.WriteLine(typeof(System.Int32));
Console.WriteLine(typeof(double[]));
Console.WriteLine(typeof(string));
Console.WriteLine(typeof(void));
```

输出：

```
System.Int32
System.Int32
System.Double[]
System.String
System.Void
```

(8) checked 和 unchecked 运算符

checked 和 unchecked 运算符用于控制上下文中是否对整型算术运算和转换的溢出做检查。比如下列代码：

```
class Test1
{
    const int a = 4000000;
    const int b = 5000000;
    static int F() {
        return checked(a * b);      // 会报告编译错误
    }
    static int G() {
        return unchecked(a * b);    // 返回 -1662697472
    }
}
```

在计算 F 中的常数表达式时，发生的溢出导致报告编译时错误，原因是表达式是在 checked 上下文中计算的。在计算 G 中的常数表达式时也会发生溢出，但由于使用了 unchecked 运算符，所以不报告溢出。

(9) new 运算符

new 运算符用于创建对象和调用构造函数。例如：

```
Class1 obj = new Class1();
int[] Arrayb = new int[8];
```

如果 new 运算符分配内存失败，将引发异常。

2.5 C#中的控制语句

C#中控制语句包括选择语句、循环语句、跳转语句、异常处理等，下面分别介绍。

2.5.1 选择语句

当程序中需要进行两个或两个以上的选择时，可以根据条件判断来选择将要执行的一组语句。C#语言中提供的条件语句有 if 语句和 switch 语句。

1. if 语句

if 语句是最常用的条件语句，它根据布尔表达式的值来选择要执行的语句。

格式如下：

```
if （布尔表达式） 嵌入语句 1
else 嵌入语句 2
```

if 语句按如下规则执行：首先计算布尔表达式，当布尔表达式的值为 true 时，执行 if 后面的嵌入语句 1；为 false 时，如果有 else 语句，则执行 else 后面的嵌入语句 2，否则执行该程序 if 语句后续的下一条语句。语句块是由若干条合法的 C#语句构成的，并使用{}括起来。

例如下面的代码：

```
int x = 12;
if (x > 10)
{
    Console.WriteLine("x 大于 10.");
}
else
{
    Console.WriteLine("x 小于 10.");
}
```

如果括号里的表达式计算为 true，则执行 Console.WriteLine("x 大于 10.");语句。执行 if 语句之后，控制传递给下一个语句。上述代码中不执行 else 语句。

如果 if 或 else 之后的嵌套语句只包含一条执行语句，则嵌套部分的大括号可以省略。如果包含了两条以上的执行语句，对嵌套部分一定要加上大括号。

如果程序的逻辑判断关系比较复杂，通常会采用条件判断嵌套语句。if 语句可以嵌套使用，即在判断之中又有判断。

还可以扩展 if 语句，使用下列 else-if 排列来处理多个条件：

```
if (布尔表达式 1)
{
   //嵌入语句 1;
}
else if (布尔表达 2)
{
   //嵌入语句 2;
}
else if (布尔表达式 3)
{
   //嵌入语句 3;
}
else
{
   //嵌入语句_n;
}
```

2. switch 语句

switch 语句根据一个控制表达式的值选择一个内嵌语句分支来执行。

格式如下：

```
switch (控制表达式)
{
   case 常量比较值 1:
      嵌入语句 1;
   case 常量比较值 2:
      嵌入语句 2;
   ...
   case 常量比较值 n:
      嵌入语句 n;
   [default: 嵌入语句;]
}
```

switch 语句中的控制表达式的数据类型可以是 sbyte、byte、short、ushort、int、uint、long、ulong、char、string 或枚举类型。每个 case 标签中的常量比较值必须属于或能隐式转换成控制表达式类型。

如果有两个或两个以上 case 标签中的常量与比较值相同，编译时将会报错。switch 语句中最多只能有一个 default 标签，也可以没有 default 标签。例如下列代码：

```
int x = 2;
switch (x)
{
   case 1:
      Console.WriteLine("Case 1");
      break;
   case 2:
      Console.WriteLine("Case 2");
      break;
```

```
    default:
        Console.WriteLine("Default case");
        break;
}
```

2.5.2 循环结构

循环语句可以实现一个程序模块的重复执行，C#语言中提供了丰富的循环结构控制语句，有 while、do-while、for、foreach。

1. while 语句

语法格式为：

```
while (布尔表达式)
    嵌入语句;
```

while 语句按如下规则执行：判断布尔表达式的值是否为 true，如果是，则循环执行嵌入语句，直到布尔表达式的值为 false 才停止，而继续执行 while 的下一条语句。在 while 语句中，嵌入语句可能一次都没被执行。

当 break、goto、return 或 throw 语句将控制权转移到 while 循环之外时，可以终止该循环。若要将控制权传递给下一条语句，但不退出循环，可以使用 continue 语句。

例如下列代码：

```
class Test4
{
    static void Main()
    {
        int x = 1;
        while (x < 4)
        {
            Console.WriteLine("当前 x 的值为{0}", n);
            n++;
        }
    }
}
```

输出：

```
当前 x 的值为 1
当前 x 的值为 2
当前 x 的值为 3
```

2. do-while 语句

do-while 语句的语法格式为：

```
do
    嵌入语句;
while (布尔表达式);
```

do-while 语句按如下规则执行：首先执行嵌入语句，然后判断布尔表达式的值是否为 true，如果是，则循环执行嵌入语句，直到布尔表达式的值为 false 才停止，继续执行 do-while 的下一条语句。

在 do-while 语句中，嵌入语句至少执行一次。

读者可以试着将 while 语句的示例用 do-while 语句改写一下，仔细体会两者的差别。

3. for 语句

for 语句的语法格式为：

```
for ([初始值设定表达式]; [循环条件判断表达式]; [迭代设定表达式])
    嵌入语句;
```

其中，初始值设定表达式用于初始化循环计数器，循环条件判断表达式用于测试循环的终止条件，迭代设定表达式用于循环计数器的计算。for 语句是 C#语言中最灵活、最强大的循环结构。

for 语句按如下规则执行：如果存在初始值设定表达式，则计算初始值设定表达式，此步只执行一次。如果存在循环条件判断表达式，则计算它。如果不存在循环条件判断表达式或循环条件判断表达式为 true，则执行嵌入语句，如果存在计算迭代设定表达式则计算它，如此反复，直到循环条件判断表达式为 false 时，结束循环，继续执行 for 的下一条语句。

例如下列代码：

```
class Test5
{
    static void Main()
    {
        for (int x = 1; x <= 5; x++)
        {
            Console.WriteLine(x);
        }
    }
}
```

输出：

```
1
2
3
4
5
```

首先，计算变量 x 的初始值。然后，只要 x 的值小于或等于 5，条件计算结果就为 true。此时，将执行 Console.WriteLine 语句并重新计算 x。

当 x 大于 5 时，条件变成 false 并且将控制传递到循环外部。

由于条件表达式的测试发生在循环执行之前，因此 for 语句可能执行零次或多次。

退出循环可以通过使用 break 关键字，也可以通过使用 continue 关键字进入循环的下一个迭代，还可以通过使用 goto、return 或 throw 语句退出循环。

4. foreach 语句

foreach 语句提供一种简单、明了的方法来循环访问数组的元素。foreach 语句的语法格式为：

```
foreach (数据类型 标识符 in 表达式)
    嵌入语句;
```

例如，下面的代码创建一个名为 Arrayb 的数组，并用 foreach 语句循环访问该数组：

```
int[] Arrayb = {1, 2, 3, 4, 5, 6, 7};

foreach (int x Arrayb)
{
    System.Console.Write("{0} ", x);
}

//输出：1, 2, 3, 4, 5, 6, 7
```

对于多维数组，可以使用嵌套的 for 循环控制数组元素。

2.5.3 跳转语句

跳转语句用于中断程序的顺序执行，无条件地转入到另一个地方继续执行。跳转语句中使用下列关键字：break、continue、goto、return 等。

1. break 语句

break 语句用于终止最近的封闭循环或它所在的 switch 语句。

例如：

```
class Test6
{
    static void Main()
    {
        for (int x=1; x<=5; x++)
        {
            if (x == 4)
            {
                break;
            }
            Console.WriteLine(x);
        }
    }
}
```

输出：

```
1
2
3
```

2. continue 语句

continue 语句用于终止 while、do-while、for、foreach 等语句在 continue 出现的那一层次的当前循环，执行新一次循环。例如：

```
class Test7
{
    static void Main()
    {
        for (int x=1; x<=5; x++)
        {
            if (x < 4)
            {
                continue;
            }
            Console.WriteLine(x);
        }
    }
}
```

输出：

```
4
5
```

通过将 continue 语句与表达式(x<4)一起使用，可以跳过 continue 和 for 循环体末尾之间的语句。

3. goto 语句

goto 语句属于无条件的跳转语句，直接跳到指定的标签。

goto 语句的语法格式如下：

```
goto 标识符;
goto case 常量表达式;
goto default;
```

goto 语句跳转的目标是具有给定标签的标记语句。因此，当多个 while、do-while、for、foreach 等语句彼此嵌套时，可以用 goto 语句一次穿越多个嵌套层。比如：

```
class Test8
{
    static void Main()
    {
        int i, j=0;
        for (i=1; i<=10; i++)
            for (j=1; j<=10; j++)
            {
                if ((i == 8) && (j == 8))
                    goto TT;
            }
        TT:
        Console.WriteLine("i 等于" + i + ", j 等于" + j);
```

```
        Console.ReadKey();
    }
}
```

输出：

```
i 等于 8, j 等于 8
```

4. return 语句

return 语句终止它出现在其中的方法的执行并将控制返回给调用方法。它还可以返回一个可选值。如果方法为 void 类型，则可以省略 return 语句。

return 语句的语法格式如下：

```
return 表达式;
return;
```

例如：

```
class Test9
{
    static int Fsdx(int a, int b)
    {
        int x = (a>b ? a : b);
        return  x;
    }
    static void Main()
    {
        int a=5, b=7;
        int result = Fsdx(a, b);
        Console.WriteLine("大数是{0}", result);
        Console.ReadKey();
    }
}
```

输出：

```
大数是 7
```

2.5.4 异常处理

C#为处理在程序执行期间可能出现的反常情况(称作异常)提供了异常处理机制。

异常处理机制允许程序直接去捕获异常，并进行处理，然后程序继续执行。

在 C#语言中，异常处理通常使用 try ... catch ... finally 语句来完成的，在 try 块中获取并使用资源，在 catch 块中处理异常情况，并在 finally 块中释放资源。

通常可以有以下三种可能的形式。

- try-catch，可以有多个 catch 语句。
- try-finally。
- try-catch-finally，可以有多个 catch 语句。

在此，以 try-catch-finally 语句为例：

```
class Class1
{
    static void Main()
    {
        try
        {

            int i = 100;
            int j = 0;
            int k = i/j;  //此行将发生错误
        }
        catch(DivideByZeroException e)
        {
            System.Console.WriteLine("零不能作为除数！异常值为：\n{0}", e);
        }
        catch(Exception e)
        {
            System.Console.WriteLine(
              "非\"零作为除数引发的异常\"!异常值为：\n{0}", e);
        }
        finally   //此语句总是被执行
        {
            Console.WriteLine();
            Console.WriteLine("我永远被执行一次.");
        }
    }
}
```

输出结果如图 2.4 所示。

```
零不能作为除数！异常值为：
System.DivideByZeroException: 尝试除以零。
   在 ConsoleApplication2.Program.Main(String[] args) 位置 d:\My Documents\Visua
l Studio 2010\Projects\ConsoleApplication2\ConsoleApplication2\Program.cs:行号 1
9

我永远被执行一次.
```

图 2.4　输出结果

通常把可能会出现异常的语句放在 try 语句中。“try 语句块”中的语句会逐条运行，直到完成或者产生异常。若“try 语句块”运行时产生异常，则运行 catch 语句，异常将在 catch 语句中被处理。

System 名称空间中常用的异常类型如下。

- MemberAccessException：访问错误，类型成员不能被访问。
- ArgumentException：参数错误，方法的参数无效。
- ArgumentNullException：参数为空，给方法传递一个不可接受的空参数。
- ArithmeticException：数学计算错误，由于数学运算导致的异常，覆盖面广。

- ArrayTypeMismatchException：数组类型不匹配。
- DivideByZeroException：被 0 除。
- FormatException：参数的格式不正确。
- IndexOutOfRangeException：索引超范围，小于 0 或大于最后一个元素的索引。
- InvalidCastException：非法强制转换，在显式转换失败时引发。
- MulticastNotSupportedException：不支持的组播，组合两非空委派失败时引发。
- NotSupportedException：调用的方法在类中没有实现。
- NullReferenceException：引用空引用对象时引发。
- OutOfMemoryException：无法为新语句分配内存时引发，内存不足。
- OverflowException：溢出。
- StackOverflowException：栈溢出。
- TypeInitializationException：错误的初始化类型，静态构造函数有问题时引发。
- NotFiniteNumberException：无限大的值，数值不合法。

2.6 C#面向对象编程

面向对象编程的概念主要包括类、属性、继承、多态、构造函数等。

2.6.1 类

类是一组具有相同数据结构和相同操作的对象的集合，它定义类型的数据和行为。

1. 声明类

类使用 class 关键字进行声明，比如下列代码：

```
public class Student
{
    //属性、方法等
}
```

class 关键字前面是访问级别。由于在该例中使用 public，因此任何人都可以基于该类创建对象。类的名称位于 class 关键字的后面。定义的其余部分是类的主体，用于定义行为和数据。类的字段、属性、方法和事件统称为“类成员”。

尽管有时类和对象可互换，但它们是不同的概念。类定义对象的类型，但它不是对象本身。对象是基于类的具体实体，有时称为类的实例。

2. 创建对象

通过使用 new 关键字可以创建对象，如下所示：

```
Student st1 = new Student();
```

创建类的实例后，将向程序员传递回对该对象的引用。本例中，st1 是对基于 Student 的对象的引用。此引用引用新对象，但不包含对象数据本身。

2.6.2　类与结构

类与结构有相似点，它们共享大多数相同的语法，但结构与类相比，仍有以下差异：

- 结构是使用 struct 关键字定义的，而类是使用 class 来声明的。
- 在结构声明中，除非字段被声明为 const 或 static，否则无法初始化。
- 结构是值类型，而类是引用类型。
- 结构不能声明默认构造函数(没有参数的构造函数)。
- 结构在赋值时进行复制。将结构赋值给新变量时，将复制所有数据，并且对新副本所做的任何修改不会更改原始副本的数据。
- 与类不同，结构的实例化可以不使用 new 运算符。
- 结构可以声明带参数的构造函数。
- 结构不能从另一个结构继承，而且不能作为一个类的基。
- 结构可用作可以为 null 的类型，因而可向其赋 null 值。

2.6.3　类的访问修饰符

类在声明时，可使用访问修饰符来声明类或类成员的可访问性，主要有以下几个具体的访问修饰符。

1. public

public 关键字是类型和类型成员的访问修饰符。公共访问是允许的最高访问级别。对访问公共成员没有限制，同一程序中任何其他代码或引用该程序集的其他程序集都可以访问该类型或成员。如下例所示：

```
class Student
{
   public string name;
   public int age;
}
class Score
{
   Student s1 = new Student();
   s1.name = "王二";
   s1.age = 23;
   Console.WriteLine("姓名：{0}, 年龄 = {1}", s1.name, s1.age);
}
```

在上面的示例中，声明了两个类：Student 和 Score。直接从 Score 访问 Student 的公共成员 name 和 age。

2. private

private 表示私有访问，私有访问是允许的最低访问级别。私有成员只有在声明它们的类和结构体中才是可访问的，或者说只有同一类或结构中的代码可以访问该类型或成员。比如下列代码：

```
class Student
{
    private string name = "王二";
    private int age = 23;

    public string GetName()
    {
        return name;
    }

    public int GetAge()
    {
        get { return age; }
    }
}
class Test1
{
    static void Main()
    {
        Student s = new Student();
        string n = s.GetName();
        int s = s.age;
        Console.WriteLine("姓名: {0}, 年龄 = {1}", n, s)
    }
}
```

在此示例中，Student 类包含两个私有数据成员 name 和 age。作为私有成员，它们只能通过成员方法来访问。添加名为 GetName 和 GetAge 的公共方法，以便可以对私有成员进行受控的访问。通过公共方法访问 name 成员，而通过公共只读属性访问 age 成员。

3. protected

protected 表示受保护成员或类，只有在同一类或结构或者此类的派生类中才可访问。例如：

```
class TestA
{
    protected int a = 123;
}
```

```
class TestB : A
{
    static void Main()
    {
        TestA a = new TestA();
        TestB b = new TestB();

        /* a.a=10  //此句将发生错误*/
        b.a = 10;
}
```

语句“a.a = 10;”生成错误，因为它是在静态方法 Main 中生成的，而不是类 TestB 的实例。

结构成员无法受保护，因为无法继承结构。

4. internal

同一程序集中的任何代码都可以访问该类型或成员，但其他程序集中的代码不可以。例如：

```
// Class1.cs
internal class ClassA
{
   public static int  a = 0;
}

// Class2.cs

class Class2
{
   static void Main()
   {
      ClassA myc = new ClassA();   // CS0122
   }
}
```

在此示例中，第一个文件包含内部基类 ClassA。在第二个文件中，实例化 ClassA 的尝试将产生错误，因为 ClassA 只能在同一程序集中被访问。

2.6.4　构造函数和析构函数

只要创建类或结构，就会调用它的构造函数。类或结构可能有多个接受不同参数的构造函数，但一个类只能有一个析构函数，析构函数用于析构类的实例。下面分别介绍。

1. 构造函数

构造函数是在创建给定类型的对象时执行的类方法。构造函数具有与类相同的名称，它通常初始化新对象的数据成员。例如：

```
public class Student
{
   public string name;
   public Student() //构造函数
   {
      name = "test";
   }
}

class TestStudent
{
   static void Main()
```

```
    {
        Student t = new Student();
        Console.WriteLine(t.name);
    }
}
```

在上面的示例中，使用一个简单的构造函数定义了名为 Student 的类。然后使用 new 运算符实例化该类。在为新对象分配内存之后，new 运算符立即调用 Student 构造函数。

不带参数的构造函数称为“默认构造函数”。 无论何时，只要使用 new 运算符实例化对象，并且不提供任何参数，就会调用默认构造函数。

2. 析构函数

析构函数用于析构类的实例，它无法继承或重载析构函数，析构函数既没有修饰符，也没有参数。

下面是类 Student 的析构函数的声明：

```
class Student
{
    ~Student()
    {
    }
}
```

该析构函数隐式地对对象的基类调用 Finalize 方法(Object.Finalize，允许对象在“垃圾回收”之前释放资源并执行其他清理操作)。

注意： 不应使用空析构函数。如果类包含析构函数，Finalize 队列中会创建一个项。调用析构函数时，将调用垃圾回收器来处理该队列。如果析构函数为空，只会导致不必要的性能损失。

2.6.5 this 和 static 关键字

下面我们来学习 this 和 static 关键字的用法。

1. this

this 关键字表示引用类的当前实例，还可用作扩展方法的第一个参数的修饰符。this 常用来限定被相似的名称隐藏的成员。例如下面的代码：

```
public Student(string name, int age)
{
    this.name = name;  //把函数形参 name 传递进来的字符串值赋给类的成员变量 name
    this.age = age;
}
```

2. static

static 修饰符可用于类、字段、方法、属性、运算符、事件和构造函数，但不能用于索引器、析构函数或类以外的类型。

例如：

```
static class Student
{
    public static string GetName(string name) { ... }
    public static int GetAge(int age) { ... }
}
```

当常数或者类型声明隐式地是静态成员的时候，不能通过实例引用静态成员，但可以通过类型名称引用它。例如：

```
public class Student
{
    public struct myStruct
    {
        public static string name = "test";
    }
}
```

若要引用静态成员 name，则需要使用完全限定名：Student.MyStruct.name。

2.6.6　继承和多态性

继承和多态性是面向对象编程的主要特性。继承用于创建可重用、扩展和修改在其他类中定义的行为的新类。其成员被继承的类称为“基类”，继承这些成员的类称为“派生类”。派生类只能有一个直接基类，当派生类从基类继承时，它会获得基类的所有方法、字段、属性和事件。继承是可传递的，通过继承，一个类可以用作多种类型：可以用作它自己的类型、任何基类型，或者在实现接口时用作任何接口类型。这称为多态性。

定义一个类从其他类派生时，派生类隐式获得基类的除构造函数和析构函数以外的所有成员。因此，派生类可以重用基类中的代码而无需重新实现这些代码。可以在派生类中添加更多成员。

比如下列示例，基类为 Student，派生类为 StudentGrade1，派生类 StudentGrade1 没有写任何方法，但它继承了基类 Student 的所有方法，可以直接使用：

```
public class Student
{
    public void GetName()
    {
        Console.WriteLine("Student.GetName");
    }
    public  void GetScore()
    {
        Console.WriteLine("Student.GetScore");
    }
}
public class StudentGrade1 : Student
{
}
class Test
```

```
{
    static void Main()
    {
        StudentGrade1 s1 = new StudentGrade1();
        s1.GetName();
        s1.GetScore();
        Console.ReadLine();
    }
}
```

输出：

```
Student.GetName
Student.GetScore
```

当派生类要重写基类成员时，基类的成员需要声明为 virtual 或 abstract 才可以。

同时，派生成员必须使用 override 关键字显式指示该方法将参与虚调用，这将在下一小节中阐述。

类可以将自身或其成员声明为 sealed，从而禁止其他类从该类或其任何成员继承。

2.6.7 虚方法

virtual 关键字用于修饰方法、属性、索引器或事件声明，并使它们可以在派生类中被重写。在方法声明前加上 virtual 关键字，称为虚方法。例如：

```
public virtual int ClassA()
{
    return a;
}
```

默认情况下，C#方法为非虚方法。如果某个方法被声明为虚方法，则继承该方法的任何类都可以实现它自己的版本。如果子类里的方法与父类的方法不同，就可以用 override 去重写。反之，如果子类中的实现方法与父类的一样，那就直接使用继承自父类的方法。

例如：

```
public class Student
{
    public void GetName()
    {
        Console.WriteLine("Student.GetName");
    }
    public virtual void GetScore()
    {
        Console.WriteLine("Student.GetScore");
    }
}
public class StudentGrade1 : Student
{
    new public void GetName()
    {
```

```
        Console.WriteLine("StudentGrade1.GetName");
    }
    public override void GetScore()
    {
        Console.WriteLine("StudentGrade1.GetScore");
    }
}
class Test
{
    static void Main()
    {
        StudentGrade1 s1 = new StudentGrade1();
        Student s = s1;
        s.GetName();
        s.GetScore();
        s1.GetName();
        s1.GetScore();
        Console.ReadLine();
    }
}
```

输出：

```
Student.GetName
StudentGrade1.GetScore
StudentGrade1.GetName
StudentGrade1.GetScore
```

在示例中，GetScore 方法定义为虚方法，所以在调用语句 s.GetScore 后，根据对象变量 s 到 StudentGrade1 类实例中查找该类型对象中是否重写过该方法，结果发现虚方法 GetScore 被重写过，所以输出 StudentGrade1.GetScore。若没有找到，则向上检查其父类 Student，然后执行 Student 的 GetScore 方法。

注意： virtual 关键字不能与 static、abstract、private 或 override 修饰符一起使用。

2.6.8 抽象类

在类定义中使用 abstract 关键字，可以将类声明为抽象类。例如：

```
public abstract Student
{
    //成员
}
```

抽象类不能实例化。抽象类的用途是提供多个派生类可共享的基类的公共定义。例如，类库可以定义一个作为其多个函数的参数的抽象类，并要求程序员使用该库通过创建派生类来提供自己的类实现。

抽象类也可以定义抽象方法，此方法是将关键字 abstract 添加到方法的返回类型的前面。例如：

```
public abstract Student
{
   public abstract void GetAge(string name);
}
```

由于抽象方法没有实现，所以方法定义后面是分号，而不是常规的方法块。抽象类的派生类必须实现所有抽象方法。当抽象类从基类继承虚方法时，抽象类可以使用抽象方法重写该虚方法，例如：

```
public class Student
{
   public virtual void GetAge(string name)
   {
   }
}

public abstract class Student1 : Student
{
   public abstract override void GetAge(string name);
}

public class Student2 : Student1
{
   public override void GetAge(string name)
   {
   }
}
```

如果将虚方法声明为抽象方法，则它对于从抽象类继承的所有类而言仍然是虚的。继承抽象方法的类无法访问该方法的原始实现。

注意：抽象方法只有声明没有实现，需要在子类中实现；虚拟方法有声明和实现，并且可以在子类中覆盖，也可以不覆盖父类的默认实现。

2.6.9 装箱和拆箱

装箱是将值类型转换为引用类型。当 CLR 对值类型进行装箱时，会将该值包装到 System.Object 内部，再将后者存储在托管堆上。拆箱将从对象中提取值类型。装箱是隐式的；拆箱是显式的。装箱和拆箱的概念是类型系统 C#统一视图的基础，其中任一类型的值都被视为一个对象。

比如下列代码演示了装箱：

```
int a = 1354;
object obj = a;  //装箱
Console.WriteLine("装箱后的值 = {0}", obj);
```

输出：

```
装箱后的值=1354
```

下列代码演示了拆箱：

```
int a = 1354;
object obj = a;
int i = (int)obj;  //表示拆箱
Console.WriteLine("拆箱成功");
Console.WriteLine ("拆箱后的值=: {0}", i);
```

输出：

```
拆箱成功
装箱后的值=1354
```

装箱用于在垃圾回收堆中存储值类型。装箱是对值类型装箱，会在堆中分配一个对象实例，并将该值复制到新的对象中。要在运行时成功拆箱值类型，拆箱的项必须是对一个对象的引用，该对象是先前通过装箱该值类型的实例创建的。

2.7　上机实训

(1) 实验目的

① 熟悉 C#的基本语法。

② 掌握数组的使用。

③ 熟悉常用的数据类型。

④ 掌握使用循环语句的基本技巧。

⑤ 掌握异常处理机制。

⑥ 理解类的继承和多态

⑦ 掌握虚方法和抽象类的使用。

(2) 实验内容

① 学会使用 VS2010 创建控制台程序。

② 练习数组的使用方法。

③ 练习使用循环控制语句，输出杨辉三角形。

④ 创建一基类 Student，实现其 GetName、GetScore、GetAge 三个方法，并派生一个 StudentGrade1 类，继承基类所有的方法。

2.8　本章习题

一、选择题

(1) 下列哪个是有效的标识符？(　　)

A. abstract　　B. break　　C. char　　D. @if

(2) 静态变量使用哪个修饰词？(　　)

A. static　　B. public　　C. private　　D. const

(3) 下列哪一个关键字是 C# 4.0 中新增的？(　　)

A. dynamic　　B. object　　C. string　　D.request

(4) 数组的哪一个特性表示该数组的维数？(　　)

A. 数组名.Length　　B. 数组名.Rank

C. 数组名.GetLength　　D. 数组名.GetType

二、填空题

(1) C#每条语句以________结尾。

(2) 关键字在 VS2010 IDE 环境的代码窗口中默认以________色显示。

(3) 跳转语句有________、________、________、________。

(4) 浮点型数据类型使用后缀________表示，decimal 类型使用后缀________表示。

(5) 运算符 new 用于______________，点运算符“.”用于______________。

(6) 在类前面使用 private 表示该类______________。

(7) 在方法声明前加上________关键字，称为虚方法。

(8) .NET 中所有类型的基类是________。

三、判断题(对/错)

(1) 声明变量时可以给变量同时赋初值。　　(　　)

(2) 在 C#中，每个文件可以不包含一个命名空间。　　(　　)

(3) 同一字母的大小写，是相同的字符。　　(　　)

(4) 在 C#中，bool 类型与其他类型之间可以相互转换。　　(　　)

(5) 任何对象都可隐式转换为动态类型。　　(　　)

四、简答题

(1) 简述类与结构的主要区别。

(2) 简述构造函数和析构函数的特点。

(3) 描述虚方法与抽象法的不同之处。

(4) 简述装箱与拆箱的过程。

(5) 描述类、抽象类和接口之间的异同。

第 3 章 ASP.NET 常用内置对象

学习目的与要求：

ASP.NET 提供的常用内置对象有 Request、Response、Application、Session、Cookie、Server 等。这些对象使用户更容易收集通过浏览器请求发送的信息、响应浏览器以及存储用户信息，以实现其他特定的状态管理和页面信息的传递。这些对象是 ASP.NET 实现用户交互功能的基础，它们无需创建即可直接调用和访问。通过本章的学习，要求读者熟练掌握这 6 个内置对象的属性及方法。

3.1 Request 对象

Request 对象用于获取来自浏览器的信息，比如客户端在请求一个页面或传送一个 Form 时提供的所有信息，这包括能够标识浏览器和用户的 HTTP 变量，存储在客户端的 cookie 信息以及附在 URL 后面的值。Request 对象是由 System.Web.HttpRequest 类来实现的。当客户请求 ASP.NET 页面时，所有的请求信息，包括请求报头、请求方法、客户端基本信息等都被封装在 Request 对象中，利用 Request 对象就可以读取这些请求信息。

3.1.1 Request 对象的常用属性和方法

Request 对象常用的属性如表 3.1 所示。

表 3.1 Request 对象的常用属性

名 称	说 明
Browser	获取或设置有关正在请求的客户端的浏览器功能的信息
Cookies	获取客户端发送的 Cookie 的集合
Form	获取表单变量的集合
Headers	获取 HTTP 头集合
HttpMethod	获取客户端使用的 HTTP 数据传输方法(如 GET、POST 或 HEAD)
QueryString	获取 HTTP 查询字符串变量集合
ServerVariables	获取 Web 服务器变量的集合
Url	获取有关当前请求的 URL 的信息
UserHostAddress	获取远程客户端的 IP 主机地址

Request 对象是 Page 的成员之一，所以在程序中不需要做任何声明即可直接使用。示例代码如下：

```
Request.QueryString["UserName"];
Request.QueryString["UserPwd"];
```

Request 对象常用的方法如表 3.2 所示。

表 3.2 Request 对象常用的方法

名 称	说 明
BinaryRead	执行对当前输入流进行指定字节数的二进制读取
GetBufferlessInputStream	获取一个 Stream 对象，该对象可用于读取传入的 HTTP 实体主体
MapImageCoordinates	将传入图像字段窗体参数映射为适当的坐标
SaveAs	将 HTTP 请求保存到磁盘
MapPath	将请求的 URL 中的虚拟路径映射到服务器上的物理路径

示例代码：

```
Request.SaveAs("c:\\HttpRequest.txt", true);
Request.MapPath("~\\HttpRequest.txt");
```

3.1.2　网页之间传递数据

在网页与网页之间，可能经常需要传递数据，通常是利用表单(form)来传递数据。表单的传递方法有两个：post 和 get。下面通过一个示例来演示网页之间的数据传递。

【示例 3.1】在两个网页之间传递数据。

(1) 打开 VS2010，选择“文件”→“新建”→“网站”菜单命令，弹出“新建网站”对话框，选择“ASP.NET 空网站”选项，如图 3.1 所示。单击“确定”按钮。

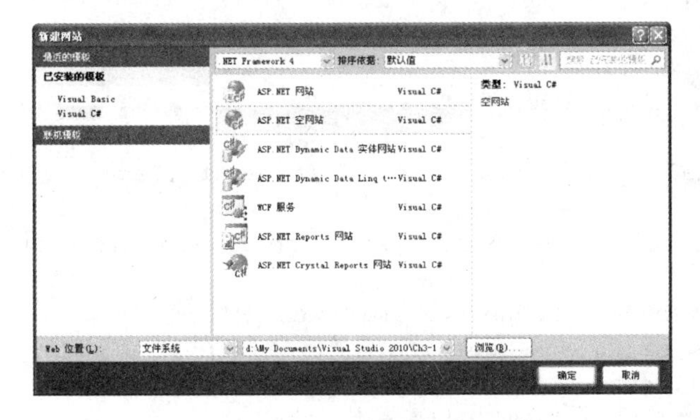

图 3.1　新建网站

(2) 创建网站后，进入“解决方案资源管理器”面板，右击“网站目录”，在弹出的快捷菜单中选择“添加新项”命令，在弹出的“添加新项”对话框中选择“Web 窗体”，在名称栏中输入“Login.aspx”，单击“添加”按钮，如图 3.2 所示。

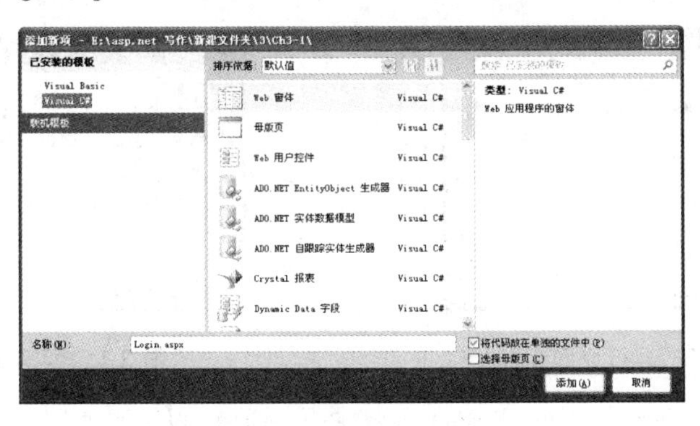

图 3.2　添加 Web 窗体

(3) 在 Login.aspx 中的设计视图中，在<form></form>之间输入如下代码：

```
<form id="form1" action="Default.aspx" method="post"  runat="server">
    <asp:Label ID="Label1" runat="server" Text="你的名字?"></asp:Label>
    <asp:TextBox ID="txtName" runat="server"></asp:TextBox>
    <br />
```

```
    <asp:Label ID="Label2" runat="server" Text="你的生日"></asp:Label>
    <asp:TextBox ID="txtBirth" runat="server"></asp:TextBox>
    <asp:Button ID="Button1" runat="server" Text="提交?" />
</form>
```

上述代码中，Form 表单的 action 属性设置为调用处理页面 Default.aspx，其 method 采用 post 方法，而在 Default.aspx 网页中，就可以利用 request 对象来获取 Login.aspx 网页中输入的内容。

(4) 重复第(2)步，新添加另一个 Web 窗体，名称设置为 Default.aspx，并在页面放置两个 Label 控件，在 Default.aspx.cs 文件中，读取提交的参数，编写如下代码：

```
using System;
using System.Collections.Generic;
using System.Linq;
using System.Web;
using System.Web.UI;
using System.Web.UI.WebControls;

public partial class _Default : System.Web.UI.Page
{
    protected void Page_Load(object sender, EventArgs e)
    {
        string name = Request.Form["txtName"];
        string birth = Request.Form["txtBirth"];
        Label1.Text = "你的名字:" + name;
        Label2.Text = "你的生日:" + birth;
    }
}
```

(5) 运行该网站，输入“darcy”和“1210”，单击“提交”按钮，网页跳转到处理页面 Default.aspx。如图 3.3 和 3.4 所示。

图 3.3 运行页面

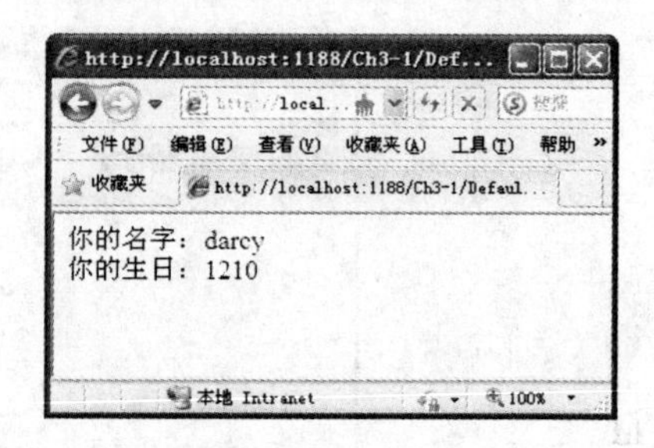

图 3.4 传递成功页面

在这个示例中，我们使用的是 post 方法来传递值。假如要使用 get 方法，则需要使用 Request 对象的 QueryString 属性来获得 Login.aspx 页面传递来的数据，把上例中的关键赋值代码改为：

```
string name = Request.QueryString["txtName"];
string birth = Request.QueryString["txtBirth"];
```

另外，使用 post 方法时，参数是在消息的正文中发送的。而 get 方法将参数追加到请

求的 URL 上。所以在这两种形式中，post 比较安全。post 是通过 HTTP post 机制，将表单内各个字段与其内容放置在 HTML HEADER 内一起传送到 ACTION 属性所指的 URL 地址。用户看不到这个过程。对于 get 方式，服务器端用 Request.QueryString 获取变量的值，对于 post 方式，服务器端用 Request.Form 获取提交的数据。

通常 QueryString 属性对传递的字符大小有限制，但 ASP.NET 4.0 提供了参数 maxQueryStringLength，分别用来设定 QueryString 的最大长度限制。

可通过设置 httpRuntime 元素的 maxQueryStringLength 特性，在 web.config 中加入以下语句，例如把 maxQueryStringLength 设为 4096 字符数：

```
<httpRuntime maxQueryStringLength="4096" />     <!--默认值为 2048-->
```

3.1.3　获取客户端浏览器信息

在网页中，有时需要获取客户端浏览器信息，这时，我们可以使用 Request 对象的 Browser、UserHostAddress 等属性来获得客户浏览器的相关信息。

【示例 3.2】获取客户浏览器的相关信息。

(1) 打开 VS2010，选择“文件”→“新建”→“网站”菜单命令，弹出“新建网站”对话框，选择“ASP.NET 空网站”选项，单击“确定”按钮。

(2) 创建网站后，给网站添加一个“Web 窗体”，命名为默认的“Default.aspx”，并在页面上放置一个 Label 控件，在 Default.aspx.cs 文件中编写如下代码：

```
using System;
using System.Collections.Generic;
using System.Linq;
using System.Web;
using System.Web.UI;
using System.Web.UI.WebControls;

public partial class _Default : System.Web.UI.Page
{
    protected void Page_Load(object sender, EventArgs e)
    {
        string ieinfo ="您的浏览器的信息如下：" + "<br>";

        ieinfo += "浏览器为：" + Request.Browser.Type + "<br>";
        ieinfo += "浏览器版本为：" + Request.Browser.Version + "<br>";
        ieinfo += "当前路径为：" + Request.Url + "<br>";
        ieinfo += "您的 IP 地址：" + Request.UserHostAddress + "<br>";
        ieinfo += "您的主机名字：" + Request.UserHostName + "<br>";

        lblDisplay.Text = ieinfo;
    }
}
```

(3) 运行该网站，运行效果如图 3.5 所示。

可以看到客户端浏览器采用的是 IE 8.0，并显示当前路径和主机 IP 地址。

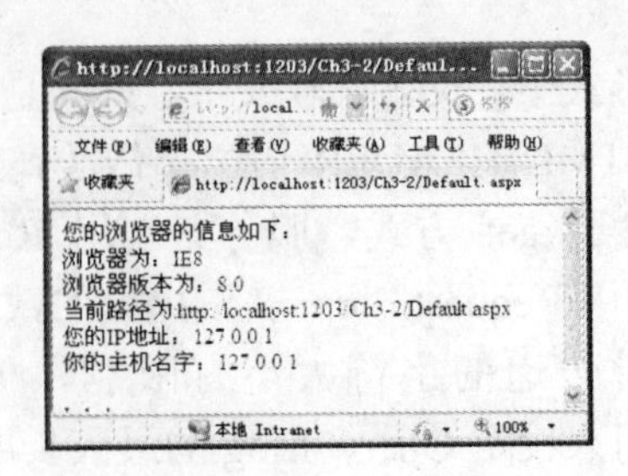

图 3.5　运行效果

3.2　Response 对象

Response 对象用于向客户端浏览器发送数据，用户可以使用该对象将服务器的数据以 HTML 的格式发送到用户端的浏览器，也可以重定向到另一个网页。它是 HttpResponse 类的一个实例，该类主要是封装来自 ASP.NET 操作的 HTTP 响应信息。

3.2.1　Response 对象的常用属性和方法

Response 对象的常用属性如表 3.3 所示。

表 3.3　Response 对象的常用属性

属　性	说　明
BufferOutput	该值指示是否缓冲输出完毕后再把结果输出到浏览器
Cache	获取 Web 页的缓存策略(过期时间、保密性、变化条款)
Charset	获取或设置输出流的 HTTP 字符集
Output	启用到输出 HTTP 响应流的文本输出
OutputStream	启用到输出 HTTP 内容主体的二进制输出，并作为响应的一部分
SuppressContent	获取或设置一个值，该值指示是否将 HTTP 内容发送到客户端

Response 对象的常用方法如表 3.4 所示。

表 3.4　Response 对象的常用方法

方　法	说　明
AppendHeader	将 HTTP 头添加到输出流
AppendCookie	将一个 HTTP Cookie 添加到内容 Cookie 集合
Clear	清除缓冲区流中的所有内容输出
Close	关闭到客户端的套接字连接
End	停止页面的执行并得到相应的结果
Flush	向客户端发送当前所有缓冲的输出
Redirect	使浏览器立即重定向到程序指定的 URL
Write	将指定的字符串或表达式的结果写到当前的 HTTP 输出

对于这些方法，用得最多的是 Write 方法、Redirect 和 End 方法，下面分别介绍。

3.2.2　Write 方法的使用

Write 方法，主要把数据输出到客户端浏览器，它有以下几种用法。

- Write(Char)：将一个字符写入 HTTP 响应输出流。
- Write(Object)：将 Object 写入 HTTP 响应流。
- Write(String)：将一个字符串写入 HTTP 响应输出流。
- Write(Char[], Int32, Int32)：将一个字符数组写入 HTTP 响应输出流。

【示例 3.3】使用 Write 方法输出字符。

(1) 首先新建一个网站，并添加一个窗体，在 Default.aspx.cs 文件中编写如下代码：

```
using System;
using System.Collections.Generic;
using System.Linq;
using System.Web;
using System.Web.UI;
using System.Web.UI.WebControls;

public partial class _Default : System.Web.UI.Page
{
    protected void Page_Load(object sender, EventArgs e)
    {
        Response.Write("学习 ASP.NET 4.0" + "<br>");  //输出
        Response.Write("简单吧")
    }
}
```

(2) 运行网页，显示如图 3.6 所示。

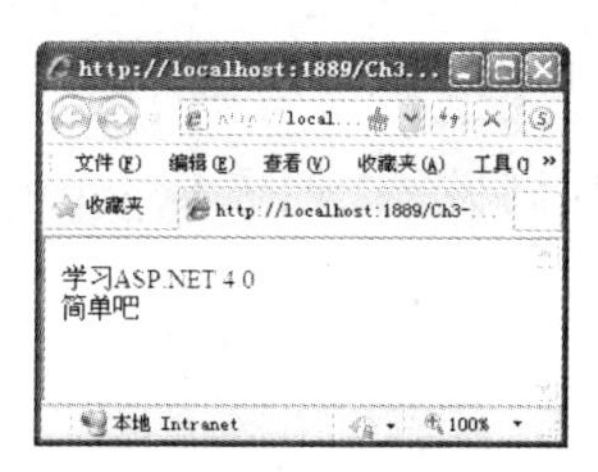

图 3.6　输出字符串

在这个示例中，我们看到，HTML 标记“
”在字符串中也被浏览器执行了，实现了换行的效果。

3.2.3　Redirect 方法的使用

Redirect 方法可以使将网页重定向到其他的 URL，它不同于 Server 对象中的两个跳转方法，因为它在跳转的过程中，地址栏中的地址信息会相应地更改。

【示例 3.4】使用 Redirect 方法跳转。

(1) 首先新建一个网站，并添加两个窗体，一个为 Default.aspx，一个为 Login.aspx，在 Default.aspx.cs 文件中，置入一个命令按钮，编写如下代码：

```
using System;
using System.Collections.Generic;
using System.Linq;
using System.Web;
using System.Web.UI;
using System.Web.UI.WebControls;

public partial class _Default : System.Web.UI.Page
{
    protected void Page_Load(object sender, EventArgs e)
    {
    }
    protected void Button1_Click(object sender, EventArgs e)
    {
        Response.Redirect("Login.aspx");  //表示当前路径下的 Login.aspx 文件
    }
}
```

(2) 在 Login.aspx 网页中，将“Redirect 跳到这来了！”文本置入网页中，保存。

(3) 运行 Default.aspx 网页，单击“跳转”按钮(见图 3.7)，显示效果如图 3.8 所示。

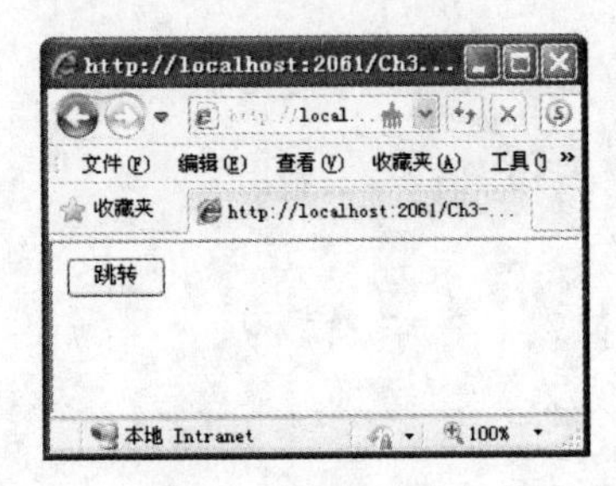

图 3.7　运行网页

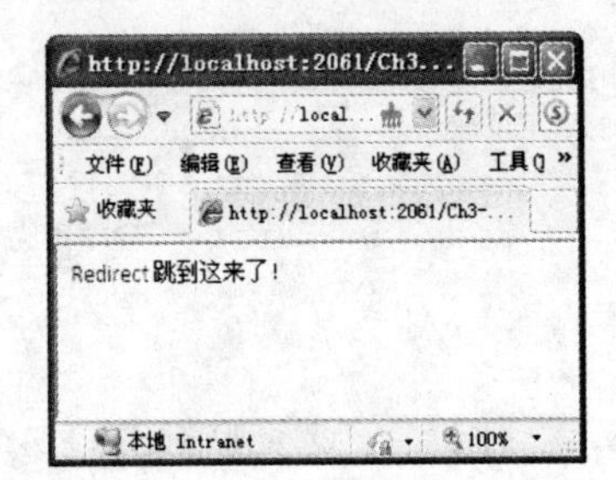

图 3.8　显示效果

上面的示例强制无条件重定向到另一个网页 Login.aspx，且地址栏也相应改变。

3.2.4　End 方法的使用

End 方法使 Web 服务器停止处理脚本并返回当前结果，当我们调试程序的时候，这个方法很有用，比如查看循环的中间结果。

【示例 3.5】使用 End 方法。

(1) 新建一个网站，并添加一个窗体，在 Default.aspx.cs 文件中编写如下代码：

```
using System;
using System.Collections.Generic;
using System.Linq;
using System.Web;
using System.Web.UI;
using System.Web.UI.WebControls;

public partial class _Default : System.Web.UI.Page
```

```
{
    protected void Page_Load(object sender, EventArgs e)
    {
        for (int i=0; i<50; i++)
        {
            Response.Write(i.ToString() + " ");
            if (i == 20) Response.End(); //当 i=20 时停止循环并返回当前结果
        }
    }
}
```

(2) 运行网页，显示结果如图 3.9 所示。

图 3.9　End 方法中断循环输出

注意： 使用 Response.End、Response.Redirect 方法时，一旦出现异常，将抛出 ThreadAbortException 异常。可以使用 try-catch 语句捕获此异常，并引发 EndRequest 事件。

3.3　Server 对象

Server 对象的类名称是 HttpServerUtility，主要提供对服务器上的方法和属性的访问。HttpServerUtility 类的方法和属性通过 ASP.NET 提供的内部 Server 对象公开。

3.3.1　Server 对象的常用属性和方法

Server 对象的主要属性如表 3.5 所示。

表 3.5　Server 对象的属性

属　性	描　述
MachineName	获取服务器的计算机名称
ScriptTimeout	获取或设置请求超时时间

【示例 3.6】 Server 对象的属性。

(1) 打开 VS2010，选择“文件”→“新建”→“网站”菜单命令，弹出“新建网站”对话框，选择“ASP.NET 空网站”选项，单击“确定”按钮。

(2) 创建网站后，给网站添加一个“Web 窗体”，命名为“Default.aspx”，并在页面上放置一个 Label 控件，在 Default.aspx.cs 文件中编写如下代码：

```
using System;
using System.Collections.Generic;
using System.Linq;
using System.Web;
using System.Web.UI;
using System.Web.UI.WebControls;

public partial class _Default : System.Web.UI.Page
{
    protected void Page_Load(object sender, EventArgs e)
    {
        Server.ScriptTimeout = 30; //用户 30 秒钟未访问其他页面则与服务器断开连接
        string myMaName;
        myMaName = Server.MachineName;
        Label1.Text = myMaName;
    }
}
```

(3) 运行该网站，效果如图 3.10 所示。

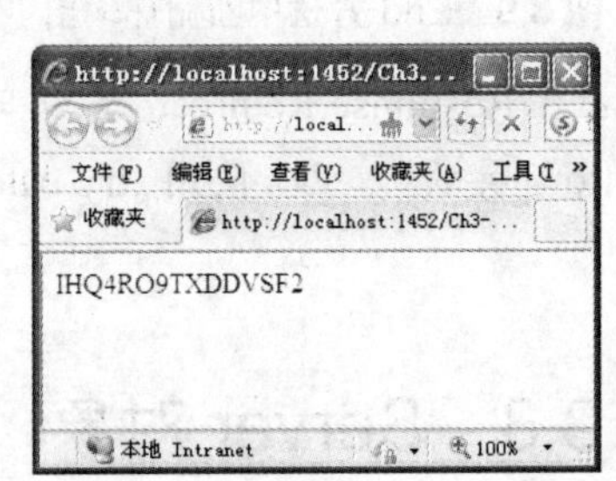

图 3.10 获取服务器名称

当然 Server 对象也有很多方法，常用的主要方法如表 3.6 所示。

表 3.6 Server 对象的方法

方　法	说　明
CreateObject	创建 COM 对象的一个服务器实例
Execute	执行另一个网页，执行完该页后再返回本页继续执行
HtmlEncode	对要在浏览器中显示的字符串进行 HTML 编码并返回已编码的字符串
HtmlDecode	对 HTML 编码的字符串进行解码，并返回已解码的字符串
UrlEncode	对字符串进行 URL 编码，并返回已编码的字符串
UrlDecode	对已被编码的 URL 字符串进行解码，并返回已解码的字符串
MapPath	返回与 Web 服务器上的指定虚拟路径相对应的物理文件路径
Transfer	终止当前页的执行，并为当前请求开始执行新页

3.3.2　MapPath 方法的使用

Server 对象的 MapPath 方法将虚拟路径或相对于当前页的相对路径转化为 Web 服务器上的物理文件路径。对于网页处理文件上传，MapPath 方法很有用。

语法：

```
Server.MapPath(虚拟路径);
```

【示例 3.7】MapPath 方法示例。

(1) 首先按前面的示例方法，新建一个网站，并添加一个窗体，在窗体上添加一个 Label 控件，在 Default.aspx.cs 文件中编写如下代码：

```
using System;
using System.Collections.Generic;
using System.Linq;
using System.Web;
using System.Web.UI;
using System.Web.UI.WebControls;

public partial class _Default : System.Web.UI.Page
{
    protected void Page_Load(object sender, EventArgs e)
    {
        Label1.Text = Server.MapPath(".");  //获取当前文件的路径
    }
}
```

(2) 运行该网站，输出结果如图 3.11 所示。

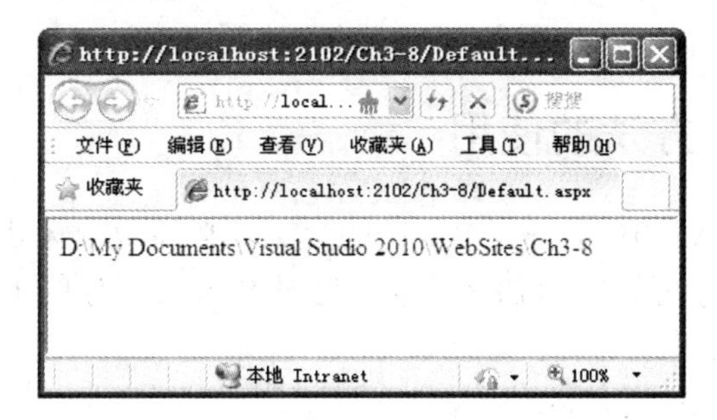

图 3.11　显示当前文件的路径

3.3.3　HtmlEncode 方法的使用

有时我们需要在网页上显示“
”、“<li>”等符号，但是
、<li>是 HTML 标记，所以对这些标记需要做特殊处理。

而 Server 对象的 HtmlEncode 方法就可以把输入的所有字符串作为静态文本显示在浏览器中，而不是被浏览器解释为 HTML。

【示例 3.8】HtmlEncode 的使用。

(1) 首先新建一个网站，并添加一个窗体，在窗体上添加一个 Label 控件，在

Default.aspx.cs 文件中，编写如下代码：

```
using System;
using System.Collections.Generic;
using System.Linq;
using System.Web;
using System.Web.UI;
using System.Web.UI.WebControls;

public partial class _Default : System.Web.UI.Page
{
    protected void Page_Load(object sender, EventArgs e)
    {
        String Str = "我只是出来打酱油的 <br>、<html> 、<form>.";
        String EncodedStr = Server.HtmlEncode(Str);
        Label1.Text = EncodedStr;
    }
}
```

(2) 运行网站，当输出 EncodedStr 字符串的时候，会完整地显示字符串的 HTML 标记，并不会被解释执行，所以输出结果如图 3.12 所示。

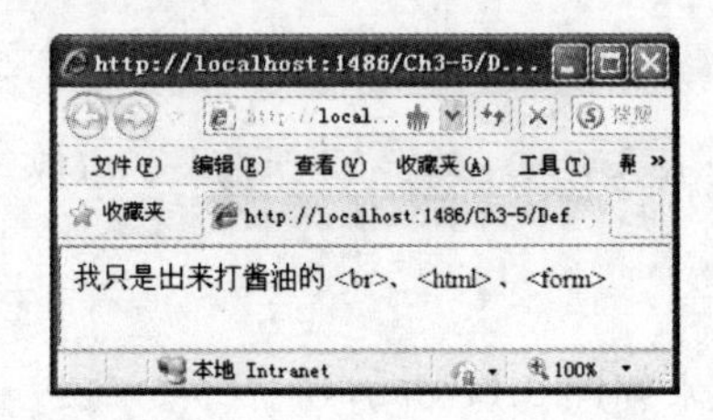

图 3.12　输出 HTML 标记

3.3.4　UrlEncode 方法的使用

在 URL 中，有些 ASCII 字符具有特殊的含义，必须做特殊处理，以便通过 URL 从 Web 服务器到客户端进行可靠的 HTTP 传输，这时 Server 对象的 UrlEncode 方法就可以派上用场了。

【示例 3.9】UrlEncode 方法的使用。

(1) 首先新建一个网站，并添加一个窗体，然后在窗体上添加一个 Label 控件，在 Default.aspx.cs 文件中编写如下代码：

```
using System;
using System.Collections.Generic;
using System.Linq;
using System.Web;
using System.Web.UI;
using System.Web.UI.WebControls;

public partial class _Default : System.Web.UI.Page
{
    protected void Page_Load(object sender, EventArgs e)
```

```
    {
        string url;
        url = "http://localhost/default.aspx?ID=";
        url += Server.UrlEncode("小王");
        url += Server.UrlEncode("&uid=23421");
        Label1.Text = url;
    }
}
```

(2) 运行结果如图 3.13 所示。

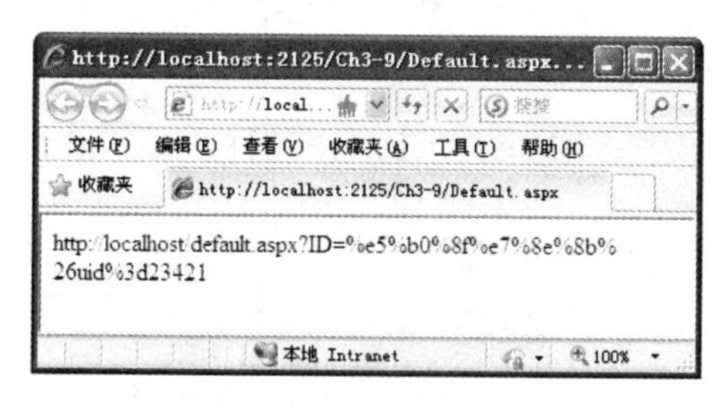

图 3.13　URL 处理结果

经过编码后的 URL 路径，可以通过 UrlDecode 方法进行解码后再输出。读者可以自行完成此方法的练习。

3.3.5　Execute 方法和 Transfer 方法的使用

Server 对象的 Execute 方法用于将执行从当前页面转移到另一个页面，并将执行返回到当前页面。执行所转移到的页面在同一浏览器窗口中执行，然后原始页面继续执行。因此，执行 Execute 方法之后，原始页面保留控制。以下为 Execute 方法调用实例：

```
Server.Execute("Index.aspx");
```

Transfer 方法用于将执行完全转移到指定页面。与 Execute 方法不同，执行该方法是主调页面将失去控制权，但内部控件(如 request、session 等)保存的信息不变，因此，当从页面 1 转到页面 2 时，并不会丢失页面 1 中收集的用户提交信息。

此外，在转移的过程中，浏览器中的 URL 不会改变，因为重定向完全在服务器端进行，浏览器根本不知道服务器已经执行了一次页面变换，它隐藏了新网页的地址及附带在地址后边的参数值，具有网页传递数据保密功能。

以下为 Transfer 方法调用实例：

```
Server.Transfer("Index.aspx");
```

【示例 3.10】Execute 方法和 Transfer 方法的使用。

(1) 首先创建两个 Web 窗体 form1.aspx 和 form2.aspx，在 form1.aspx.cs 中编写代码：

```
using System;
using System.Collections.Generic;
using System.Linq;
using System.Web;
using System.Web.UI;
```

```
using System.Web.UI.WebControls;

public partial class form1 : System.Web.UI.Page
{
    protected void Page_Load(object sender, EventArgs e)
    {
        Response.Write("Execute方法使用?");
        Server.Execute("form2.aspx");
        Response.Write("调用结束返回到form1.aspx");

    }
}
```

(2) 在窗体 form2.aspx 中，添加一个 Label 控件，在 form2.aspx.cs 文件中，编写如下语句：

```
using System;
using System.Collections.Generic;
using System.Linq;
using System.Web;
using System.Web.UI;
using System.Web.UI.WebControls;

public partial class form2 : System.Web.UI.Page
{
    protected void Page_Load(object sender, EventArgs e)
    {
        Label1.Text = "现在执行到form2.aspx窗体";
    }
}
```

(3) 运行窗体 form1.aspx，执行效果如图 3.14 所示。

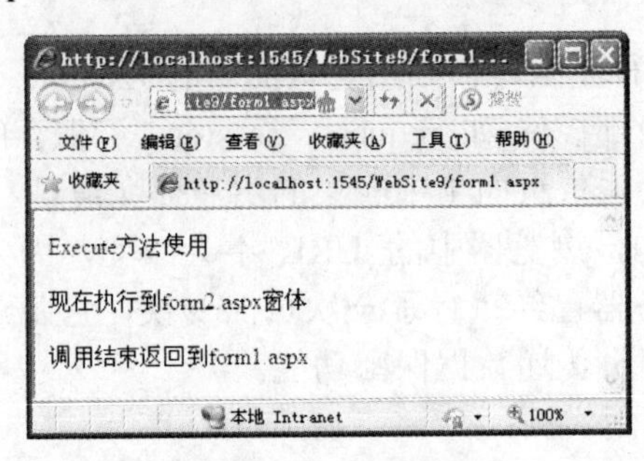

图 3.14 执行效果

在上面的示例中，当调用 Execute 方法后，程序将继续返回到 form1.aspx 页面，并且执行代码：

```
Response.Write("调用结束返回到form1.aspx ");
```

当把 form1.aspx.cs 中的 Page_Load 事件处理程序替换成如下代码：

```
protected void Page_Load(object sender, EventArgs e)
{
```

```
    Response.Write("Execute 方法使用");
    Server.Transfer("form2.aspx"); //只改变此方法
    Response.Write("调用结束返回到 form1.aspx");
}
```

(4) 运行修改后的 form1.aspx 页面，如图 3.15 所示。

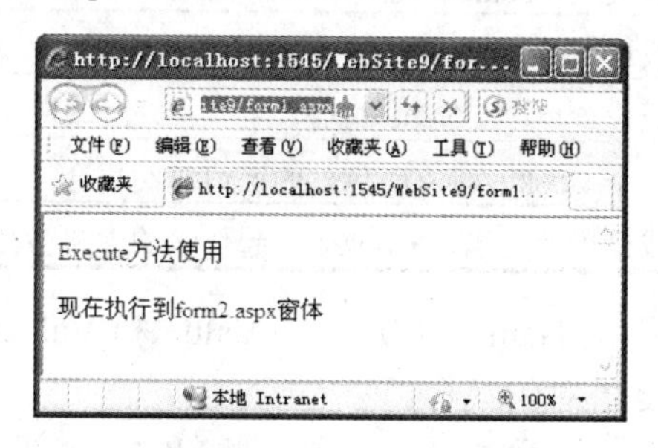

图 3.15　执行 Transfer 方法

当调用 Transfer 方法后，form1.aspx 页面将控制权交给 form2.apsx 页面，不再执行 form1.aspx 中的代码：

```
Response.Write("调用结束返回到 form1.aspx");
```

3.4　Cookies 对象

Cookie 对象提供了一种在 Web 应用程序中存储用户特定信息的方法。例如，当用户访问网站时，可以使用 Cookie 存储用户首选项或其他信息。当该用户再次访问网站时，浏览器便会在客户端查找与该 URL 相关的 Cookie。如果该 Cookie 存在，浏览器便将该 Cookie 与页请求一起发送到网站。然后，应用程序便可以确定该用户上次访问站点的日期和时间。

3.4.1　概述

Cookie 与网站关联，当用户请求网站中的某一页面时，浏览器与服务器会交换 Cookie 对象。浏览器可以存储不同站点的 Cookie，这是因为用户访问不同的站点时，每个站点都可向用户的浏览器发送一个 Cookie。ASP.NET 包含两个内部 Cookie 集合：

- 通过 HttpRequest 对象的 Cookies 集合访问的集合。
- 通过 HttpResponse 对象发送到浏览器，该对象称为 Cookies 的集合。

可以将 HttpResponse 对象作为 Page 类的 Response 属性来访问。下面介绍 Cookies 对象的属性和方法。

3.4.2　Cookies 对象的属性

在 ASP.NET 中使用 HttpCookie 类实现 Cookie 方法。Cookies 对象的属性如表 3.7 所示。

表 3.7 Cookies 对象的属性

属 性	说 明
Domain	获取或设置将此 Cookie 与其关联的域
Expires	获取或设置 Cookie 的过期日期和时间
Name	获取或设置 Cookie 的名称
Value	获取或设置单个 Cookie 的值
Values	获取单个 Cookie 对象所包含的键值对的集合
Path	获取或设置要与当前 Cookie 一起传输的虚拟路径

创建 Cookie 时，必须指定 Name 和 Value。Value 和 Values 的区别在于，Values 可以获取 Cookie 对象所包含的键值对的集合。

下面的示例代码创建了一个新 Cookie 对象，并向它添加 3 个值：

```
HttpCookie MyCookie = new HttpCookie("Cookie1");
MyCookie.Values["Val1"] = "a";
MyCookie.Values["Val2"] = "b";
MyCookie.Values["Val3"] = "c";
Response.Cookies.Add(MyCookie);
```

3.4.3 Cookies 对象的方法

Cookies 对象的方法如表 3.8 所示。

表 3.8 Cookies 对象的方法

方 法	说 明
Add	将指定的 Cookie 添加到此 Cookie 集合中
Clear	清除 Cookie 集合中的所有 Cookie
CopyTo	从指定的数组索引处开始，将 Cookie 集合的成员复制到 Array 中
Get	从 Cookie 集合中返回指定的 HttpCookie 项
Remove	从集合中移除具有指定名称的 Cookie
Set	更新 Cookie 集合中现有 Cookie 的值

3.4.4 Cookies 对象的使用

当客户端访问网站时，网站向客户端写入 Cookie，若此 Cookie 存在，则用新的 Cookie 覆盖旧的 Cookie，否则，创建一个 Cookie。

可以通过多种方法将 Cookie 添加到 Cookies 集合中。

1. 直接赋值

例如：

```
Response.Cookies["userName"].Value = "darcy";
```

```
Response.Cookies["userName"].Expires = DateTime.Now.AddDays(1);
```

Cookies 集合的值是直接设置的，通过这种方式向集合添加值，因为 Cookies 是从 NameObjectCollectionBase 类型的专用集合派生的。

2. 使用 HttpCookie 类实现

例如：

```
HttpCookie mycook = new HttpCookie("userName");
mycook.Value = "darcy";
Response.Cookies.Add(mycook);
```

此代码中，首先利用 HttpCookie 创建了一个 cookie 对象：mycook，然后将其赋值为 darcy，最后把 mycook 添加到 Response 对象的 Cookie 集合中。当关闭了浏览器之后，该 Cookie 对象将不会存在。

3. 创建持久性 Cookies

这种 Cookie 可永久性地存在于客户的硬盘上，并且在日期失效之前一直可用，当用户再次访问这个网站时，服务器会自动取出该用户的相关信息。例如：

```
HttpCookie mycook = new HttpCookie("userName", "darcy");
mycook.Expires = now.AddHours(72);
Response.Cookies.Add(mycook);
```

此代码中，利用 HttpCookie 创建 cookie 对象，并同时进行赋值；并且设置 Cookie 的期限为当前时间加上 72 小时，也可以设置有效期为天数。

注意： 用户可随时清除其计算机上的 Cookie。即便存储的 Cookie 距到期日期还有很长时间，但用户还是可以决定删除所有 Cookie，清除 Cookie 中存储的所有设置。

4. 删除 Cookie

(1) 若要删除单个子键，可以操作 Cookie 的 Values 集合，该集合用于保存子键。首先通过从 Cookies 对象中获取 Cookie 来重新创建 Cookie。然后调用 Values 集合的 Remove 方法，将要删除的子键的名称传递给 Remove 方法。接着将 Cookie 添加到 Cookies 集合，这样 Cookie 便会以修改后的格式发送回浏览器。

下面的代码示例演示如何删除子键。在此示例中，首先指定了要移除的子键的名称：

```
string aName;
aName = "userName";
HttpCookie myCookie = new HttpCookie("userInfo");
myCookie.Values["userName"] = "darcy";
myCookie.Values["lastVisitTime"] = DateTime.Now.ToString();
myCookie.Values.Remove(aName);
myCookie.Expires = DateTime.Now.AddDays(1);
Response.Cookies.Add(myCookie);
```

在上述代码中，首先创建一个名为 userInfo 的 Cookie，其中包含两个子键：userName

和 lastVisitTime，然后，移除了子键 userName。

(2) 删除应用程序中所有可用的 Cookie。由于 Cookie 在用户的计算机中，因此无法将其直接移除。但我们可以让浏览器来执行删除 Cookie 的动作。当浏览器检查 Cookie 的到期日期时，浏览器便会丢弃这个现已过期的 Cookie；下面的示例代码演示了删除应用程序中所有可用 Cookie 的一种方法。

示例代码：

```
HttpCookie myCookie;
string cookieName;
int limit = Request.Cookies.Count;
for (int i=0; i<limit; i++)
{
    cookieName = Request.Cookies[i].Name;
    myCookie = new HttpCookie(cookieName);
    myCookie.Expires = DateTime.Now.AddDays(-1);
    Response.Cookies.Add(myCookie);
}
```

3.4.5 测试浏览器是否支持 Cookies 对象

用户可将其浏览器设置为拒绝接受 Cookie。在不能写入 Cookie 的情况下，不会引发任何错误。同样，浏览器也不向服务器发送有关其当前 Cookie 设置的任何信息。

确定 Cookie 是否被浏览器接受的一种方法是尝试编写一个 Cookie，然后再尝试读取该 Cookie。如果无法读取编写的 Cookie，则认为浏览器不支持 Cookie。

【示例 3.11】测试浏览器是否支持 Cookie。

(1) 新建一个网站，添加两个窗体：webform1.aspx 和 webform2.aspx。

(2) 在 webform1.aspx.cs 文件中编写如下代码：

```
//webform1.aspx.cs
using System;
using System.Collections.Generic;
using System.Linq;
using System.Web;
using System.Web.UI;
using System.Web.UI.WebControls;

public partial class webform1 : System.Web.UI.Page
{
    protected void Page_Load(object sender, EventArgs e)
    {
        if (!Page.IsPostBack)
        {
            if (Request.QueryString["AcceptsCookies"] == null)
            {
                Response.Cookies["TestCookie"].Value = "ok";
                Response.Cookies["TestCookie"].Expires =
                    DateTime.Now.AddMinutes(1);
```

```
            Response.Redirect("webform2.aspx?redirect="
              + Server.UrlEncode(Request.Url.ToString()));
          }
          else
          {
            Response.Write("您的浏览器测试结果 : "
              + Request.QueryString["AcceptsCookies"]);
          }
        }
    }
}
```

该页面首先测试以确定是不是回发，如果不是，则查找包含测试结果的查询字符串变量名 AcceptsCookies。如果不存在查询字符串变量，表示测试还未完成，因此创建一个名为 TestCookie 的 Cookie。创建后，调用 Redirect 方法切换到 webform2.aspx 测试页。测试页 URL 的信息保存在“redirect”字符串变量中，以便在执行测试后返回此页面。

(3) 打开 webform2.aspx.cs 文件，编写如下代码：

```
//webform2.aspx.cs
using System;
using System.Collections.Generic;
using System.Linq;
using System.Web;
using System.Web.UI;
using System.Web.UI.WebControls;

public partial class webform2 : System.Web.UI.Page
{
    protected void Page_Load(object sender, EventArgs e)
    {
        string redirect = Request.QueryString["redirect"];
        string acceptsCookies;
        if (Request.Cookies["TestCookie"] == null)
            acceptsCookies = "不接受 Cookie";
        else
        {
            acceptsCookies = "接受 Cookie";
            Response.Cookies["TestCookie"].Expires =
              DateTime.Now.AddDays(-1);
        }
        Response.Redirect(
          redirect + "?AcceptsCookies=" + acceptsCookies, true);
    }
}
```

在该段代码中，首先读取重定向查询字符串变量后，代码尝试读取 Cookie。如果该 Cookie 存在，则立即删除。测试完成后，通过 redirect 查询字符串变量传递给它的 URL 构造一个新的 URL。新 URL 也包括一个包含测试结果的查询字符串变量。最后使用新 URL 将浏览器重定向到最初的页面。

(4) 运行网站，结果显示如图 3.16 所示。

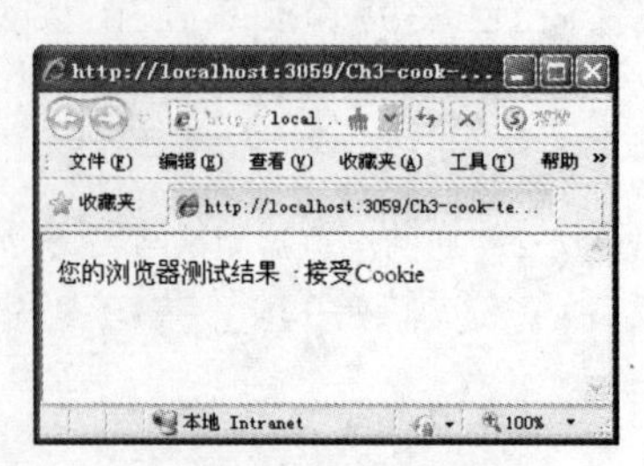

图 3.16 测试结果

3.4.6 Cookies 对象的应用举例

下面创建一个 Cookie 并输出 Cookie 的案例。

【示例 3.12】Cookies 对象的应用。

(1) 首先新建一个网站，并添加一个窗体，在 Default.aspx.cs 文件中编写如下代码：

```
using System;
using System.Collections.Generic;
using System.Linq;
using System.Web;
using System.Web.UI;
using System.Web.UI.WebControls;

public partial class  _Default: System.Web.UI.Page
{
    protected void Page_Load(object sender, EventArgs e)
    {
        HttpCookie MyCook = new HttpCookie("LastViewTime");
        DateTime now = DateTime.Now;
        MyCook.Value = now.ToString();
        MyCook.Expires = now.AddHours(1);
        Response.Cookies.Add(MyCook);
        string scook = MyCook.Value.ToString();
        Response.Write(scook);
    }
}
```

(2) 运行该网站，显示如图 3.17 所示。

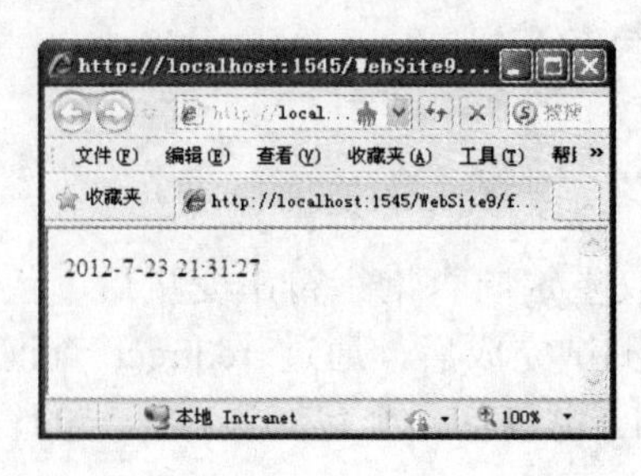

图 3.17 Cookie 实例

在此示例中，创建一个名为 LastVisitTime 的新 Cookie，将该 Cookie 的值设置为当前日期和时间，并利用 Response.Cookies.Add 方法将它添加到当前 Cookie 集合中。最后为了看到效果，输出在页面上，显示出当前时间。

3.5　Session 对象

Session 是客户端浏览器与服务器的会话，Session 对象是 ASP.NET 中用于保持状态的基于 Web 服务器的方法。Session 允许将对象存储在 Web 服务器的内存中。

3.5.1　概述

用户浏览 Web 站点时，使用 Session 对象可以为每个用户存储指定的数据。任何存储在用户 Session 对象之中的数据可以在用户调用下一个页面时取得。一个 Session 对象的值对于同一个用户是相同的，对于不同用户是不同的。

Session 通常用于执行以下操作：

- 存储需要在整个用户会话过程中保持其状态的信息，例如登录信息。
- 存储只需要在页重新加载过程中或按功能分组的一组页之间保持其状态的对象。

Session 的优点是它在 Web 服务器上保持用户的状态信息，可供在任何时间从任何页访问这些信息。

3.5.2　Session 对象的属性

Session 对象是由 System.Web.SessionState.HttpSessionState 类来实现的，属性如表 3.9 所示。

表 3.9　Session 对象的属性

属　性	说　明
Count	获取会话状态集合中 Session 对象的个数
Contents	获取对当前会话状态对象的引用
Keys	获取存储在会话中的所有值的集合
SessionID	获取用于标识会话的唯一会话 ID
TimeOut	获取并设置在会话状态提供程序终止会话之前各请求之间所允许的超时期限
Mode	获取当前会话状态模式

在上面的属性中，有必要重点了解一下 TimeOut 属性，TimeOut 属性主要用来设置 Session 对象的超时时间，单位为分钟，默认为 20 分钟，如果在规定的时间内用户没有对网站进行任何操作，Session 将超时。

例如：

```
Session.Timeout = 30;   //将 Session 的有效时间设置为 30 分钟
```

3.5.3 Session 对象的方法

Session 对象的方法如表 3.10 所示。

表 3.10 Session 对象的方法

方 法	说 明
Add	新增一个 Session 对象
Clear	清除会话状态中的所有值
CopyTo	将会话状态值的集合复制到一维数组中
Remove	删除会话状态集合中的项
RemoveAll	清除所有会话状态值

除了以属性和方法外，Session 对象具有两个事件。

- Session_OnStart：该事件在创建 Session 时被触发。
- Session_OnEnd：该事件在 Session 结束时被调用。

3.5.4 Session 对象的使用

ASP.NET 程序中使用 Session 对象时，必须确保页面@page 指令的 EnableSessionState 属性是 True 或者是 Readonly，并且在 web.config 文件中正确地设置了 SessionState 属性。

(1) 创建 Session 值

可利用下列形式创建键值：

```
Session["键值"] = 值;
```

或者：

```
Session.Add("键值", 值);
```

例如：

```
Session["UserName"]="D3001";
```

此语句表示在 Session 对象中存储一个数据项 UserName，它的值是“D3001”。在创建一个 Session 对象的同时，保留一个键和一个值。

(2) 获取 Session 值

可利用下列形式获取 Session 值：

```
变量 = Session["键值"]
```

例如：

```
string username;
username = Session["UserName"].ToString();
```

该语句表示把 Session 对象中的数据项 UserName 的值赋给变量 username。

(3) 删除键值

可利用下列形式删除键值：

```
Session.Remove("键值");
```

例如：

```
Session.Remove("UserName");
```

此语句表示从 Session 对象中删除 UserName 项。

当然，也可以使用下列语句删除所有键值：

```
Session.RemoveAll();
```

或者：

```
Session.Clear();
```

3.5.5 Session 对象的应用举例

在了解 Session 对象的使用后，下面看一个利用 Session 对象验证登录信息的示例。

【示例 3.13】 Session 对象的应用。

(1) 首先新建一个网站，并添加两个窗体：Login.aspx 和 Index.aspx。

(2) 对 Login.aspx 进行界面设计，放置两个文本框和两个命令按钮，如图 3.18 所示。

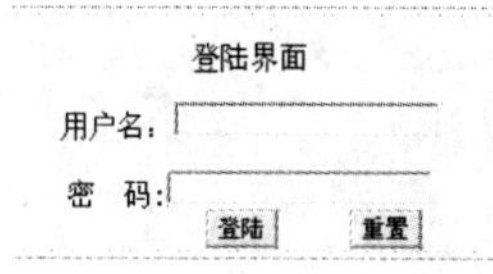

图 3.18 界面设计

(3) 设计界面后，前台页面的代码如下：

```
<%@ Page Language="C#" AutoEventWireup="true" CodeFile="Login.aspx.cs"
  Inherits="Login" %>
<!DOCTYPE html PUBLIC "-//W3C//DTD XHTML 1.0 Transitional//EN"
  "http://www.w3.org/TR/xhtml1/DTD/xhtml1-transitional.dtd">
<html xmlns="http://www.w3.org/1999/xhtml">
<head runat="server">
    <title></title>
    <style type="text/css">
    .style1
    {
       text-align: center;
    }
    </style>
</head>
<body>
    <form id="form1" runat="server">
    <div class="style1">
       <br />
```

```
        登录界面<br />
        <br />
        <asp:Label ID="Label1" runat="server" Text="用户名: "></asp:Label>
        <asp:TextBox ID="txtUserName" runat="server" Width="140px">
        </asp:TextBox>
        <br />
        <br />
        <asp:Label ID="Label2" runat="server" Text="密  码: ">
        </asp:Label>
         <asp:TextBox ID="txtPwd" runat="server"
          TextMode="Password" Width="145px">
        </asp:TextBox>
        <br />
        <br />        
        <asp:Button ID="btn_Login" runat="server"
          onclick="btn_Login_Click" Text="登录" />    
        <asp:Button ID="btn_Reset" runat="server" Text="重置"
          onclick="btn_Reset_Click" />
    </div>
    </form>
</body>
</html>
```

(4) 在 Login.aspx.cs 文件中，编写代码如下：

```
using System;
using System.Collections.Generic;
using System.Linq;
using System.Web;
using System.Web.UI;
using System.Web.UI.WebControls;

public partial class Login : System.Web.UI.Page
{
    protected void Page_Load(object sender, EventArgs e)
    {
    }
    protected void btn_Login_Click(object sender, EventArgs e)
    {
        string userName = txtUserName.Text.Trim();
        string Pwd = txtPwd.Text.Trim();

        if (txtUserName.Text == "darcy" && txtPwd.Text == "123")
        {
            Session.Timeout = 30;
            Session["UserName"] = userName;
            this.Server.Transfer("Index.aspx");
        }
        else
        {
            Response.Write("用户名或密码不正确");
```

```
        }
    }
    protected void btn_Reset_Click(object sender, EventArgs e)
    {
        txtUserName.Text="";
        txtPwd.Text = "";
        txtUserName.Focus();
    }
}
```

(5) 打开 Index.aspx.cs 文件，编写后台处理代码：

```
using System;
using System.Collections.Generic;
using System.Linq;
using System.Web;
using System.Web.UI;
using System.Web.UI.WebControls;

public partial class Index : System.Web.UI.Page
{
    protected void Page_Load(object sender, EventArgs e)
    {
        if (Session["UserName"] == null)
        {
            Response.Write("您不是合法用户");
            Response.Write("<P><A href='Login.aspx'>登录界面</A>");
        }
        else
        {
            Response.Write("恭喜" + Session["UserName"].ToString()
              + "登录成功|! ");
        }
    }
}
```

(6) 配置 Web.config 文件，设置 sessionState 的模式为 InProc，如下所示：

```
<?xml version="1.0"?>
<configuration>
    <system.web>
        <compilation debug="true" targetFramework="4.0"/>
        <pages enableSessionState="true"></pages>
        <sessionState cookieless="true" timeout="10" mode="InProc" >
        </sessionState>
    </system.web>
</configuration>
```

(7) 运行该网站，如图 3.19 所示。

(8) 输入用户名“darcy”和密码“123”，单击“登录”按钮，弹出登录成功界面，如图 3.20 所示。

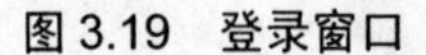

图 3.19　登录窗口

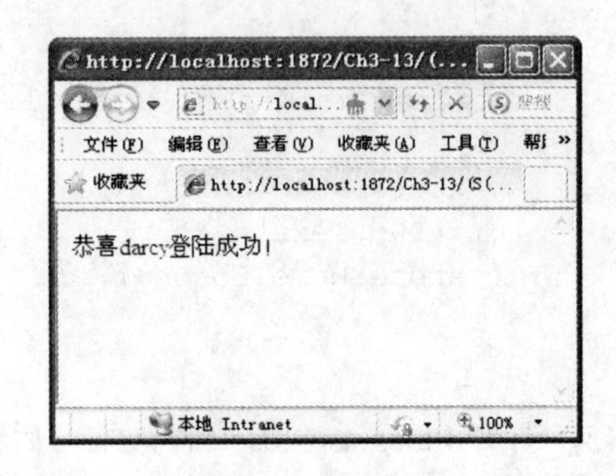

图 3.20　登录成功

在上面的示例中，我们就利用了 Session 方法保持了浏览器和服务器之间的对话，并且把用户信息保存到 Session 键值中，有效时间设置为 30 分钟。当超过 30 分钟时，若用户没有对网站进行任何操作，Session 将超时，需要用户重新登录。在实际应用中，比如购物车、论坛等，都会应用到 Session 对象。

注意： Session 还可以用于某些特定的网页，即需要登录才能访问，否则无法访问。

3.5.6　Session 的存储

ASP.NET 中 Session 的存储模式有 4 种：InProc、SQLServer、StateServer、Custom。

首先来看一下 Web.config 中关于 sessionState 的一些设置：

```
<configuration>
   <system.web>
      <compilation debug="true" targetFramework="4.0"/>
      <pages enableSessionState="true"></pages>
      <sessionState cookieless="true" timeout="10" mode="InProc">
      </sessionState>
   </system.web>
</configuration>
```

(1)　InProc 模式。此模式将会话状态存储在 Web 服务器上的内存中。默认情况下，系统采用的是 InProc 模式。此模式最大的问题是 ASP.NET 工作进程为了维护良好的平均性能，会被经常回收，其映射的内存全部被清空并初始化，以便其他程序可以使用，所以 Session 也跟着一并消失了，就这是为什么 Session 会无故消失的主要原因。但是，InProc 模式是性能最高的一种模式。

(2)　StateServer 模式。此模式将会话状态存储在一个名为 ASP.NET 状态服务的单独进程中。这样就可以确保在重新启动 Web 应用程序时会保留会话状态，并让会话状态可用于网络中的多个 Web 服务器。

可以在 Web.config 中把 mode 设置为 StateServer 模式，例如：

```
<sessionState mode="StateServer"
  stateConnectionString="tcpip=127.0.0.1:42424">
</sessionState>
```

这种情况下，Session 会被保存在 ASP.NET 进程之外的 aspnet_state.exe 进程中，这个进程不受 ASP.NET 进程回收的影响。

但要注意：aspnet_state 是以 Windows 服务形式运行的，所以首先确保 127.0.0.1 对应的机器上该服务已经启动。

(3) SQLServer 模式：这种模式下，session 信息保存到 SQL Server 数据库中，使用此模式可以确保在重新启动 Web 应用程序时保留会话状态，并使会话状态可用于网络中的多个 Web 服务器。

若要使用 SQLServer 模式，必须首先确保在 SQL Server 上安装了 ASP.NET 会话状态数据库。

(4) Custom 模式：在此模式下，可以使用自定义会话状态存储提供程序来存储会话状态数据。在使用 Custom 的 Mode 配置 ASP.NET 应用程序时，必须使用 sessionState 配置元素的 providers 子元素指定会话状态存储提供程序的类型。

注意： *若使用 Off 模式，表示关闭 Session 存储。*

当然，Session 对象也有不少缺点，主要有以下几点：

- Session 变量与 Cookie 密切相关，若用户将浏览器设置为不接受 Cookie，则 Session 就不能被顺利地使用。
- 用户访问网页后创建了 Session 变量，该变量在用户离开网页后仍保持 20 分钟。
- 若将一个庞大的对象放到 Session 中，服务器很容易不堪重负！随着访问人数的增加，将引起服务器的崩溃。应尽量避免将对象放入 Session 中。
- 在大量的页面中使用 Session 变量，这使代码的可读性和可维护性变差。

以上都是基于用户浏览器启用 Cookie 的前提下，若用户将浏览器设置为不接受 Cookie，这时可以修改 web.config 中的 cookieless="true"，即可解决某些用户禁用 cookie 这个问题：

```
<sessionState cookieless="true" mode="StateServer"
  sqlConnectionString="data source=127.0.0.1;Trusted_Connection=yes"
  stateConnectionString="tcpip=127.0.0.1:42424" timeout="30" />
```

此处，cookieless="true"：如果用户浏览器不支持 Cookie 时启用会话状态，就把 SessionID 放 Url 中，比如 http://localhost/(S(abafdf2edqcjobbyh45))/Default.aspx)。

3.6　Application 对象

Application 对象是由类 HttpApplicationState 来实现的。Application 对象是客户端第一次从某个特定的 ASP.NET 应用程序虚拟目录中请求 URL 时创建的。对于 Web 服务器上的每个 ASP.NET 应用程序，都要创建一个单独的实例。然后通过内部 Application 对象公开对每个实例的引用。

Application 是 Page 对象的成员之一，所以在程序中不需要做任何声明即可直接使用它来获取当前 Web 的 HttpApplicationState 对象。

3.6.1 Application 对象的属性

Application 对象的属性如表 3.11 所示。

表 3.11 Application 对象的属性

属 性	说 明
AllKeys	获取 HttpApplicationState 集合中的访问键
Count	获取 HttpApplicationState 集合中的对象数
Contents	获取对 HttpApplicationState 对象的引用
IsReadOnly	获取或设置一个值，通过该值指示 NameObjectCollectionBase 实例是否为只读的
StaticObjects	获取由<object>标记声明的所有对象， 其中范围设置为 ASP.NET 应用程序中的 Application

示例代码：

```
HttpApplicationState App1;
App1 = Application.Contents;
String[] Svars = new String[App1.Count];
Svars = App1.AllKeys;
```

在上面的示例代码中，首先创建了一个新的 HttpApplicationState 对象，用于访问应用程序状态集合中的对象名，并以应用程序状态集合中的所有对象名填充字符串数组。

3.6.2 Application 对象的方法

Application 对象的方法如表 3.12 所示。

表 3.12 Application 对象的常用方法

方 法	说 明
Add	将新的对象添加到 HttpApplicationState 集合中
Clear	从 HttpApplicationState 集合中移除所有对象
Get	通过索引关键字或变数名称得到变量值
GetKey	通过索引获取 HttpApplicationState 对象名
Lock	锁定对 HttpApplicationState 变量的访问
Remove	从 HttpApplicationState 集合中移除命名对象
RemoveAll	从 HttpApplicationState 集合中移除所有对象
RemoveAt	按索引从集合中移除一个 HttpApplicationState 对象
Set	更新 HttpApplicationState 集合中的对象值
UnLock	取消锁定对 HttpApplicationState 变量的访问

Application 对象通常用下面这种方式创建：

```
Application["键值"] = 值;
```

当然也可以通过 Add 方式去创建，比如下面的示例将两个分别命名为 App1 和 App2 的应用程序变量添加到 Application 集合中：

```
Application.Add("Appr1", Object1);
Application.Add("Appr2", Object2);
```

另外，Lock 方法可以阻止其他客户修改存储在 Application 对象中的变量，以确保在同一时刻仅有一个客户可修改和存取 Application 变量。修改后，可以使用 Unlock 取消锁定。

示例代码：

```
Application.Lock();
Application["Cnum"] = 111;
Application["WebCount"] = Convert.ToInt32(Application["WebCount"]) + 1;
Application.UnLock();
```

【示例 3.14】RemoveAt 方法的应用。

(1) 首先新建一个空网站，新建一 Default.aspx 窗体，在页面放置三个 Label 控件。

(2) 在后台 Default.aspx.cs 文件中编写代码如下：

```
using System;
using System.Collections.Generic;
using System.Linq;
using System.Web;
using System.Web.UI;
using System.Web.UI.WebControls;

public partial class _Default : System.Web.UI.Page
{
    protected void Page_Load(object sender, EventArgs e)
    {
        Application.Add("VB.NET", "ASP.NET3.5");
        Application.Add("C#", "ASP.NET4.0");
        Label1.Text = "Application.Keys[0] 的值为: "
          + Application.Keys[0].ToString();
        Label1.Text += "<br />Application.Keys[1] 的值为: "
          + Application.Keys[1].ToString();
        Application.RemoveAt(0);
        Label2.Text = "<br />调用 Application.RemoveAt(0)后";
        Label3.Text = "<br />Application.Keys[0] 还剩下: "
          + Application.Keys[0].ToString();
    }
}
```

(3) 运行该网站，显示结果如图 3.21 所示。

在上述示例中，演示了如何在集合中插入两个应用程序变量，然后使用 RemoveAt 方法移除自定义的 HttpApplicationState 对象中的第一个变量。

注意： HttpApplicationState 类使用 AllKeys 和 Count 属性以及 Add、Clear、Get、GetKey、Remove、RemoveAt 和 Set 方法执行自动锁定和解锁。

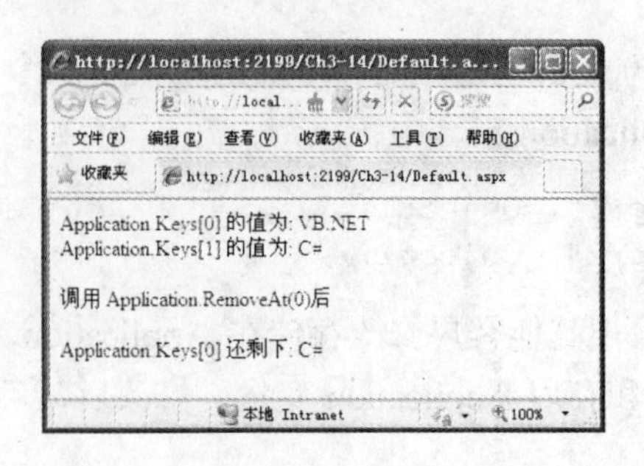

图 3.21　显示效果

3.6.3　Application 对象的使用

在了解 Application 对象的属性和方法后，在本小节中，我们将利用 Application 对象来做一个网站计数器。如果要使用 Application 对象，需要在网站根目录中添加 Global.asax 文件。

【示例 3.15】网站计数器设计。

(1)　首先新建一个空网站，添加一个窗体文件 Default.asp。

(2)　在网站的根目录上右击，从弹出的快捷菜单中选择“添加新项”命令，然后在“添加新项”对话框中选择“全局应用程序类”，单击“添加”按钮，如图 3.22 所示。

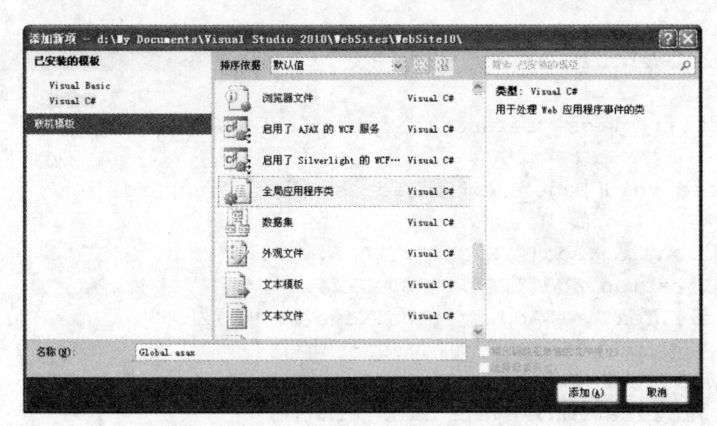

图 3.22　添加全局应用程序类

(3)　添加 Global.asax 成功后，可在“解决方案资源管理器”选项卡里看到，如图 3.23 所示。

图 3.23　添加成功

(4) 单击 Global.asax 文件，在 Global.asax 文件中编写如下代码：

```
<%@ Application Language="C#" %>
<script runat="server">
void Application_Start(object sender, EventArgs e)
{
    //在应用程序启动时运行的代码
    Application.Lock();
    Application["AllCounter"] = 0;
    Application["Online"] = 0;
    Application.UnLock();
}

void Application_End(object sender, EventArgs e)
{
    //在应用程序关闭时运行的代码
}

void Application_Error(object sender, EventArgs e)
{
    //在出现未处理的错误时运行的代码
}

void Session_Start(object sender, EventArgs e)
{
    //在新会话启动时运行的代码
    Application.Lock();
    Application["AllCounter"] =
      Convert.ToInt32(Application["AllCounter"].ToString()) + 1;
    Application["Online"] =
      Convert.ToInt32(Application["Online"].ToString()) + 1;
    Application.UnLock();
}

void Session_End(object sender, EventArgs e)
{
    //在新会话关闭时运行的代码
    Application.Lock();
    Application["Online"] =
      Convert.ToInt32(Application["Online"].ToString()) - 1;
    Application.UnLock();
}
</script>
```

(5) 打开 Default.aspx.cs 文件，编写如下代码：

```
using System;
using System.Collections.Generic;
using System.Linq;
using System.Web;
using System.Web.UI;
using System.Web.UI.WebControls;
```

```
public partial class _Default : System.Web.UI.Page
{
   protected void Page_Load(object sender, EventArgs e)
   {
      Response.Write(
        "已有" + Application["AllCounter"] + "位用户访问了本网站");
      Response.Write("<BR>");
      Response.Write("现在有" + Application["Online"] + "位用户在线");
   }
}
```

(6) 运行网站，结果如图 3.24 所示。

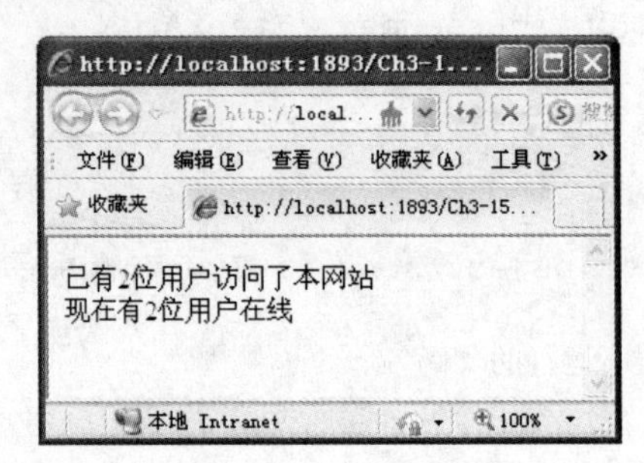

图 3.24　运行结果

当启动应用程序时，首先引发 Application_Start 事件，并设置全部用户数和在线用户数的初值。当一个新用户访问站点时，Global.asax 文件的 Session_Start 事件将被引发，将全部用户数和在线用户数加 1。当用户与站点断开后将引发 Session_End 事件，并让在线用户数减 1。

注意： 只有在 Web.config 文件中的 sessionstate 模式设置为 InProc 时，才会引发 Session_End 事件。如果会话模式设置为 StateServer 或 SQLServer，则不会引发该事件。

3.7 上机实训

(1) 实验目的

① 通过 Request 对象访问客户端表单中的信息。

② 掌握 Response 对象的 Write、Redirect 方法。

③ 通过 Server 对象实现 HTML 和 URL 的编码。

④ 熟悉掌握 Cookies 在网页中的应用。

⑤ 通过 Application 对象实现网站计数器。

⑥ 了解 Session 对象的唯一性和时效性。

⑦ 了解 Application 对象和 Session 对象保存数据的不同特点。

(2) 实验内容

① 利用 Request 对象实现网页 A 传递“Hello, Page B”到网页 B，再利用 Response 输出到页面上，输出之后，跳转到网页 C。

② 使用 Server 对象获得客户浏览器的相关信息，并输出到网页 A 上，之后，利用 Execute 方法和 Transfer 方法分别跳转到网页 B。

③ 新建一个网站，创建一个 Cookies 对象，并设置 Cookie 的有效时间为 20 分钟。

④ 创建一个登录界面，利用 Session 对象检测用户名和密码是否正确，并在 web.config 文件中设置 sessionState 的模式为 InProc。

⑤ 利用 Application 对象创建网站的计数器，显示在线人数和总访问人数。

3.8 本章习题

一、选择题

(1) Page 对象的 IsPostBack 属性用来(　　)。
A. 表示当前页面是否首次加载　　B. 获取一个整数值
C. 返回值为 True 表示第二次加载　　D. 返回值为 False 表示首次加载

(2) 获取客户端的 IP 地址，可用 Request 的哪个属性来获取？(　　)
A. Brows　　B. UserhostAddress　　C. QueryString　　D. Headers

(3) Response 对象的(　　)方法实现 URL 的跳转。
A. Write　　B. End　　C. Flush　　D. Redirect

(4) Server 对象的(　　)方法将虚拟路径转化为 Web 服务器的物理路径。
A. Execute　　B. HtmlEncode　　C. MapPath　　D. Transfer

(5) Session 对象的(　　)属性用来设置 Session 对象的超时时间。
A. TimeOut　　B. Count　　C. Contents　　D. Mode

二、填空题

(1) Page 对象是由________命名空间中的 Page 类来实现的。
(2) Request 对象是由________来实现的。
(3) 表单的传递方法有_______和______。
(4) Response 对象的______方法主要把数据输出到客户端浏览器。
(5) Server 对象的_______属性用来获取服务器的计算机名称。
(6) Cookies 对象的______属性可以获取或设置 Cookie 的过期日期和时间。
(7) Session 对象是由________类来实现的。

三、判断题(对/错)

(1) 利用表单的 GET 方法传递值比 POST 更安全。　　(　　)
(2) Response 对象执行 End 方法后，将停止脚本并返回当前结果。　　(　　)
(3) 利用 Server 对象的 HtmlEncode 方法，可以输出 HTML 标记，也可以解释执行。　　(　　)

(4) 当客户端访问网站时，网站向客户端写入 Cookie，若此 Cookie 存在，则并不会用新的 Cookie 覆盖旧的 Cookie。 ( )

(5) Cookie 可永久性地存在于客户的硬盘。 ( )

四、简答题

(1) 简述 Server 对象的 Transfer 方法与 Execute 方法的区别。

(2) 简述 Server.MapPath 与 Request.MapPath 的区别。

(3) 简述 Session 与 Cookie 的区别。

ASP.NET

第 4 章 Web 服务器控件

学习目的与要求：

Web 服务器控件也称 ASP.NET 服务器控件，是 Web Form 编程的基本元素，这也是 ASP.NET 开发中方便和快捷的强力支持。Web 服务器控件不仅包括窗体控件(例如按钮和文本框)，而且还包括特殊用途的控件(例如日历、菜单和树视图控件)。本章主要学习 Web 服务器控件的使用，需要读者熟练使用 HTML 服务器控件，掌握常用 Web 控件的属性，灵活使用验证控件，理解数据控件，了解导航、登录控件和 Web 部件的相关知识。本章是 Web Form 编程的重要组成部分，需要熟练掌握这些服务器控件的使用。

4.1 HTML 服务器控件

HTML 控件就是我们通常所使用的 HTML 语言标记，这些语言标记在已往的静态页面和其他网页里存在，不能在服务器端控制，只能在客户端通过 JavaScript 和 VBScript 等程序语言来控制。HTML 服务器控件具有相同的 HTML 输出和相同的属性及其相应的 HTML 标记。默认情况下，ASP.NET 文件中的 HTML 元素作为文本进行处理，并且不能在服务器端代码中引用这些元素。若要使这些元素能以编程方式进行访问，可以通过添加 runat="server"特性表明应将 HTML 元素作为服务器控件进行处理。

示例代码：

```
<input type="text" value="hello world" runat="server" />
```

4.1.1 HTML 服务器控件与 HTML 元素

HTML 服务器控件在页面中呈现的外观与普通 HTML 元素基本一致，但它运行在服务器上，并且直接映射到大多数浏览器所支持的标准 HTML 元素，这使得开发人员可以以编程方式控制 Web 窗体页上的 HTML 元素。表 4.1 列举了 HTML 元素及它们对应的 HTML 服务器控件。

表 4.1　HTML 元素及对应的 HTML 服务器控件

HTML 元素	HTML 服务器控件
<a>	HtmlAnchor
<button>	HtmlButton
<form>	HtmlForm
<img>	HtmlImage
<input type="button"> <input type="submit"> <input type="reset">	HtmlInputButton
<input type="checkbox">	HtmlInputCheckBox
<input type="file">	HtmlInputFile
<input type="hidden">	HtmlInputHidden
<input type="image">	HtmlInputImage
<input type="radio">	HtmlInputRadioButton
<select>	HtmlSelect
<table>	HtmlTable
<td>、<th>	HtmlTableCell
<tr>	HtmlTableRow

续表

HTML 元素	HTML 服务器控件
<textarea>	HtmlTextArea
<body>、<div>、<font>等	HtmlGenericControl
<title>	HtmlTitle

对于上述 HTML 服务器控件，若要在代码中以成员的形式引用该控件，则应为该控件分配 id 特性。在 Microsoft Visual Studio 2010 中，HTML 服务器控件在工具箱中如图 4.1 所示。

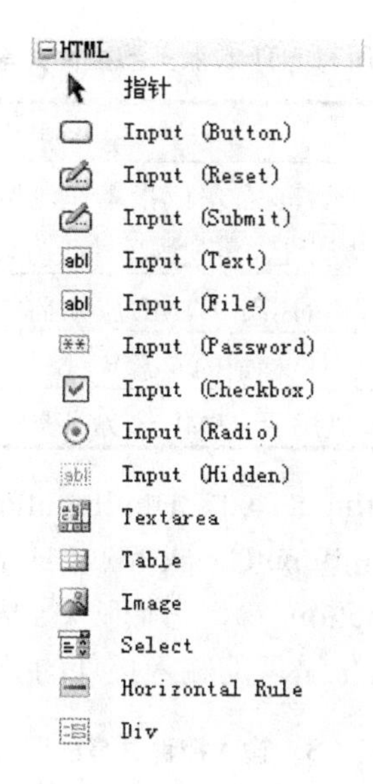

图 4.1　工具箱中的 HTML 控件

注意： *HTML 服务器控件必须驻留在具有 runat="server"特性的包含 form 标记中。*

4.1.2　HTML 服务器控件的功能

HTML 服务器控件公开一个对象模型，该模型十分紧密地映射到相应控件所呈现的 HTML 元素。

HTML 服务器控件提供以下功能：

- 可在服务器上使用熟悉的面向对象的技术对其进行编程的对象模型。每个服务器控件都公开一些属性，可以使用这些属性在服务器代码中以编程方式来操作该控件的标记特性。
- 提供一组事件，可以为其编写事件处理程序，方法与在基于客户端的窗体中大致相同，所不同的是事件处理是在服务器代码中完成的。
- 在客户端脚本中处理事件的能力。
- 自动维护控件状态。在页到服务器的往返行程中，将自动对用户在 HTML 服务器控件中输入的值进行维护并发送回浏览器。
- 与 ASP.NET 验证控件进行交互，因此可以验证用户是否已在控件中输入了适当的信息。

- 数据绑定到一个或多个控件属性。
- 支持样式(如果在支持级联样式表的浏览器中显示 ASP.NET 网页)。
- 可以向 HTML 服务器控件添加所需的任何特性，页框架将呈现这些特性而不会更改其任何功能。

4.1.3 HTML 服务器控件的常用属性

HTML 服务器控件都有一些常用的属性，它们共享表 4.2 所示的属性。

表 4.2 所有 HTML 服务器控件共享的属性

属 性	说 明
Disabled	获取或设置一个布尔值，该布尔值指示在浏览器上显示 HTML 控件时是否包含 disabled 属性。若包含该属性，将使该控件成为只读控件
Style	获取被应用于.aspx 文件中的指定 HTML 服务器控件的所有级联样式表(CSS)属性
TagName	获取包含 runat="server"属性标记的元素名
Visible	获取或设置一个值，该值指示 HTML 服务器控件是否显示在页面上

对于输入型的控件，如 HtmlInputText、HtmlInputPassword、HtmlInputButton、HtmlInputSubmit、HtmlInputReset、HtmlInputCheckBox、HtmlInputImage、HtmlInputHidden、HtmlInputFile 和 HtmlInputRadioButton 等，它们映射到标准 HTML 输入元素，同时包含 type 特性，该特性定义它们在网页上呈现的输入控件的类型。它们共享表 4.3 中的属性。

表 4.3 输入控件共享的属性

属 性	说 明
Name	获取或设置 HtmlInputControl 控件的唯一标识符名称
Value	获取或设置与输入控件关联的值
Type	获取 HtmlInputControl 控件的类型。例如，如果将该属性设置为 text，则 HtmlInputControl 控件是用于输入数据的文本框

对于容器型控件，它们也映射到相应的 HTML 元素，这些元素必需具有开始和结束标记，如<select>、<a>、<button>和<form>元素。例如 HtmlTableCell、HtmlTable、HtmlTableRow、HtmlButton、HtmlForm、HtmlAnchor、HtmlGenericControl、HtmlSelect 和 HtmlTextArea 控件等，它们共享表 4.4 所列的属性。

表 4.4 容器控件共享的属性

属 性	说 明
InnerHtml	获取或设置指定的 HTML 控件的开始和结束标记之间的内容。InnerHtml 属性不会自动将特殊字符转换为 HTML 实体。例如，它不会将小于号字符(<)转换为 <。此属性通常用于将 HTML 元素嵌入到容器控件中

续表

属　性	说　明
InnerText	获取或设置指定的 HTML 控件的开始和结束标记之间的所有文本。与 InnerHtml 属性不同，InnerText 属性会自动将特殊字符转换为 HTML 实体。例如，它会将小于号字符(<)转换为<。此属性通常在希望不必指定 HTML 实体即显示带有特殊字符的文本时使用

4.1.4　常用 HTML 服务器控件

从前面的内容中，我们知道，HTML 服务器控件可分为输入型控件和容器型控件。因此，本节分别介绍这些类型的常用控件。

1. HTML 输入控件

(1)　HtmlInputText 控件

该控件创建一个用于接收用户输入的单行文本框，它映射到<input type=text>和<input type=password>HTML 元素。

它的声明语法如下：

```
<input
 Type="Password|Text"
 EnableViewState="False|True"
 Id="string"
 Visible="False|True"
 OnDataBinding="OnDataBinding event handler"
 OnDisposed="OnDisposed event handler"
 OnInit="OnInit event handler"
 OnLoad="OnLoad event handler"
 OnPreRender="OnPreRender event handler"
 OnServerChange="OnServerChange event handler"
 OnUnload="OnUnload event handler"
 runat="server" />
```

此控件通常与 HtmlInputButton、HtmlInputImage 或 HtmlButton 控件一起用于处理服务器上的用户输入，通过使用 MaxLength、Size 和 Value 属性，可以分别控制可输入的字符数、控件宽度和控件内容。

示例代码：

```
<input id="UserName" type="Text" size="2" maxlength="3" value="1"
 runat="server"/>
```

注意：当 Type 属性设置为 password 时，将屏蔽文本框中的输入内容。

(2)　HtmlInputPassword

HtmlInputPassword 控件从 HtmlInputText 类派生，用于创建一个允许用户输入密码的单行文本框。

示例代码：

```
<input id="Password1" type="password" runat="server" />
```

(3) HtmlInputButton

该控件映射到<input type=button>、<input type=submit>和<input type=reset>HTML 元素，分别用来创建命令按钮、提交按钮或重置按钮。

它的声明语法如下：

```
<input
  Type="Button|Reset|Submit"
  EnableViewState="False|True"
  Id="string"
  Visible="False|True"
  OnDataBinding="OnDataBinding event handler"
  OnDisposed="OnDisposed event handler"
  OnInit="OnInit event handler"
  OnLoad="OnLoad event handler"
  OnPreRender="OnPreRender event handler"
  OnServerClick="OnServerClick event handler"
  OnUnload="OnUnload event handler"
  runat="server" />
```

使用 HtmlInputButton 控件可以对<input type=button>、<input type=submit>和<input type=reset>HTML 元素进行编程。用户单击 HtmlInputButton 控件时，来自嵌有该控件的窗体的输入被发送到服务器并得到处理。然后，将响应发送回请求浏览器。通过为 ServerClick 事件提供自定义事件处理程序，可以在单击控件时执行特定的指令集。

示例代码：

```
<input id="Submit1" type="Submit"
  name="AddButton"
  value="Add"
  onserverclick="AddButton_Click"    <!--添加AddButton_Click事件-->
  runat="server" />
<input id="Reset1" type="Reset"
  name="AddButton"
  value="Reset"
  runat="server"/>
```

注意：此控件不需要结束标记。

(4) HtmlInputSubmit

HtmlInputSubmit 控件从 HtmlInputButton 控件派生，用于在网页上创建一个提交窗体的按钮控件。HtmlInputSubmit 控件通常与 HtmlInputReset 控件一起使用，后者将窗体控件重置为其初始值。

它的用法与 HtmlInputButton 控件相同。

示例代码：

```
<input id="Submit1" type="submit" value="Submit" runat="server" />
```

(5) HtmlInputReset

HtmlInputReset 控件从 HtmlInputButton 控件派生，用于在网页上创建一个按钮控件，该控件将窗体控件重置为其初始值。HtmlInputReset 控件通常与 HtmlInputSubmit 控件一起使用，后者用于创建提交窗体的按钮控件。

示例代码：

```
<input id="Submit1" type="submit" value="Submit" runat="server" />
<input id="Reset1" type="reset" value="Clear" runat="server" />
```

(6) HtmlInputCheckBox

该控件映射到<input type=checkbox>HTML 元素并允许我们创建使用户可以选择 true 或 false 状态的复选框控件。

它的声明语法如下：

```
<input
  Type="Checkbox"
  EnableViewState="False|True"
  Id="string"
  Visible="False|True"
  OnDataBinding="OnDataBinding event handler"
  OnDisposed="OnDisposed event handler"
  OnInit="OnInit event handler"
  OnLoad="OnLoad event handler"
  OnPreRender="OnPreRender event handler"
  OnServerChange="OnServerChange event handler"
  OnUnload="OnUnload event handler"
  runat="server" />
```

使用 HtmlInputCheckBox 控件对<input type=checkbox>HTML 元素进行编程。

单击 HtmlInputCheckBox 控件时，该控件不会向服务器回送。当使用回送服务器的控件(如 HtmlInputButton 控件)时，复选框的状态被发送到服务器进行处理。

示例代码：

```
<input id="Check1" type="checkbox" runat="server" checked="checked"/>
```

(7) HtmlInputImage

该控件映射到<input type=image>HTML 元素并允许用户创建用于显示图像的按钮。

它的声明语法如下：

```
<input
  Type="Image"
  EnableViewState="False|True"
  Id="string"
  Visible="False|True"
  OnDataBinding="OnDataBinding event handler"
  OnDisposed="OnDisposed event handler"
  OnInit="OnInit event handler"
  OnLoad="OnLoad event handler"
  OnPreRender="OnPreRender event handler"
```

```
OnServerClick="OnServerClick event handler"
OnUnload="OnUnload event handler"
runat="server" />
```

可以将此控件与 HtmlInputText、HtmlTextArea 及其他控件一起使用，以构造用户输入窗体。因为此控件是在服务器上运行的<input type=image>元素，所以它提供与 HTML 相同的按钮自定义。

示例代码：

```
<input type="image"
  id="InputImage1"
  src="/test.jpg"
  onserverclick="Button1_Click"
  runat="server" />
```

(8) HtmlInputHidden 控件

该控件映射到<input type=hidden>，使用 HtmlInputHidden 控件对<input type=hidden> HTML 元素进行编程。尽管此控件是窗体的一部分，但它永远不在窗体上显示。由于在 HTML 中不保持状态，所以此控件通常与 HtmlInputButton 和 HtmlInputText 控件一起用于存储在服务器之间发送的信息。

示例代码：

```
<input id="HiddenValue" type="hidden" value="Value1" runat="server" />
```

(9) HtmlInputFile

该控件映射到<input type=file>这个 HTML 元素并允许我们将文件上载到服务器。

它的声明语法如下：

```
<input
  Type="File"
  EnableViewState="False|True"
  Id="string"
  Visible="False|True"
  OnDataBinding="OnDataBinding event handler"
  OnDisposed="OnDisposed event handler"
  OnInit="OnInit event handler"
  OnLoad="OnLoad event handler"
  OnPreRender="OnPreRender event handler"
  OnUnload="OnUnload event handler"
  runat="server" />
```

使用 HtmlInputFile 控件可以让用户能够将二进制文件或文本文件从浏览器上传到 Web 服务器中。

示例代码：

```
<input id="MyFile" type="file" runat="server" />
```

(10) HtmlInputRadioButton

该控件映射到<input type=radio>这个 HTML 元素，它的声明语法如下：

```
<input
  Type="Radio"
  EnableViewState="False|True"
  Id="string"
  Visible="False|True"
  OnDataBinding="OnDataBinding event handler"
  OnDisposed="OnDisposed event handler"
  OnInit="OnInit event handler"
  OnLoad="OnLoad event handler"
  OnPreRender="OnPreRender event handler"
  OnServerChange="OnServerChange event handler"
  OnUnload="OnUnload event handler"
  runat="server" />
```

通过将 Name 属性设置为组内所有<input type=radio>元素所共有的值，可以将多个 HtmlInputRadioButton 控件组成一组。同组中的单选按钮互相排斥；一次只能选择该组中的一个单选按钮。

示例代码：

```
<form id="Form1" runat="server">
    <h3>示例</h3>
    <input type="radio"
      id="Radio1"
      name="Test"
      onserverchange="Test_Change"
      runat="server"/>
    选项 1<br />
    <input type="radio"
      id="Radio2"
      name="Test"
      onserverchange="Test_Change"
      runat="server"/>
    选项 2<br />
    <input type="submit" id="Button1"
      value="Enter"
      runat="server" />
</form>
```

在示例中，我们为 HtmlRadioButton 控件的 ServerChange 事件添加了事件处理程序 Test_Change。

2. 容器型控件

(1) HtmlTable、HtmlTableCell 和 HtmlTableRow

HtmlTable 控件映射到<table>这个 HTML 元素并创建表，HtmlTableRow 控件映射到<tr>这个 HTML 元素并可以创建和操作表中的行，HtmlTableCell 控件映射到<td>和<th>这样的 HTML 元素并可操作表中的单元格。

HtmlTable 控件的声明语法如下：

```
<table
 EnableViewState="False|True"
```

```
 Id="string"
 Visible="False|True"
 OnDataBinding="OnDataBinding event handler"
 OnDisposed="OnDisposed event handler"
 OnInit="OnInit event handler"
 OnLoad="OnLoad event handler"
 OnPreRender="OnPreRender event handler"
 OnUnload="OnUnload event handler"
 runat="server">
   <tr>
      <td></td>
   </tr>
</table>
```

HtmlTable 控件由一些行组成(由 HtmlTableRow 对象表示)，这些行存储在表的 Rows 集合中。每行均由存储在行的 Cells 集合中的单元格(由 HtmlTableCell 对象表示)组成。

若要创建表，首先应在页上的窗体中声明一个 HtmlTable 控件。然后将 HtmlTableRow 对象放置在 HtmlTable 控件的开始和结束标记之间(对于表中所需的每一行放置一个对象)。定义表中的行之后，声明位于每个 HtmlTableRow 对象的开始和结束标记之间的 HtmlTableCell 对象以创建该行的单元格。

HtmlTableRow 控件的声明语法如下：

```
<tr
 EnableViewState="False|True"
 Id="string"
 Visible="False|True"
 OnDataBinding="OnDataBinding event handler"
 OnDisposed="OnDisposed event handler"
 OnInit="OnInit event handler"
 OnLoad="OnLoad event handler"
 OnPreRender="OnPreRender event handler"
 OnUnload="OnUnload event handler"
 runat="server">
   <td>内容 1</td>
   <td>内容 2</td>
</tr>
```

HtmlTableRow 类可以控制表中各个独立行的外观。通过设置 BgColor、BorderColor 和 Height 属性，可以分别控制行的背景色、边框颜色和高度。通过设置 Align 和 VAlign 属性，分别控制行中单元格内容的水平和垂直对齐方式。表中的每行都包含一个 Cells 集合，该集合对于该行中的每个单元格都包含一个 HtmlTableCell。

HtmlTableCell 控件的声明语法如下：

```
<td|th
 EnableViewState="False|True"
 Id="string"
 Visible="False|True"
 OnDataBinding="OnDataBinding event handler"
 OnDisposed="OnDisposed event handler"
```

```
  OnInit="OnInit event handler"
  OnLoad="OnLoad event handler"
  OnPreRender="OnPreRender event handler"
  OnUnload="OnUnload event handler"
  runat="server">
    内容
</td|/th>
```

HtmlTableCell 类使我们可以控制各个独立单元格的外观。

通过设置 BgColor、BorderColor、Height 和 Width 属性，可以分别控制单元格的背景色、边框颜色、高度和宽度。

注意： 同一行中的所有单元格都具有相同的高度。一行中最高的单元格确定该行中所有单元格的高度。

(2) HtmlButton

该控件映射到<button>这个 HTML 元素并创建按钮。其声明语法如下：

```
<button
  CausesValidation="False|True"
  Disabled="Disabled"
  EnableViewState="False|True"
  Id="string"
  ValidationGroup="String"
  Visible="False|True"
  OnDataBinding="OnDataBinding event handler"
  OnDisposed="OnDisposed event handler"
  OnInit="OnInit event handler"
  OnLoad="OnLoad event handler"
  OnPreRender="OnPreRender event handler"
  OnServerClick="OnServerClick event handler"
  OnUnload="OnUnload event handler"
  runat="server">
    <!--按钮文本、图像等-->
</button>
```

此控件可以自定义按钮的外观，也可以为控件添加事件处理，HTML 4.0 中<button>元素能够创建由嵌入的 HTML 元素(甚至其他 Web 窗体控件)构成的按钮。

示例代码：

```
<button id="Button1"
  onserverclick="Button1_OnClick"
  runat="server">
```

注意： <button>元素是在 HTML 4.0 规范中定义的。

(3) HtmlForm 控件

该控件映射到<form>这个 HTML 元素并为网页中的元素创建一个容器。

它的声明语法如下：

```
<form
  DefaultButton="string"
  DefaultFocus="string"
  EnableViewState="False|True"
  Id="string"
  SubmitDisabledControls="False|True"
  Visible="True|False"
  OnDataBinding="OnDataBinding event handler"
  OnDisposed="OnDisposed event handler"
  OnInit="OnInit event handler"
  OnLoad="OnLoad event handler"
  OnPreRender="OnPreRender event handler"
  OnUnload="OnUnload event handler"
  runat="server">
    <!--其他元素，例如 input 等-->
</form>
```

默认情况下，HtmlForm 控件的 method 特性设置为 POST。可以根据需要自定义 method 特性，但如果将 method 特性设置为 GET 或 POST 以外的其他值，则可能破坏内置视图状态和 ASP.NET 提供的回发服务。

示例代码：

```
<form id="ServerForm" runat="server">
   <button id="Button1" runat="server"
     onserverclick="Button1_OnClick">
       登录
   </button>
</form>
```

注意：不能在单个 Web 窗体页上包含多个 HtmlForm 控件。

(4) HtmlAnchor 控件

该控件映射到<a>这个 HTML 元素并可链接到其他网页。它的声明语法如下：

```
<a
  EnableViewState="False|True"
  Href="string"
  Id="string"
  Title="string"
  Visible="False|True"
  OnDataBinding="OnDataBinding event handler"
  OnDisposed="OnDisposed"
  OnInit="OnInit event handler"
  OnLoad="OnLoad event handler"
  OnPreRender="OnPreRender event handler"
  OnServerClick="OnServerClick event handler"
  OnUnload="OnUnload event handler"
  runat="server">
    linkText(链接文本)
</a>
```

HtmlAnchor 控件必须使用带有开始和结束标记的正确格式，可以通过将文本放置在开始和结束标记之间来指定控件标题。通过使用 Target 属性，可以指定显示新网页的位置，Target 值有以下几个选项：_blank、_self、_parent 和_top。

示例代码：

```
<a id="anchor1" runat="server">go back</a>
```

(5)　HtmlGenericControl 控件

该控件映射到某些特殊 HTML 元素，比如<body>、<div>、<span>等。

它的声明语法如下：

```
<span | body | div | font | others
  EnableViewState="False|True"
  ID="string"
  OnDataBinding="OnDataBinding event handler"
  OnDisposed="OnDisposed"
  OnInit="OnInit event handler"
  OnLoad="OnLoad event handler"
  OnPreRender="OnPreRender event handler"
  OnServerClick="OnServerClick event handler"
  OnUnload="OnUnload event handler"
  runat="server"
  Visible="False|True">
  contentBetweenTags
</span | body | div | font | others>
```

该控件通过 TagName 属性将要用作 HTML 控件的特定元素的标记名映射到 ASP.NET。该控件从 HtmlContainerControl 类继承功能，而该类允许动态地更改 HTML 控件标记的内部内容。

示例代码：

```
<body id="Body" runat="server"></body>
<span id="MySpan" runat="server" />
```

(6)　HtmlSelect 控件

控件映射到<select>这个 HTML 元素。

它的声明语法如下：

```
<select
  DataSourceID="string"
  DataTextField="string"
  EnableViewState="False|True"
  Id="string"
  Visible="False|True"
  OnDataBinding="OnDataBinding event handler"
  OnDisposed="OnDisposed event handler"
  OnInit="OnInit event handler"
  OnLoad="OnLoad event handler"
  OnPreRender="OnPreRender event handler"
  OnServerChange="OnServerChange event handler"
```

```
  OnUnload="OnUnload event handler"
  runat="server">
    <option>value1</option>
    <option>value2</option>
</select>
```

默认情况下，该控件呈现为下拉列表框。但是，如果允许多重选择(通过指定 Multiple 特性)或为 Size 属性指定大于 1 的值，则该控件将显示为列表框。还可以将该控件绑定到数据源。设置 DataSource 属性以指定要将其绑定到该控件的数据源。在将数据源绑定到该控件后，可以通过设置 DataValueField 和 DataTextField 属性，分别指定将哪个字段绑定到 Value 和 Text 属性。

示例代码：

```
<select id="CitySelect" runat="server">
    <option>北京</option>
    <option>天津</option>
    <option>兰州</option>
    <option>西安</option>
</select>
```

(7) HtmlTextArea 控件

该控件映射到<textarea>这个 HTML 元素，以便创建多行文本框。

它的声明语法如下：

```
<textarea
  EnableViewState="False|True"
  Id="string"
  Visible="False|True"
  OnDataBinding="OnDataBinding event handler"
  OnDisposed="OnDisposed event handler"
  OnInit="OnInit event handler"
  OnLoad="OnLoad event handler"
  OnPreRender="OnPreRender event handler"
  OnServerChange="OnServerChange event handler"
  OnUnload="OnUnload event handler"
  runat="server">
    <!--Control Content(控件内容)-->
</textarea>
```

该控件可创建多行文本框。文本框的尺寸由 Cols 和 Rows 属性控制。Cols 属性确定控件的宽度，而 Rows 属性确定控件的高度。

HtmlTextArea 控件包含 ServerChange 事件，当控件的内容在对服务器进行发送之间更改时，将引发该事件。

该事件通常用于验证在控件中输入的文本。

示例代码：

```
<textarea id="TextArea1" cols="20" rows="9" runat="server" />
```

4.1.5　应用举例

在了解和熟悉上述 HTML 服务器控件的属性和语法后，此节将用这些 HTML 服务器控件设计一个加法运算器。

【示例 4.1】加法运算器的设计。

(1) 打开 VS2010，新建一个空网站，添加 Web 窗体：Default.aspx 文件。

(2) 在 Default.aspx 的视图中，设计界面，选择“源”视图，编写代码如下：

```
<%@ Page Language="C#" AutoEventWireup="true" CodeFile="Default.aspx.cs"
  Inherits="_Default" %>
<!DOCTYPE html PUBLIC "-//W3C//DTD XHTML 1.0 Transitional//EN"
  "http://www.w3.org/TR/xhtml1/DTD/xhtml1-transitional.dtd">
<html xmlns="http://www.w3.org/1999/xhtml">
<head runat="server">
   <title></title>
   <style type="text/css">
      .style1 {
         height: 25px;
      }
      .style2
      {
         height: 25px;
         width: 15px;
      }
   </style>
</head>
<body id="body" runat="server">
<form id="form1" runat="server">
<script runat="server">

protected void AddButton_Click(Object sender, EventArgs e)
{
   int Sum;
   Sum = Convert.ToInt32(Select1.Value)
     + Convert.ToInt32(Select2.Value);
   AnswerMessage.InnerHtml = Sum.ToString();
}
</script>
<div>
<h3>加法运算示例</h3>
<table runat="server">
   <tr>
      <td colspan="4">输入两个数字进行加法运算</td>
   </tr>
   <tr></tr>
   <tr align="center">
      <td class="style1"> 
         <select id="Select1" runat="server">
```

```
                <option>1</option>
                <option>2</option>
                <option>3</option>
                <option>4</option>
            </select>
        </td>
        <td class="style2">
            +
        </td>
        <td class="style1">
            <select id="Select2" runat="server">
                <option>5</option>
                <option>6</option>
                <option>7</option>
                <option>8</option>
            </select>
            =
        </td>
        <td class="style1">
            <span id="AnswerMessage" runat="server" />
        </td>
    </tr>
    <tr>
        <td colspan="4"> </td>
    </tr>
    <tr align="center">
        <td colspan="4">
            <input id="Submit1" type="Submit"
              name="AddButton"
              value="相加"
              onserverclick="AddButton_Click"
              runat="server" />   
            <input id="Reset1" type="Reset"
              name="AddButton"
              value="重置"
              runat="server"/>
        </td>
    </tr>
</table>
<br/>
 
<a id="Anchor1" runat="server" href="more.html">查看更多内容</a>
</div>
</form>
</body>
</html>
```

上面的代码中使用了<body>、<form>、<span>、<selected>、<input type="Submit">、<input type="Reset">、<a id="Anchor1">等 HTML 服务器控件。

(3) 运行该网站，结果如图 4.2 所示。

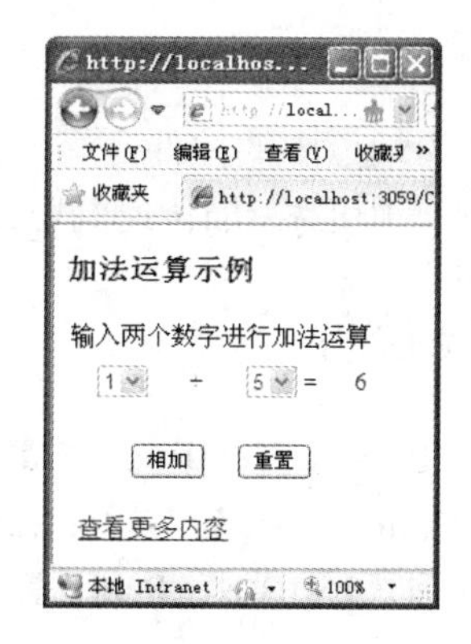

图 4.2　运行结果

对于该示例，读者可以把 HtmlSelect 控件用 HtmlInputText 控件替代，同样地来实现两个数字的加法运算。

4.2　Web 服务器控件

Web 服务器控件是 ASP.NET 内置的服务器端控件。大多数 Web 服务器控件是从基类 System.Web.UI.WebControls.WebControl 派生的。它与 HTML 服务器控件类似，Web 服务器控件同样在服务器创建，且需要声明 runat="server"。但是，Web 服务器控件不必映射任何已有的 HTML 元素，它们可代表更复杂的元素。

4.2.1　概述

Web 服务器控件比 HTML 服务器控件具有更多内置功能。Web 服务器控件与 HTML 服务器控件相比更为抽象，因为其对象模型不一定反映 HTML 语法，它们不必一对一地映射到 HTML 服务器控件，而是定义为抽象控件，在抽象控件中，控件所呈现的实际标记与编程所使用的模型可能截然不同。

Web 服务器控件不仅包括窗体控件(例如按钮和文本框)，而且还包括特殊用途的控件(例如日历、菜单和树视图控件)。在运行 ASP.NET 网页时，Web 服务器控件使用适当的标记在页中呈现，这通常不仅取决于浏览器类型，还与对该控件所做的设置有关。例如，TextBox 控件可能呈现为 input 标记，也可能呈现为 textarea 标记，具体取决于其属性。

4.2.2　Web 服务器控件的功能

除了提供 HTML 服务器控件的上述所有功能(不包括与元素的一对一映射)外，Web 服务器控件还提供以下附加功能：

- 功能丰富的对象模型，该模型具有类型安全编程功能。
- 自动浏览器检测。控件可以检测浏览器的功能并呈现适当的标记。
- 对于某些控件，可以使用 Templates 定义自己的控件布局。
- 对于某些控件，可以指定控件的事件是立即发送到服务器，还是先缓存然后在提交该页时引发。

- 支持主题，可以使用主题为站点中的控件定义一致的外观。
- 可将事件从嵌套控件(例如表中的按钮)传递到容器控件。

4.2.3 常用的 Web 服务器控件

标准 Web 服务器控件包括：Label、TextBox、Button、LinkButton、ImageButton、CheckBox、CheckBoxList、RadioButton、RadioButtonList、Image、HyperLink、Table、TableCell、TableRow、DropDownList、ListBox、Panel 等。这些控件在网页中用 HTML 语言标记，基本的标记格式为：

```
<asp:控件名称 其他属性 runat=server />
```

或者：

```
<asp:控件名称 其他属性> </runat=server>
```

其中“asp:控件名称”、“runat=server”两项是必需的，表示是 Web 服务器控件，由 Web 服务器解释、运行。其他属性是可选的，属性标记格式为：属性=属性值。

下面就介绍常用的 Web 服务器控件，由于篇幅关系，其他控件的使用方式在使用时读者可参考有关的资料。

1. Label 控件

Label 控件用于在页面中显示只读的静态文本或数据绑定的文本。与静态文本不同，可以通过设置 Text 属性来自定义所显示的文本。该控件的功能只能是显示文字，因此在 Label 控件属性面板中最重要的属性为 Text 属性，用于控制控件上面显示的文本，工具箱中 Label 控件的位置如图 4.3 所示，它的属性如图 4.4 所示。

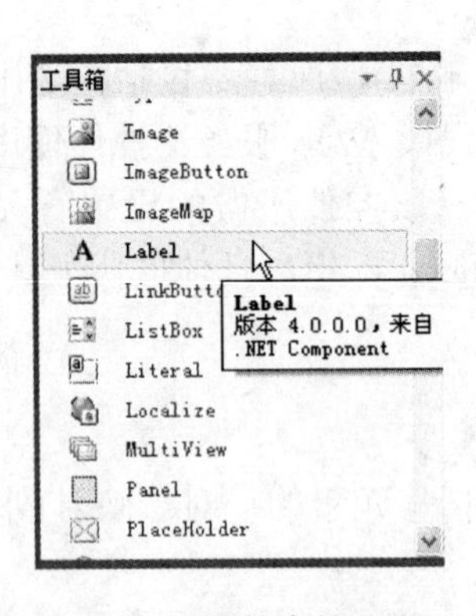

图 4.3 工具箱中的 Label

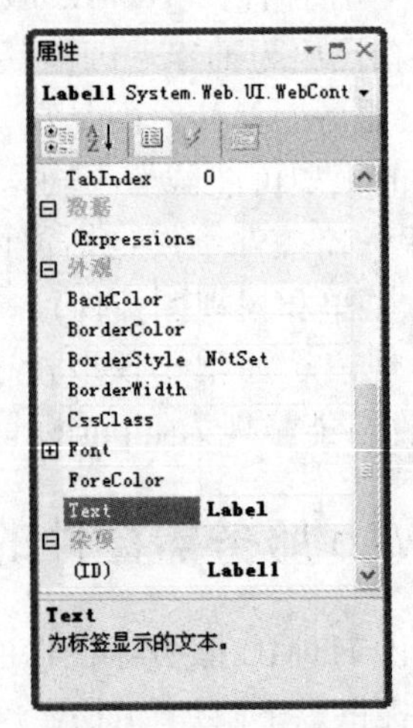

图 4.4 Label 控件的常用属性

示例代码：

```
<asp:Label id="Label1" Text="Label1" runat="server"/>
```

或者在编程中：

```
Label1.Text = "Hello world!";
```

2. TextBox 控件

TextBox 控件可用来创建单行和多行文本框。默认情况下，TextMode 属性设置为 SingleLine，它创建只包含一行的文本框。我们也可以将该属性设置为 MultiLine 或 Password。MultiLine 创建包含多行的文本框。Password 创建可以屏蔽用户输入的值的单行文本框。工具箱中 TextBox 控件的位置如图 4.5 所示，它的常用属性如图 4.6 所示。

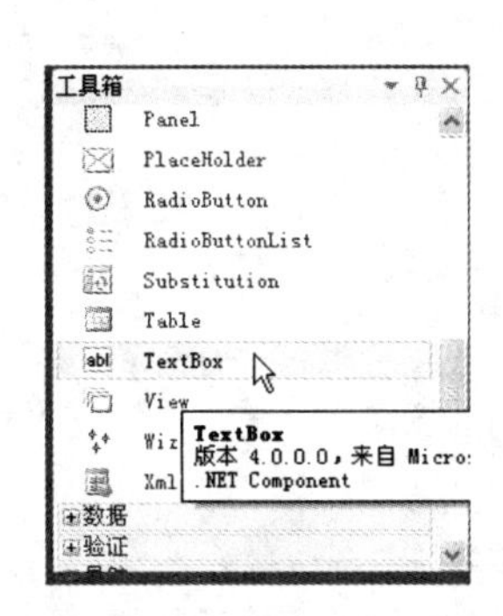

图 4.5　工具箱中的 TextBox

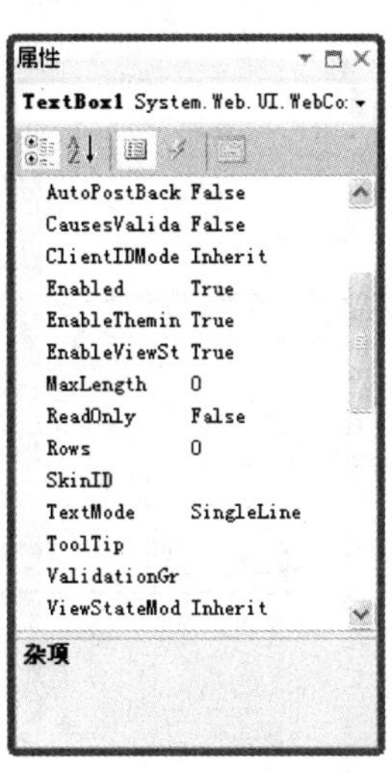

图 4.6　TextBox 常用属性

其中，文本框的显示宽度由其 Columns 属性确定。如果文本框是多行文本框，则显示高度由 Rows 属性确定。使用 Text 属性确定 TextBox 控件的内容。通过设置 MaxLength 属性，可以限制可输入到此控件中的字符数。将 Wrap 属性设置为 true 来指定当到达文本框的结尾时，单元格内容应自动在下一行继续。

示例代码：

```
<asp:TextBox ID="TextBox1" runat="server" BackColor="#3366FF"
  TextMode="MultiLine"></asp:TextBox>
```

当用户离开 TextBox 控件时，该控件将引发 TextChanged 事件。

3. Button 控件

使用 ASP.NET 按钮这种 Web 服务器控件，可使用户能够将页发送到服务器。该按钮控件会在服务器代码中触发一个事件，可以处理该事件来响应回发。

Button 控件有三种类型：标准命令按钮(Button 控件)、超级链接样式按钮(LinkButton 控件)和图形化按钮(ImageButton 控件)，如表 4.5 所示。其声明语法为：

```
<asp:Button runat="server" text=" "></asp:Button>
<asp:LinkButton runat="server" text=" "></asp:Button>
<asp:ImageButton runat="server" ImageUrl="test.jpg"></asp:Button>
```

表 4.5　Button 控件类型

控　件	说　明
Button	标准的命令按钮，呈现为一个 HTML 提交按钮
LinkButton	呈现为页面中的一个超级链接；但它包含使窗体被发回服务器的客户端脚本
ImageButton	将图形指定为按钮，提供丰富的按钮外观，根据用户在图形中单击的位置实现图像映射

工具箱中的 Button 控件如图 4.7 所示，它的属性如图 4.8 所示。

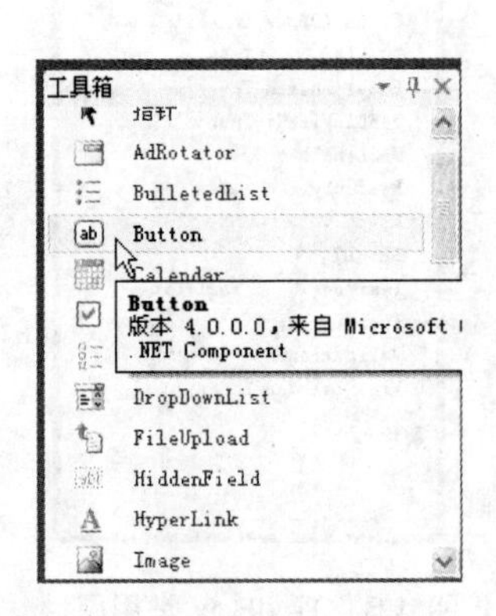

图 4.7　工具箱中的 Button

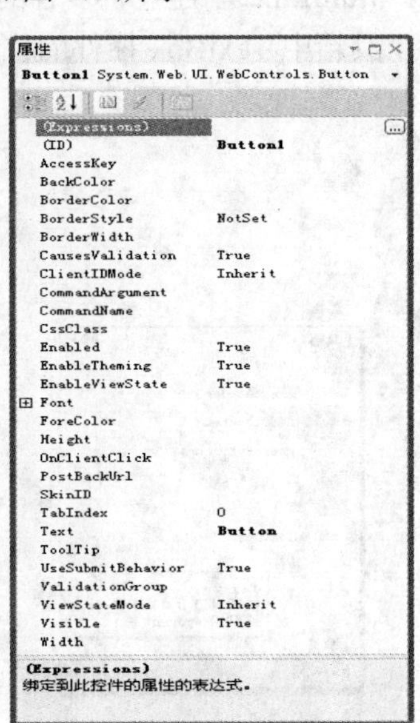

图 4.8　Button 控件属性

在实际中，应用最多的是它的 Text 属性：用来在按钮上显示文字。

它常用的事件是 OnClick 事件：当用户单击按钮以后，触发本事件。通常在编程中，利用 OnClick 事件完成对用户选择的确认、表单的提交、输入数据的修改等。

4. DropDownList 控件

DropDownList 控件使用户可以从预定义的下拉列表中选择单个项。

可使用 DropDownList 控件执行下列操作：

- 使用数据绑定来指定要显示的项的列表。
- 确定选定的项。
- 以编程方式指定选定的项。

工具箱中的 DropDownList 控件如图 4.9 所示，它的属性如图 4.10 所示。

DropDownList 有 3 个重要的属性。

- Text：指定在列表中显示的文本。
- Value：包含与某个项相关联的值。设置此属性使我们可以将该值与特定的项关联而不显示该值。例如，可以将 Text 属性设置为某种颜色的名称，并将 Value 属性设置为其十六进制表示形式。
- Selected：指示当前是否已选定此项。

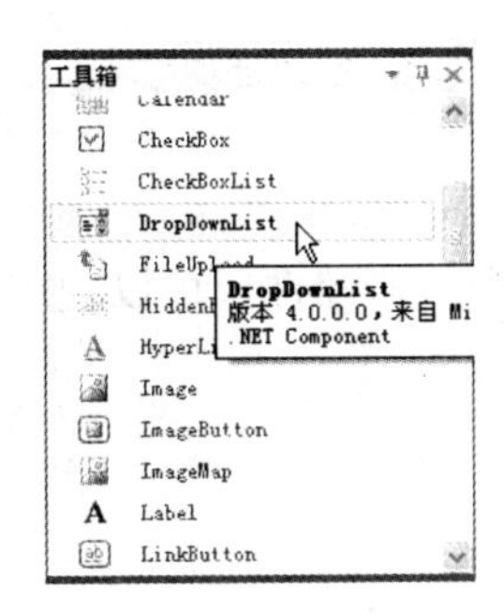

图 4.9　工具箱中的 DropDownList

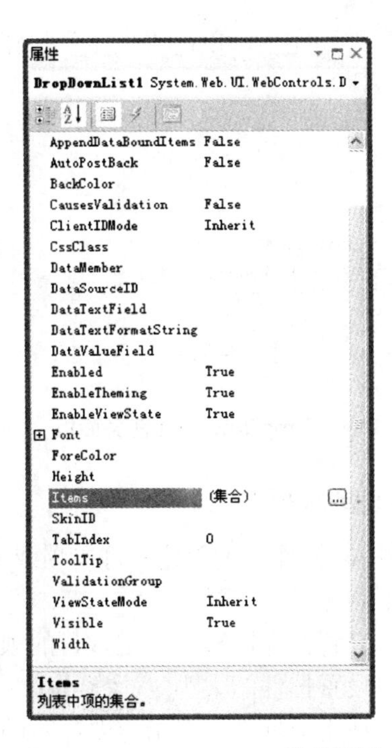

图 4.10　DropDownList 控件属性

通常在编程中可以访问的常用属性有以下 3 个。

- SelectedIndex：当前选择项的索引号。
- SelectedItem：当前选择项的引用。
- SelectedValue：当前选择项的值。

当用户选择一项时，DropDownList 控件将引发 SelectedIndexChanged 事件。默认情况下，此事件不会导致向服务器发送页。但可通过将 AutoPostBack 属性设置为 true，强制该控件立即发送。

使用 DropDownList 控件时，可通过代码添加下拉列表框选择项。

示例代码：

```
<asp:DropDownList ID="DropDownList1" runat="server">
    <asp:ListItem Value="北京">
        北京
    </asp:ListItem>
    <asp:ListItem Value="上海">
        上海
    </asp:ListItem>
</asp:DropDownList>
```

也可以通过下列步骤添加列表框选择项。

(1) 在窗体上添加 DropDownList 控件，单击“DropDownList 任务”面板，如图 4.11 所示。

(2) 在任务面板中选中“编辑项”，打开编辑项目对话框，如图 4.12 所示。在这里可以添加下拉列表框选择项，比如：北京、上海。

(3) 添加完毕，单击“确定”按钮即完成向 DropDownList 控件添加集合。

图 4.11　DropDownList 任务面板

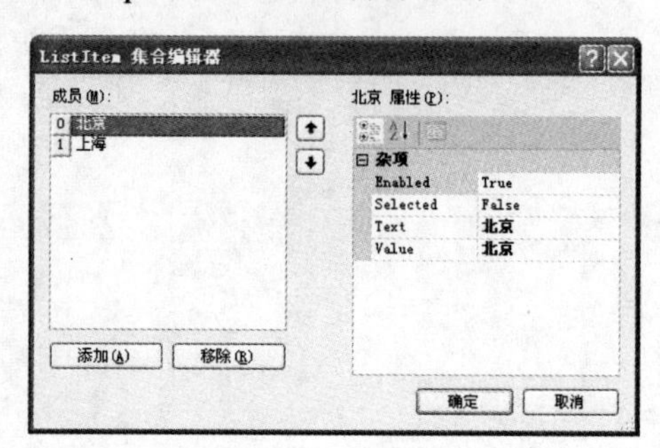

图 4.12　编辑项

5. ListBox 控件

ListBox 控件用于创建允许单项或多项选择的列表框服务器控件。可以使用 ListBox 控件执行下列操作。

(1) 设置控件以显示特定数目的项。

(2) 设置控件的大小(以像素为单位)。

(3) 使用数据绑定来指定要显示的项的列表。

(4) 确定选定了哪个项或哪些项。

(5) 以编程方式指定选定的一个或多个项。

工具箱中的 ListBox 控件如图 4.13 所示，它的属性如图 4.14 所示。

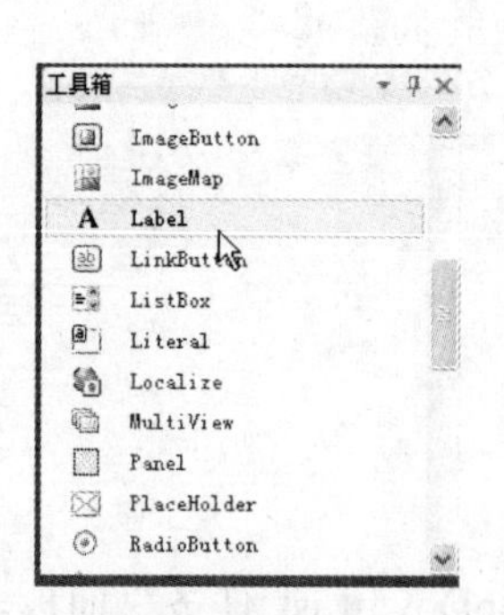

图 4.13　工具箱中的 ListBox

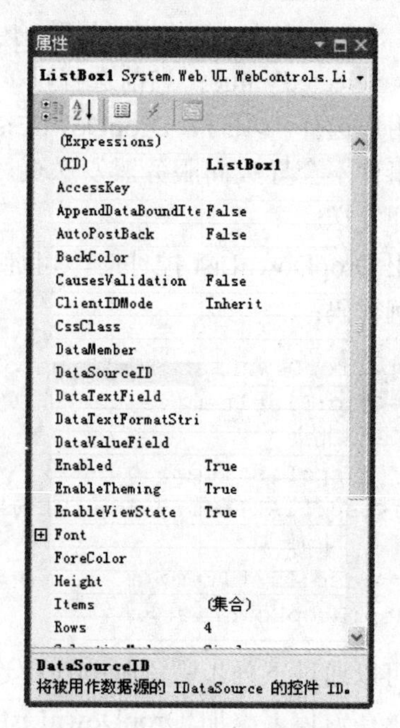

图 4.14　ListBox 控件属性

通常，用户可以通过单击列表中的单个项来选择它。

如果将 ListBox 控件的 SelectionMode 设置为“Multiple”，则用户可以在按住 Ctrl 或

Shift 键的同时，单击以选择多个项。

当用户选择一项时，ListBox 控件将引发 SelectedIndexChanged 事件。默认情况下，此事件不会导致将页发送到服务器，但可以通过将 AutoPostBack 属性设置为 true 使此控件强制立即回发。

它与 DropDownList 的使用大部分都相同，例如：

```
<asp:ListBox ID="ListBox1" runat="server" SelectionMode="Multiple">
    <asp:ListItem>北京</asp:ListItem>
    <asp:ListItem>上海</asp:ListItem>
</asp:ListBox>
```

注意： ListBox 控件与 DropDownList 控件的不同之处在于，它可以一次显示多个项并使用户能够选择多个项(可选)。

6. CheckBox 和 CheckBoxList 控件

CheckBox 控件用于向 Web 页面中添加复选框，而 CheckBoxList 控件用于创建多项选择复选框组，该复选框组可以通过将控件绑定到数据源动态创建。

可以使用 CheckBox 控件和 CheckBoxList 控件执行以下操作。

(1) 当选中某个复选框时将引起页回发。

(2) 当用户选中某个复选框时捕获用户交互。

(3) 将每个复选框绑定到数据库中的数据。

工具箱中的 CheckBox 和 CheckBoxList 控件如图 4.15 所示，它们的属性如图 4.16 和 4.17 所示。

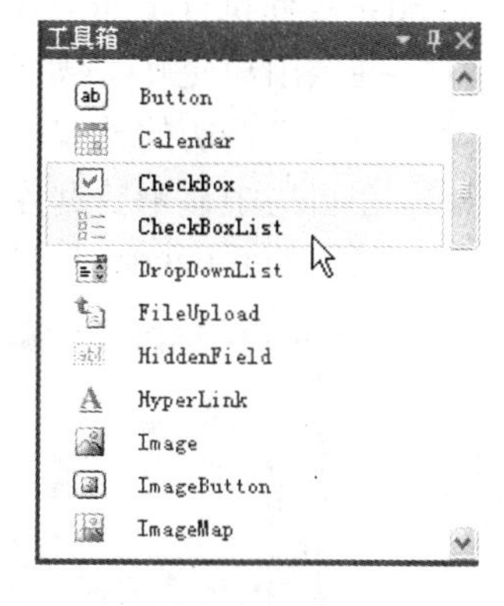

图 4.15　工具箱中的 CheckBox 和 CheckBoxList

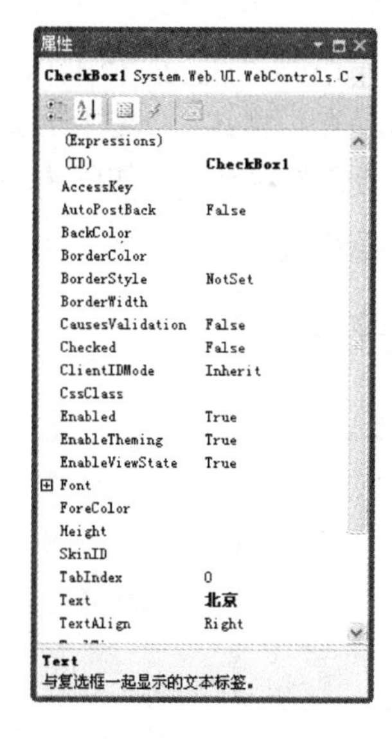

图 4.16　CheckBox 控件属性

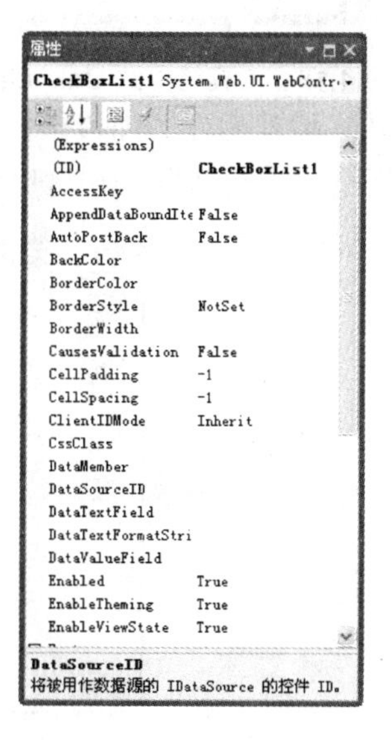

图 4.17　CheckBoxList 控件属性

示例代码如下。

(1) CheckBox 声明：

```
<asp:CheckBox ID="CheckBox1" runat="server" Text="北京" />
<asp:CheckBox ID="CheckBox2" runat="server" Text="上海" />
```

(2) CheckBoxList 声明：

```
<asp:CheckBoxList ID="CheckBoxList1" runat="server" Height="16px">
    <asp:ListItem>北京</asp:ListItem>
    <asp:ListItem>上海</asp:ListItem>
</asp:CheckBoxList>
```

7. Calendar 控件

该控件用于在网页上显示日历中的可选日期，并显示与特定日期关联的数据。可以使用 Calendar 控件执行下面的操作：

- 捕获用户交互(例如在用户选择一个日期或一个日期范围时)。
- 自定义日历的外观。
- 在日历中显示数据库中的信息。

工具箱中的 Calendar 控件如图 4.18 所示，它的外观如图 4.19 所示。

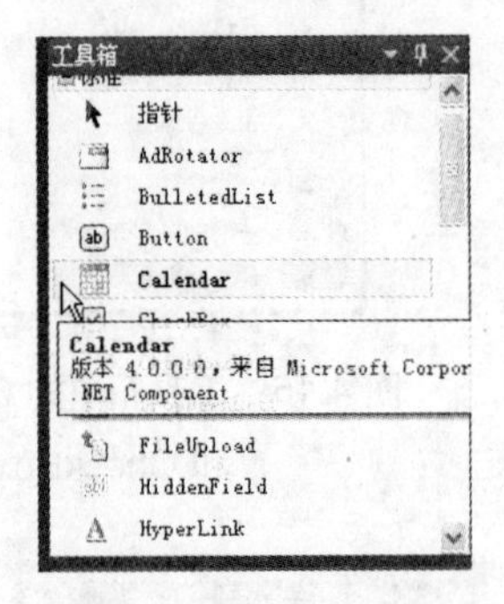

图 4.18　工具箱中的 Calendar

图 4.19　Calendar 控件外观

Calendar 控件的任务面板中只有一个选项——“自动套用格式”。选择该选项后打开“自动套用格式”对话框，在这里可以为 Calendar 控件选择外观格式，如图 4.20 所示。

图 4.20　为 Calendar 控件选择格式

在 Calendar 控件的属性之中，除了 ID 等通用属性而外，基本上都是外观控制属性，如图 4.21 所示。

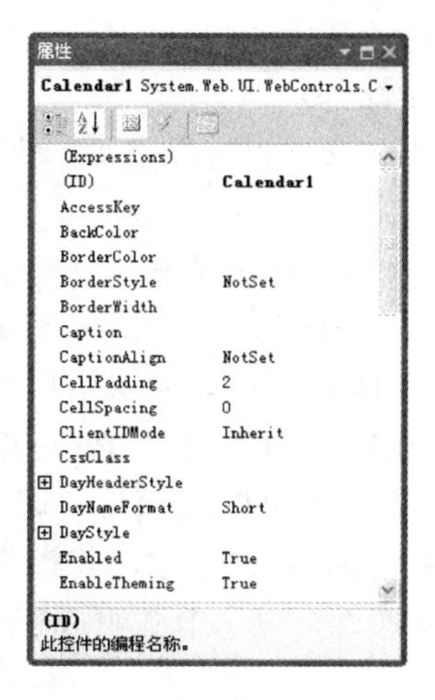

图 4.21　Calendar 控件属性

在实际应用中，最常使用 Calendar 的以下 3 个属性。

- SelectedDate：获得前台选择的日期。
- SelectMonthText：获得前台选择的月份。
- SelectWeekText：获得前台选择的星期。

8. FileUpload 控件

FileUpload 控件使用户能够上载图片、文本文件或其他文件。使用 FileUpload 控件可使用户能够把文件上传到服务器上的特定位置，并限制可上传的文件的大小，在上传的时候检查文件的相关属性。

工具箱中的 FileUpload 控件如图 4.22 所示，它的属性如图 4.23 所示。

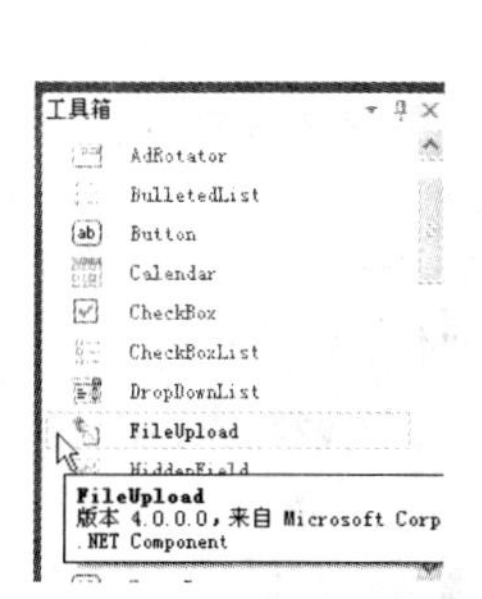

图 4.22　工具箱中的 FileUpload

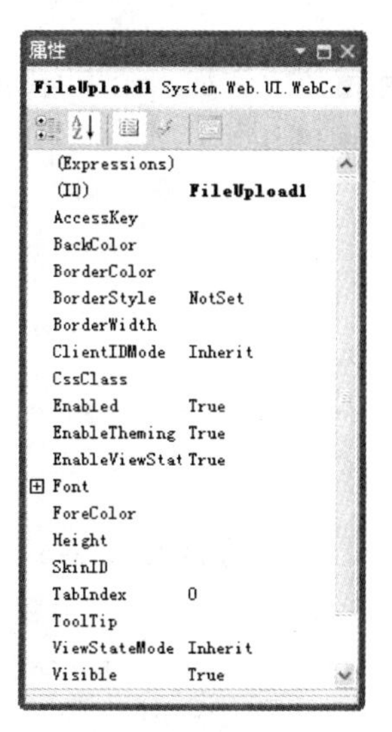

图 4.23　FileUpload 控件属性

在实际工作中，最常使用 FileUpload 的以下 3 个属性。

- HasFile：bool 属性，表示用户是否选择了文件进行上传。
- FileName：获得上传文件的文件名。
- SaveAs：保存文件到指定路径。

通常，使用 FileUpload 控件上传文件可按以下步骤进行。

(1) 向页面添加 FileUpload 控件。

(2) 在事件(如该页的 Load 事件)的处理程序中，执行下面的操作。

① 通过测试 FileUpload 控件的 HasFile 属性，检查该控件是否有上载的文件。

② 检查该文件的文件名或 MIME 类型以确保用户已上载了我们要接收的文件。若要检查 MIME 类型，应获取作为 FileUpload 控件的 PostedFile 属性公开的 HttpPostedFile 对象。然后，通过查看已发送文件的 ContentType 属性，就可以获取该文件的 MIME 类型。

③ 使用 HttpPostedFile 对象的 SaveAs 方法，将该文件保存到指定的位置。或者使用 HttpPostedFile 对象的 InputStream 属性，以字节数组或字节流的形式管理已上载的文件。

示例代码：

```
string savePath = @"c:\uploads";
if (FileUpload1.HasFile)
{
   string fileName = Server.HtmlEncode(FileUpload1.FileName);
   string extension = System.IO.Path.GetExtension(fileName);
   savePath += fileName;
   FileUpload1.SaveAs(savePath);
}
```

4.2.4 应用举例

【示例 4.2】文件上传应用。

(1) 首先新建一空网站，添加一个窗体 Default.aspx。

(2) 在窗体上添加一个 FileUpload 控件，并添加一个 Button1 按钮和 Label1 控件。前台设计如图 4.24 所示。

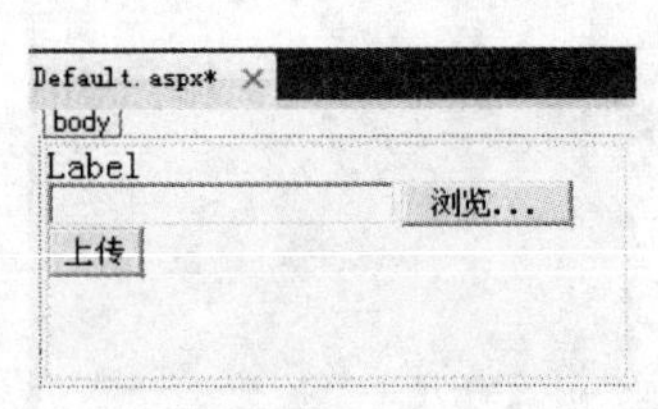

图 4.24 上传界面

(3) 在后台代码 Default.aspx.cs 文件中，编写上传处理代码：

```
using System;
using System.Collections.Generic;
using System.Linq;
using System.Web;
using System.Web.UI;
```

```
using System.Web.UI.WebControls;

public partial class _Default : System.Web.UI.Page
{
    protected void Page_Load(object sender, EventArgs e)
    {
    }
    protected void UploadBtn_Click(object sender, EventArgs e)
    {
        string savePath = @"c:\temp\";
        if (FileUpload1.HasFile)
        {
            string fileName = Server.HtmlEncode(FileUpload1.FileName);
            string extension = System.IO.Path.GetExtension(fileName);
            if ((extension == ".doc") || (extension == ".pdf"))
            {
                savePath += fileName;
                FileUpload1.SaveAs(savePath);
                Label1.Text = "上传成功.";
            }
            else
            {
                Label1.Text = "文件上传失败 ";
            }
        }
    }
}
```

(4) 运行该网站，选择一个 doc 文件上传，上传完毕后，当前页面显示“上传成功”，如图 4.25 所示。

图 4.25　上传成功

在上述示例代码中，将文件类型限定为“doc”和“pdf”类型，并且上传路径为：c:\temp\。若希望使用服务器上的相对路径，可使用 Server 对象的 MapPath 来获取服务器路径，例如：

```
String path = Server.MapPath("~/UploadFiles/");
```

注意：在文件上传的时候，不要向用户显示所保存文件的路径和文件名；否则可能会将有用的信息泄露给恶意用户。

4.3 数 据 控 件

ASP.NET 有几种参与声明性数据绑定模型的服务器控件，包括数据源控件、数据绑定控件和查询扩展程序控件。这些控件管理在显示和更新 ASP.NET 网页中的数据时无状态 Web 模型所需的基础任务。有了这些控件，我们不必了解页请求生命周期的详细信息即可向网页中添加数据绑定，实现数据快速访问。

对数据访问控件，在后续章节中会有详细的介绍。由于 ASP.NET 的数据访问控件种类繁多，限于篇幅，这里只介绍常用数据控件，需要时可以参考相关的资料和书籍。

4.3.1 数据源控件

数据源控件也称数据访问控件，它是管理连接到数据源以及读取和写入数据等任务的 ASP.NET 控件。VS2010 中提供的数据源控件如图 4.26 所示。

AccessDataSource
LinqDataSource
EntityDataSource
SiteMapDataSource
ObjectDataSource
SqlDataSource
XmlDataSource

图 4.26 数据源控件

表 4.6 列出了这些数据源控件及它们的作用。

表 4.6 数据源控件

控件名称	作 用
AccessDataSource	处理 MicrosoftAccess 数据库
LinqDataSource	可在 ASP.NET 网页中使用语言集成查询(LINQ)，从数据对象中检索和修改数据，支持自动生成选择、更新、插入和删除命令
ObjectDataSource	能够处理业务对象或其他类，并创建依赖于中间层对象来管理数据的 Web 应用程序
SiteMapDataSource	与 ASP.NET 站点导航结合使用
SqlDataSource	处理 ADO.NET 托管数据提供程序，该提供程序提供对 SQL Server、OLEDB、ODBC 或 Oracle 数据库的访问
EntityDataSource	允许绑定到基于实体数据模型(EDM)的数据
XmlDataSource	处理 XML 文件，该 XML 文件对诸如 TreeView 或 Menu 控件等分层 ASP.NET 服务器控件极为有用

数据源控件不呈现任何用户界面，而是充当特定数据源(如数据库、业务对象或 XML 文件)与 ASP.NET 网页上的其他控件之间的中间方。数据源控件实现了丰富的数据检索和修改功能，其中包括查询、排序、分页、筛选、更新、删除以及插入。数据源控件从 ContextDataSource 类派生，后者是提供数据源控件使用的上下文类型的基类。

在表 4.6 中所列的这些数据源控件中，有必要重点了解一下 SqlDataSource 控件：在实际开发中，通过 SqlDataSource 控件可以使用 Web 服务器控件访问位于关系数据库中的数据。其中可以包括 SQL Server 和 Oracle 数据库以及 OLE DB 和 ODBC 数据源。可以将 SqlDataSource 控件与数据绑定控件(如 GridView、FormView 和 DetailsView 控件)一起使用，用极少代码或甚至不用代码来在 ASP.NET 网页上显示和操作数据。

4.3.2　数据绑定控件

数据绑定 Web 服务器控件是指可绑定到数据源控件，以实现在 Web 应用程序中轻松显示和修改数据的控件。数据绑定 Web 服务器控件是将其他 ASP.NET Web 控件(例如 Label 和 TextBox 控件)组合到单个布局中的复合控件。

数据绑定控件将数据以标记的形式呈现给请求数据的浏览器。数据绑定控件可以绑定到数据源控件，并自动在页请求生命周期的适当时间获取数据。数据绑定控件可以利用数据源控件提供的功能，包括排序、分页、缓存、筛选、更新、删除和插入。

数据绑定控件通过其 DataSourceID 属性连接到数据源控件。在 VS2010 中，常用的数据绑定控件种类如图 4.27 所示。

DataList
DataPager
DetailsView
FormView
GridView
Repeater
ListView

图 4.27　数据绑定控件

表 4.7 中描述了这些数据绑定控件的作用。

表 4.7　数据绑定控件

控件名称	作　用
列表控件	以各种列表形式呈现数据。包括 BulletedList、CheckBoxList、DropDownList、ListBox 和 RadioButtonList 控件
AdRotator	将广告作为图像呈现在页上，用户可以单击该图像来转到与广告关联的 URL
DataList	以表的形式呈现数据。每一项都使用我们定义的项模板呈现
DetailsView	以表格布局一次显示一个记录，可编辑、删除和插入记录
FormView	与 DetailsView 控件类似，但允许我们为每一个记录定义一种自动格式的布局。对于单个记录，FormView 控件与 DataList 控件类似

续表

控件名称	作　用
GridView	以表格的形式显示数据，并支持在不编写代码的情况下对数据进行编辑、更新、删除、排序和分页
ListView	使我们能够使用模板来定义数据布局。支持自动排序、编辑、插入和删除操作。也可以通过使用关联的 DataPager 控件来启用分页
Menu	在可以包括子菜单的分层动态菜单中呈现数据
Repeater	以列表的形式呈现数据
TreeView	以可展开节点的分层树的形式呈现数据

实际上，可用 ListView 控件取代 Repeater 控件和 DataList 控件，与 DataList 和 Repeater 控件不同的是，ListView 控件隐式支持编辑、插入和删除操作，还有排序和分页功能。

注意： GridView 控件是 ASP.NET 早期版本中提供的 DataGrid 控件的接替者。除了增加了可以利用数据源控件功能的能力外，GridView 控件还提供一些改进，如定义多个主键字段的能力、使用绑定字段和模板的改进用户界面自定义以及用于处理或取消事件的新模型。

4.4 验证控件

在 ASP.NET 程序开发中，对于网页中用户提交的数据进行验证是非常必要的。通常，客户端的验证主要是利用 JavaScript 脚本，效率高，响应时间短，但安全性不好；服务器端的验证主要是用 C#语言在后台验证，虽然安全性提高了，但因为每次都需提交到后台，影响效率。而在 ASP.NET 中，不仅把窗体的验证作为服务器控件引入，还使这些控件智能化，可以智能地选择数据验证在服务器端还是在客户端进行。使用 ASP.NET 验证控件，可在网页上检查用户输入。有用于各种不同类型验证的控件，例如范围检查或模式匹配验证控件。ASP.NET 4.0 中提供了 6 种验证控件，如表 4.8 所示。

表 4.8　验证控件及功能

控件名称	功　能
RequiredFieldValidator	用于检查是否有输入值
CompareValidator	将用户输入与一个常数值或另一个控件或特定数据类型的值进行比较
RangeValidator	检查用户的输入是否在指定的上下限内
RegularExpressionValidator	检查项与正则表达式定义的模式是否匹配
CustomValidator	使用自定义验证逻辑检查用户输入
ValidationSummary	该控件不执行验证，但经常与其他验证控件结合使用，共同显示来自网页上所有验证控件的错误消息

它们在 VS2010 工具箱中的位置如图 4.28 所示。

图 4.28　验证控件

通常，验证控件总是在服务器上执行验证，但它们也有完整的客户端实现，从而使支持脚本的浏览器可以在客户端上执行验证。客户端验证通过在向服务器发送用户输入前检查用户输入来增强验证过程。这使得在提交窗体前即可在客户端检测到错误，从而避免了服务器端验证所需要的信息的往返行程。

4.4.1　必需字段验证控件

RequiredFieldValidator 控件使关联的输入控件成为一个必选字段。

它的标准声明代码为：

```
<ASP:RequiredFieldValidator
  Id="Validator_Name"
  Runat="Server"
  ControlToValidate="要验证的控件 ID"
  ErrorMessage="出错后显示的信息"
  Display="Static|Dymatic|None">
</ASP:RequiredFieldValidator>
```

其中：

ControlToValidate：表示要进行验证的控件 ID。

ErrorMessage：表示当检查结果不合法时，出现的错误信息。

Display：错误信息的显示方式；Static 表示控件的错误信息在页面中占有确定位置；Dymatic 表示控件错误信息出现时才占用页面位置；None 表示错误出现时不显示，但可以在 ValidatorSummary 中显示。

下面看一个示例。

【示例 4.3】RequiredFieldValidator 控件验证文本框。

(1) 新建一个空网站，添加新的 Web 窗体“Default.aspx”。

(2) 在设计视图中打开 Default.aspx 页时，从工具箱中添加一个 TextBox 控件到 Web 窗体，并放置一个“提交”命令按钮。

(3) 把 RequiredFieldValidator 控件拖到页面中。修改控件的属性。在属性窗口中，更改 ControlToValidate 为 TextBox1，ErrorMessage 为“邮箱必须输入，不能空”。

(4) 运行该网站，结果如图 4.29 所示。

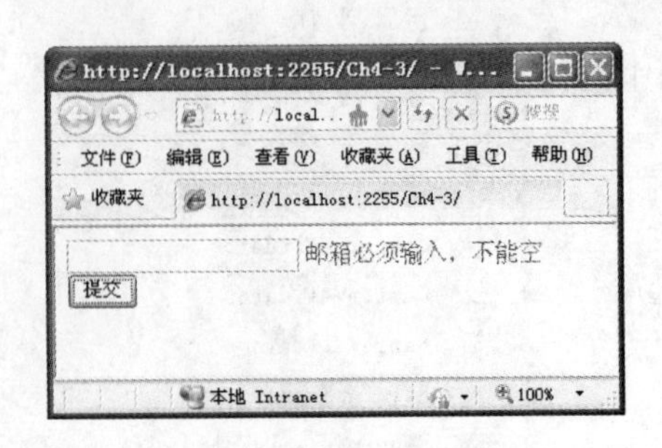

图 4.29 验证结果

在该示例中，一旦单击“提交”按钮，就会检查 TextBox 控件是否有输入，如果没有，显示错误信息“邮箱必须输入，不能空”。

4.4.2 比较验证控件

使用 CompareValidator 控件将由用户输入到输入控件(例如 TextBox 控件)的值与输入到其他输入控件的值或常数值进行比较。

它的标准声明语句为：

```
<ASP:CompareValidator id="Validator_ID" RunAt="Server"
  ControlToValidate="验证的控件 ID"
  ErrorMessage="错误信息"
  ControlToCompare="比较的控件 ID"
  type="String|Integer|Double|DateTime|Currency"
  Operator="Equal|NotEqual|GreaterThan|GreaterTanEqual|LessThan
    |LessThanEqual|DataTypeCheck"
  Display="Static|Dymatic|None">
</ASP:CompareValidator>
```

上面的 Operator 属性表示比较操作符，它有 7 种：Equal、NotEqual、GreaterThan、GeaterThanEqual、LessThan、LessThanEqual 或 DataTypeCheck。

其他属性与 RequiredFieldValidator 相同。

ControlToValidate 表示获取或设置要验证的输入控件，ControlToCompare 表示要与所验证的输入控件进行比较的输入控件。

如果 Operator 为 LessThan，那么，必须 ControlToCompare 小于 ControlToValidate 才是合法的。

【示例 4.4】用 CompareValidator 控件验证两次输入的密码。

(1) 新建一个空网站，添加新的 Web 窗体：Default.aspx。

(2) 在设计视图中打开 Default.aspx 页时，从工具箱中添加两个 TextBox 控件到 Web 窗体，并放置一个“提交”命令按钮。

(3) 把 CompareValidator 控件拖到页面中。在属性窗口中修改控件的属性，更改 ControlToCompare 属性为 TextBox1，ControlToValidate 属性为 TextBox2，ErrorMessage 为“两次密码不一致”。

(4) 运行该网站，一旦两次输入的密码不一致，将会显示错误提示信息，运行结果如图 4.30 所示。

图 4.30　比较验证

4.4.3　范围验证控件

RangeValidator 控件用来检查用户输入的内容是否在指定的上下限范围内。可以验证数字、字母和日期的限定范围。

它的标准声明语句如下：

```
<ASP:RangeValidator
  Id="Vaidator_ID"
  Runat="Server"
  ControlToValidate="验证的控件 ID"
  type="String|Integer|Double|DateTime|Currency"
  MinimumValue="最小值"
  MaximumValue="最大值"
  ErrorMessage="错误信息"
  Display="Static|Dymatic|None">
</ASP:RangeValidator>
```

它有 4 个主要属性。

- ControlToValidate：表示要验证的控件。
- MaximumValue：表示控制范围的最大值。
- MinimumValue：表示要控制范围的最小值。
- ErrorMessage：表示输入超出范围时的提示信息。

Type 用于设置验证数据类型，可以为 Integer、String、Date、Double、Currency 等。

下面看一个示例。

【示例 4.5】用 RangeValidator 控件验证数据范围。

(1) 新建一个空网站，添加新的 Web 窗体：Default.aspx。

(2) 在设计视图中打开 Default.aspx 页时，从工具箱中，添加一个 TextBox 控件到 Web 窗体，并放置一个“提交”命令按钮。

(3) 把 RangeValidator 控件拖到页面中。修改控件的属性如下。在属性窗口中，更改 ControlToValidate 为 TextBox1，MaximumValue 为 100，MinimumValue 为 50，type 为 Integer，ErrorMessage 为“必须输入 50-100 之间的数”。

(4) 运行该网站，当输入的数据不在设定的范围的时候，会提示错误信息，运行结果如图 4.31 所示。

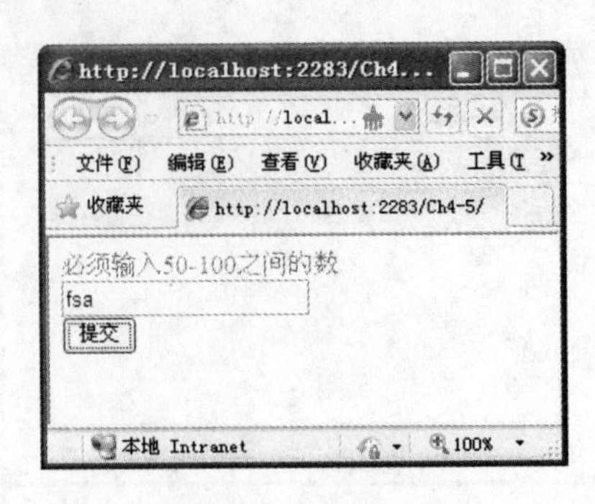

图 4.31 范围验证

4.4.4 正则表达式验证控件

RegularExpressionValidator 控件检查输入的内容与正则表达式所定义的模式是否匹配。此类验证可用于检查可预测的字符序列，例如电子邮件地址、电话号码、邮政编码等内容中的字符序列。

它的标准声明语句如下：

```
<ASP:RegularExpressionValidator id="Validator_ID" RunAt="Server"
  ControlToValidate="验证的控件名"
  ValidationExpression="正则表达式"
  ErrorMessage="错误信息"
  display="Static">
</ASP:RegularExpressionValidator>
```

在上述声明语句中，ValidationExpression 属性是关键。在 ValidationExpression 中，不同的字符表示不同的含义：

- 点“.”表示任意字符。
- 星号“*”与其他表达式一起，表示容易组合。
- [A-Z]表示任意大写字母。
- 用“\d”表示任意一个数字。

注意，在以上表达式中，引号不包括在内。

也可以在 RegularExpressionValidator 控件的“属性”面板中选择 ValidationExpression 属性，单击省略号按钮…来打开“正则表达式编辑器”对话框，如图 4.32 所示。

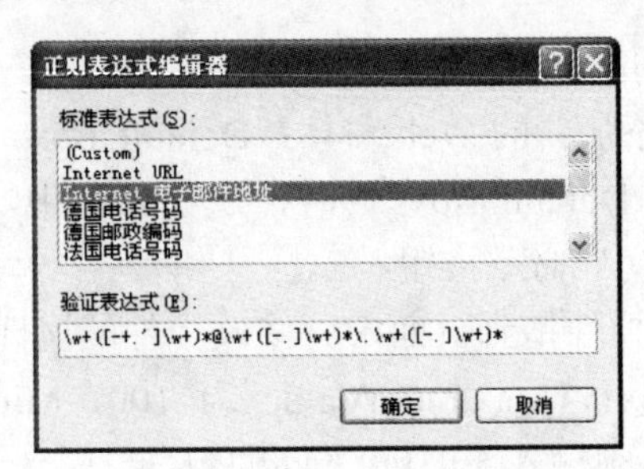

图 4.32 正则表达式编辑器

在此对话框中，可以从几个预定义的正则表达式中进行选择，例如“Internet URL”或

"Internet 电子邮件地址"。

例如：

- 正则表达式\d{6}表示 6 位数字。
- 身份证号码验证的表达式是\d{17}[\d|X]|\d{15}。

【示例 4.6】RegularExpressionValidator 控件的使用。

(1) 新建一个空网站，添加新的 Web 窗体：Default.aspx。

(2) 在设计视图中打开 Default.aspx 页时，从工具箱中，添加一个 TextBox 控件到 Web 窗体，并放置一个"提交"命令按钮。

(3) 把 RegularExpressionValidator 控件拖到页面中。修改控件的属性，更改 ControlToValidate 为 TextBox1，在 ValidationExpression 属性中打开"正则表达式编辑器"对话框，选择"Internet 电子邮件地址"。

(4) 运行该网站，当输入的数据不是电子邮件地址的时候，会提示错误信息，并让文本框获得焦点，结果如图 4.33 所示。

图 4.33　验证数据是否为邮件地址

注意：如果输入控件为空，则表明验证成功。如果相关输入控件需要一个值，则除了使用 RegularExpressionValidator 控件外，还须使用 RequiredFieldValidator 控件。

4.4.5　自定义验证控件

如果上述预置的内部验证控件不能满足用户对数据验证的要求，这时我们就可以使用 CustomValidator 控件，该控件可以使用自定义的验证逻辑来检查用户输入的内容。它的标准声明语句为：

```
<ASP:CustomValidator id="Validator_ID" RunAt="Server"
  ControlToValidate="要验证的控件"
  OnServerValidate="服务器端方法名称"
  ClientValidationFunction ="客户端脚本函数名称"
  ErrorMessage="错误信息"
  Display="Static|Dymatic|None">
</ASP: CustomValidator>
```

上述声明代码将在服务器上执行验证时将引发 ServerValidate 事件。该事件用于为输入控件提供自定义函数。

【示例 4.7】使用 CustomValidator 控件验证输入。

(1) 新建一个空网站，添加新的 Web 窗体：Default.aspx。

(2) 在设计视图中打开 Default.aspx 页面后，从工具箱中添加一个 TextBox 控件到 Web 窗体，并放置一个“提交”命令按钮。

(3) 把 CustomValidator 控件拖到页面中。修改控件的属性，更改 ControlToValidate 为 TextBox1，在 ClientValidationFunction 属性中输入要处理的函数名称：TextValidate。

(4) 在视图的代码窗口编写 TextValidate 函数：

```
<script type="text/javascript">
function TextValidate(oSrc, args) {
    args.IsValid = (args.Value.length > 5);
}
</script>
```

(5) 运行该网站，当输入的数据小于 5 位的时候，将会提示错误信息，结果如图 4.34 所示。

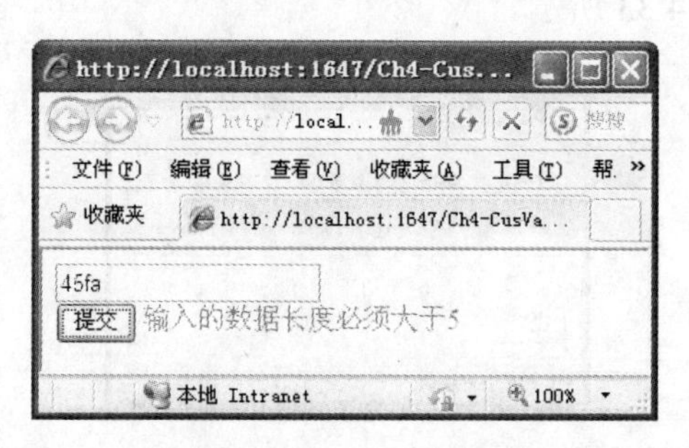

图 4.34　自定义验证

上述数据的验证发生于客户端的浏览器，若要在服务器端验证该控件，可使用 ServerValidate 事件创建一个基于服务器的事件处理程序。读者可以自行修改此示例。

通过本节的学习，读者可以发现验证控件的功能非常强大，在上述的示例中，我们并没有在后台编写任何代码，即可轻松实现数据的验证，这就为我们提高了开发效率。

当然，对这些验证控件的功能和用法，我们并没有面面俱到地介绍，在实际应用中，读者可以多查阅相关的书籍和资料。

4.5　导 航 控 件

在网站中，随着网站页面的不断增加，网站的链接也随之而增多，管理这些链接可能会让人头疼。ASP.NET 从 2.0 开始就提供了导航控件，利用导航控件，我们只需编写极少的代码甚至不需要代码，就可以在页面中添加站点导航，使站点导航在每页上均能呈现。

4.5.1　Web.sitemap 文件

默认情况下，ASP.NET 网站导航使用 Web.sitemap 文件描述网站的层次结构。为网站添加 Web.sitemap 文件的步骤如下。

(1) 在网站的解决方案资源管理器视图中，右击“网站项目名称”，在弹出的快捷菜单中选择“添加新项”命令，如图 4.35 所示。

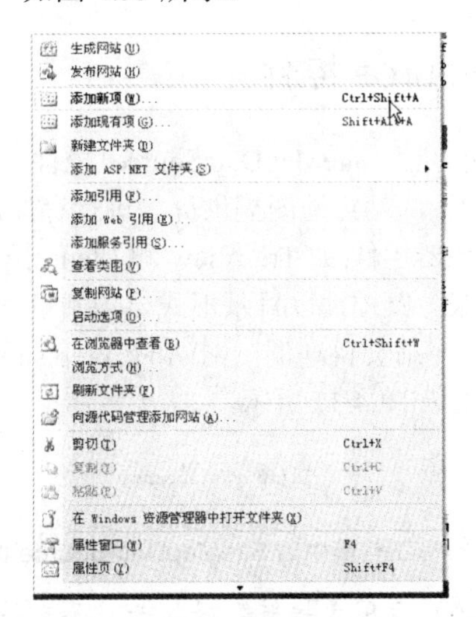

图 4.35　添加新项

(2) 在弹出的“添加新项”对话框中，选择“站点地图”选项，单击“添加”按钮即可添加完成，如图 4.36 所示。

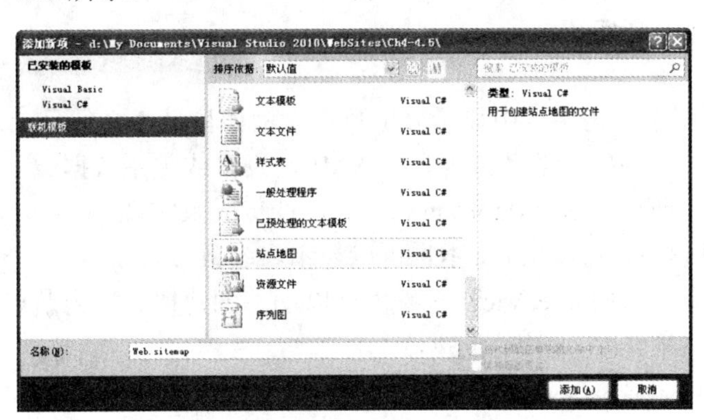

图 4.36　添加站点地图文件

下面给出一个 Web.sitemap 文件的例子：

```
<?xml version="1.0" encoding="utf-8" ?>
<siteMap xmlns="http://schemas.microsoft.com/AspNet/SiteMap-File-1.0">
   <siteMapNode url="" title="首页" description="">
      <siteMapNode url="~/AdminGrade.aspx" title="学生成绩管理"
        description="" />
      <siteMapNode url="~/AdminUserinfo.aspx" title="学生信息维护"
        description="" />
      <siteMapNode url="~/AudUserinfo.aspx" title="审核学生资料变更请求"
        description="" />
   </siteMapNode>
</siteMap>
```

在 Web.sitemap 文件中，为网站中的每一页添加一个 siteMapNode 元素。然后，通过嵌入 siteMapNode 元素创建层次结构。

4.5.2 SiteMapDataSource 控件

在数据控件中，我们曾介绍过 SiteMapDataSource 控件，知道它是站点地图数据的数据源，站点数据则由为站点配置的站点地图提供程序进行存储。SiteMapDataSource 使不是专用站点导航控件的 Web 服务器控件(如 TreeView 和 Menu 控件)可以绑定到分层站点地图数据，也可以使用这些 Web 服务器控件以目录形式显示站点地图或主动在站点内导航。

在页面上插入该控件后，网站会自动调用网站的 Web.sitemap 文件作为数据源。工具箱中的 SiteMapDataSource 控件如图 4.37 所示。

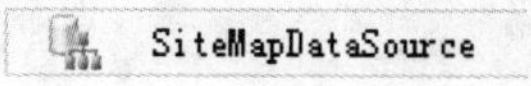

图 4.37　工具箱中的 SiteMapDataSource 控件

注意： SiteMapDataSource 专用于导航数据，并且不支持排序、筛选、分页或缓存之类的常规数据源操作，也不支持更新、插入或删除之类的数据记录操作。

下一小节将把 SiteMapDataSource 控件与 TreeView 控件结合使用。

4.5.3 TreeView 控件

TreeView 控件用于在树结构中显示分层数据，例如目录或文件目录，它有下列功能：

- 数据绑定。允许控件的节点绑定到 XML、表格或关系数据。
- 站点导航。通过与 SiteMapDataSource 控件集成来实现。
- 节点文本既可以显示为纯文本也可以显示为超链接。
- 借助编程方式访问 TreeView 对象模型以动态创建树、填充节点、设置属性等。
- 客户端节点填充(在支持的浏览器上)。
- 在每个节点旁显示复选框。
- 通过主题、用户定义的图像和样式可实现自定义外观。

TreeView 控件由节点组成。树中的每个项都称为一个节点，它由一个 TreeNode 对象表示。

节点类型的定义如下：

- 包含其他节点的节点称为“父节点”。
- 被其他节点包含的节点称为“子节点”。
- 没有子节点的节点称为“叶节点”。

不被其他任何节点包含同时是所有其他节点的上级的节点是“根节点”。

下面的代码示例演示如何以声明方式使用 SiteMapDataSource 控件将 TreeView 控件绑定到一个站点地图。该站点地图数据从根节点级别开始检索。

【示例 4.8】把 TreeView 控件绑定到 SiteMapDataSource。

(1) 首先按照前面介绍过的步骤为网站添加 Web.SiteMap 文件。

(2)　在 Web.SiteMap 文件中书写如下代码：

```
<?xml version="1.0" encoding="utf-8" ?>

<siteMap>
    <siteMapNode title="首页" description="" url="~/default.aspx">

        <siteMapNode title="学生登录" description="" url="~/StuLogin.aspx">
            <siteMapNode title="成绩查询" description=""
              url="~/CxScore.aspx" />
            <siteMapNode title="更改个人信息" description=""
              url="~/ModiPerinfo.aspx" />
        </siteMapNode>

        <siteMapNode title="管理员登录" description=""
          url="~/AdminLogin.aspx">
            <siteMapNode title="学生成绩录入" description=""
              url="~/AddScore.aspx" />
            <siteMapNode title="学生信息维护" description=""
              url="~/AdminUserinfo.aspx" />
        </siteMapNode>

    </siteMapNode>
</siteMap>
```

(3)　在设计视图中，添加一个 SiteMapDataSource 控件和一个 TreeView 控件，并设计 TreeView 的数据源为 SiteMapDataSource，代码如下所示：

```
<%@ Page Language="C#" AutoEventWireup="true" CodeFile="Default.aspx.cs"
  Inherits="_Default" %>
<!DOCTYPE html PUBLIC "-//W3C//DTD XHTML 1.0 Transitional//EN"
  "http://www.w3.org/TR/xhtml1/DTD/xhtml1-transitional.dtd">
<html xmlns="http://www.w3.org/1999/xhtml" >
<head id="Head1" runat="server">
    <title>ASP.NET Example</title>
</head>
<body>
    <form id="form1" runat="server">
        <asp:SiteMapDataSource
          id="SiteMapDataSource1"
          runat="server" />
        <asp:TreeView
          id="TreeView1"
          runat="server"
          DataSourceID="SiteMapDataSource1">
        </asp:TreeView>
    </form>
</body>
</html>
```

(4)　运行该网站，显示的导航效果如图 4.38 所示。

图 4.38 导航示例

4.5.4 Menu 控件

使用 Menu 控件，可以向网页中添加导航功能。

Menu 控件通常与用于导航网站的 SiteMapDataSource 控件结合使用。

Menu 控件有下列功能：

- 数据绑定，将控件菜单项绑定到分层数据源。
- 站点导航，通过与 SiteMapDataSource 控件集成实现。
- 对 Menu 对象模型的编程访问，可动态创建菜单，填充菜单项，设置属性等。
- 可自定义外观，通过主题、用户定义图像、样式和用户定义模板实现。

用户单击菜单项时，Menu 控件可以导航到所链接的网页或直接回发到服务器。如果设置了菜单项的 NavigateUrl 属性，则 Menu 控件导航到所链接的页；否则，该控件将页回发到服务器进行处理。默认情况下，链接页与 Menu 控件显示在同一窗口或框架中。若要在另一个窗口或框架中显示链接内容，应使用 Menu 控件的 Target 属性。

Menu 控件显示两种类型的菜单：静态菜单和动态菜单。静态菜单始终显示在 Menu 控件中。默认情况下，根级(级别 0)菜单项显示在静态菜单中。通过设置 StaticDisplayLevels 属性，可以在静态菜单中显示更多菜单级别(静态子菜单)。级别高于 StaticDisplayLevels 属性所指定的值的菜单项(如果有)显示在动态菜单中。仅当用户将鼠标指针置于包含动态子菜单的父菜单项上时，才会显示动态菜单。一定的持续时间之后，动态菜单自动消失。

把示例 4.8 中的 TreeView 控件改为 Menu 控件代替，并且把 Menu 的 DataSource 属性设置为 SiteMapDataSource，运行效果如图 4.39 所示。

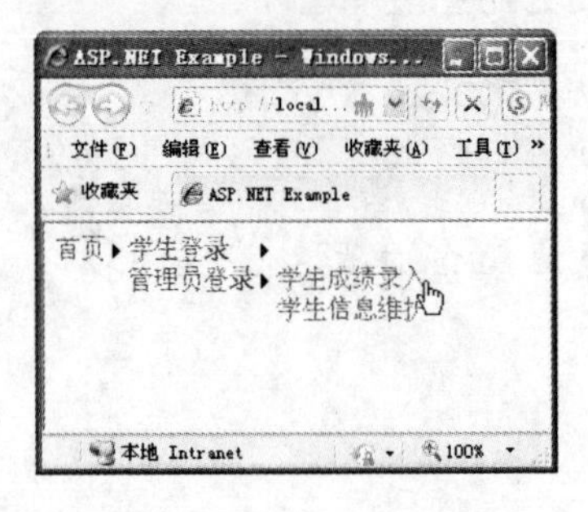

图 4.39 Menu 控件效果

4.5.5　SiteMapPath 控件

使用 SiteMapPath 控件无需代码和绑定数据就能创建站点导航。此控件可自动读取和呈现站点地图信息。SiteMapPath 会显示一个导航路径，此路径为用户显示当前页的位置，并显示返回到主页的路径链接。SiteMapPath 控件包含来自站点地图的导航数据。此数据包括有关网站中的页的信息，如 URL、标题、说明和导航层次结构中的位置。若将导航数据存储在一个地方，则可以更方便地在网站的导航菜单中添加和删除项。

SiteMapPath 由节点组成。路径中的每个元素均称为节点，用 SiteMapNodeItem 对象表示。锚定路径并表示分层树的根的节点称为根节点。表示当前显示页的节点称为当前节点。当前节点与根节点之间的任何其他节点都为父节点。

SiteMapPath 显示的每个节点都是 HyperLink 或 Literal 控件，可以将模板或样式应用到这两种控件。

使用 SiteMapPath 控件无需代码和绑定数据就能创建站点导航。此控件可自动读取和呈现站点地图信息，也可以使用 SiteMapPath 控件来更改站点地图数据。

【示例 4.9】使用 SiteMapPath 为网页添加导航。

(1)　打开示例 4.8 的网站项目，添加一个 Web 窗体：CxScore.aspx。

(2)　向 CxScore.aspx 页添加 SiteMapPath 控件。书写代码如下：

```
<asp:SiteMapPath ID="SiteMapPath1" Runat="server"></asp:SiteMapPath>
```

(3)　运行网站，在浏览器中查看 CxScore.aspx 时，SiteMapPath 控件将以超链接的形式呈现“主页”和“学生登录”，如图 4.40 所示。

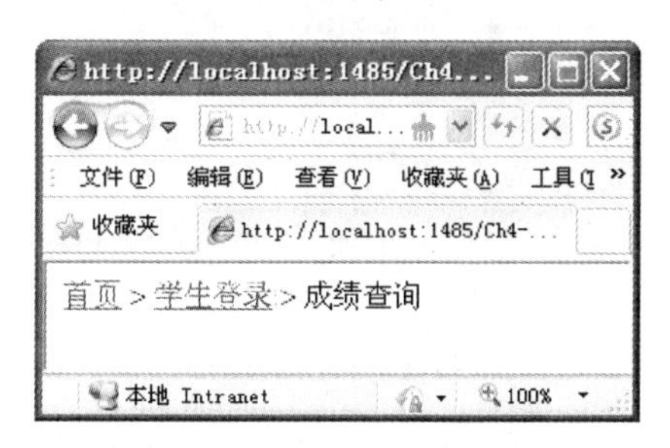

图 4.40　SiteMapPath 应用

注意：只有在站点地图中列出的页才能在 SiteMapPath 控件中显示导航数据。如果将 SiteMapPath 控件放置在站点地图中未列出的页上，该控件将不会向客户端显示任何信息。

4.6　登 录 控 件

登录控件为 ASP.NET Web 应用程序提供可靠、完整且无需编程的登录解决方案。默认情况下，登录控件与 ASP.NET 成员资格集成，从而有助于自动完成网站的用户身份验证过程。本节将简单介绍常用的登录控件，具体内容在将在第 9 章“成员资格及角色管理”中详细介绍。

4.6.1 登录控件概述

ASP.NET 为 ASP.NET Web 应用程序提供了一种可靠的、无需编程的登录控件，它可用于 Web 应用程序的和用于网站的默认 Visual Studio 项目模板，包括预生成页面。

通常，通过将 ASP.NET 页面放入一个受保护的文件夹中来限制对它们的访问。然后配置文件夹，拒绝匿名用户(未登录的用户)的访问，并授权已登录的用户访问权限(Web 项目的默认项目模板包括名为 Accounts 的已配置为仅允许访问登录用户的文件夹)。还可以为用户分配角色，然后授权用户根据其角色访问特定的网页。

默认情况下，登录控件与 ASP.NET 成员资格和 ASP.NET Forms 身份验证集成，以帮助实现网站的用户身份验证过程的自动化。

注意： 如果将 ASP.NET 网页的 Method 从 POST(默认值)更改为 GET，则登录控件可能无法正常工作。

下面将简单介绍一下常用的登录控件。具体内容后续章节中会详细介绍。

4.6.2 常用的登录控件

如图 4.41 所示是 VS2010 中工具箱的“登录”选项卡上的控件列表。

图 4.41 常用登录控件

这类控件包括可以生成登录页的控件、使用户可以在网站上注册的控件、对登录用户和匿名用户显示不同信息的控件，它们的主要功能如下。

- ChangePassword：通过 ChangePassword 控件，用户可以更改自己的密码。用户必须先提供原始密码，然后再创建并确认新密码。如果原始密码正确，则用户密码将更改为新密码。该控件还支持发送关于新密码的电子邮件。
- CreateUserWizard：CreateUserWizard 控件用于收集潜在用户所提供的信息。
- Login：该控件显示用于进行用户身份验证的用户界面。Login 控件包含用于用户名和密码的文本框和一个复选框，该复选框允许用户指示是否需要服务器使用 ASP.NET 成员资格存储标识并且在下次访问该网站时自动进行身份验证。
- LoginName：如果用户已使用 ASP.NET 成员身份登录，则 LoginName 控件显示该用户的登录名。如果网站使用集成的 Windows 身份验证，该控件则显示用户的 Windows 账户名。

- LoginStatus：该控件为没有经过身份验证的用户显示登录链接，为经过身份验证的用户显示注销链接。登录链接将用户带到登录页。注销链接将当前用户的标识重置为匿名用户。
- LoginView：该控件可以向匿名用户和登录用户显示不同的信息。该控件显示下面两个模板之一：AnonymousTemplate 或 LoggedInTemplate。在这些模板中，可以分别添加针对匿名用户和经过身份验证的用户显示相应信息的标记和控件。
- PasswordRecovery：使用 PasswordRecovery 控件，可以根据创建账户时所使用的电子邮件地址来找回用户密码。PasswordRecovery 控件会向用户发送包含密码的电子邮件。

关于登录控件的使用方式，我们在后面的章节中会详细介绍。

4.7　Web 部件

ASP.NET Web 部件控件是一组集成控件，用于创建这样的网站：最终用户可以在浏览器中直接修改网页的内容、外观和行为。

4.7.1　Web 部件概述

Web 部件可以使用户动态地对 Web 应用程序进行个性化设置，而无需开发人员或管理员的干预。

通过使用 Web 部件控件集，开发人员可以使最终用户执行下列操作。

- 对页内容进行个性化设置：用户可以像操作普通窗口一样在页上添加新的 Web 部件控件，或者移除、隐藏或最小化这些控件。
- 对页面布局进行个性化设置：用户可以将 Web 部件控件拖到页的不同区域，也可以更改控件的外观、属性和行为。
- 导出和导入控件：用户可以导入或导出 Web 部件控件设置以用于其他页或站点，从而保留这些控件的属性、外观甚至是其中的数据。这样可减少对最终用户的数据输入和配置要求。
- 创建连接：用户可以在各控件之间建立连接；例如，Chart 控件可以为 StockTicker 控件中的数据显示图形。用户不仅可以对连接本身进行个性化设置，而且可以对 Chart 控件如何显示数据的外观和细节进行个性化设置。
- 对站点级设置进行管理和个性化设置：授权用户可以配置站点级设置、确定谁可以访问站点或页、设置对控件的基于角色的访问等。例如，管理员角色中的用户可以将 Web 部件控件设置为由所有用户共享，并禁止非管理员用户对共享控件进行个性化设置。在 VS2010 中，Web 部件如图 4.42 所示。

图 4.42 Web 部件

4.7.2 Web 部件的基本要素

Web 部件控件集由三个主要构造块组成：个性化设置、用户界面(UI)结构组件和实际的 Web 部件 UI 控件。图 4.43 阐释了 Web 部件控件集内的这些构造块之间的关系。

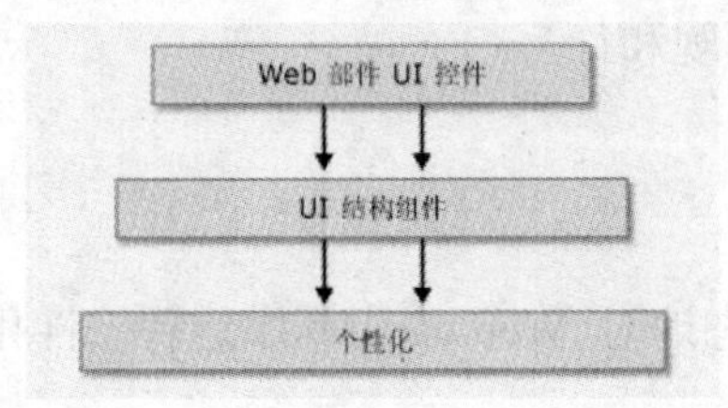

图 4.43 Web 部件控件的层次结构

个性化设置是 Web 部件功能的基础。它使用户可以对页上 Web 部件控件的布局、外观和行为进行修改或个性化设置。

个性化设置寿命较长：它们不仅在当前浏览器会话期间保留(与视图状态一样)，而且还保留在长期存储中，这样用户设置也会保存下来，在以后的浏览器会话中使用。默认情况下，会为 Web 部件页启用个性化设置。

用户界面结构组件依赖于个性化设置，并提供所有 Web 部件控件需要的核心结构和服务。有一个用户界面结构组件是所有 Web 部件页必需的，这就是 WebPartManager 控件。尽管该控件从不可见，但它执行着协调页面上所有 Web 部件控件的重要任务。例如，它跟踪各个 Web 部件控件。它管理 Web 部件区域(页上包含 Web 部件控件的区域)，并管理哪些控件位于哪些区域。它还跟踪并控制页可使用的不同显示模式(如浏览器、连接、编辑或目录模式)以及个性化设置更改是应用于所有用户还是个别用户。最后，它启动 Web 部件控件之间的连接和通信并进行跟踪。

第二种用户界面结构组件是区域。区域充当 Web 部件页上的布局管理器。区域包含并组织从 Part 类派生的控件(部件控件)，并使用户能够在水平或者垂直方向进行模块化页面布局。

Web 部件用户界面控件都从 Part 类派生，这些控件构成了 Web 部件页上的主要用户界面。Web 部件控件集为我们创建部件控件提供了灵活多样的选择。

4.7.3 Web 页的显示模式

ASP.NET Web 部件页可以进入几种不同的显示模式。显示模式是一种应用于整个页的特殊状态，在该状态中，某些用户界面(UI)元素可见并且已启用，而其他用户界面(UI)元素则不可见且被禁用。

利用显示模式，最终用户可以执行某些任务来修改或个性化页面，如编辑 Web 部件控件、更改页面布局，或者在可用控件目录中添加新控件。

通常，一个页一次只能处于一种显示模式中。WebPartManager 控件包含 Web 部件控件集内可用的显示模式的实现，并且管理某页的所有显示模式操作。

Web 部件控件集内有 5 种标准显示模式：浏览(最终用户查看网页所用的普通模式)、设计、编辑、目录和连接。它们都是从 WebPartDisplayMode 类派生出来的。表 4.9 列出了 Web 部件的显示模式。

表 4.9 Web 部件的显示模式

显示模式	说 明
BrowseDisplayMode	以最终用户查看网页的普通模式显示 Web 部件控件和用户界面元素
DesignDisplayMode	显示区域用户界面，并允许用户拖动 Web 部件控件以更改页面布局
EditDisplayMode	显示编辑 UI 元素，并允许最终用户编辑页上的控件，允许拖动控件
CatalogDisplayMode	显示目录 UI 元素，并允许最终用户添加和移除页面控件，允许拖动控件
ConnectDisplayMode	显示连接 UI 元素，并允许最终用户连接 Web 部件控件

4.8 上 机 实 训

(1) 实验目的

① 熟练使用 HTML 服务器控件。

② 熟练使用 Web 服务器标准控件。

③ 掌握验证控件的使用。

④ 熟练使用导航控件。

(2) 实验内容

① 利用 HtmlInputText 控件代替 HtmlSelect 控件，修改书中的示例 4.1，实现两个数值进行相乘。

② 使用 Web 服务器控件实现文件上传功能，并且只能上传 doc 文件。

③ 设计一个登录界面，利用验证控件验证登录名必须为邮件地址，且密码的长度为 8 位。

④ 新建一个网站，使用导航控件实现每个页面都有导航。

4.9 本 章 习 题

一、选择题

(1) 若要HTML控件能在服务器端运行，可以通过添加(　　)特性来实现。

A. runat="server"　　B. value="server"

C. type="server"　　D. OnInit="server"

(2) HTML服务器控件的(　　)属性可设置该控件是否在页面上显示。

A. Disabled　　B. Style　　C. TagName　　D. Visible

(3) Label和TextBox控件都通过(　　)属性来控制页面上显示的文本。

A. TextMode　　B. Align　　C. Text　　D. TabIndex

(4) 若要在命令按钮上显示图形，需要选择哪一个Button控件？(　　)

A. Button　　B. LinkButton　　C. ImageButton

(5) DropDownList控件的(　　)属性表示当前是否已选定此项。

A. Value　　B. Selected　　C. Text

(6) ListBox控件的(　　)设置为Multiple时，用户可以在按住Ctrl或Shift键的同时，单击以选择多个项。

A. SelectionMode　　B. Rows　　C. AutoPostBack　　D. Enable

(7) 通常使用FileUpload控件的(　　)属性测试用户是否选择了文件进行上传。

A. HasFile　　B. FileName　　C. SaveAS　　D. InputStream

(8) 验证控件中的哪个控件可用来自定义验证逻辑检查用户输入？(　　)

A. CompareValidator　　B. CustomValidator

C. RequiredFieldValidator　　D. ValidationSummary

二、填空题

(1) HTML服务器控件必须驻留在具有runat="server"特性的包含_________标记中。

(2) 若要使文本框控件输入密码，通常设置它的Type属性为_________。

(3) 当TextBox控件的TextMode属性为_________时，可创建多行文本框。

(4) 当用户选择一项时，DropDownList控件将引发_________事件。

(5) 数据源控件也称_________控件，它是管理连接到数据源以及读取和写入数据等任务的ASP.NET控件。

(6) RequiredFieldValidator控件的____________属性表示当检查不合法时，出现的错误信息。

(7) RegularExpressionValidator控件的ValidationExpression中，_________表示任意一个数字。

(8) ASP.NET网站导航使用_________文件描述网站的层次结构。

三、判断题(对/错)

(1) ASP.NET 文件中的 HTML 元素作为文本进行处理，并且不能在服务器端代码中引用这些元素。　(　)

(2) Web 服务器控件也需要映射到相关的 HTML 元素。　(　)

(3) DropDownList 控件的 AutoPostBack 属性设置为 true 时，该控件立即发送到服务器页。　(　)

(4) 范围验证控件 RangeValidator 可用来验证输入的日期是否在范围内。　(　)

(5) 使用 SiteMapPath 控件无需代码和绑定数据就能创建站点导航。　(　)

四、简答题

(1) 简述 HTML 服务器控件和 Web 服务器控件的区别。

(2) 简述 Web 部件的作用及显示模式。

三、判断题

（1）ASP.NET [illegible] HTML [illegible]

（2）Web [illegible] HTML [illegible]

（3）DropDownList [illegible] AutoPostBack [illegible]

（4）[illegible] RangeValidator [illegible]

（5）[illegible]

四、简答题

（1）[illegible]

（2）[illegible] Web [illegible]

第 5 章 数据库操作技术

学习目的与要求：

对于网站来说，数据库是十分关键的技术。目前，流行的关系型数据库管理系统有 Oracle、Sybase、Microsoft SQL Server、Access 等，它们都采用了一种叫结构化查询语言(SQL)的标准。学习本章，读者需要有 SQL 相关知识的基础。本章以 Microsoft SQL Server 2008 为例来实例演示数据库的操作技术，包括数据库的安装、创建、备份和分离等。读者需要深刻理解并掌握；同时对 ADO.NET 技术要求熟悉，能够掌握 ADO.NET 对象的使用及数据库的连接。

5.1　SQL Server 2008 简介

SQL Server 2008 是 Microsoft 的一个重大的产品版本，与以前的版本相比，它推出了许多新的特性和关键的改进：引入了用于提高开发人员、架构师和管理员效率的新功能。增强了包括 T-SQL 语句、数据类型和管理功能以及强大的商务智能(BI)，还添加了许多新特性和应用。本节将介绍 SQL Sever 2008 的安装与初步使用。

5.1.1　安装 SQL Sever 2008

SQL Server 2008 的版本很多，有企业版、标准版、工作组版、Express 版等，其中 SQL Server 2008 Express 版是免费版本。下面我们以安装 SQL Server 2008 企业版为例进行介绍。SQL Server 2008 企业版是一个全面的数据管理和业务智能平台，为关键业务应用提供了企业级的可扩展性、数据仓库、安全、高级分析和报表支持。

(1) 放入 SQL Server 2008 光盘，双击光驱图标以运行光盘。

如果出现.NET Framework 3.5 安装对话框，选中相应的复选框以接受.NET Framework 3.5 许可协议。并单击“下一步”按钮。当.NET Framework 3.5 的安装完成后，单击“完成”按钮。必备组件安装完成后，安装向导会运行 SQL Server 安装中心。

(2) 弹出“SQL Server 安装中心”对话框，选择“安装”选项，然后选择“全新 SQL Server 独立安装或向现有安装添加功能”选项，如图 5.1 所示。

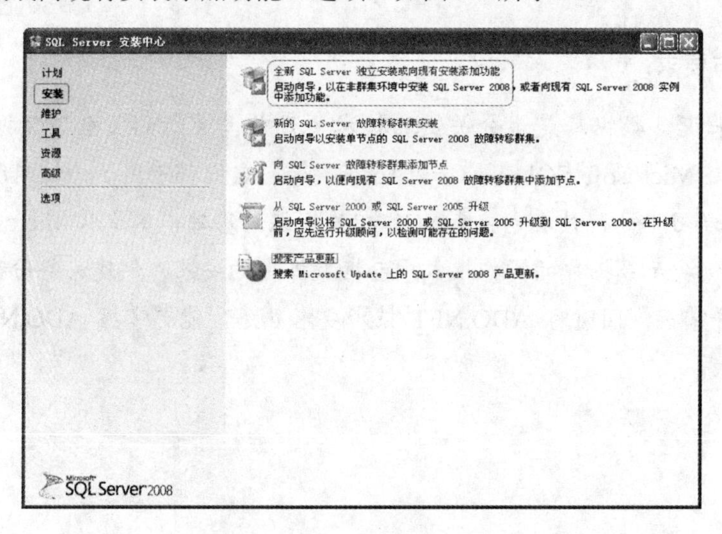

图 5.1　SQL Server 安装中心

(3) 安装程序开始进行支持规则检查，如图 5.2 所示，只有全部通过，才能继续下一步的安装。检查完毕，若没有问题，单击“确定”按钮。

(4) 进入到安装程序支持文件检查，如图 5.3 所示。检查完毕，单击“安装”按钮开始进行安装。

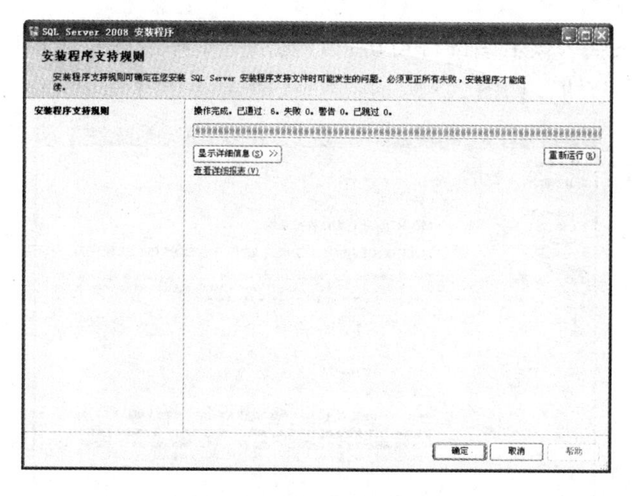

图 5.2　安装程序规则检查

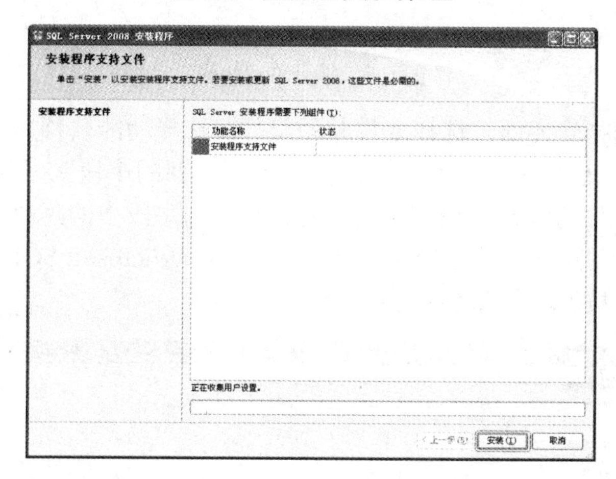

图 5.3　安装程序支持文件检查

(5) 进入到“产品密钥”界面，选择相应的选项按钮，这些按钮指示安装免费版本的 SQL Server，还是安装具有 PID 密钥的产品的生产版本，如图 5.4 所示。

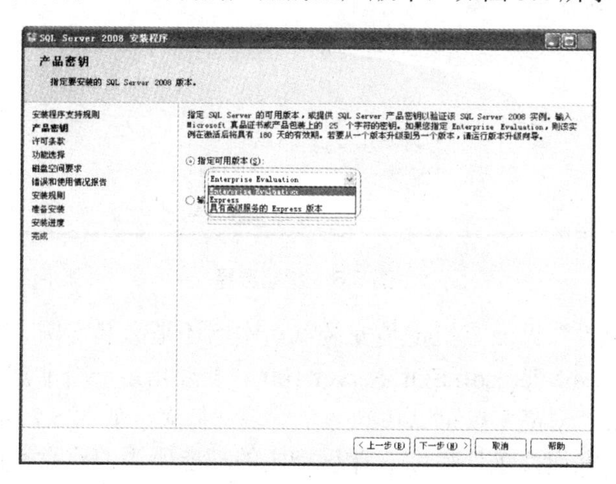

图 5.4　产品密钥

(6) 在“许可条款”项上阅读许可协议，然后选中相应的复选框以接受许可条款和条件，单击“下一步”按钮，如图5.5所示。

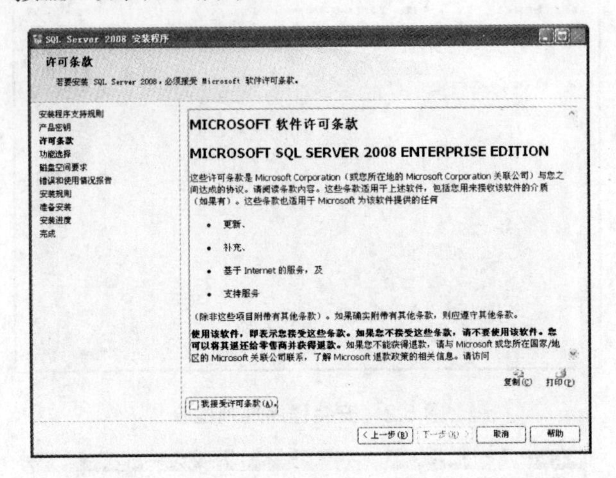

图5.5 接受许可协议

(7) 在“功能选择”界面上选择要安装的组件。选择功能名称后，右侧窗格中会显示每个组件组的说明。还可以使用“功能选择”界面底部的字段为共享组件指定自定义目录。若要更改共享组件的安装路径，更新该对话框底部字段中的路径，或单击“浏览”移动到另一个安装目录。默认安装路径为C:\Program Files\Microsoft SQL Server\100\，选择完毕，单击“下一步”按钮，如图5.6所示。

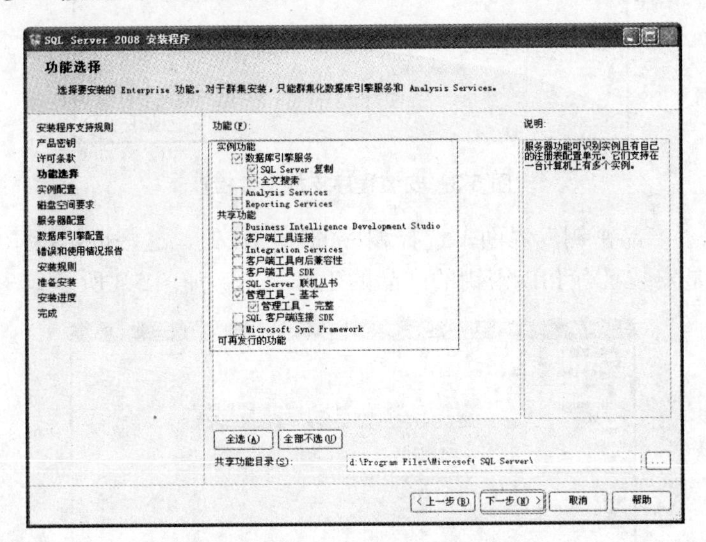

图5.6 功能选择

(8) 在“实例配置”界面上指定是安装默认实例还是命名实例。默认情况下，实例根目录为C:\Program Files\Microsoft SQL Server\100\。若要指定一个非默认的根目录，使用所提供的字段，或单击“浏览”按钮以找到一个安装文件夹，如图5.7所示。

(9) 显示“磁盘空间要求”界面，计算指定的功能所需的磁盘空间，然后将所需空间与可用磁盘空间进行比较，如图5.8所示，单击“下一步”按钮。

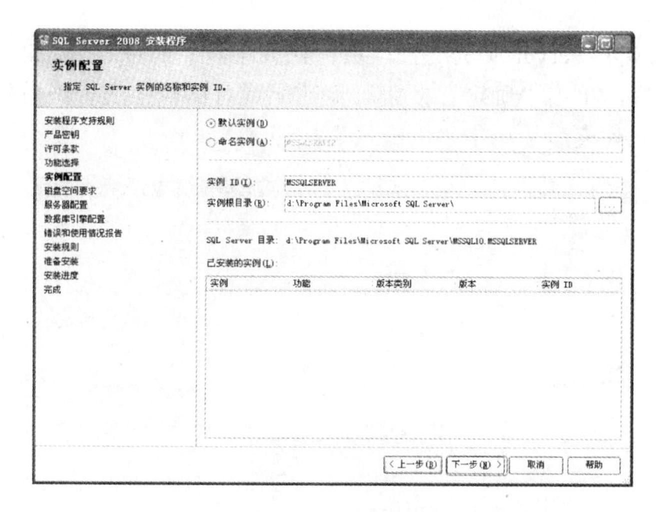

图 5.7　实例配置

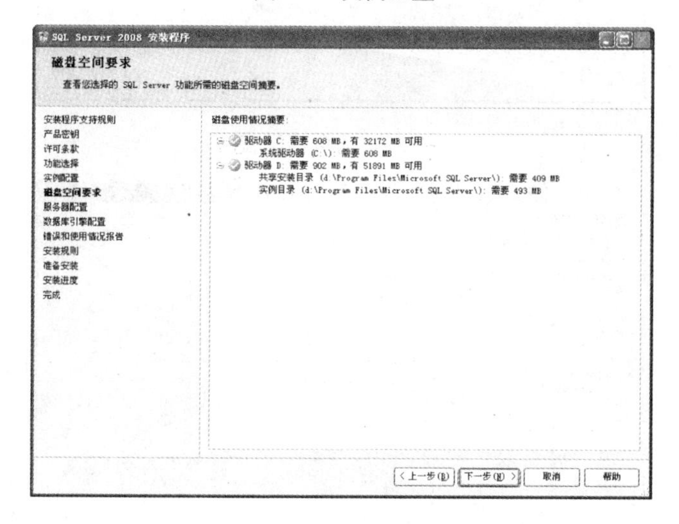

图 5.8　磁盘空间要求

(10) 在“服务器配置”界面上指定 SQL Server 服务的登录账户，如图 5.9 所示，单击“下一步”按钮。可以为所有的 SQL Server 服务分配相同的登录账户，也可以单独配置各个服务账户。还可以指定服务是自动启动、手动启动还是禁用。Microsoft 建议对各服务账户进行单独配置，以便为每项服务提供最低特权，即向 SQL Server 服务授予它们完成各自任务所必须拥有的最低权限。

(11) 使用“数据库引擎配置”界面指定以下各项。

- 安全模式：为 SQL Server 实例选择 Windows 身份验证或混合模式身份验证。如果选择“混合模式身份验证”，则必须为内置 SQL Server 系统管理员账户提供一个强密码。在设备与 SQL Server 成功建立连接之后，用于 Windows 身份验证和混合模式身份验证的安全机制是相同的。
- SQL Server 管理员：必须为 SQL Server 实例至少指定一个系统管理员。若要添加用以运行 SQL Server 安装程序的账户，单击“添加当前用户”按钮。若要向系统管理员列表中添加账户或从中删除账户，单击“添加”或“删除”按钮，然后编辑将拥有 SQL Server 实例的管理员特权的用户、组或计算机的列表。完成对该列表的编辑后，单击“确定”按钮。验证配置对话框中的管理员列表，如图 5.10 所示。完成此列表后，单击“下一步”按钮。

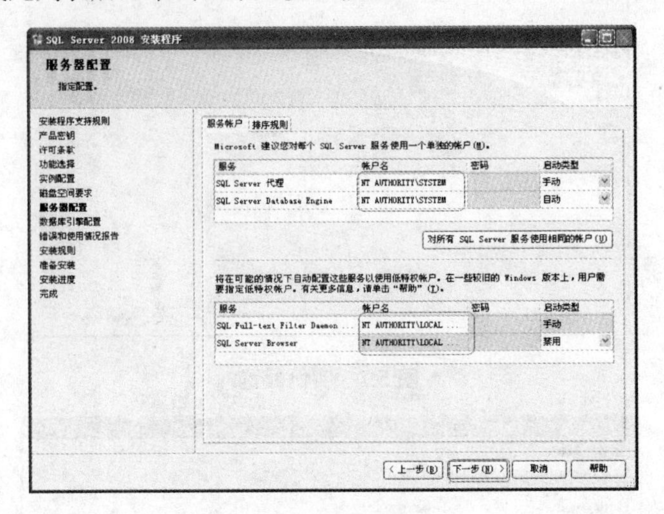

图 5.9　服务器配置

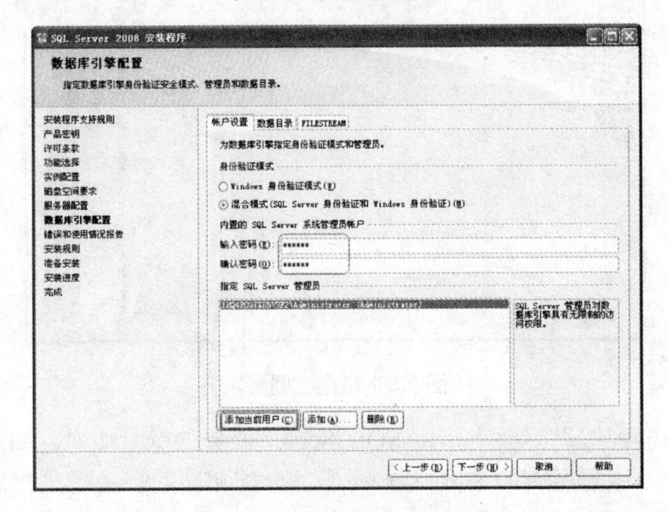

图 5.10　数据库引擎配置

(12) 在“错误和使用情况报告”界面上指定要发送到 Microsoft 以帮助改进 SQL Server 的信息。默认情况下，用于错误报告和功能使用情况的选项处于启用状态，如图 5.11 所示，单击“下一步”按钮。

(13) 接下来，系统配置检查器将运行多组规则来针对指定的 SQL Server 功能验证计算机配置，如图 5.12 所示。

(14) 在“准备安装”界面显示安装过程中指定的安装选项的树视图。若要继续安装，单击“安装”按钮，如图 5.13 所示。

(15) 在安装过程中，“安装进度”界面会提供相应的状态，并可随时查看安装进度，如图 5.14 所示。

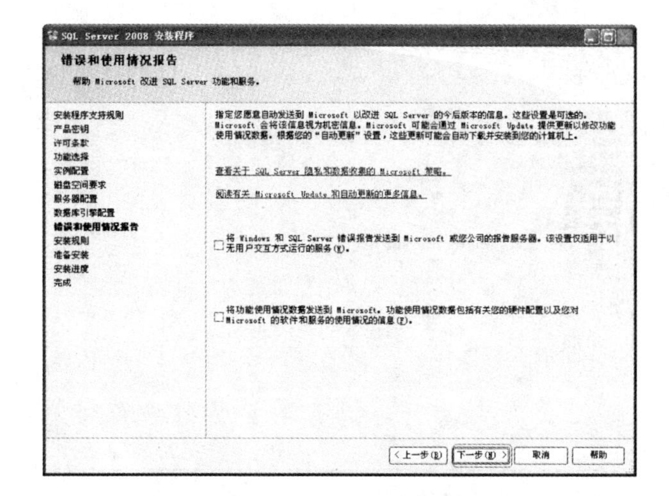

图 5.11　错误和使用情况报告

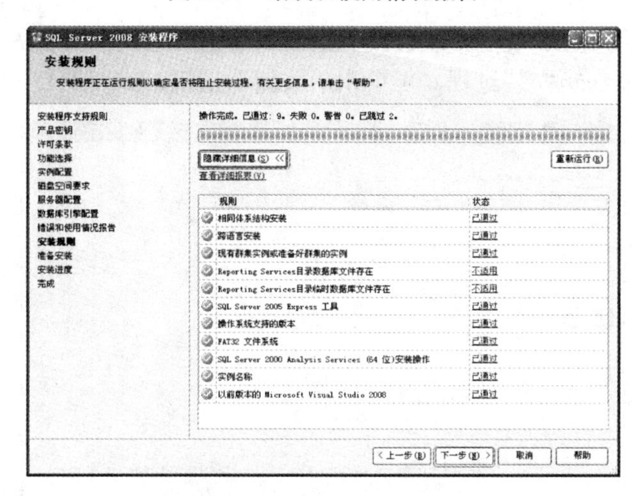

图 5.12　系统配置检查验证

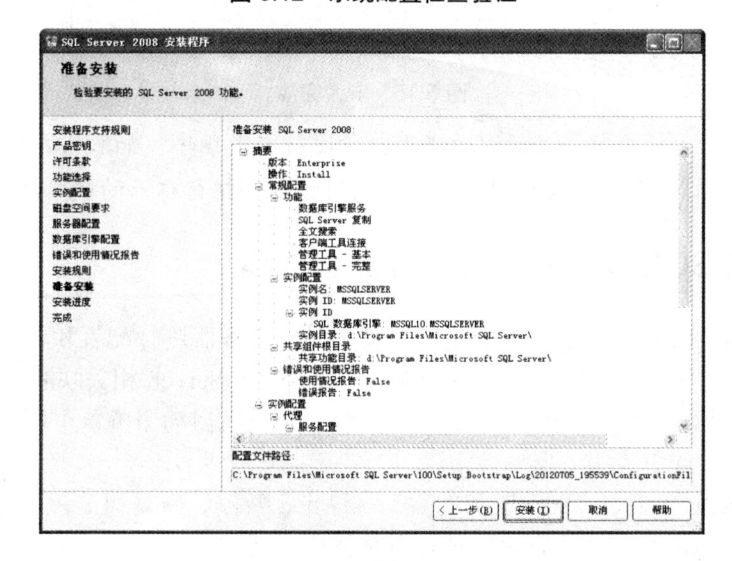

图 5.13　准备安装

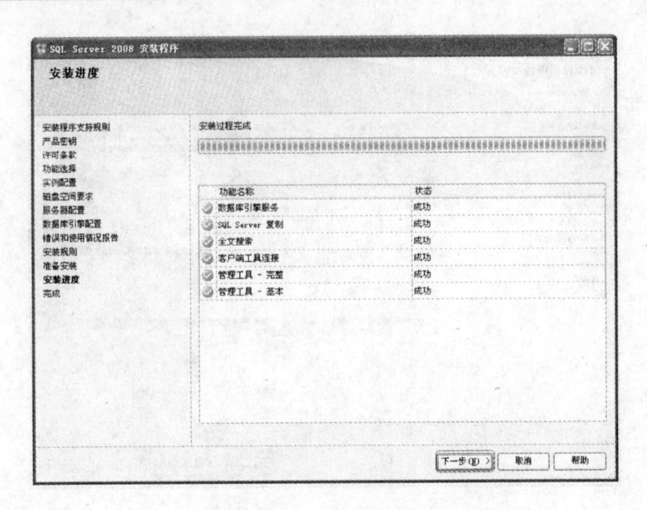

图 5.14　安装进度

(16) 安装完成后，“完成”界面会提供指向安装摘要日志文件以及其他重要说明的链接。若要完成 SQL Server 安装过程，可单击“关闭”按钮，如图 5.15 所示。

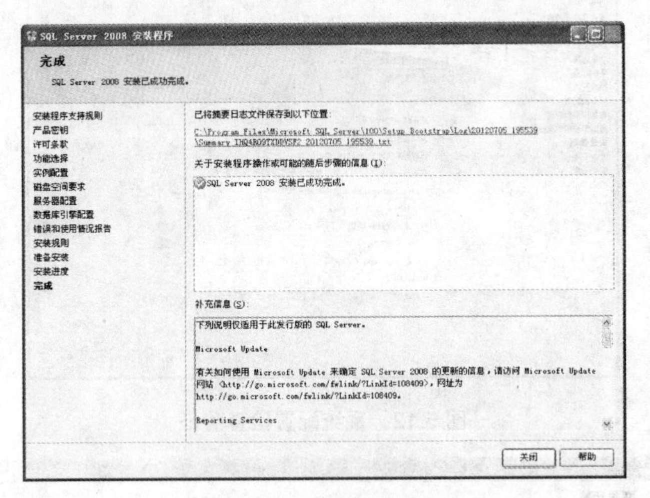

图 5.15　安装完成

注意： 对于本地安装，必须以管理员身份运行安装程序。如果从远程共享安装 SQL Server，则必须使用对远程共享具有读取和执行权限的域账户。

5.1.2　启动 SQL Server 2008 服务管理器

SQL Server 2008 提供了很多的管理工具来对其服务器进行配置和管理。SQL Server 2008 提供了 SQL Server 配置管理器来配置和管理 SQL Server 相关联的服务。使用 SQL Server 配置管理器，可以启动、停止、暂停、恢复和重新启动服务，可以更改服务使用的账户，还可以查看或更改服务器属性。

若要进行 SQL Server 2008 服务的启动、停止、暂停、恢复和重新启动等基本操作，可以使用 SQL Server 配置管理器来完成，具体操作步骤如下。

(1) 选择“开始”→“程序”→“Microsoft SQL Server 2008”→“配置工具”→

“SQL Server 配置管理器”命令，打开“SQL Server 配置管理器”窗口，如图 5.16 所示。

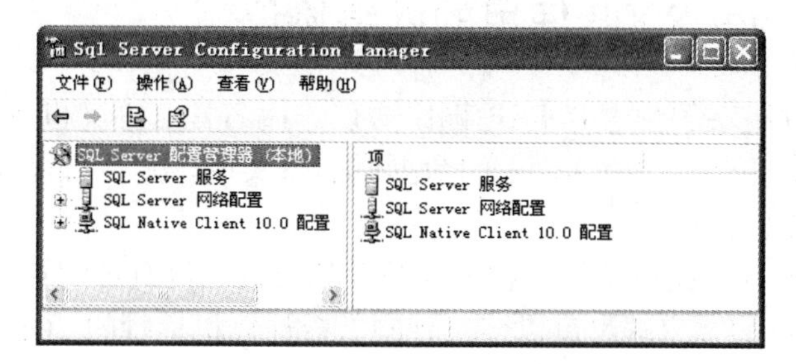

图 5.16　SQL Server 配置管理器

(2) 单击“SQL Server 服务”节点，在右边的窗体中，选择要进行操作的服务，比如“SQL Server MSSQLSERVER”并右击，在弹出的快捷菜单中选择相应的命令，即可完成对 SQL Server 服务的启动、停止、暂停、恢复和重新启动等操作，如图 5.17 所示。

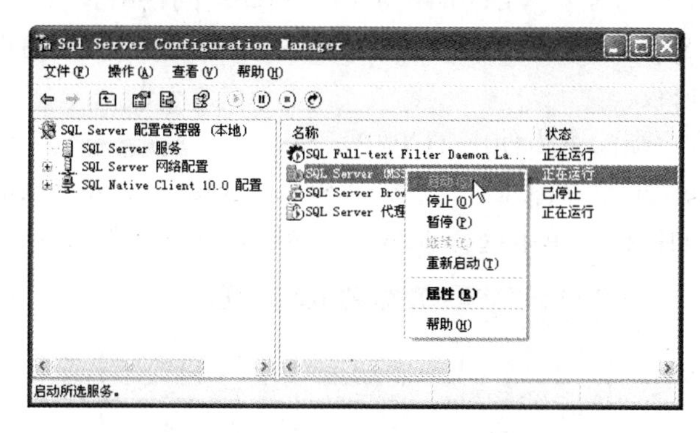

图 5.17　SQL Server 服务

在上述快捷菜单中，也可以选择查看这些服务的“属性”，来对这些服务的一些属性进行设置。比如要更改登录身份，如图 5.18 所示。用户可以选中“本账户”单选按钮，单击“浏览”按钮来选择定制的系统用户。也可以把服务的启动模式设置为“手动”、“自动”或“禁止”，如图 5.19 所示。

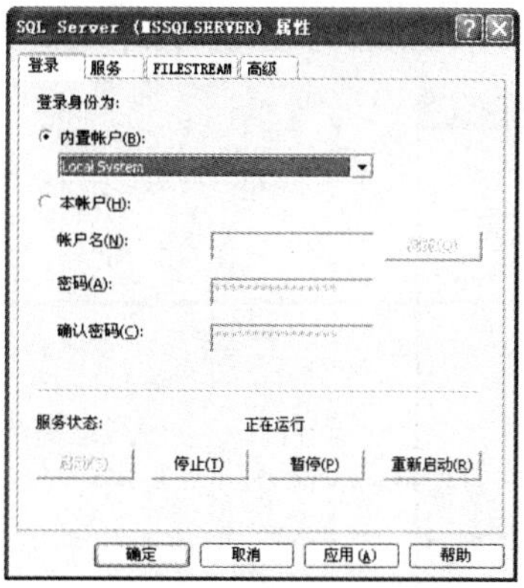

图 5.18　登录身份

图 5.19　服务模式

5.1.3　SQL Server 2008 使用的网络协议

SQL Server 2008 支持使用 TCP/IP 网络协议、命名管道协议和 VIA 协议的客户端通信。如果客户端要连接到同一计算机上的数据库引擎实例，则也可以使用共享内存协议。它所使用的网络协议如下。

- Shared memory：此协议是一种最为简单的协议，没有可配置的设置。使用 Shared memory 协议的客户端仅可以连接到同一台计算机运行的 SQL Server 实例。
- Named pipes：此协议是为局域网而开发的协议。内存的一部分被某个进程用来向另一个进程传递信息，因此一个进程的输出就是另一个进程的输入。
- TCP/IP：TCP/IP 是 Internet 上广泛使用的通用协议。它与互联网络中硬件结构和操作系统各异的计算机进行通信。
- VIA：虚拟接口适配器(VIA)协议与 VIA 硬件一同使用。

我们可以通过在 SQL Server 配置管理器中设置协议顺序，将所有的客户端应用程序配置为使用相同的网络协议。

【示例 5.1】将客户端配置为使用 TCP/IP。

(1) 打开 SQL Server 配置管理器，展开“SQL Server Native Client 配置”，右击“客户端协议”，从弹出的快捷菜单中选择“属性”命令，如图 5.20 所示。

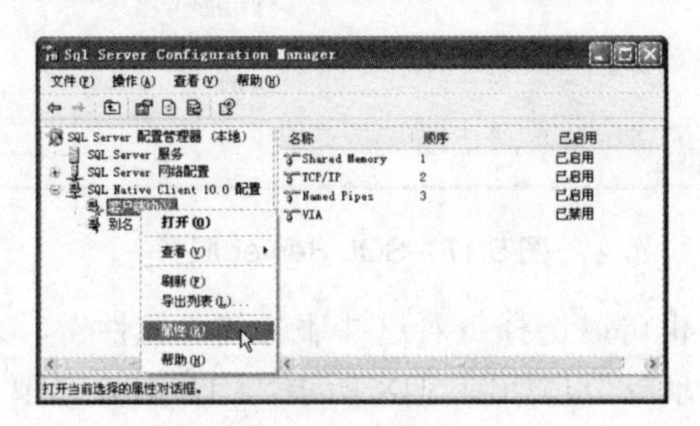

图 5.20　设置客户端协议

(2) 尝试连接到 SQL Server 时，单击“启用的协议”框右侧的向上或向下箭头，可以更改尝试协议的顺序。“启用的协议”框中最上面的协议是默认协议，如图 5.21 所示。

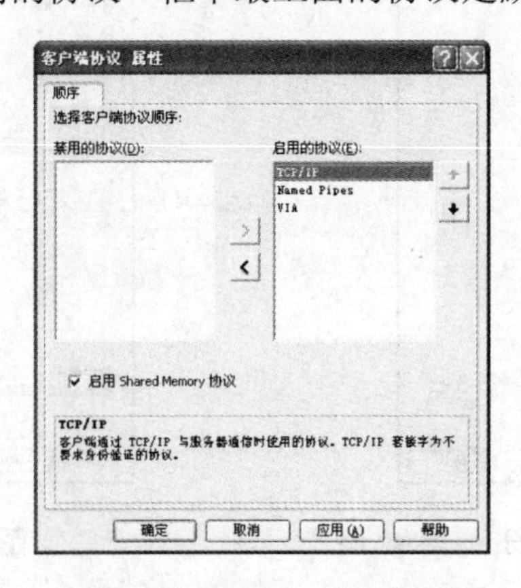

图 5.21　更改尝试协议的顺序

5.1.4　启动 SQL Server Management Studio

SQL Server Management Studio 是一个集成环境，用于访问、配置、管理和开发 SQL Server 2008 的所有组件。SQL Server Management Studio 组合了大量图形工具和丰富的脚本编辑器，使各种技术水平的开发人员和管理员都能访问 SQL Server。

SQL Server Management Studio 还将早期版本的 SQL Server 中所包含的企业管理器、查询分析器和 Analysis Manager 功能整合到单一的环境中。此外，SQL Server Management Studio 还可以与 SQL Server 的所有组件协同工作，例如 Reporting Services、Integration Services 等。

启动 SQL Server Management Studio 的步骤如下。

(1) 选择“开始”→“程序”→“Microsoft SQL Server 2008”→“Microsoft SQL Server 2008”选项，再单击 SQL Server Management Studio，即可启动 SQL Server Management Studio。

(2) 在“连接到服务器”对话框中，验证默认设置，单击“连接”按钮。若要连接，“服务器名称”框中必须包含安装 SQL Server 计算机的名称，如图 5.22 所示。如果数据库引擎为命名实例，则“服务器名称”框还应包含格式为<计算机名>\<实例名>的实例名。

图 5.22　连接到服务器

(3) 连接成功后，显示 SQL Server Management Studio 的主界面，如图 5.23 所示。

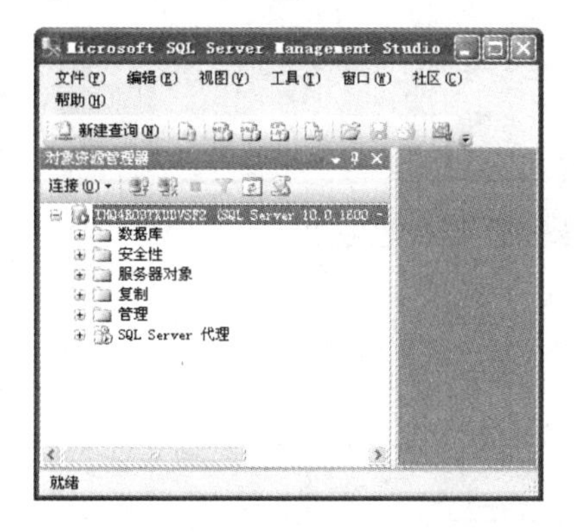

图 5.23　SQL Server Management Studio 的主界面

5.1.5 创建服务器组和注册服务器

通过创建服务器组并将服务器放置在服务器组中，可以在“已注册的服务器”中管理服务器。在 SQL Server Management Studio 中注册服务器使我们可以存储服务器连接信息，以供将来连接时使用。

在注册服务器时必须指定：

- 服务器的类型。在 SQL Server 中可以注册以下类型的服务器——SQL Server 数据库引擎、Analysis Services、Reporting Services、Integration Services 和 SQL Server Compact 3.5 SP1。这里注册的是“SQL Server 数据库引擎”。
- 服务器的名称。
- 登录到服务器时使用的身份验证的类型。

创建服务器组并注册服务器的步骤如下。

(1) 启动 SQL Server Management Studio，单击“视图”菜单，选择“已注册的服务器”命令，如图 5.24 所示。

(2) 右击某服务器或服务器组，选择“新建服务器组”菜单命令，如图 5.25 所示。

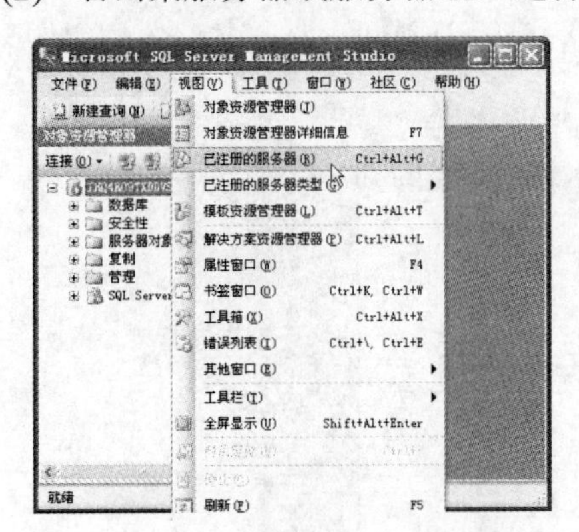

图 5.24 选择已注册的服务器

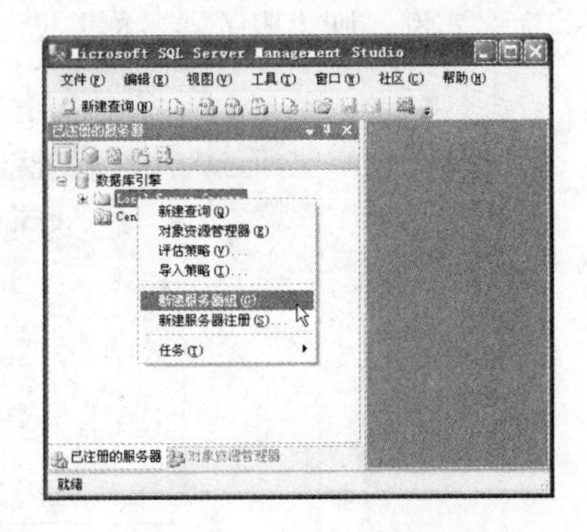

图 5.25 新建服务器组

(3) 在“新建服务器组属性”对话框的“组名”文本框中，输入“ASP.NET”。在“组说明”框中输入描述服务器组的名称，例如“学习 ASP.NET 4.0”，如图 5.26 所示。

(4) 建好服务器组之后，右击该服务器组名，选择“新建服务器注册”菜单命令，如图 5.27 所示。

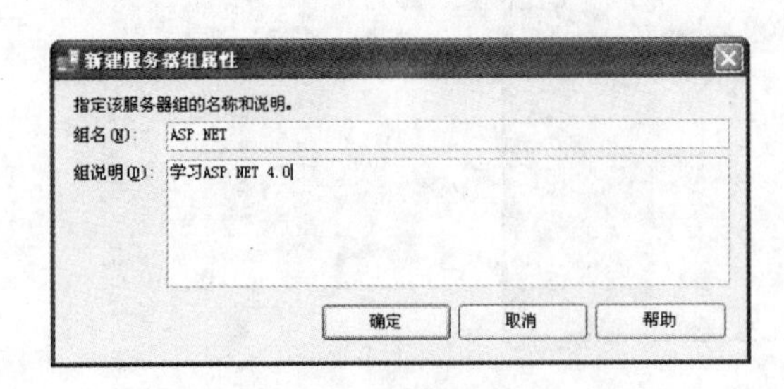

图 5.26 建立服务器组

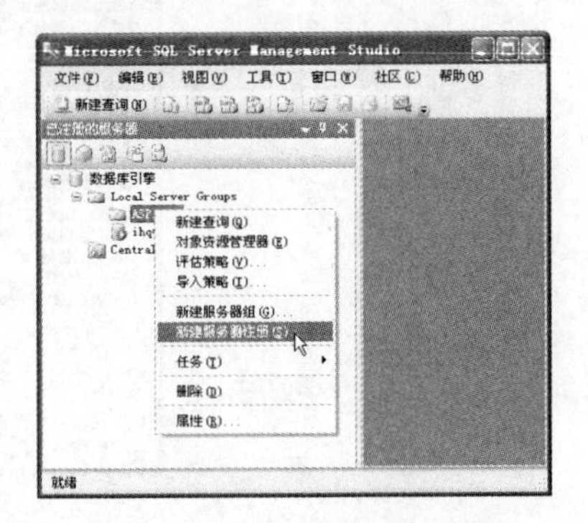

图 5.27 新建服务器注册

(5) 在弹出的“新建服务器注册”对话框中，选择要注册的服务器名称，并且可以在连接属性中设置该服务器的连接协议、连接超时设置等，设置好后，单击“测试”按钮测试是否连接成功，如图 5.28 所示。

(6) 测试成功后，单击“保存”按钮即可保存，保存后，如图 5.29 所示。已注册的服务器名称默认值是服务器名称。

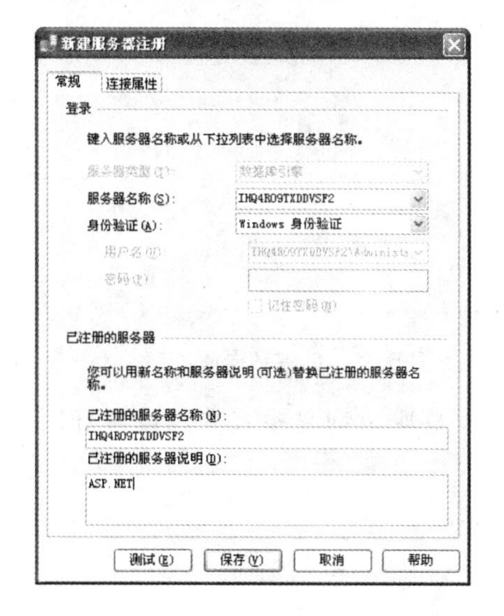

图 5.28　“新建服务器注册”对话框

图 5.29　添加成功

5.1.6　创建 SQL 数据库和数据表

在创建数据库之前，应注意以下事项：

- 要创建数据库，必须拥有 CREATE DATABASE、CREATE ANY DATABASE 或 ALTER ANY DATABASE 权限。
- 在 SQL Server 中，对各个数据库的数据和日志文件设置了某些权限。如果这些文件位于具有打开权限的目录中，那么以上权限可以防止文件被意外篡改。
- 创建数据库的用户将成为该数据库的所有者。
- 数据库名称必须遵循为标识符指定的规则。
- model 数据库中的所有用户定义对象都将复制到所有新创建的数据库中。

注意： 对于一个 SQL Server 实例，最多可以创建 32767 个数据库。

(1) 下面介绍使用 SQL Server Management Studio 创建数据库的步骤。

① 在对象资源管理器中，连接到 SQL Server 数据库引擎实例，再展开该实例。

② 右击“数据库”，从弹出的菜单中选择“新建数据库”命令，如图 5.30 所示。

③ 在“新建数据库”对话框中，输入数据库名称“Test”，若要通过接受所有默认值创建数据库，单击“确定”按钮，若要更改所有者名称，单击□按钮选择其他所有者，如图 5.31 所示。要更改主数据文件和事务日志文件的默认值，可在“数据库文件”窗格中单击相应的单元并输入新值。

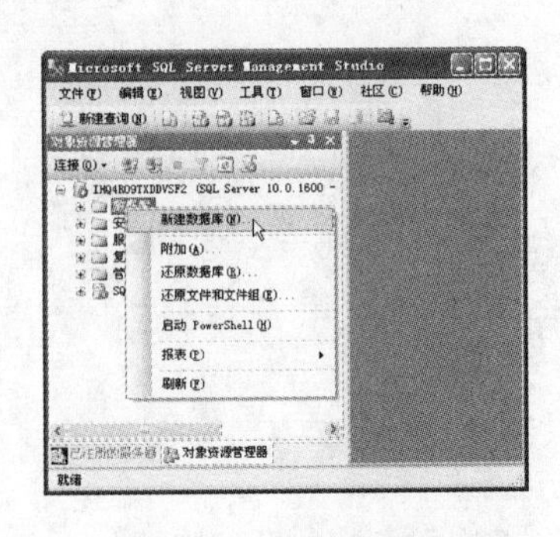

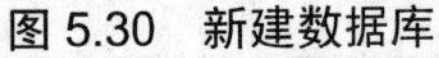
图 5.30 新建数据库

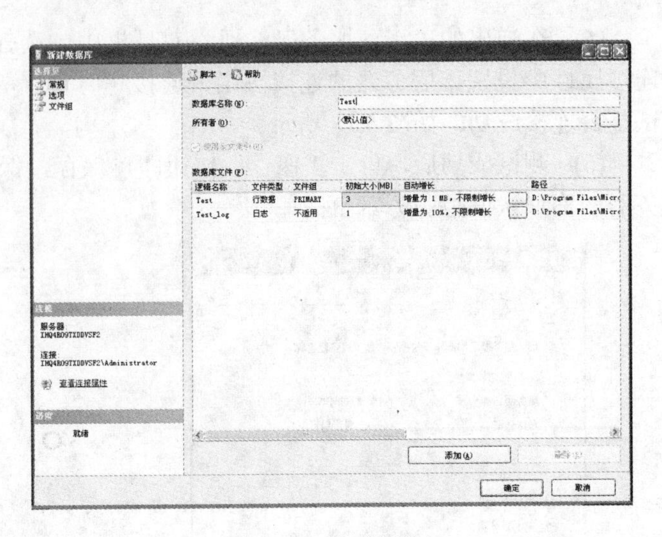

图 5.31 创建数据库

④ 在选择页中的“选项”中，可以改变排序规则、恢复模式等，设置好后，单击“确定”按钮即创建了 Test 数据库，如图 5.32 所示。

图 5.32 创建完毕

(2) 若要创建表，在创建数据库之后，可按如下步骤来创建。

① 展开数据库 Test，右击“表”，选择“新建表”菜单命令，如图 5.33 所示。

② 在新建表的视图中，输入表的列名和选择数据类型：比如 StudentID 和 int，StudentName 和 Varchar，如图 5.34 所示。

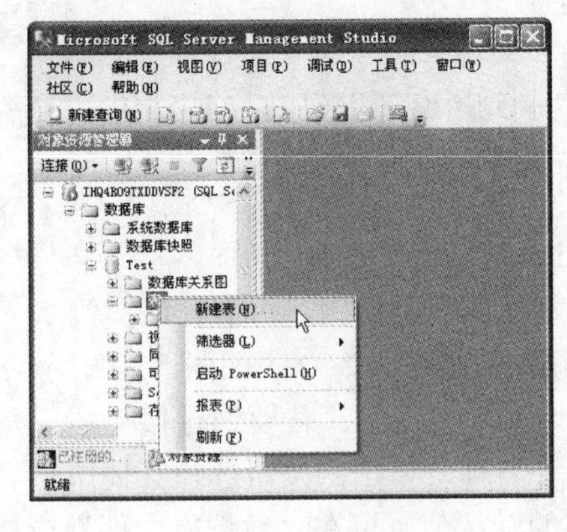

图 5.33 新建表

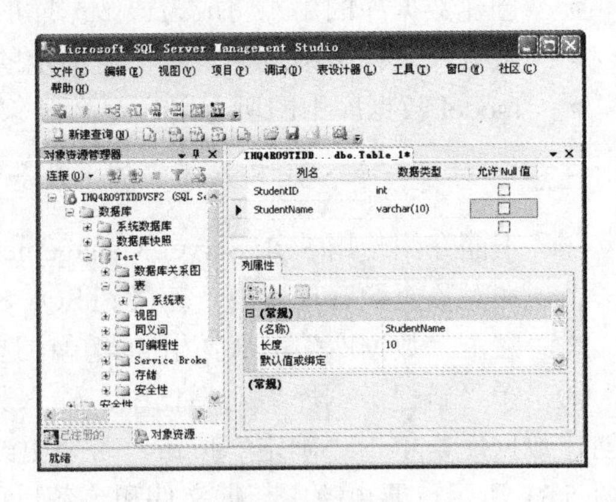

图 5.34 设置表

③　设置好后，选择“文件”菜单下的“保存”命令，在“选择名称”对话框中输入表名称“StudentInfo”，单击“确定”按钮，即创建了表 StudentInfo，如图 5.35 所示。

图 5.35　输入表名称

对于 SQL Server 2008 的数据类型，请读者查阅相关的知识。限于篇幅，此处不再深入阐述。

5.1.7　数据库的备份和还原

SQL Server 备份组件和还原组件为保护存储在 SQL Server 数据库中的关键数据提供了重要的安全保障。

规划良好的备份和还原策略有助于防止数据库因各种故障而造成数据丢失。用于还原和恢复数据的数据副本称为“备份”。使用备份可以在发生故障后把数据还原。

1. 数据库的备份

数据库备份的范围可以是完整的数据库、部分数据库或者一组文件或文件组。SQL Server 的备份有完整备份和差异备份两种。

(1)　完整备份

所谓“完整备份”，包含特定数据库(或者一组特定的文件组或文件)中的所有数据，以及可以恢复这些数据的足够的日志。完整备份数据库的步骤如下。

①　连接到 Microsoft SQL Server 数据库引擎实例之后，在对象资源管理器中，单击服务器名称以展开服务器树。

②　展开“数据库”，然后根据数据库名称的不同，选择用户数据库，比如 Test。

③　右击数据库，在快捷菜单中选择“任务”→“备份”命令，如图 5.36 所示。

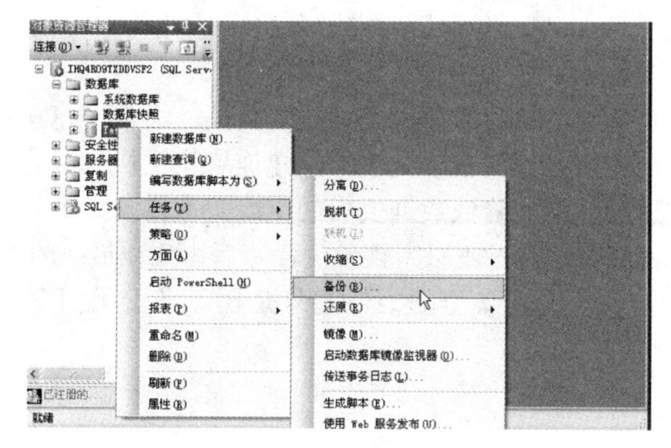

图 5.36　选择备份命令

④　在出现的“备份数据库”对话框中，在“数据库”下拉列表框中验证数据库名

称，在“备份类型”下拉列表框中选择“完整”，如图 5.37 所示。

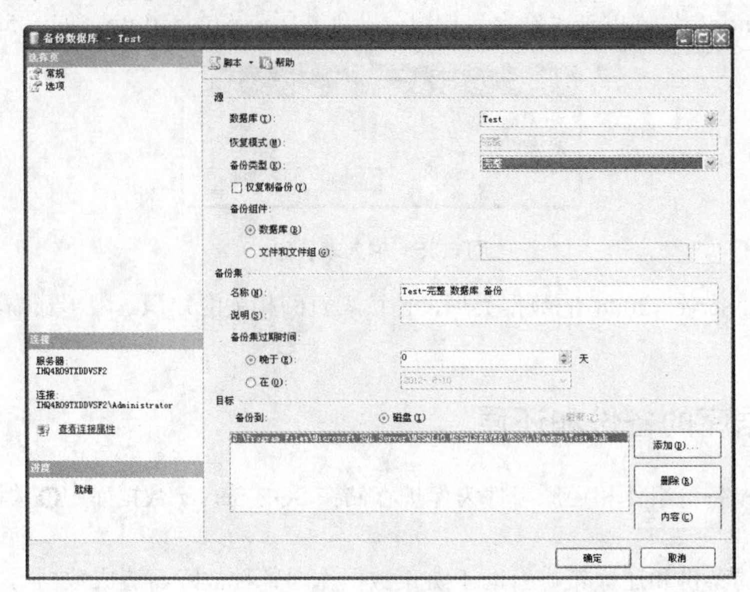

图 5.37　备份数据库

也可以在“说明”文本框中，输入备份集的说明。

⑤　设置好后，单击“确定”按钮进行备份，稍等一会，若备份成功，弹出如图 5.38 所示的消息。

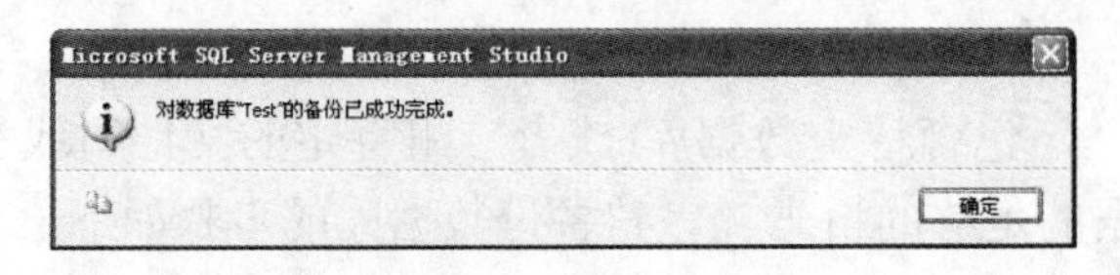

图 5.38　备份成功

注意：创建了完整数据库备份后，可以创建差异数据库备份。

(2) 差异备份

这里“差异备份”是基于数据的最新完整备份。这称为差异的“基准”或者差异基准。差异基准是读/写数据的完整备份。

差异备份仅包含自建立差异基准后发生更改的数据。通常，建立基准备份之后很短时间内执行的差异备份比完整备份的基准更小，创建速度也更快。因此，使用差异备份可以加快进行频繁备份的速度，从而降低数据丢失的风险。通常，一个差异基准会由若干个相继的差异备份使用。还原时，首先还原完整备份，然后再还原最新的差异备份。

差异备份的操作步骤与完整备份的类似，只是在“备份类型”下拉列表框中，选择“差异”即可，这里不再演示。

2. 数据库的还原

数据库的还原是从一个或多个备份中还原数据并在还原最后一个备份后恢复数据库的过程。在数据库还原过程中，整个数据库在还原期间处于脱机状态。在数据库的任何部分变为联机之前，必须将所有数据恢复到同一点，即数据库的所有部分都处于同一时间点并且不存在未提交的事务。

在数据库完整还原下，还原方案也有两种：①简单恢复模式下；②在大容量日志恢复模式下。

下面介绍还原完整数据库备份的步骤。

(1) 连接到相应的 Microsoft SQL Server 数据库引擎实例之后，在对象资源管理器中，单击服务器名称以展开服务器树。

(2) 展开“数据库”。根据具体的数据库，选择用户数据库，比如 Test，右击数据库，从弹出的快捷菜单中选择“任务”→“还原”→“数据库”命令，如图 5.39 所示。

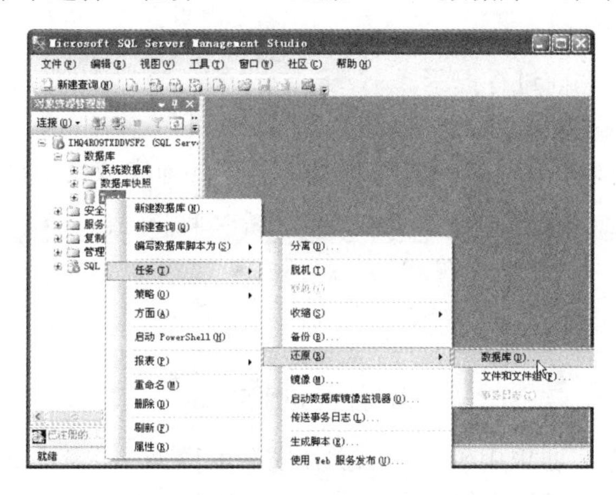

图 5.39　选择恢复数据库

(3) 打开“还原数据库”对话框，在“常规”页上，还原数据库的名称将显示在“目标数据库”下拉列表框中。若要创建新数据库，可在下拉列表框中输入数据库名。在“目标时间点”文本框中，可以保留默认值“最近状态”，如图 5.40 所示。也可以单击“浏览”按钮，打开“时点还原”对话框，以选择具体的日期和时间。

图 5.40　还原数据库

在“还原数据库”对话框中，若要指定要还原的备份集的源和位置，可以单击以下选项之一。

- 源数据库：在下拉列表框中输入数据库名称。
- 源设备：单击“浏览”按钮，打开“指定备份”对话框。在“备份媒体”列表框中，从列出的设备类型选择一种。若要为“备份位置”列表框选择一个或多个设备，单击“添加”按钮。

将所需设备添加到“备份位置”列表框后，单击“确定”按钮返回到“常规”页。

在“还原选项”面板中，可以根据实际情况选择下列任意选项：

- 覆盖现有数据库。
- 保留复制设置。
- 还原每个备份之前进行提示。
- 限制访问还原的数据库。

(4) 设置好还原选项，单击“确定”按钮，弹出还原完成消息框，如图 5.41 所示。

图 5.41　还原完成

还可在“恢复状态”面板中确定还原操作之后的数据库状态。默认行为是回滚未提交的事务，使数据库处于可以使用的状态。无法还原其他事务日志。

注意： 仅在要还原所有必要的备份时选择此选项。

或者，选择以下两个选项之一：

- 不对数据库执行任何操作，不回滚未提交的事务。可以还原其他事务日志。
- 使数据库处于只读模式。撤消未提交的事务，但将撤消操作保存在备用文件中，以便能够还原恢复结果。

5.1.8　附加和分离数据库

1. 分离数据库

分离数据库是指将数据库从 SQL Server 实例中删除，但使数据库在其数据文件和事务日志文件中保持不变。之后，就可以使用这些文件将数据库附加到任何 SQL Server 实例，包括分离该数据库的服务器。

在下列任何情况下，不能分离数据库：

- 已复制并发布数据库。如果进行复制，则数据库必须是未发布的。
- 数据库中存在数据库快照。
- 必须首先删除所有数据库快照，然后才能分离数据库。
- 数据库处于可疑状态。在 SQL Server 2005 和更高版本中，无法分离可疑数据库；必须将数据库设为紧急模式，才能对其进行分离。

注意：不能分离或附加数据库快照。

分离数据库的步骤如下。

(1) 在 SQL Server Management Studio 对象资源管理器中，连接到 SQL Server 数据库引擎的实例上，再展开该实例。

(2) 展开“数据库”，并选择要分离的用户数据库的名称，比如 Test，右击数据库，从弹出的快捷菜单中选择“任务”→“分离”命令，如图 5.42 所示。

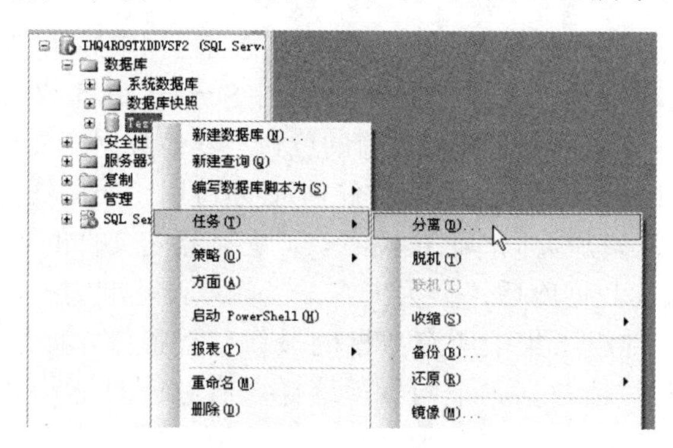

图 5.42　选择分离

分离数据库需要对数据库具有独占访问权限。如果数据库正在使用，则限制为只允许单个用户进行访问。

(3) 在弹出的“分离数据库”对话框中，“要分离的数据库”列表在“数据库名称”列中显示所选数据库的名称。验证这是否为要分离的数据库。默认情况下，分离操作将在分离数据库时保留过期的优化统计信息；若要更新现有的优化统计信息，选中“更新统计信息”复选框，如图 5.43 所示。

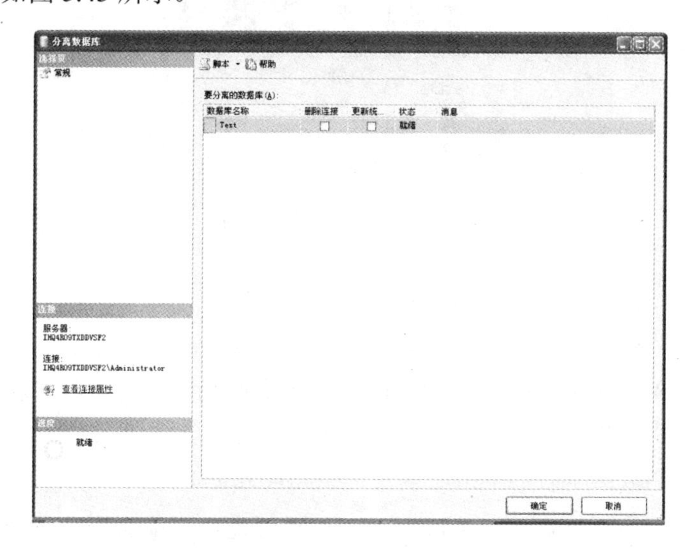

图 5.43　分离数据库

在“状态”列中，将显示当前数据库状态(“就绪”或“未就绪”)。

如果状态是“未就绪”，则“消息”列将显示有关数据库的超链接信息。当数据库涉及复制时，“消息”列将显示 Database replicated。数据库有一个或多个活动连接时，“消息”列将显示<活动连接数>个活动连接；例如，一个活动连接。在可以分离数据列之前，必须选中“删除连接”复选框来断开与所有活动连接的连接。

(4) 分离数据库准备就绪后，单击“确定”按钮即可完成。一旦分离完成后，数据库将从对象资源管理器的“数据库”节点中消失。

2. 附加数据库

附加数据库可以使数据库的状态与分离时的状态完全相同。可以附加复制的或分离的 SQL Server 数据库，它将包含全文目录文件的 SQL Server 2005 数据库附加到 SQL Server 2008 服务器实例上时，会将目录文件从以前的位置与其他数据库文件一起附加，附加数据库时，所有数据文件(MDF 文件和 NDF 文件)都必须可用。如果任何数据文件的路径不同于首次创建数据库或上次附加数据库时的路径，则必须指定文件的当前路径。

分离再重新附加只读数据库后，会丢失有关当前差异基准的备份信息。“差异基准”是数据库或其文件或文件组子集中所有数据的最新完整备份。如果没有基准备份信息，master 数据库会变得与只读数据库不同步，这样之后进行的差异备份可能会产生意外结果。因此，如果对只读数据库使用差异备份，在重新附加数据库后，应通过进行完整备份来建立新的差异基准。

附加数据库的步骤如下。

(1) 在 SQL Server Management Studio 对象资源管理器中，连接到 Microsoft SQL Server 数据库引擎实例，再展开该实例。

(2) 右击“数据库”，从快捷菜单中选择“附加”命令，如图 5.44 所示。

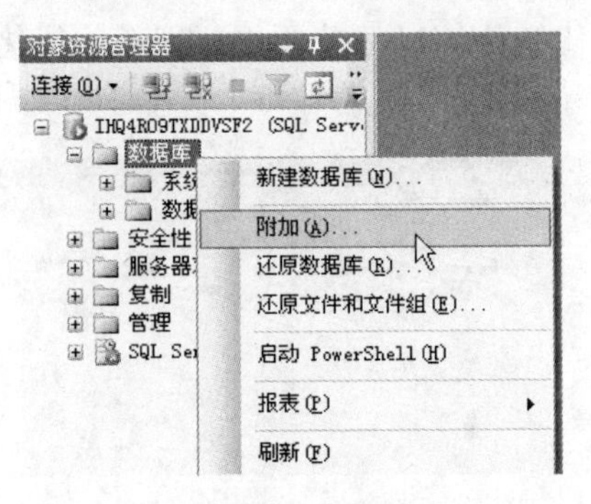

图 5.44 选择“附加”命令

(3) 弹出“附加数据库”对话框，指定要附加的数据库，单击“添加”按钮，然后在“定位数据库文件”对话框中选择数据库所在的磁盘驱动器并展开目录树，以查找并选择数据库的.mdf 文件，这里选择 Test.mdf，如图 5.45 所示。

(4) 准备好附加数据库后，单击“确定”按钮即完成。

注意： 新附加的数据库在视图刷新后才会显示在对象资源管理器的“数据库”节点中。若要随时刷新视图，在对象资源管理器中单击，再选择“视图”菜单中的“刷新”命令。

图 5.45　附加数据库

5.2　ADO.NET 与数据库的访问

ADO 的全名是 ActiveX Data Object，它是一组优化的访问数据库的专用对象集。

ADO.NET 是一组向.NET 框架程序员公开数据访问服务的类，它为创建分布式数据共享应用程序提供了一组丰富的组件。它提供了对关系数据、XML 和应用程序数据的访问，是.NET 框架中不可缺少的一部分。

5.2.1　认识 ADO.NET

ADO.NET 提供对诸如 SQL Server 和 XML 这样的数据源以及通过 OLE DB 和 ODBC 公开的数据源的一致访问。共享数据的使用方应用程序可以使用 ADO.NET 连接到这些数据源，并可以检索、处理和更新其中包含的数据。

ADO.NET 类位于 System.Data.dll 中，并与 System.Xml.dll 中的 XML 类集成。

ADO.NET 向编写托管代码的开发人员提供类似于 ActiveX 数据对象(ADO)向本机组件对象模型(COM)开发人员提供的功能。

ADO.NET 在.NET 框架中提供最直接的数据访问方法。

5.2.2　ADO.NET 的组件结构

ADO.NET 主要有两个组件：.NET 框架数据提供程序(用于数据访问)和 DataSet(主要用来数据存储)，利用它们可以轻松访问和操作数据库，如图 5.46 所示。

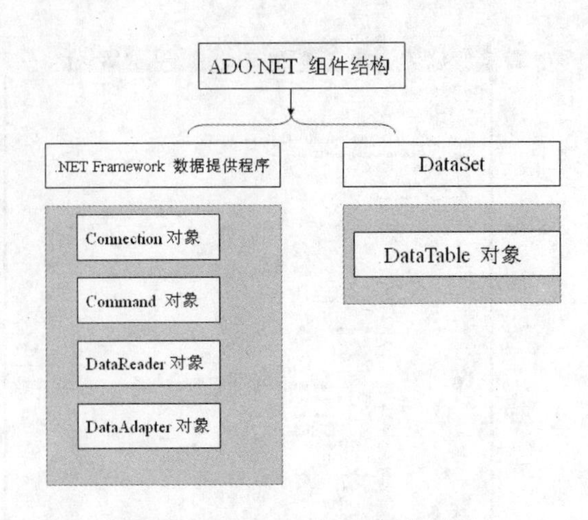

图 5.46　ADO.NET 的组件结构

(1) .NET 框架数据提供程序

.NET 框架数据提供程序是专门为数据操作以及快速、只进、只读访问数据而设计的组件。表 5.1 列出了.NET 框架中所包含的数据提供程序。

表 5.1　.NET 框架中包含的数据提供程序

.NET 框架数据提供程序	说　明
.NET 框架用于 SQL Server 的数据提供程序	提供对 Microsoft SQL Server 7.0 或更高版本中数据的访问。使用 System.Data.SqlClient 命名空间
.NET 框架用于 OLE DB 的数据提供程序	提供对使用 OLE DB 公开的数据源中数据的访问。使用 System.Data.OleDb 命名空间
.NET 框架用于 ODBC 的数据提供程序	提供对使用 ODBC 公开的数据源中数据的访问。使用 System.Data.Odbc 命名空间
.NET 框架用于 Oracle 的数据提供程序	适用于 Oracle 数据源。用于 Oracle 的.NET 框架数据提供程序，支持 Oracle 客户端软件 8.1.7 和更高版本，并使用 System.Data.OracleClient 命名空间
EntityClient 提供程序	提供对实体数据模型(EDM)应用程序的数据访问。使用 System.Data.EntityClient 命名空间

对各项较为详细的说明如下。

- 用于 SQL Server 的.NET 框架数据提供程序(SqlClient)：SqlClient 是轻量的且性能良好，因为它进行了优化，可直接访问 SQL Server，而无需添加 OLE DB 或开放式数据库连接(ODBC)层。
- 用于 OLE DB 的.NET 框架数据提供程序(Ole Db)：Ole Db 通过 COM 互操作使用本机 OLE DB 来启用数据访问。用于 OLE DB 的.NET 框架数据提供程序支持本地事务和分布式事务。
- 用于 ODBC 的.NET 框架数据提供程序：ODBC 使用本机 ODBC 驱动程序管理器(DM)来启用数据访问。ODBC 数据提供程序支持本地事务和分布式事务两者。

- 用于 Oracle 的.NET 框架数据提供程序：用于 Oracle 的.NET 框架数据提供程序(OracleClient)通过 Oracle 客户端连接软件启用对 Oracle 数据源的数据访问。
- EntityClient 提供程序：EntityClient 提供程序可用来基于实体数据模型(EDM)访问数据。与其他.NET 框架数据提供程序不同，该提供程序不直接与数据源进行交互，而是使用实体 SQL 与基础数据提供程序进行通信。

另外，.NET 框架数据提供程序还有 4 个核心对象，如表 5.2 所示。

表 5.2　.NET 框架数据提供程序的 4 个核心对象

对　象	说　明
Connection	建立与特定数据源的连接
Command	对数据源执行命令。公开参数，并且可以从 Connection 对象在 Transaction 的范围内执行
DataReader	从数据源中读取数据流
DataAdapter	用数据源填充 DataSet 并解析更新

Connection 对象提供到数据源的连接。使用 Command 对象可以访问用于返回数据、修改数据、运行存储过程以及发送或检索参数信息的数据库命令。DataReader 可从数据源提供高性能的数据流。最后，DataAdapter 在 DataSet 对象和数据源之间起到桥梁作用。

DataAdapter 使用 Command 对象在数据源中执行 SQL 命令以向 DataSet 中加载数据，并将对 DataSet 中数据的更改协调回数据源。

(2) DataSet

DataSet 是专门为独立于任何数据源的数据访问而设计的。因此，它可以用于多种不同的数据源，用于 XML 数据，或用于管理应用程序本地的数据。DataSet 包含一个或多个 DataTable 对象的集合，这些对象由数据行和数据列以及有关 DataTable 对象中数据的主键、外键、约束和关系信息组成。使用 DataSet 可执行以下操作：

- 在应用程序中将数据缓存在本地，以便可以对数据进行处理。如果只需要读取查询结果，则 DataReader 是更好的选择。
- 在层间或从 XML Web Services 对数据进行远程处理。
- 与数据进行动态交互，例如绑定到 Windows 窗体控件或组合并关联来自多个源的数据。
- 对数据执行大量的处理，而不需要与数据源保持打开的连接，从而将该连接释放给其他客户端使用。

5.2.3　ADO.NET 与数据库的连接

ASP.NET 用 ADO.NET 数据源控件可以灵活地与数据库连接，也可以使用 ADO.NET 类来访问数据库，如 System.Data.SqlClient、System.Data.OleDb、System.Data.Odbc 和 System.Data.OracleClient。通常数据库的连接使用 Web.config 文件来配置数据库的连接，将这些数据提供程序指定为连接字符串的一部分。

下面介绍 Web.config 配置数据库连接的方法。

方法 1：

```
string connString = System.Web.Configuration.WebConfigurationManager
  .ConnectionStrings["SqlConnStr"].ConnectionString;
```

在 web.config 文件中的</configSections>后面书写如下代码：

```
<connectionStrings>
    <add name="SqlConnStr" connectionString="user id=用户名;password=密码;
      initial catalog=数据库名称;data source=服务器名称" />
</connectionStrings>
```

方法 2：

```
string strcon = configurationsettings.AppSettings["connstring"];
```

在 web.config 文件的<appsettings>和</appsettings>之间书写如下代码：

```
<appsettings>
    <add key="connstring" value=" user id=用户名 ;password=密码;
      database=数据库名称;server=服务器名称" />
</appsettings>
```

比如：

```
<add key="connstring" value=" user id=sa; password=123456;
  database=Test; server=(local)" />
```

其中，user id=sa 表示连接数据库的验证用户名为 sa，也可以使用“uid”代替 user id，所以可写成“uid=sa”。

password=123456：表示连接数据库的验证密码为 123456。也可以使用“pwd”代替 password，所以可写为“pwd=123456”。

database=Test：表示使用的数据库为 Test，也可使用“initial catalog”代替 database，所以可写为“initial catalog=Test”。

Server=(local)：表示使用名为 local 的服务器，通常表示本机，也可以使用 data source 来代替 Server，所以可写为“data source=local”。

5.3 ADO.NET 对象的使用

ADO.NET 对象主要是指 Connection、Command、DataAdapter、DataReader 和 DataSet 对象等，本节将学习这些对象的使用。

5.3.1 Connection 对象的使用

在 ADO.NET 中，Connection 对象的主要用途是打开和关闭与数据库的连接，通过此对象，可以对一个数据库进行访问和操作。表 5.3 列出了 Connection 对象的一些属性。

表 5.3　Connection 对象的属性

属　性	说　明
ConnectionString	连接数据源的字符串
ConnectionTimeout	尝试建立连接的时间，超过时间则产生异常
Database	将要打开的数据库的名称
DataSource	包含数据库的位置和文件
Provider	OleDB 数据提供程序的名称
ServerVersion	OleDB 数据提供程序提供的服务器版本
State	显示当前 Connection 对象的状态：0 表示关闭，1 表示打开

上述属性中，最常用的属性是 ConnectionString。表 5.4 列出了 Connection 对象的一些常用方法。

表 5.4　Connection 对象的常用方法

方　法	说　明
BeginTransaction	开始一个数据库事务。允许指定事务的名称和隔离级
ChangeDatabase	改变当前连接的数据库。需要一个有效的数据库名称
Close	关闭数据库连接。使用该方法关闭一个打开的连接
CreateCommand	创建并返回一个与该连接关联的 SqlCommand 对象
Dispose	调用 Close 方法
Open	打开一个数据库连接

最常用的是方法是 Open 和 Close。比如下列代码：

```
//首先要引用命名空间
using System.Data.SqlClient;
SqlConnection connection = new System.Data.SqlClient.SqlConnection(
  "Data Source=(local);Initial Catalog=Test;Integrated Security =True");
connection.Open();
Response.Write(connection.State());
```

其中，Integrated security=true 表示集成验证身份的方式，也就是使用 Windows 验证的方式去连接到数据库服务器。这样明显的优点是不需要在连接字符串中编写用户名和密码，从一定程度上说提高了安全性。

在上述代码中，我们使用了 SqlConnection 类来连接 SQL Server 数据库，一般不用 OLE DB 去连接 SQL Server 数据库，用 SqlConnection 的效率更高。

对于 OLE DB 和 Oracle 数据源，可使用 OleDbConnection 对象和 OracleConnection 去连接，这里不再详述。

5.3.2　Command 对象

Command 对象主要用来进行对数据库的增、删、改、查等操作。

根据.NET 框架数据提供程序的不同，Command 对象也可以分为 SqlCommand、OleDbCommand、OdbcCommand、OracelCommand，表 5.5 中列出了 Command 对象的常用属性。

表 5.5 Command 对象的常用属性

属性	说明
CommandTimeout	获取或设置在终止执行命令的尝试并生成错误之前的等待时间
Connection	设置对 Connection 对象的引用，方便与数据库通信
CommandType	设置用于执行的命令类型
CommandText	命令对象包含的 SQL 语句文本或存储过程的名称
Parameters	Command 对象可以包含零个或多个参数

Command 对象的常用方法如表 5.6 所示。

表 5.6 Command 对象的常用方法

方法	说明
ExecuteReader	用于执行查询命令，返回一个 DataReader 对象
ExecuteNonQuery	用于执行增删改语句，返回受影响的行数
ExecuteScalar	用于执行查询命令，返回第一行第一列的记录值
ExecuteXMLReader	用于执行查询命令，返回 XMLReader 对象

下面以 SqlCommand 对象为例，结合它的属性和方法，用一个示例来演示。

【示例 5.2】Command 对象的使用。

(1) 创建一个空网站，并添加一个 Web 窗体：Default.aspx，放置两个文本框，两个命令按钮，并把按钮的 text 属性分别设置为：添加、删除。

(2) 配置 Web.config 文件，在<appsettings>和</appsettings>之间书写如下代码：

```
<appSettings>
   <add key="connstring" value="user id=sa; password=142536;
     database=Test;server=(local)" />
</appSettings>
```

(3) 在 Default.aspx.cs 文件中书写如下代码：

```
using System;
using System.Collections.Generic;
using System.Linq;
using System.Web;
using System.Web.UI;
using System.Web.UI.WebControls;
using System.Data.SqlClient;
using System.Configuration;

public partial class _Default : System.Web.UI.Page
{
```

```
public SqlConnection GetConn()
{
    string constr =
      ConfigurationManager.AppSettings["connstring"].ToString();
    SqlConnection myconn = new SqlConnection(constr);
    return myconn;
}
protected void Page_Load(object sender, EventArgs e)
{
}
protected void btn_Add_Click(object sender, EventArgs e)
{
    SqlConnection myconn = GetConn();
    myconn.Open();
    string strsql="INSERT INTO StudentInfo  VALUES('"
      + TextBox1.Text + "','" + TextBox2.Text + "')";
    SqlCommand cmd = new SqlCommand(strsql, myconn);
    if (cmd.ExecuteNonQuery() > 0)
    {
        Response.Write("添加成功");
        TextBox1.Text = "";
        TextBox2.Text = "";
    }
    else
    {
        Response.Write("添加失败");
    }
    myconn.Close();
}
protected void btn_Del_Click(object sender, EventArgs e)
{
    if (TextBox1.Text != "")
    {
        SqlConnection myconn = GetConn();
        myconn.Open();
        string strsql = "Delete from StudentInfo Where StudentID='"
          + TextBox1.Text + "'";
        SqlCommand cmd = new SqlCommand(strsql, myconn);
        if (cmd.ExecuteNonQuery() > 0)
        {
            cmd.Dispose();
            Response.Write("删除" + TextBox1.Text+ " 成功");
            TextBox1.Text = "";
            TextBox2.Text = "";
            myconn.Close();
        }
        else
            Response.Write("删除失败");
    }
    else
        Response.Write("请输入 ID");
```

```
    }
}
```

(4) 运行该网站，当分别单击“添加”、“删除”按钮后，显示效果分别如图 5.47 和 5.48 所示。

图 5.47 添加数据

图 5.48 删除数据

当然，还可以使用 Command 对象来调用数据库的存储过程，读者可以自行完成此练习。

5.3.3 DataReader 对象

使用 DataReader 对象可以从数据库里检索数据，通过 Command.ExecuteReader 创建 DataReader 对象，以便从数据源检索行。同样地，根据.NET 框架数据提供程序的不同，DataReader 对象也可以分为 OleDbDataReader、SqlDataReader、OdbcDataReader 和 OracleDataReader，在实际应用中，根据访问的数据源不同，而选择相应的 DataReader 对象，表 5.7 列出了 DataReader 对象的常用属性。

表 5.7 DataReader 对象的常用属性

属　性	说　明
HasRows	获取一个值，它指示 DataReader 对象是否包含一个或多个行
Item	指示 DataReader 对象中所列的值
FieldCount	获取当前行中的列数
NextResult	使数据读取器前进到下一个结果
IsClosed	数据读取器的当前状态

其常用方法如表 5.8 所示。

表 5.8 DataReader 对象的常用方法

方　法	说　明
Read	使 DataReader 对象前进到下一条记录
Open	打开 DataReader 对象
Close	关闭 DataReader 对象

每次使用完 DataReader 对象后都应调用 Close 方法。

如果 Command 包含输出参数或返回值，那么在 DataReader 对象关闭之前，将无法访问这些输出参数或返回值。下面看一个示例。

【示例 5.3】使用 DataReader 对象查询数据。

(1) 打开示例 5.2，在窗体上添加一个命令按钮“查询”。

(2) 为“查询”按钮添加事件处理代码如下：

```
protected void btn_Brow_Click(object sender, EventArgs e)
{
    SqlConnection myconn = GetConn();
    myconn.Open();
    string strsql = "Select * from StudentInfo";
    SqlCommand cmd = new SqlCommand(strsql, myconn);
    SqlDataReader dr = cmd.ExecuteReader();
    while (dr.Read())
    {
       Response.Write(dr[1].ToString() + "<br>");
    }
    myconn.Close();
}
```

(3) 运行该网站，单击“查询”按钮，效果如图 5.49 所示。

图 5.49　查询数据

该例中，我们创建了一个 SqlConnection、一个 SqlCommand 和一个 SqlDataReader。该示例读取表中一列的数据，并将这些数据输出到窗体上。

注意：当 DataReader 打开时，该 DataReader 将以独占方式使用 Connection。在原始 DataReader 关闭之前，将无法对 Connection 执行任何命令。

5.3.4　DataAdapter 和 DataSet 对象

DataAdapter 对象用于从数据源检索数据并填充 DataSet 中的表。DataAdapter 还可将对 DataSet 所做的更改解析回数据源。DataAdapter 对象是连接 DataSet 和数据源的桥梁，DataAdapter 对象使用 Command 对象执行 SQL 命令。

在.NET 框架中，主要有 4 种 DataAdapter 对象：OleDbDataAdapter、SqlDataAdapter、

OdbcDataAdapter 和 OracleDataAdapter。

DataAdapter 具有 4 个用于从数据源检索数据和更新数据源中数据的属性：

- SelectCommand 用于从数据源中检索数据。
- InsertCommand、UpdateCommand 和 DeleteCommand 用于管理数据源中的更改。

表 5.9 列出了 DataAdapter 对象的常用方法。

表 5.9 DataAdapter 对象的方法

方 法	说 明
Fill	用于在 DataSet 中添加或刷新行
Update	用于为 DataSet 记录集中的更新数据提交回数据库
Dispose	销毁 DataAdapter 对象
FillSchema	用于将 DataTable 添加到 DataSet 中

DataSet 是数据的内存驻留表示形式，它提供了独立于数据源的一致关系编程模型。

DataSet 表示整个数据集，其中包含表、约束和表之间的关系。由于 DataSet 独立于数据源，因此 DataSet 可以包含应用程序本地的数据，也可以包含来自多个数据源的数据。

示例代码如下：

```
SqlConnection connection = new SqlConnection(
  "Data Source=(local);Initial Catalog=Test;Integrated Security=True");
string sqlStr = "SELECT * FROM StudentInfo";
SqlDataAdapter myadapter = new SqlDataAdapter(sqlStr, connection);
DataSet  myds = new DataSet();
myadapter.Fill(myds, "St1");
```

上述代码首先使用 DataAdapter 对象取出表中的所有数据，然后调用 DataAdapter 对象的 Fill 方法填充到 DataSet 中，并取新表名为“St1”。

5.4 综 合 实 例

本节将实现一个简单的学生信息管理系统，管理员登录后，可以实现添加、删除、查询等功能。

首先，需要一个登录界面：Login.aspx；登录成功后，才可以对数据进行管理，即到达 Default.aspx 页面。

在设计之前，对数据库及表需要熟悉，假设数据库为 Test，登录信息表为 Login，它的结构如图 5.50 所示，学生信息表为 StudentInfo，它的结构为如图 5.51 所示。

列名	数据类型	允许 Null 值
UID	int	☐
UserName	varchar(10)	☐
Password	varchar(50)	☐

图 5.50 表 Login 的结构

列名	数据类型	允许 Null 值
StudentID	int	☐
StudentName	varchar(10)	☐
Jiguan	varchar(10)	☐
Age	int	☑
		☐

图 5.51　表 StudentInfo 的结构

下面开始设计具体的界面及功能的实现。

(1) 新建一个空网站，添加两个 Web 窗体：Login.aspx 和 Default.aspx。

(2) 设计 Login.apsx 的界面，如图 5.52 所示。

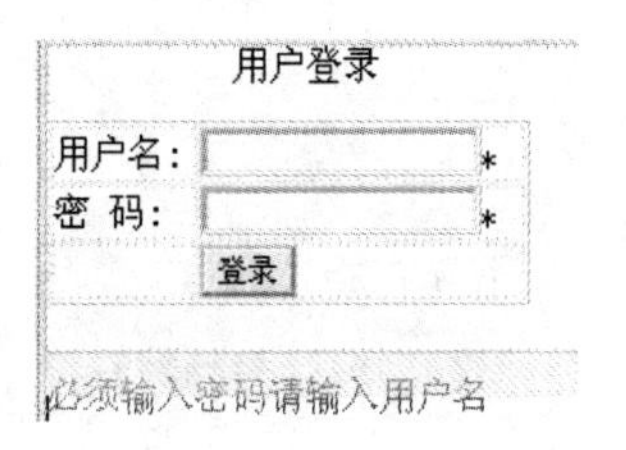

图 5.52　登录界面

(3) 登录界面的前台代码如下：

```
<%@ Page Language="C#" AutoEventWireup="true" CodeFile="Login.aspx.cs"
  Inherits="Login" %>
<!DOCTYPE html PUBLIC "-//W3C//DTD XHTML 1.0 Transitional//EN"
  "http://www.w3.org/TR/xhtml1/DTD/xhtml1-transitional.dtd">
<html xmlns="http://www.w3.org/1999/xhtml">
<head runat="server">
    <title></title>
    <style type="text/css">
    .style1
    {
        width: 60px;
    }
    </style>
</head>
<body style="width: 412px; height: 161px">
    <form id="form1" runat="server">
    <div style="width: 416px; height: 131px">
                用户登录<br />
        <table style="width: 50%;">
            <tr>
                <td class="style1">
                    <asp:Label ID="UserNameLabel" runat="server"
                     AssociatedControlID="UserName">用户名:
                    </asp:Label>
                </td>
                <td>
                    <asp:TextBox ID="UserName" runat="server" Width="120px">
                    </asp:TextBox>
```

```
                *
            </td>
        </tr>
        <tr>
            <td class="style1">
                <asp:Label ID="PasswordLabel" runat="server"
                  AssociatedControlID="Password">密    码:</asp:Label>
            </td>
            <td>
                <asp:TextBox ID="Password" runat="server"
                  TextMode="Password" Width="120px">
                </asp:TextBox>
                *
                </td>
        </tr>
        <tr>
            <td class="style1">
                 
            </td>
            <td>
                <asp:Button ID="LoginButton" runat="server"
                  CommandName="Login" OnClick="LoginButton_Click"
                  Text="登录" ValidationGroup="Login1" />
                <!--使用必填验证控件-->
                <asp:RequiredFieldValidator ID="RequiredFieldValidator1"
                  runat="server" ControlToValidate="UserName"
                  ErrorMessage="请输入用户名" ViewStateMode="Disabled"
                  ForeColor="Red">
                </asp:RequiredFieldValidator>
                <!--使用必填验证控件-->
                <asp:RequiredFieldValidator ID="RequiredFieldValidator2"
                  runat="server" ControlToValidate="Password"
                  ErrorMessage="必须输入密码" ViewStateMode="Disabled"
                  ForeColor="#FF3300">
                </asp:RequiredFieldValidator>
            </td>
        </tr>
    </table>
           </div>
  </form>
</body>
</html>
```

登录界面的后台代码如下：

```
using System;
using System.Collections.Generic;
using System.Linq;
using System.Web;
using System.Web.UI;
using System.Web.UI.WebControls;
using System.Web.UI.WebControls.WebParts;
```

```
using System.Configuration;
using System.Data.SqlClient;

public partial class Login : System.Web.UI.Page
{
    protected void Page_Load(object sender, EventArgs e)
    {
    }
    protected void LoginButton_Click(object sender, EventArgs e)
    {
        //连接数据库
        SqlConnection connection = new SqlConnection(
          ConfigurationManager.AppSettings["connstring"].ToString());
        string strsql =
          "SELECT count(*) as xcount from Login where UserName='"
          + UserName.Text + "'"
          + " and Password='" + Password.Text.Trim() + "'";
        SqlCommand cmd = new SqlCommand(strsql, connection);
        connection.Open();
        SqlDataReader dr = cmd.ExecuteReader();
        dr.Read();
        string Count = dr["xCount"].ToString();
        dr.Close();
        connection.Close();
        if (Count != "0") //判断是否查询到
        {
            Server.Transfer("Default.aspx"); //若成功，则跳转
        }
        else
        {
            Response.Write("<script language='javascript'>
              alert('用户名或密码错误');</script>");
            UserName.Text = "";   //重置
            Password.Text = "";
        }
    }
}
```

(4) 设计 Default.aspx 的界面，如图 5.53 所示。

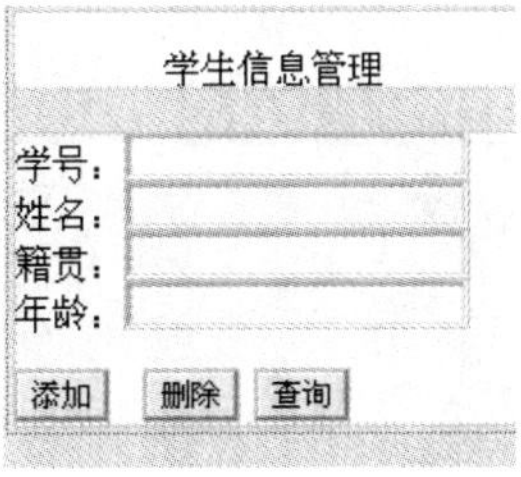

图 5.53　Default.aspx 界面设计

它的前台代码如下：

```
<%@ Page Language="C#" AutoEventWireup="true" CodeFile="Default.aspx.cs"
 Inherits="_Default" %>
<!DOCTYPE html PUBLIC "-//W3C//DTD XHTML 1.0 Transitional//EN"
 "http://www.w3.org/TR/xhtml1/DTD/xhtml1-transitional.dtd">
<html xmlns="http://www.w3.org/1999/xhtml">
<head runat="server">
   <title></title>
</head>
<body>
   <p>
      <br />
              学生信息管理
   </p>
   <form id="form1" runat="server">
   <div>
      学号：<asp:TextBox ID="txtNo" runat="server"></asp:TextBox>
      <br />
      姓名：<asp:TextBox ID="txtName" runat="server"></asp:TextBox>
      <br />
      籍贯：<asp:TextBox ID="txtJiguang" runat="server"></asp:TextBox>
      <br />
      年龄：<asp:TextBox ID="txtAge" runat="server"></asp:TextBox>
      <br />
      <br />
      <asp:Button ID="btn_Add" runat="server" onclick="btn_Add_Click"
        Text="添加" />  
      <asp:Button ID="btn_Del" runat="server" Text="删除"
        onclick="btn_Del_Click" /> 
      <asp:Button ID="btn_Brow" runat="server" Text="查询"
        onclick="btn_Brow_Click" />
   </div>
   </form>
</body>
</html>
```

后台代码如下：

```
using System;
using System.Collections.Generic;
using System.Linq;
using System.Web;
using System.Web.UI;
using System.Web.UI.WebControls;
using System.Data.SqlClient;
using System.Configuration;

public partial class _Default : System.Web.UI.Page
{
   public SqlConnection GetConn()
   {
      string constr =
```

```
        ConfigurationManager.AppSettings["connstring"].ToString();
      SqlConnection myconn = new SqlConnection(constr);
      return myconn;
   }
   protected void Page_Load(object sender, EventArgs e)
   {
   }

   protected void btn_Add_Click(object sender, EventArgs e)
   {
      SqlConnection myconn = GetConn();
      myconn.Open();
      string strsql = "INSERT INTO StudentInfo  VALUES('"
        + int.Parse(txtNo.Text) + "','" + txtName.Text + "','"
        + txtJiguang.Text + "','" + int.Parse(txtAge.Text) + "')";
      SqlCommand cmd = new SqlCommand(strsql, myconn);
      if (cmd.ExecuteNonQuery() > 0)
      {
         Response.Write("添加成功");
         txtName.Text = "";
         txtJiguang.Text = "";
         txtAge.Text = "";
      }
      else
      {
         Response.Write("添加失败");
      }
      myconn.Close();
   }

   protected void btn_Del_Click(object sender, EventArgs e)
   {
      txtName.Enabled = false;
      txtName.Enabled = false;
      txtAge.Enabled = false;

      if (txtNo.Text != "")
      {
         SqlConnection myconn = GetConn();
         myconn.Open();
         string strsql = "Delete from StudentInfo Where StudentID='"
           + txtNo.Text + "'";
         SqlCommand cmd = new SqlCommand(strsql, myconn);
         if (cmd.ExecuteNonQuery() > 0)
         {
            cmd.Dispose();
            Response.Write("删除" + txtNo.Text + " 成功");
            txtNo.Text = "";
            txtName.Text = "";
            myconn.Close();
         }
```

```
        else
            Response.Write("<script language='javascript'>
              alert('删除失败');</script>");
    }
    else
        Response.Write("请输入 ID");
}
protected void btn_Brow_Click(object sender, EventArgs e)
{
    SqlConnection myconn = GetConn();
    myconn.Open();
    string strsql = "Select * from StudentInfo";
    SqlCommand cmd = new SqlCommand(strsql, myconn);
    SqlDataReader dr = cmd.ExecuteReader();
    Response.Write("学号" + " ");
    Response.Write("姓名" + " ");
    Response.Write("籍贯" + " ");
    Response.Write("年龄" + "<br>");
    while (dr.Read())
    {
        Response.Write(dr[0].ToString() + "     ");
        Response.Write(dr[1].ToString() + "     ");
        Response.Write(dr[2].ToString() + "     ");
        Response.Write(dr[3].ToString() + "<br>");
    }
    myconn.Close();
  }
}
```

(5) 运行网站，登录后，进入到学生信息管理页面，在这个页面中可以添加、删除和查询数据，单击“查询”按钮的时候，效果如图 5.54 所示。

在这个示例中，我们使用了 RequiredFieldValidator 验证控件来验证是否输入用户和密码，利用此验证控件省略了不少代码，在后台不再需要编写任何代码就可实现验证用户名和密码是否为空；在登录后，此示例仅仅实现了登录后的添加、删除、查询等操作，读者可以完善此示例，实现修改、利用数据控件绑定等功能。

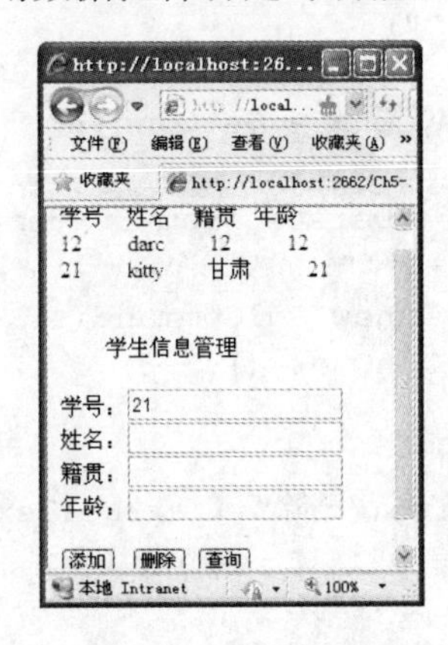

图 5.54　运行效果

5.5 上机实训

(1) 实验目的

① 熟悉 SQL Server 2008 的安装。

② 掌握使用 SQL Server 2008 创建数据库和表。

③ 掌握数据库的备份和还原。

④ 掌握 ADO.NET 与数据库的连接。

⑤ 熟悉 ADO.NET 对象的使用。

(2) 实验内容

① 练习安装 SQL Server 2008。

② 熟悉 SQL Server 2008 的使用，建立 Test 数据库和 StudentInfo 表，结构如 5.4 节所示。

③ 使用 Web.config 文件来配置数据库的连接，设置数据源为本机，数据库为 Test，登录名为 sa。

④ 对 5.4 节的综合案例进行完善，实现对数据的更新操作。

5.6 本章习题

一、选择题

(1) 下面哪一项不属于 SQL Server 2008 使用的网络协议？(　　)

A. TCP/IP　　B. Shared memory　　C. VIA　　D. UDP

(2) 在 Microsoft SQL Server 中，不可以注册以下哪种类型的服务器？(　　)

A. 数据库引擎　　B. Analysis Services

C. SQL Server Report　　D. Reporting Services

(3) 若要创建 SQL Server 数据库，下列哪个权限不是必须拥有的？(　　)

A. CREATE DATABASE　　B. UPDATE DATABASE

C. CREATE ANY DATABASE　　D. ALTER ANY DATABASE

(4) 在下列哪种情况下，能分离数据库？(　　)

A. 数据库为紧急模式　　B. 已复制并发布数据库

C. 数据库中存在数据库快照　　D. 数据库处于可疑状态

(5) 下列哪项不属于.NET 框架数据提供程序的对象？(　　)

A. Connection　B. Command　　C. DataReader　　D. DataTable

二、填空题

(1) SQL Server 实例登录的时候，有__________和混合模式身份验证。

(2) SQL Server 2008 的_________用来管理所有 SQL Server 2008 的组件。

(3) 对于一个 SQL Server 实例，最多可以创建_______ 个数据库。

(4) 附加数据库时，所有数据文件________和________都必须可用。

(5) ADO.NET 主要有两个组件：__________和__________。

三、判断题(对/错)

(1) SQL Server 2008 安装的时候，可以不必用管理员身份运行安装程序。　　( )

(2) 分离数据库是指将数据库从 SQL Server 实例中删除，包括数据文件和事务日志文件。　　( )

(3) 分离数据库需要对数据库具有独占访问权限。如果数据库正在使用，则限制为只允许单个用户进行访问。　　( )

(4) 附加数据库可以使数据库的状态与分离时的状态完全相同。　　( )

(5) 分离再重新附加只读数据库后，会丢失有关当前差异基准的备份信息。　　( )

四、简答题

(1) 简述完整备份和差异备份的差别。

(2) 简述数据库的还原步骤。

(3) 简述 DataSet 和 DataReader 的区别。

第 6 章 数据访问服务器控件

学习目的与要求：

ASP.NET 提供了丰富的数据访问和绑定控件，利用这些控件，只需少量代码或无需代码，就可以将数据访问功能添加到 ASP.NET 页面。本章主要学习数据访问相关控件，包括 SqlDataSource 控件、GridView 控件、FormView 控件和 DetailsView 控件。需要读者熟练使用 SqlDataSource 控件访问数据库；对于 GridView 控件，要重点掌握它并用来显示、编辑数据；灵活使用 FormView 控件完成数据的添加和修改，并利用 DetailsView 控件显示详细数据；也可以把动态数据与数据绑定控件一起使用。

6.1 SqlDataSource 控件

SqlDataSource 控件是一个数据源控件，表示与一个 SQL 关系数据库的连接。通过 SqlDataSource 控件，可以使用 Web 服务器控件访问位于关系数据库中的数据，而无需直接使用 ADO.NET 类，只需提供用于连接到数据库的连接字符串，并定义使用数据的 SQL 语句或存储过程即可，而不必编写代码或只需编写少量代码。在运行时，SqlDataSource 控件会自动打开数据库连接，执行 SQL 语句或存储过程，返回选定数据，然后关闭连接。

SqlDataSource 能够使用 ADO.NET 提供程序(例如 SqlClient、OleDb、Odbc 或 OracleClient)连接到的任何 SQL 关系数据库，并可将结果作为 DataReader 或 DataSet 对象返回。当结果作为 DataSet 返回时，该控件支持排序、筛选和缓存。

默认情况下，SqlDataSource 控件与用于 SQL Server 的.NET 框架数据提供程序一起使用，但 SqlDataSource 控件并不是只能用于 SQL Server 的。对于任何一个数据库产品，只要有适用的 ADO.NET 提供程序，都可以将 SqlDataSource 控件与它连接。

与 System.Data.OleDb 提供程序一起使用时，SqlDataSource 可以与任何符合 OLE DB 的数据库协同使用。同样地，也可以与 ODBC 驱动程序和数据库协同使用，包括 IBM DB2、MySQL 和 PostgreSQL、Oracle 8.1.7 以上版本的数据库协同使用。

6.1.1 SqlDataSource 控件的属性

SqlDataSource 控件的属性很多，通常主要用到的有以下几种。

- ConnectionString：获取或设置特定于 ADO.NET 提供程序的连接字符串，SqlDataSource 控件使用该字符串连接基础数据库。
- DeleteCommand：获取或设置 SqlDataSource 控件从基础数据库删除数据所用的 SQL 字符串。
- InsertCommand：获取或设置 SqlDataSource 控件将数据插入基础数据库所用的 SQL 字符串。
- SelectCommand：获取或设置 SqlDataSource 控件从基础数据库检索数据所用的 SQL 字符串。
- UpdateCommand：获取或设置 SqlDataSource 控件更新基础数据库中的数据所用的 SQL 字符串。

配置 SqlDataSource 控件时，将 ProviderName 属性设置为数据库类型(默认为 System.Data.SqlClient)并将 ConnectionString 属性设置为连接字符串，该字符串包含连接至数据库所需的信息。连接字符串的内容根据数据源控件访问的数据库类型的不同而有所不同，比如：

```
<asp:SqlDataSource
  id="SqlDataSource1"
  runat="server"
  DataSourceMode="DataReader"
```

```
  ConnectionString="<%$ ConnectionStrings:connection%>"
  SelectCommand="SELECT StudentName,Age FROM StudentInfo">
</asp:SqlDataSource>
```

在这里使用了 SqlDataSource 控件的 SelectCommand 属性指定查询使用的 SQL 语句。然后，在 web.config 文件中的</configSections>后面书写如下代码：

```
<connectionStrings>
    <add name="connection"
      connectionString="server=(local);database=Test;user=sa;
      password=123456;" providerName="System.Data.SqlClient" />
</connectionStrings>
```

当然，除了以数据库指定用户 sa 登录外，我们还可以使用 Integrated Security=True 设置以 Windows 认证方式登录。

6.1.2　SqlDataSource 控件事件

除了它常用的属性外，SqlDataSource 控件的主要事件如表 6.1 所示。

表 6.1　SqlDataSource 控件的主要事件

名　称	说　明
DataBinding	当服务器控件绑定到数据源时触发
Deleted	完成删除操作后触发
Deleting	执行删除操作前触发
Inserted	完成插入操作后发生
Inserting	执行插入操作前发生
Selected	数据检索操作完成后发生
Selecting	执行数据检索操作前发生
Unload	当服务器控件从内存中卸载时发生
Updated	完成更新操作后发生
Updating	执行更新操作前发生

6.1.3　配置数据连接

配置 SqlDataSource 控件时，主要配置服务器名、数据库名、身份验证等相关信息。下面以一个示例来演示使用 SqlDataSource 控件连接到 SQL Server 数据库。

【示例 6.1】使用 SqlDataSource 控件连接到 SQL Server 数据库。

(1)　新建一个空网站，添加 Web 窗体：Default.aspx 文件，在 Web 窗体上放置一个 SqlDataSource 控件 SqlDataSource1，如图 6.1 所示。

(2)　SqlDataSource 控件添加到窗体上后，会自动显示 SqlDataSource 任务面板，单击“配置数据源”选项，如图 6.2 所示。

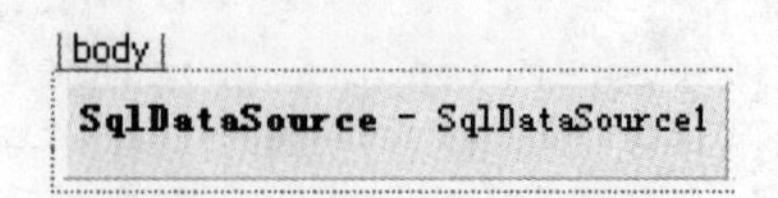

图 6.1　SqlDataSource 控件

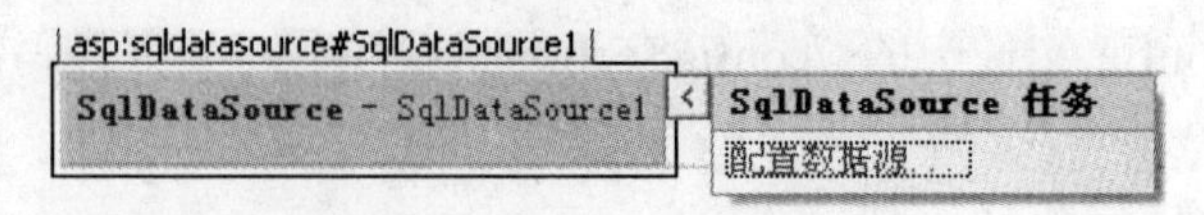

图 6.2　SqlDataSource 任务面板

(3) 启动“配置数据源”向导，如图 6.3 所示。

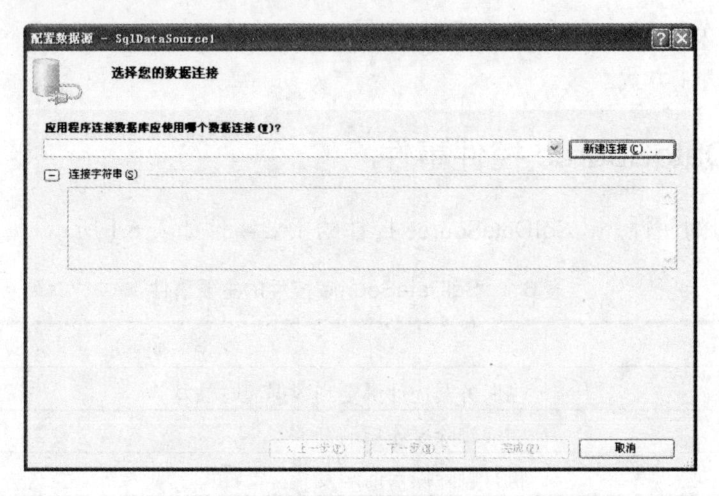

图 6.3　配置数据源

(4) 单击“新建连接”按钮，在弹出的“选择数据源”对话框中列出了所有支持的数据源类型，这里选择“Microsoft SQL Server”，单击“继续”按钮，如图 6.4 所示。

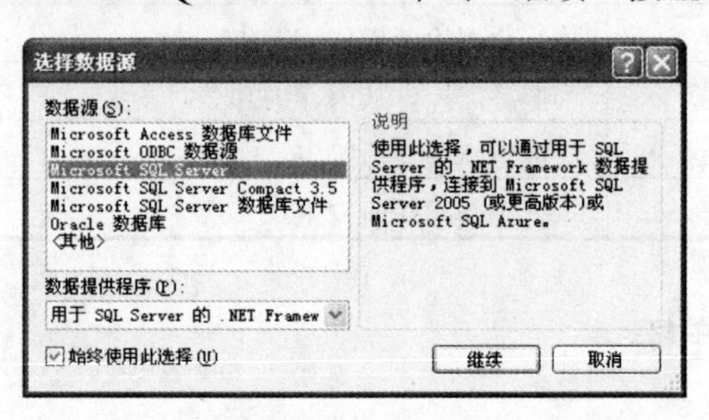

图 6.4　新建连接

(5) 在弹出的“添加连接”对话框中配置服务器名为 IHQ4RO9TXDDVSF2，选择“使用 Windows 身份验证”并登录到服务器，数据库为 Test 数据库，如图 6.5 所示。

(6) 单击“测试连接”按钮，如果弹出“测试连接成功”信息对话框，说明数据库连接成功，如图 6.6 所示。单击“确定”按钮，完成数据库连接配置。

(7) 配置完成后，返回到数据源配置向导，在数据源下拉框中已经出现了前面配置的数据源。单击“下一步”按钮，如图 6.7 所示。

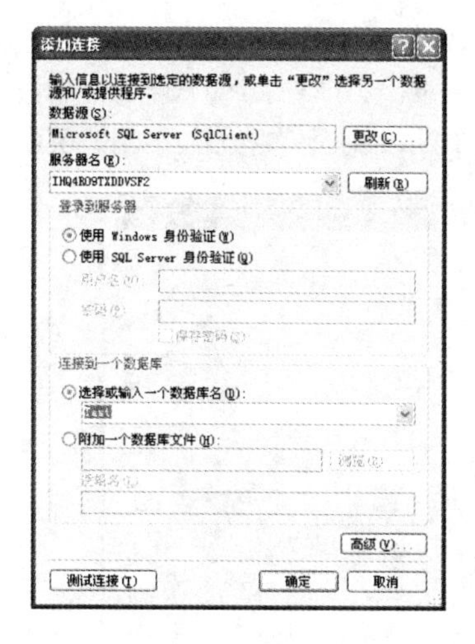

图 6.5　添加连接

图 6.6　测试成功

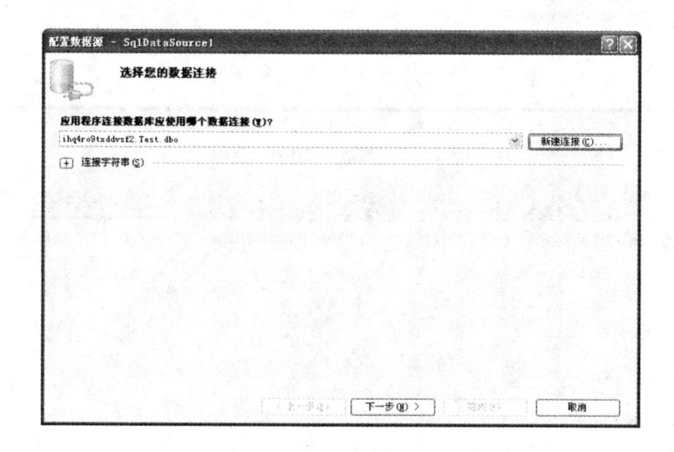

图 6.7　选择数据库连接

(8) 系统弹出提示“是否保存数据连接字符串”。若以后还需要使用此连接，选择保存。单击“下一步”按钮，如图 6.8 所示。

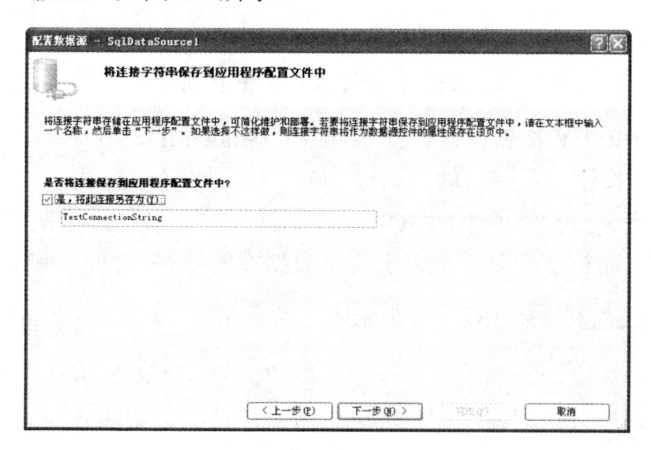

图 6.8　选择保存

(9) 在“配置 Select 语句”界面中，选择需要读取的数据表，在这里选择 StudentInfo 表，在“列”列表框可以看到，其中列出了该表中所有的列，如图 6.9 所示。单击 WHERE 按钮可以添加查询条件，设置好查询条件后单击“确定”按钮，如图 6.10 所示。

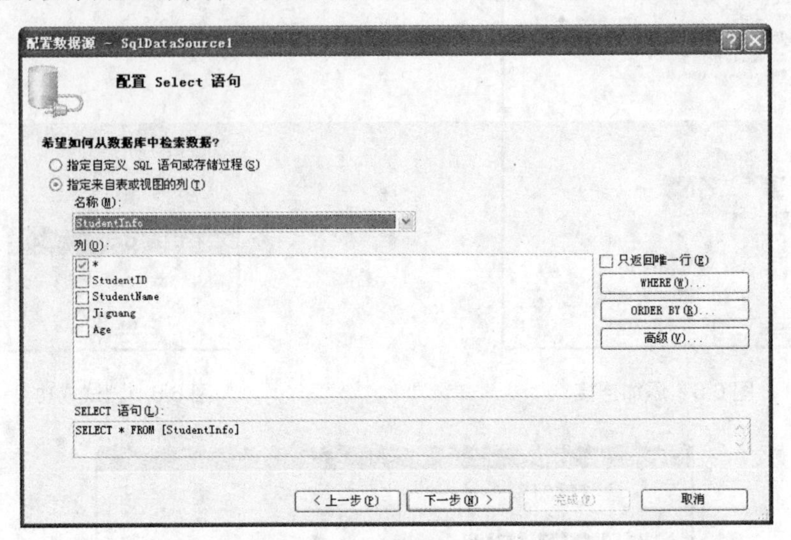

图 6.9　配置 Select 语句

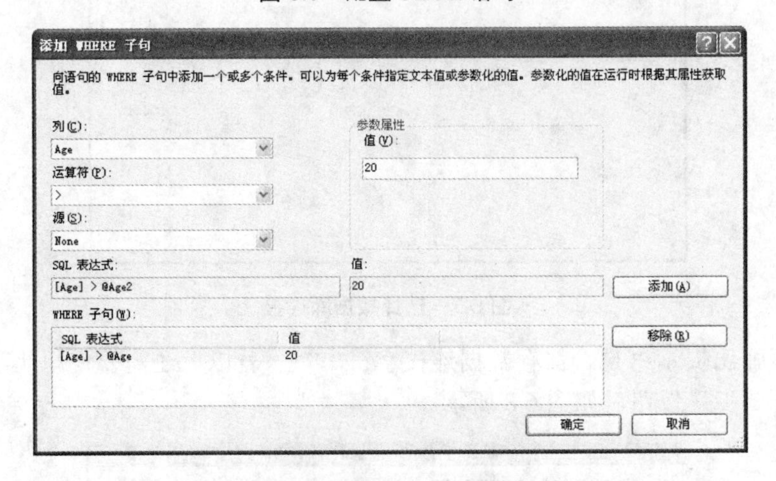

图 6.10　配置 WHERE 语句

(10) 单击 ORDER BY 按钮，设置排序方式为 StudentID，升序，如图 6.11 所示；单击图 6.9 中的“高级”按钮，在弹出的“高级 SQL 生成选项”对话框中，第 1 个复选框用于自动生成具有增、删、改功能的附加 SQL 语句。通过这些语句命令便可以对数据源中的数据进行增、删、改，而第 2 个复选框用于防止数据库的并发冲突，如图 6.12 所示。

注意： 一定要设置数据的主键，否则无法生成具有增、删、改功能的附加 SQL 语句。

(11) 数据源配置完成后，单击“下一步”按钮，进入“测试查询”界面，如图 6.13 所示。单击“测试查询”按钮，弹出“参数值编辑”对话框，如图 6.14 所示。

(12) 参数编辑完毕，单击“确定”按钮，若配置正确，可以预览该数据源返回的数据，如图 6.15 所示。

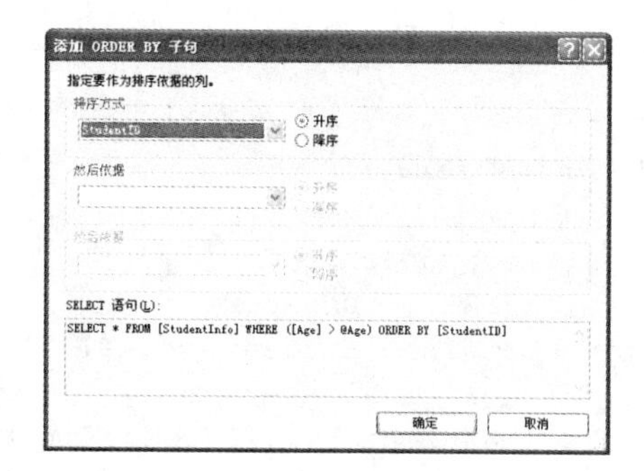

图 6.11　排序方式设置

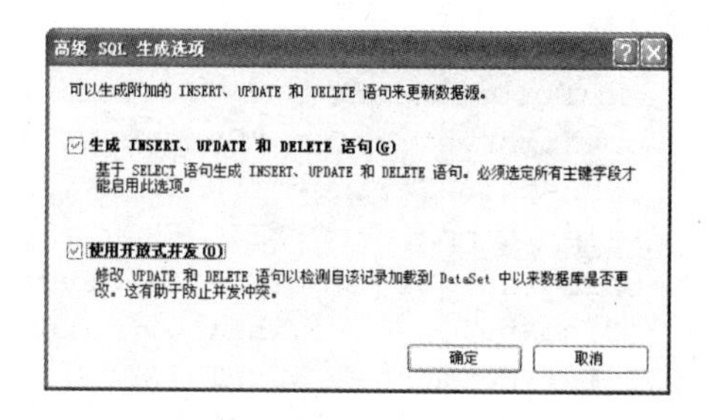

图 6.12　高级 SQL 生成选项

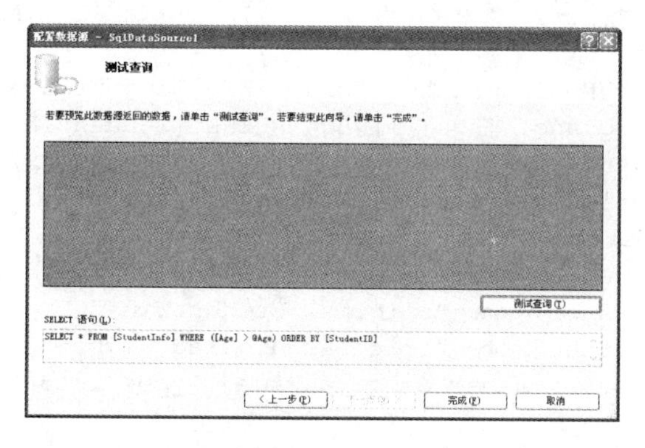

图 6.13　测试查询

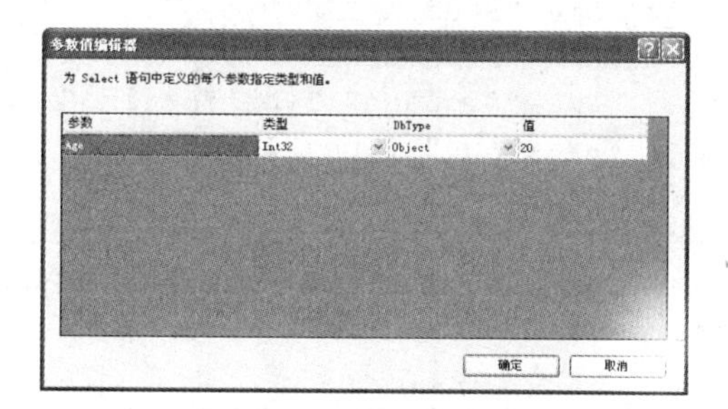

图 6.14　配置查询参数

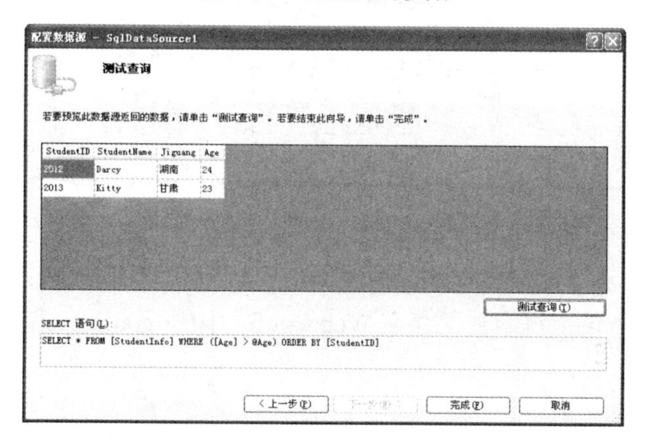

图 6.15　预览查询

(13) 单击“完成”按钮，完成数据源的配置，以下是 SqlDataSource 控件的“源”视图代码：

```
<asp:SqlDataSource ID="SqlDataSource1" runat="server"
 ConflictDetection="CompareAllValues"
 ConnectionString="<%$ ConnectionStrings:TestConnectionString %>"
 DeleteCommand="DELETE FROM [StudentInfo] WHERE [StudentID] =
 @original_StudentID AND [StudentName] = @original_StudentName AND
 [Jiguang] = @original_Jiguang AND [Age] = @original_Age"
 InsertCommand="INSERT INTO [StudentInfo] ([StudentID], [StudentName],
 [Jiguang], [Age]) VALUES (@StudentID, @StudentName, @Jiguang, @Age)"
 OldValuesParameterFormatString="original_{0}"
 SelectCommand="SELECT * FROM [StudentInfo] WHERE ([Age] &gt; @Age)
 ORDER BY [StudentID]"
 UpdateCommand="UPDATE [StudentInfo] SET [StudentName] = @StudentName,
 [Jiguang] = @Jiguang, [Age] = @Age WHERE [StudentID] =
 @original_StudentID AND [StudentName] = @original_StudentName AND
 [Jiguang] = @original_Jiguang AND [Age] = @original_Age">
   <DeleteParameters>
      <asp:Parameter Name="original_StudentID" Type="Int32" />
      <asp:Parameter Name="original_StudentName" Type="String" />
      <asp:Parameter Name="original_Jiguang" Type="String" />
      <asp:Parameter Name="original_Age" Type="Int32" />
   </DeleteParameters>
   <InsertParameters>
      <asp:Parameter Name="StudentID" Type="Int32" />
      <asp:Parameter Name="StudentName" Type="String" />
      <asp:Parameter Name="Jiguang" Type="String" />
      <asp:Parameter Name="Age" Type="Int32" />
   </InsertParameters>
   <SelectParameters>
      <asp:Parameter DefaultValue="20" Name="Age" Type="Int32" />
   </SelectParameters>
   <UpdateParameters>
      <asp:Parameter Name="StudentName" Type="String" />
      <asp:Parameter Name="Jiguang" Type="String" />
      <asp:Parameter Name="Age" Type="Int32" />
      <asp:Parameter Name="original_StudentID" Type="Int32" />
      <asp:Parameter Name="original_StudentName" Type="String" />
      <asp:Parameter Name="original_Jiguang" Type="String" />
      <asp:Parameter Name="original_Age" Type="Int32" />
   </UpdateParameters>
</asp:SqlDataSource>
```

其中，SqlDataSource 对象的 ConnectionString 属性定义了基础数据库的连接字符串为 TestConnectionString。该字符串被保存在 Web.Config 中的<configuration>节点里面。

其定义如下：

```
<connectionStrings>
   <add name="TestConnectionString" connectionString="Data
     Source=IHQ4RO9TXDDVSF2;Initial Catalog=Test;
```

```
    Integrated Security=True"
    providerName="System.Data.SqlClient" />
</connectionStrings>
```

6.2　GridView 控件

GridView 控件以表的形式显示数据，并提供对列进行排序、翻阅数据以及编辑或删除单个记录的功能。

GridView 控件是 ASP.NET 早期版本中提供的 DataGrid 控件的接替者。除了增加了可以利用数据源控件功能的能力外，GridView 控件还提供一些改进，如定义多个主键字段的能力、使用绑定字段和模板的改进用户界面自定义以及用于处理或取消事件的新模型。在 VS2010 的工具箱中，显示如图 6.16 所示。

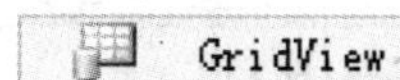

图 6.16　GridView 控件

可以使用 GridView 控件执行以下操作：

- 通过数据源控件自动绑定和显示数据。
- 通过数据源控件对数据进行选择、排序、分页、编辑和删除。

另外，还可以自定义 GridView 控件的外观和行为：比如指定自定义列和样式、利用模板创建自定义用户界面(UI)元素、通过处理事件将自己的代码添加到 GridView 控件的功能中。

6.2.1　常用属性和方法

GridView 控件的属性很多，常用的属性如表 6.2 所示。

表 6.2　GridView 控件的常用属性

名　称	说　明
AllowPaging	该值表示是否启用分页功能
AllowSorting	该值表示是否启用排序功能
AutoGenerateColumns	是否自动产生数据列，自动绑定数据源中存在的列
Caption	获取或设置要在 GridView 控件的 HTML 标题元素中呈现的文本
DataKeyNames	该数组包含了显示在 GridView 控件中的项的主键字段的名称
DataKeys	获取一个 DataKey 对象集合，这些对象表示 GridView 控件中的每一行的数据键值
DataSource	获取或设置对象，数据绑定控件从该对象中检索其数据项列表
DataSourceID	获取或设置控件的 ID

续表

名 称	说 明
EditRowStyle	获取对 TableItemStyle 对象的引用，使用该对象可以设置 GridView 控件中为进行编辑而选中的行的外观
Enabled	获取或设置一个值，该值表示是否启用 Web 服务器控件
HasAttributes	获取一个值，该值表示控件是否具有特性集
IsEnabled	获取一个值，该值表示是否启用控件
PageCount	获取在 GridView 控件中显示数据源记录所需的页数
PageIndex	获取或设置当前显示页的索引
Rows	获取表示 GridView 控件中数据行的 GridViewRow 对象的集合
SelectedIndex	获取或设置 GridView 控件中的选中行的索引
SelectedValue	获取 GridView 控件中选中行的数据键值
TabIndex	获取或设置 Web 服务器控件的选项卡索引

表 6.3 列出了 GridView 控件常用的方法。

表 6.3　GridView 控件的常用方法

事 件	说 明
PageIndexChanged	在单击某一页导航按钮时，但在 GridView 控件处理分页操作之后发生
PageIndexChanging	在单击某一页导航按钮时，但在 GridView 控件处理分页操作之前发生
RowCancelingEdit	在单击某一行的“取消”按钮时，但在 GridView 控件退出编辑模式之前发生
RowCommand	在 GridView 控件中单击某个按钮时发生。此事件通常用于在该控件中单击某个按钮时执行某项任务
RowCreated	在 GridView 控件中创建新行时发生。此事件通常用于在创建行时修改行的内容
RowDataBound	在 GridView 控件中将数据行绑定到数据时发生。此事件通常用于在行绑定到数据时修改行的内容
RowDeleted	在单击某一行的“删除”按钮时，但在 GridView 控件从数据源中删除相应记录之后发生。此事件通常用于检查删除操作的结果
RowDeleting	在单击某一行的“删除”按钮时，但在 GridView 控件从数据源中删除相应记录之前发生。此事件通常用于取消删除操作
RowEditing	发生在单击某一行的“编辑”按钮以后，GridView 控件进入编辑模式之前。此事件通常用于取消编辑操作
RowUpdated	发生在单击某一行的“更新”按钮，并且 GridView 控件对该行进行更新之后。此事件通常用于检查更新操作的结果
RowUpdating	发生在单击某一行的“更新”按钮以后，GridView 控件对该行进行更新之前。此事件通常用于取消更新操作

续表

事　件	说　明
SelectedIndexChanged	发生在单击某一行的“选择”按钮，GridView 控件对相应的选择操作进行处理之后。此事件通常用于在该控件中选定某行之后执行某项任务
SelectedIndexChanging	发生在单击某一行的“选择”按钮以后，GridView 控件对相应的选择操作进行处理之前。此事件通常用于取消选择操作

在下面的讲解中，我们将会详细地阐述使用 GridView 控件来绑定、编辑数据、分页和排序等功能。

6.2.2　绑定数据

GridView 控件可绑定到数据源控件，比如 SqlDataSource 控件。将 GridView 控件绑定到适当的数据源类型可使用以下方法。

(1) 使用 DataSourceID 属性绑定到数据源时，GridView 控件除了可以使该控件显示返回的数据之外，还可以使它自动支持对绑定数据的更新和删除操作。

(2) 使用 DataSource 属性进行数据绑定，此选项能够绑定到包括 ADO.NET 数据集和数据读取器在内的各种对象，但要为所有附加功能(如排序、分页和更新)编写代码。

另外，GridView 控件数据绑定类型由 DataControlField 对象表示，GridView 控件中的每一列由一个 DataControlField 对象表示。默认情况下，AutoGenerateColumns 属性被设置为 true，为数据源中的每一个字段创建一个 AutoGeneratedField 对象。然后，每一个字段按照在数据源中出现的顺序在 GridView 控件中呈现为一个列。

通过将 AutoGenerateColumns 属性设置为 false，可以自定义列字段集合，也可以手动控制哪些列字段将显示在 GridView 控件中。不同列字段类型决定控件中各列的行为。

表 6.4 列出了 GridView 控件列字段类型。

表 6.4　GridView 控件列字段类型

类　型	说　明
BoundField	显示数据源中某个字段的值。这是 GridView 控件的默认列类型
ButtonField	为 GridView 控件中的每个项显示一个命令按钮
CheckBoxField	为 GridView 控件中的每一项显示一个复选框
CommandField	显示用来执行选择、编辑或删除操作的预定义命令按钮
HyperLinkField	将数据源中某个字段的值显示为超链接
ImageField	为 GridView 控件中的每一项显示一个图像
TemplateField	根据指定的模板为 GridView 控件中的每一项显示用户定义的内容

6.2.3　显示数据

使用 GridView 控件无需编写任何代码即可在页面上显示数据，下面就使用 GridView 控件显示在 6.1.3 节中配置的数据源控件中的数据，步骤如下。

(1) 在 Web 页面的“设计”视图中，双击工具箱中的“数据”组的 GridView 控件，在页面上添加 GridView 控件。

(2) 在页面上插入 GridView 控件后，显示如图 6.17 所示。

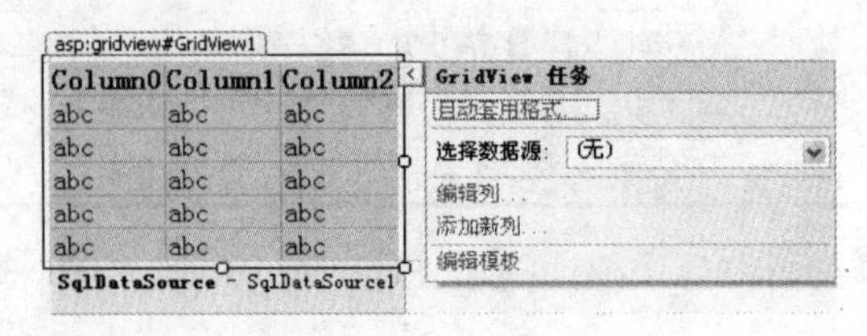

图 6.17　GridView 任务

(3) 在“选择数据源”下拉框中选择前面配置的数据源控件：SqlDataSource1，数据源设置完成后，控件显示出数据源包含的全部字段，如图 6.18 所示。

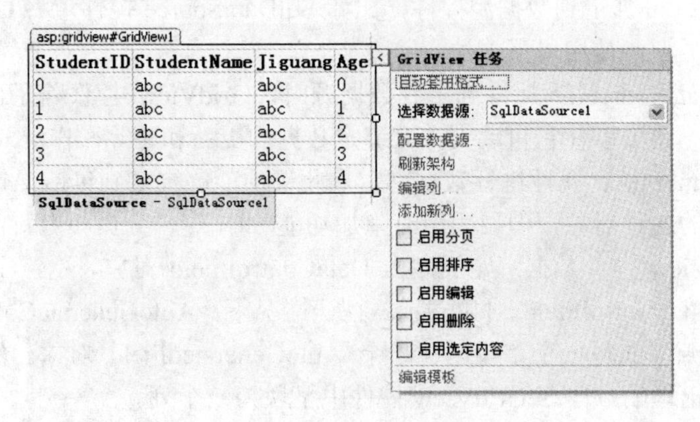

图 6.18　选择数据源

(4) 在“GridView 任务”面板中单击“编辑列”选项，打开“字段”对话框，选中字段，修改该列的属性，比如字段的 HeaderText 属性，StudetnID 的 HeaderText 修改为“学号”，StudetnName 的 HeaderText 修改为“姓名”，Jiguan 的 HeaderText 修改为“籍贯”，Age 的 HeaderText 修改为“年龄”，修改后如图 6.19 所示。

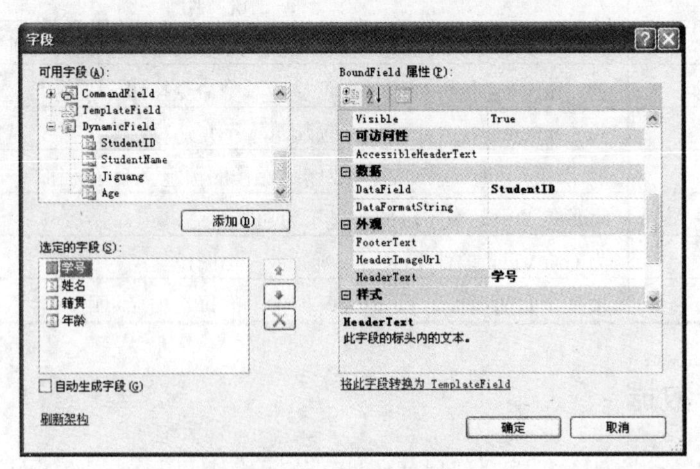

图 6.19　修改字段属性

(5) 单击“确定”后，回到页面上，GridView 控件在页面显示的列字段已经全部为刚修改过的，如图 6.20 所示。

学号	姓名	籍贯	年龄
0	abc	abc	0
1	abc	abc	1
2	abc	abc	2
3	abc	abc	3
4	abc	abc	4

SqlDataSource - SqlDataSource1

图 6.20　修改后的页面

(6) 在“GridView 任务”面板中单击“自动套用格式”选项，打开“自动套用格式”对话框，这里可以为控件选择默认的外观界面，如图 6.21 所示。

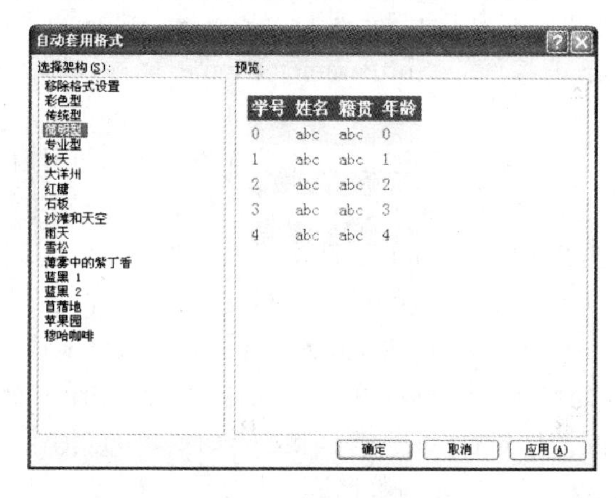

图 6.21　自动套用格式

(7) 运行该网站，GridView 控件从 SqlDataSource 控件中获取数据，如图 6.22 所示。

图 6.22　显示数据

6.2.4　排序设计

GridView 控件支持在不需要任何编程的情况下按单个列的内容排序。可以通过处理排序事件、提供排序表达式或通过将 CSS 样式应用到要排序数据的列，自定义 GridView 控件的排序功能。使用 SortedAscendingHeaderStyle、SortedDescendingCellStyle、Sorted-

AscendingHeaderStyle 和 SortedDescendingHeaderStyle 属性对排序的列应用 CSS 样式。

GridView 控件不自己执行列排序，而是依赖数据源控件来代表它执行排序。该控件提供用于排序的用户界面(UI)，如显示在网格每一列最上方的 LinkButton 控件。但是，GridView 控件依赖于它所绑定到的数据源控件的数据排序功能。

如果绑定的数据源控件可以排序数据，则选择数据后，GridView 控件可以通过将 SortExpression 传递给数据源与该数据源控件进行交互并请求排序后的数据。不是所有的数据源控件都支持排序；例如，XmlDataSource 控件就不支持排序。但如果数据源控件支持排序，GridView 就可以利用它。

利用 GridVeiw 控件进行排序，需要数据源控件做如下配置。

如果 SqlDataSource 和 AccessDataSource 控件的 DataSourceMode 属性设置为 DataSet，或 SortParameterName 属性设置为 DataSet 或 DataReader，则这两个控件可以排序。

如果 ObjectDataSource 控件的 SortParameterName 属性设置为基础对象所支持的值，则该控件可以排序。

通过将 GridView 控件的 AllowSorting 属性设置为 true，即可启用该控件中的默认排序行为。将此属性设置为 true 会使 GridView 控件将 LinkButton 控件呈现在列标题中。此外，该控件还将每一列的 SortExpression 属性隐式设置为它所绑定到的数据字段的名称。

在运行时，用户可以单击某列标题中的 LinkButton 控件按该列排序。单击该链接会使页面执行回发并引发 GridView 控件的 Sorting 事件。排序表达式(默认情况下是数据列的名称)作为事件参数的一部分传递。Sorting 事件的默认行为是 GridView 控件将排序表达式传递给数据源控件。数据源控件执行其选择查询或方法，其中包括由网格传递的排序参数。

如果使用 SqlDataSource 控件访问数据库，只需在“GridView 任务”面板中选中“启用排序”选项，就可以启用 GridView 控件的排序功能，如图 6.23 所示。

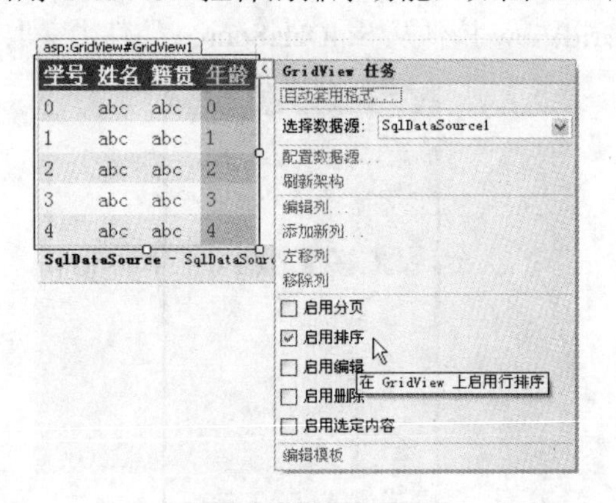

图 6.23　启用排序

GridView 控件不检查数据源控件是否支持排序；在任何情况下它都会将排序表达式传递给数据源。如果数据源控件不支持排序并且由 GridView 控件执行排序操作，则 GridView 控件会引发 NotSupportedException 异常。

如果默认排序行为无法满足我们的需要，可以自定义网格的排序行为。自定义排序的基本技术是处理 Sorting 事件，比如下面的示例显示如何使用 SortExpression 属性确定正在对 GridView 控件中的哪一列进行排序。如果用户尝试对籍贯列进行排序，排序操作将被取消。在上节显示数据的基础上，做如下改进。

(1) 打开前面的示例页，在窗体上添加两个 Label 控件，用来显示排序信息。

(2) 在 GridView 控件中，添加排序的事件 GridView1_Sorting 和 GridView1_Sorted，如下列代码所示：

```
<asp:GridView ID="GridView1" runat="server" AutoGenerateColumns="False"
  CellPadding="4" DataKeyNames="StudentID" DataSourceID="SqlDataSource1"
  ForeColor="#333333" GridLines="None" AllowSorting="True"
  OnSorting="GridView1_Sorting" OnSorted="GridView1_Sorted">
```

(3) 为这两个事件编写处理代码：

```
protected void GridView1_Sorting(object sender, GridViewSortEventArgs e)
{
    if (e.SortExpression == "Jiguang")
    {
        e.Cancel = true;
        Message.Text = "不能按籍贯排序.";
        this.SortedMsg.Text = "";
    }
    else
    {
        Message.Text = "";
    }
}
protected void GridView1_Sorted(Object sender, EventArgs e)
{
    SortedMsg.Text = "Sorting by "
      + GridView1.SortExpression.ToString()
      + " in " + GridView1.SortDirection.ToString() + " order.";
}
```

(4) 运行网站，当单击“籍贯”排序时，提示“不能按籍贯排序”，如图 6.24 所示；当单击其他字段排序的时候，在页下方显示排序的字段信息及排序方式，如图 6.25 所示。

图 6.24　运行效果 1

图 6.25　运行效果 2

6.2.5 分页设计

当 GridView 中显示的记录很多的时候，可以通过 GridView 的分页功能来分页显示这些记录。GridView 控件提供简单的分页功能，通过使用 GridView 控件的 PagerTemplate 属性来自定义 GridView 控件的分页功能，将 AllowPaging 属性设置为 true 可以启用分页。如果使用 SqlDataSource 控件访问数据库，在 GridView 控件的“GridView 任务”面板中选中“启用分页”选项就可以启用 GridView 控件对数据的分页功能，如图 6.26 所示。

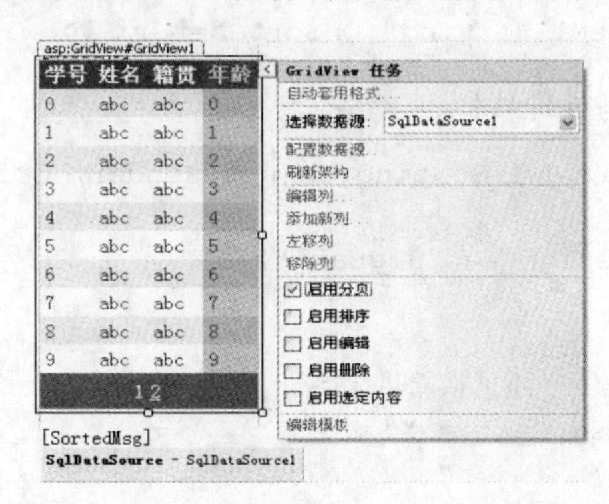

图 6.26　启用分页

注意： 如果使用 SqlDataSource 控件，并将其 DataSourceMode 属性设置为 DataReader，则 GridView 控件无法实现分页。

当 GridView 控件移动到新的数据页时，该控件会引发两个事件：PageIndexChanging 事件和 PageIndexChanged 事件，PageIndexChanging 事件在 GridView 控件执行分页操作之前发生；PageIndexChanged 事件在新的数据页返回到 GridView 控件之后发生。

如果需要，可以使用 PageIndexChanging 事件取消分页操作，或在 GridView 控件请求新的数据页之前执行某项任务。可以使用 PageIndexChanged 事件在用户移动到另一个数据页之后执行某项任务。

另外，还可以通过多种方式自定义 GridView 控件的分页用户界面：比如使用 PageSize 属性来设置页的大小(即每次显示的项数)，设置 PageIndex 属性来设置 GridView 控件的当前页。下面通过示例演示如何设置 GridView 控件的分页。

【示例 6.2】GridView 分页演示。

(1) 新建网站，添加窗体 Default.aspx，在窗体上放置一个 GridView 控件。

(2) 配置 Web.config 文件，设置数据连接信息：

```
<configuration>
   <appSettings>
      <add key="connstring" value="User id=sa;Password=142536;
       Initial catalog=Test; Data source=(local)" />
   </appSettings>
   <system.web>
      <compilation debug="true" targetFramework="4.0"/>
   </system.web>
</configuration>
```

(3) 编写 GridView 的前台代码如下：

```
<asp:GridView ID="GridView1" runat="server" AutoGenerateColumns="False"
  CellPadding="4"
  ForeColor="#333333" GridLines="None" AllowSorting="True"
  OnPageIndexChanged="GridView1_PageIndexChanged"
  OnPageIndexChanging="GridView1_PageIndexChanging"
  OnDataBound="GridView1_DataBound"   AllowPaging="True" PageSize="8">
    <AlternatingRowStyle BackColor="White" />
    <Columns>
        <asp:BoundField DataField="StudentID" HeaderText="学号" />
        <asp:BoundField DataField="StudentName" HeaderText="姓名" />
        <asp:BoundField DataField="Jiguang" HeaderText="籍贯" />
        <asp:BoundField DataField="Age" HeaderText="年龄" />
    </Columns>
    <EditRowStyle BackColor="#7C6F57" />
    <FooterStyle BackColor="#1C5E55" Font-Bold="True"
      ForeColor="White" />
    <HeaderStyle BackColor="#1C5E55" Font-Bold="True"
      ForeColor="White" />
    <PagerStyle BackColor="#666666" ForeColor="White"
      HorizontalAlign="Center" />
    <RowStyle BackColor="#E3EAEB" />
    <SelectedRowStyle BackColor="#C5BBAF" Font-Bold="True"
      ForeColor="#333333" />
    <SortedAscendingCellStyle BackColor="#F8FAFA" />
    <SortedAscendingHeaderStyle BackColor="#246B61" />
    <SortedDescendingCellStyle BackColor="#D4DFE1" />
    <SortedDescendingHeaderStyle BackColor="#15524A" />
</asp:GridView>
```

(4) 在后台编写分页处理代码，如下所示：

```
using System;
using System.Collections.Generic;
using System.Linq;
using System.Web;
using System.Web.UI;
using System.Web.UI.WebControls;
using System.Data.SqlClient;
using System.Configuration;
using System.Data;
public partial class _Default : System.Web.UI.Page
{
    protected void Page_Load(object sender, EventArgs e)
    {
        if (!IsPostBack)
        {
            GridView1.Caption = "GridView 分页示例";
            GridView1.PagerSettings.Mode =
              PagerButtons.NextPreviousFirstLast;
            GridView1.PagerSettings.NextPageImageUrl = "img/next.jpg";
```

```
        GridView1.PagerSettings.PreviousPageImageUrl = "img/pre.jpg";
        GridView1.PagerSettings.FirstPageImageUrl = "img/first.jpg";
        GridView1.PagerSettings.LastPageImageUrl = "img/last.jpg";
        GridView1.PageSize = 8;  //每页最多显示 8 条记录
        BindData();
    }
}

void BindData()
{
    try
    {
        string Constr =
          ConfigurationManager.AppSettings["connstring"];
        string sqlstr = "select * from StudentInfo";
        SqlConnection con = new SqlConnection(Constr);
        SqlDataAdapter ad = new SqlDataAdapter(sqlstr, con);
        DataSet ds = new DataSet();
        ad.Fill(ds);
        GridView1.DataSource = ds;
        GridView1.DataBind();
    }
    catch (Exception e)
    {
        Response.Write(e.Message.ToString());
    }
}

protected void GridView1_PageIndexChanged(object sender, EventArgs e)
{
    //进行分页之后，重新绑定数据
    BindData();
}

protected void GridView1_PageIndexChanging(object sender,
  GridViewPageEventArgs e)
{
    //分页完成之前
    GridView1.PageIndex = e.NewPageIndex;
}

protected void GridView1_DataBound(object sender, EventArgs e)
{
    //添加分页显示
    GridViewRow bottomPagerRow = GridView1.BottomPagerRow;
    Label msglabel = new Label();
    msglabel.Text = "目前所在分页：(" + (GridView1.PageIndex + 1)
      + "/" + GridView1.PageCount + ")";
    bottomPagerRow.Cells[0].Controls.Add(msglabel);
}
}
```

(5) 运行网站，显示效果如图 6.27 所示。

图 6.27　分页效果

在这个示例中，首先使用了 BindData 方法为 GridView 控件绑定数据，设置 GridView 属性中的 PagerSetting 来定义分页的样式；接着分别对 GridView 的分页事件进行处理：PageIndexChanged()、PageIndexChanging()；因为要添加分页码显示，即显示当前在第几页，示例中还添加了 DataBound()事件；最终实现了通过图片按钮来实现上下翻页，并显示分页码。

6.3　FormView 控件

FormView 控件用于一次显示数据源中的一个记录。在使用 FormView 控件时，可创建模板来显示和编辑绑定值。这些模板包含用于定义窗体的外观和功能的控件、绑定表达式和格式设置。FormView 控件通常与 GridView 控件一起使用。

FormView 控件可以绑定到数据源控件(如 SqlDataSource、AccessDataSource、ObjectDataSource 等)，或绑定到实现 System.Collections.IEnumerable 接口的任何数据源(如 System.Data.DataView、System.Collections.ArrayList 和 System.Collections.Hashtable)。可使用以下方法将 FormView 控件绑定到适当的数据源类型：

- 把 FormView 控件的 DataSourceID 属性设置为数据源控件的 ID 值。FormView 控件自动绑定到指定的数据源控件，并且可以利用数据源控件的功能执行插入、更新、删除和分页功能。这是绑定到数据的首选方法。
- 若要绑定到实现 System.Collections.IEnumerable 接口的数据源，须以编程方式将 FormView 控件的 DataSource 属性设置为该数据源，然后调用 DataBind 方法。使用此方法时，FormView 控件不提供内置插入、更新、删除和分页功能，需要编写相应的代码来实现这些功能。

6.3.1　FormView 控件常用的属性和事件

FormView 控件常用的属性如表 6.5 所示。

表 6.5　FormView 控件常用的属性

AllowPaging	获取或设置一个值，该值指示是否启用分页功能
Caption	获取或设置要在 FormView 控件的 HTML 标题元素中呈现的文本。提供此属性的目的是使辅助技术设备的用户更易于访问控件
Context	为当前 Web 请求获取与服务器控件关联的 HttpContext 对象
DataItem	获取绑定到 FormView 控件的数据项
DataKey	获取一个 DataKey 对象，该对象表示所显示的记录的主键
DataKeyNames	获取或设置一个数组，该数组包含数据源的键字段的名称
DataSource	获取或设置对象，数据绑定控件从该对象中检索其数据项列表
DataSourceID	获取或设置控件的 ID，数据绑定控件从该控件中检索其数据项列表
DefaultMode	获取或设置数据输入模式，FormView 控件在更新、插入或取消操作后返回到该模式
EditRowStyle	获取一个对 TableItemStyle 对象的引用，使用该对象可以设置 FormView 控件处于编辑模式时数据行的外观
EditItemTemplate	获取或设置编辑模式中项的自定义内容
EmptyDataText	获取或设置在 FormView 控件绑定到不包含任何记录的数据源时所呈现的空数据行中显示的文本
FooterText	获取或设置要在 FormView 控件的脚注行中显示的文本
HeaderRow	获取表示 FormView 控件中的标题行的 FormViewRow 对象
HeaderText	获取或设置要在 FormView 控件的标题行中显示的文本
ItemTemplate	获取或设置在 FormView 控件处于只读模式时该控件中的数据行的自定义内容
PageIndex	获取或设置所显示的页的索引
PagerSettings	获取一个对 PagerSettings 对象的引用，使用该对象可以设置 FormView 控件中的页导航按钮的属性
SelectedValue	获取 FormView 控件中的当前记录的数据键值
ViewStateMode	获取或设置此控件的视图状态模式
Visible	获取或设置一个值，该值指示服务器控件是否作为 UI 呈现在页上

FormView 控件可引发一些事件，这些事件在当前记录显示或更改时发生。单击一个命令控件(如作为 FormView 控件的一部分的 Button 控件)时也会引发事件。

表 6.6 描述了 FormView 控件常用的事件。

表 6.6　FormView 控件常用的事件

名　称	说　明
OnPageIndexChanging	在单击某个页导航按钮时发生，但在 FormView 控件执行分页操作之前。此事件通常用于取消分页操作
OnPageIndexChanged	在单击某个页导航按钮时发生，但在 FormView 控件执行分页操作之后。此事件通常用于在用户定位到控件中不同的记录之后需要执行某项任务时

续表

名　称	说　明
OnItemCommand	在单击 FormView 控件中的某个按钮时发生。此事件通常用于在单击控件中的某个按钮时执行某项任务
OnItemCreated	在 FormView 控件中创建完所有 FormViewRow 对象之后发生。此事件通常用于在显示行之前修改行中将要显示的值
OnItemDeleting	在单击 Delete 按钮(其 CommandName 属性设置为“Delete”的按钮)时发生，但在 FormView 控件从数据源删除记录之前。此事件通常用于取消删除操作
OnItemDeleted	在单击 Delete 按钮时发生，但在 FormView 控件从数据源删除记录之后。此事件通常用于检查删除操作的结果
OnItemInserting	在单击 Insert 按钮(其 CommandName 属性设置为“Insert”的按钮)时发生，但在 FormView 控件插入记录之前。此事件通常用于取消插入操作
OnItemInserted	在单击 Insert 按钮时发生，但在 FormView 控件插入记录之后。此事件通常用于检查插入操作的结果
OnItemUpdating	在单击 Update 按钮(其 CommandName 属性设置为“Update”的按钮)时发生，但在 FormView 控件更新记录之前。此事件通常用于取消更新操作
OnItemUpdated	在单击 Update 按钮时发生，但在 FormView 控件更新行之后。此事件通常用于检查更新操作的结果
OnModeChanging	在 FormView 控件更改模式(更改为编辑、插入或只读模式)之前发生。此事件通常用于取消模式更改
OnModeChanged	在 FormView 控件更改模式(更改为编辑、插入或只读模式)之后发生。此事件通常用于在 FormView 控件更改模式时执行某项任务
DataBound	此事件继承自 BaseDataBoundControl 控件，在 FormView 控件完成对数据源的绑定后发生

6.3.2　利用模板显示数据

要使 FormView 控件显示内容，需要为该控件的不同部分创建模板。大多数模板是可选的；但是，必须为 FormView 控件的配置模式创建模板。例如，必须为支持插入记录的 FormView 控件定义插入项模板。表 6.7 列出了可以创建的不同模板。

表 6.7　FormView 控件的内置模板

模板类型	说　明
EditItemTemplate	定义数据行在 FormView 控件处于编辑模式时的内容。此模板通常包含用户可以用来编辑现有记录的输入控件和命令按钮
EmptyDataTemplate	定义在 FormView 控件绑定到不包含任何记录的数据源时所显示的空数据行的内容。此模板通常包含用来警告用户数据源不包含任何记录的内容

续表

模板类型	说　明
FooterTemplate	定义脚注行的内容。此模板通常包含任何要在脚注行中显示的附加内容
HeaderTemplate	定义标题行的内容。此模板通常包含任何要在标题行中显示的附加内容
ItemTemplate	定义数据行在 FormView 控件处于只读模式时的内容。此模板通常包含用来显示现有记录的值的内容
InsertItemTemplate	定义数据行在 FormView 控件处于插入模式时的内容。此模板通常包含用户可以用来添加新记录的输入控件和命令按钮
PagerTemplate	定义在启用分页功能时(即 AllowPaging 属性设置为 true 时)所显示的页导航行的内容。此模板通常包含用户可以用来导航至另一个记录的控件

FormView 控件的主要显示模板是 ItemTemplate 模板。ItemTemplate 模板以只读模式显示绑定的数据。ItemTemplate 包含的控件是只显示数据的控件，例如 Label 控件。模板还可以包含命令按钮，用于将 FormView 控件的模式更改为插入或编辑模式，或删除当前记录。可使用包含用于单向数据绑定的 Eval 方法的数据绑定表达式将模板中的控件绑定到数据。比如现在要通过模板显示 6.1.3 节中配置的数据源控件 SqlDataSource1 中的数据，步骤如下。

【示例 6.3】利用 FormView 控件的模板显示数据。

(1) 新建一个网站，添加 Web 窗体，在页面中放置一个 SqlDataSource 控件。

(2) 配置 SqlDataSource 的数据源，如图 6.28 所示，选择 6.1.3 节建立的数据源，指定表为 StudentInfo，并为 StudnetInfo 表生成插入、删除、更新等操作，如图 6.29 所示。

(3) 配置好数据源后，回到页面，添加一个 FormView 控件，并在任务面板中选择 FormView 的数据源为 SqlDataSource1，选择后，FormView 控件立即显示数据源的字段，如图 6.30 所示。

(4) 运行网站，效果如图 6.31 所示。

通过为 FormView 控件配置数据源，可以看到，不用编写任何代码，即可实现在页面上显示数据，当然还可以利用 FormView 控件来编辑数据，我们将在下一节详细阐述。

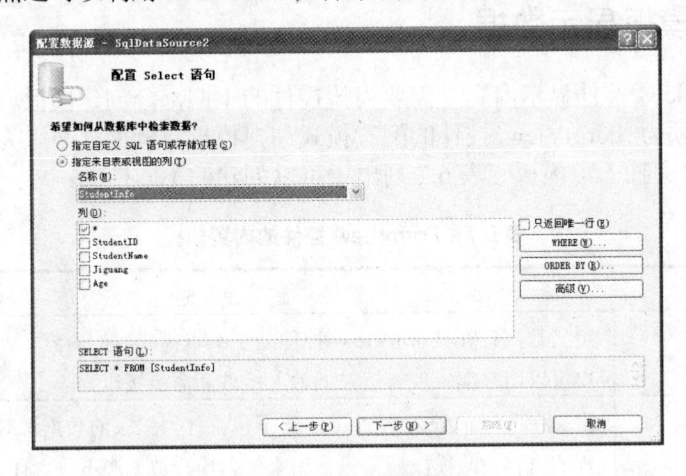

图 6.28　配置数据源

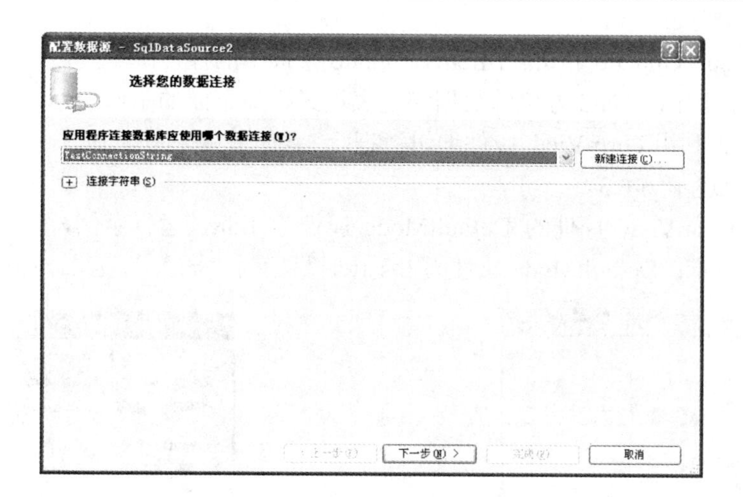

图 6.29　选择表

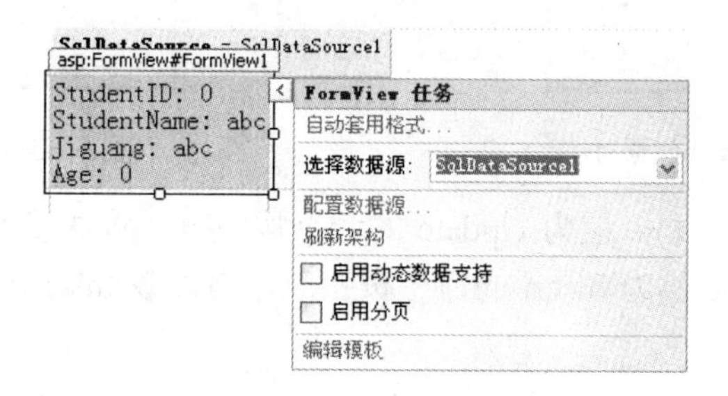

图 6.30　配置 FormView 控件的数据源

图 6.31　运行效果

6.3.3　编辑数据

FormView 控件显示指定的模板以提供允许用户修改记录内容的用户界面(UI)。每个模板都包含用户可以单击以执行编辑或插入操作的命令按钮。

用户单击命令按钮时，可使用 EditItemTemplate 模板来允许用户修改现有的记录，以及使用 InsertItemTemplate 模板来收集要插入到数据源中的新记录的值。

EditItemTemplate 和 InsertItemTemplate 模板通常包含获取用户输入的控件，如 TextBox、CheckBox 或 DropDownList 控件。

还可以添加控件来显示只读信息，以及添加命令按钮来允许用户编辑当前记录、插入新记录或撤消当前操作。

可将 EditItemTemplate 和 InsertItemTemplate 模板中的控件绑定到数据，方法是使用包含用于双向数据绑定的 Bind 方法的数据绑定表达式，如下面的示例所示。

【示例 6.4】 利用 FormView 控件编辑数据。

(1) 打开上述示例 6.3。

(2) 设置 FormView 控件的 DefaultMode 属性为 Edit，运行示例，显示为“编辑”状态，如图 6.32 所示；DefaultMode 属性为 Insert 时显示为“插入”效果，如图 6.33 所示。

图 6.32 运行效果 1

图 6.33 运行效果 2

用户单击 CommandName 值为 Update 的命令按钮时，将加载 EditItemTemplate 模板。用户单击 CommandName 值为 Insert 的命令按钮时，将加载 InsertItemTemplate 模板。

6.4 DetailsView 控件

DetailsView 控件显示数据源的单个记录，其中每个数据行表示记录中的一个字段。此控件经常在主控/详细方案中与 GridView 控件一起使用。使用 DetailsView 控件，可以从它的关联数据源中一次显示、编辑、插入或删除一条记录。默认情况下，DetailsView 控件将记录的每个字段显示在它自己的一行内。DetailsView 控件通常用于更新和插入新记录，并且通常在主/详细方案中使用，在这些方案中，主控件的选中记录决定要在 DetailsView 控件中显示的记录。即使 DetailsView 控件的数据源公开了多条记录，该控件一次也仅显示一条数据记录。

DetailsView 控件支持下面的功能：

- 绑定至数据源控件，如 SqlDataSource。
- 内置插入功能。
- 内置更新和删除功能。
- 内置分页功能。
- 以编程方式访问 DetailsView 对象模型以动态设置属性、处理事件等。
- 可通过主题和样式进行外观的自定义。

6.4.1 DetailsView 控件常用的属性和事件

DetailsView 控件常用的属性如表 6.8 所示。

表 6.8　DetailsView 控件常用的属性

AllowPaging	获取或设置一个值，该值指示是否启用分页功能
AutoGenerateDeleteButton	该值指示用来删除当前记录的内置控件是否在 DetailsView 控件中显示
AutoGenerateEditButton	该值指示用来编辑当前记录的内置控件是否在 DetailsView 控件中显示
AutoGenerateInsertButton	该值指示用来插入新记录的内置控件是否在 DetailsView 控件中显示
AutoGenerateRows	该值指示对应于数据源中每个字段的行字段是否自动生成并在 DetailsView 控件中显示
Caption	获取或设置要在 DetailsView 控件内的 HTML 标题元素中呈现的文本
CurrentMode	获取 DetailsView 控件的当前数据输入模式
DataItem	获取绑定到 DetailsView 控件的数据项
DataKey	获取一个 DataKey 对象，该对象表示所显示的记录的主键
DataKeyNames	获取或设置一个数组，该数组包含数据源的键字段的名称
DataSource	获取或设置数据的数据源列表数据项的对象
DataSourceID	获取或设置控件的 ID，数据绑定控件从该控件中检索其数据项列表
DefaultMode	获取或设置 DetailsView 控件的默认数据输入模式
FooterTemplate	获取或设置 DetailsView 控件中的脚注行的用户定义内容
FooterText	获取或设置要在 DetailsView 控件的脚注行中显示的文本
HeaderRow	获取表示 DetailsView 控件中的标题行的 DetailsViewRow 对象
HeaderStyle	获取对 TableItemStyle 对象的引用，该对象允许我们设置 DetailsView 控件中的标题行的外观
PageCount	获取数据源中的记录数
PageIndex	获取或设置所显示的记录的索引
PagerSettings	获取对 PagerSettings 对象的引用，该对象允许我们设置 DetailsView 控件中的页导航按钮的属性
SelectedValue	获取 DetailsView 控件中的当前记录的数据键值
ViewStateMode	获取或设置此控件视图状态模式

DetailsView 控件提供了多个以对其进行编程的事件，表 6.9 列出了 DetailsView 控件支持的事件。

表 6.9　DetailsView 控件常用的事件

事　件	说　明
ItemCommand	当单击 DetailsView 控件中的按钮时发生
ItemCreated	在 DetailsView 控件中创建了所有 DetailsViewRow 对象之后发生。此事件通常用于在显示记录前修改该记录的值
ItemDeleted	在单击“删除”按钮时，但在 DetailsView 控件从数据源中删除该记录之后发生。此事件通常用于检查删除操作的结果

续表

事 件	说 明
ItemDeleting	在单击“删除”按钮时，但在 DetailsView 控件从数据源中删除该记录之前发生。此事件通常用于取消删除操作
ItemInserted	在单击“插入”按钮时，但在 DetailsView 控件插入该记录之后发生。此事件通常用于检查插入操作的结果
ItemInserting	在单击“插入”按钮时，但在 DetailsView 控件插入该记录之前发生。此事件通常用于取消插入操作
ItemUpdated	在单击“更新”按钮时，但在 DetailsView 控件更新该行之后发生。此事件通常用于检查更新操作的结果
ItemUpdating	在单击“更新”按钮时，但在 DetailsView 控件更新该记录之前发生。此事件通常用于取消更新操作
ModeChanged	在 DetailsView 控件更改模式(编辑、插入或只读模式)之后发生。此事件通常用于在 DetailsView 控件更改模式时执行某项任务
ModeChanging	在 DetailsView 控件更改模式(编辑、插入或只读模式)之前发生。此事件通常用于取消模式更改
PageIndexChanged	在单击某一页导航按钮时，但在 DetailsView 控件处理分页操作之后发生。当您在用户定位到控件中不同的记录后需要执行任务时，通常使用此事件
PageIndexChanging	在单击某一页导航按钮时，但在 DetailsView 控件处理分页操作之前发生。此事件通常用于取消分页操作

DetailsView 控件还从其基类继承了下列事件：DataBinding、DataBound、Disposed、Init、Load、PreRender 和 Render。

6.4.2 显示数据

与 GridView 控件一样，也可以自定义 DetailsView 控件的用户界面，方法是使用 HeaderStyle、RowStyle、AlternatingRowStyle、CommandRowStyle、FooterStyle、PagerStyle 和 EmptyDataRowStyle 等样式属性。

DetailsView 控件一次只能显示一条记录，下面还是以 6.1.3 中配置的数据源控件为例，演示使用 DetailsView 控件来显示数据，步骤如下。

【示例 6.5】使用 DetailsView 控件显示数据。

(1) 新建一个网站，添加 Web 窗体，在页面中放置一个 SqlDataSource 控件。

(2) 配置 SqlDataSource 的数据源，指定表为 StudentInfo，如图 6.34 所示。

(3) 配置好数据源后，回到页面，添加一个 DetailsView 控件，并在任务面板中选择 DetailsView 的数据源为 SqlDataSource1，选择后，DetailsView 控件立即显示数据源的字段，如图 6.35 所示。

(4) 在 DetailsView 任务面板中，选择“编辑字段”，设置 4 个字段的 HeaderText 分别为学号、姓名、籍贯和年龄，并启用分页，如图 6.36 所示。

(5) 运行网站，效果如图 6.37 所示。

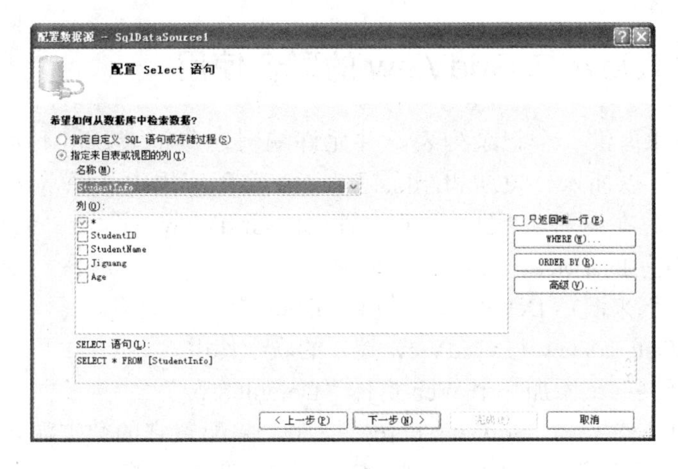

图 6.34　配置数据源

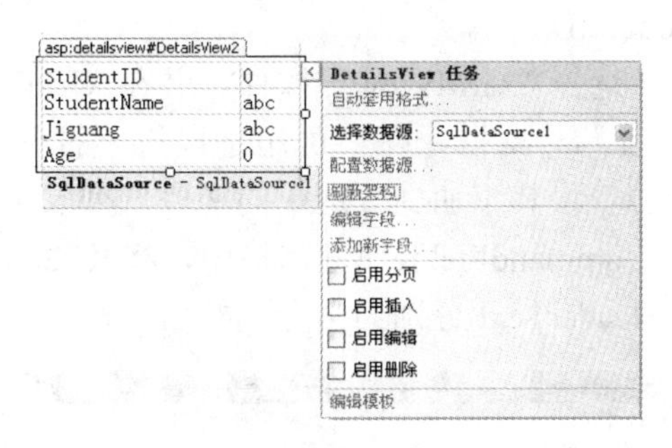

图 6.35　配置 DetailsView 控件的数据源

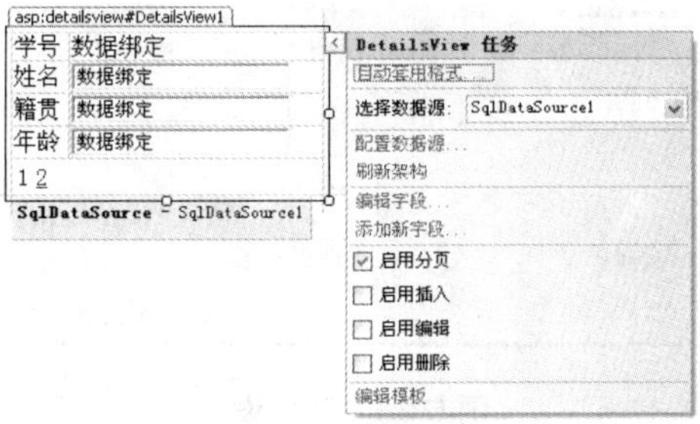

图 6.36　编辑字段

图 6.37　运行效果

6.4.3 DetailsView 与 GridView 的联合使用

GridView 控件提供一个记录列表，并允许编辑这些记录，但不允许插入记录，而 DetailsView 控件可以插入、更新和删除记录。在实际应用中，经常在主/从方案中使用 DetailsView 控件，在这种方案中，主控件(如 GridView 控件)中的所选记录决定了 DetailsView 控件显示的记录。

下面以一个示例来演示 DetailsView 与 GridView 的联合使用。

【示例 6.6】 DetailsView 与 GridView 控件的联合使用。

(1) 新建一个网站，添加一个 Web 窗体“Default.aspx”。

(2) 在页面上放置一个 SqlDataSource 控件，并配置它的数据源，在连接下拉列表中，选择 6.1.3 小节创建并存储的连接 TestConnectionString，指定表为“StudentInfo”，在“列”框中，只选择“StudentID”。

(3) 配置好数据源后，选择“GridView”控件，并在 GridView 任务面板的菜单中选择“编辑列”，显示“字段”对话框，在“可用字段”下打开“命令字段”节点，选择“选择”，然后单击“添加”将其添加到“选定的字段”列表中；在“选定的字段”列表中选择“选择”，然后在 CommandField 属性网格中，将其 SelectText 属性设置为“详细信息”，设置 4 个字段的 HeaderText 分别为学号、姓名、籍贯和年龄，如图 6.38 所示。

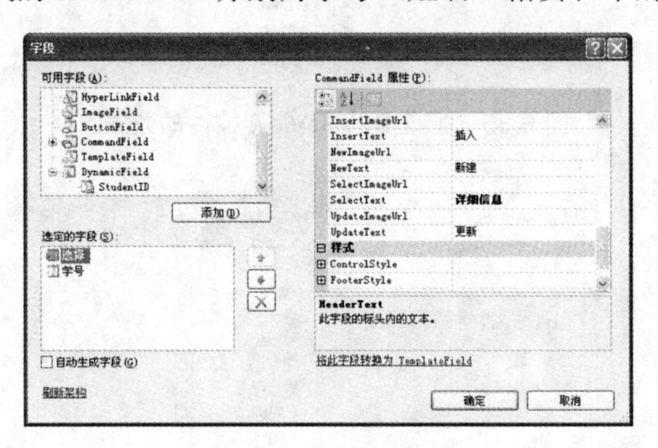

图 6.38 字段设置

(4) 单击“确定”按钮关闭“字段”对话框，具有“详细信息”超链接的新列即添加到 GridView 控件的面板中，如图 6.39 所示。

图 6.39 设置后的 GridView 面板

(5) 选择 GridView 控件，在“属性”窗口中确认其 DataKeyNames 属性已经设置为 StudentID。

(6) 添加 DetailsView 控件到页面上，该控件用来显示详细信息记录，并添加一个新的 SqlDataSource 控件。

(7) 配置 SqlDataSource2 的数据源，在连接下拉列表中，仍然选择 6.1.3 小节创建并存储的连接 TestConnectionString，指定表为 StudentInfo，在“列”框中选择“*”。在设置条件时候，单击 WHERE 按钮，如图 6.40 所示。

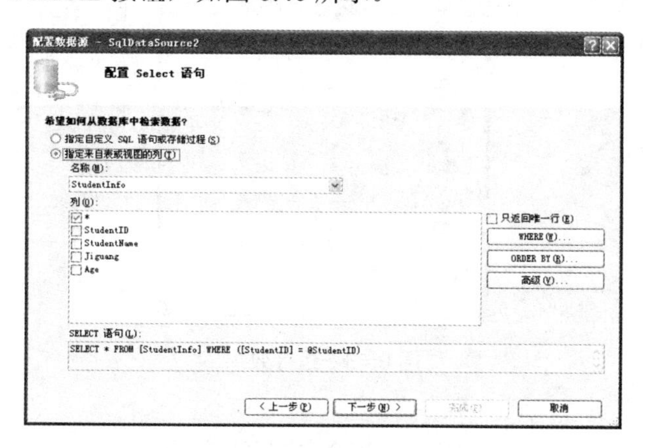

图 6.40　配置 Select 语句

(8) 在弹出的“添加 WHERE 子句”对话框中，从“列”列表中选择“StudentID”，从“运算符”列表中，选择“=”，从“源”列表中选择“Control”，在“参数属性”下的“控件 ID”列表中选择“GridView1”，如图 6.41 所示。

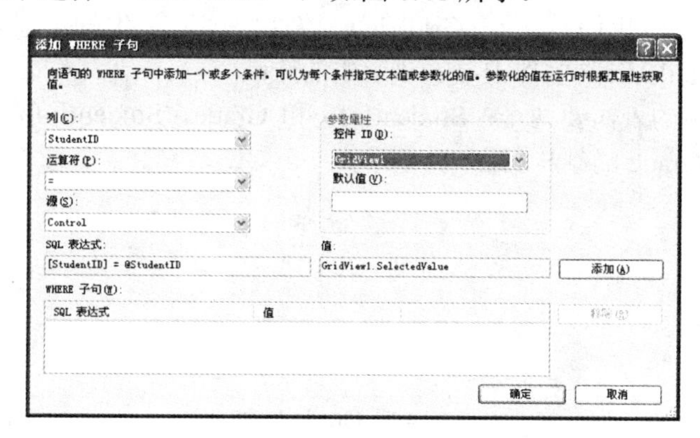

图 6.41　添加 WHERE 子句

(9) 单击“添加”按钮，然后单击“确定”按钮关闭“添加 WHERE 子句”对话框。

(10) 在 DetailsView 任务面板中选中“启用分页”，把数据源设置为 SqlDataSource2，并编辑字段的 HeaderText 分别为学号、姓名、籍贯和年龄，如图 6.42 所示。

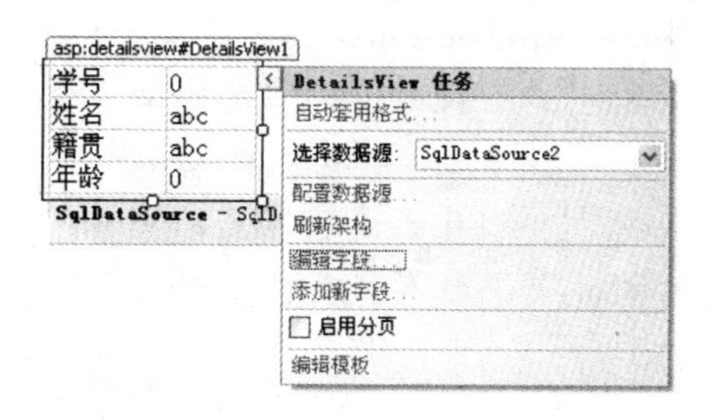

图 6.42　设置 DetailsView 控件

(11) 运行网站，在 GridView 中，选择“详细信息”的时候，DetailsView 控件显示与该学号相关的详细信息，如图 6.43 所示。

图 6.43　运行效果

6.5　综合应用实例

本章我们主要学习了数据访问相关控件，包括 SqlDataSource 控件、GridView 控件、FormView 控件和 DetailsView 控件，下面就综合使用几个控件来对本章做一个总结。

在下面的示例中，我们首先在 GridView 控件中读取学生的信息，当单击“查看成绩”的时候，在 DetailsView 控件中显示该学生的成绩。

因此，数据库中的表需要两个：StudentInfo 和 Grade。StudentInfo 的表结构在第 5 章已经设计过了，表 Grade 的结构如图 6.44 所示。

列名	数据类型	允许 Null 值
StudetnID	int	☐
Yuwen	int	☑
Shuxue	int	☑
YingYu	int	☑
Wuli	int	☑

图 6.44　Grade 结构

我们将使用 GridView 控件来编辑、删除数据，并使用 DetailsView 控件来插入数据，主要使用了 GridView 的 Empty Data Template 的模板。

【示例 6.7】数据访问综合应用实例。

(1) 创建一个网站，并添加一个 Web 窗体“Default.aspx”。

(2) 在窗体上添加两个 SqlDatesource 控件，首先配置 SqlDatesource1，在 SqlDatesource1 控件的面板上单击“配置数据源”，启动“配置数据源”向导，如图 6.45 所示。

(3) 在弹出的“添加连接”对话框中，配置服务器名为“IHQ4RO9TXDDVSF2”，并选择“使用 SQL Server 身份验证”，设置登录名和密码，数据库为 Test 数据库，具体如图 6.46 所示。

(4) 单击“测试连接”按钮，如果弹出“测试连接成功”信息对话框，说明数据库连接成功，单击“确定”按钮，完成数据库连接配置。

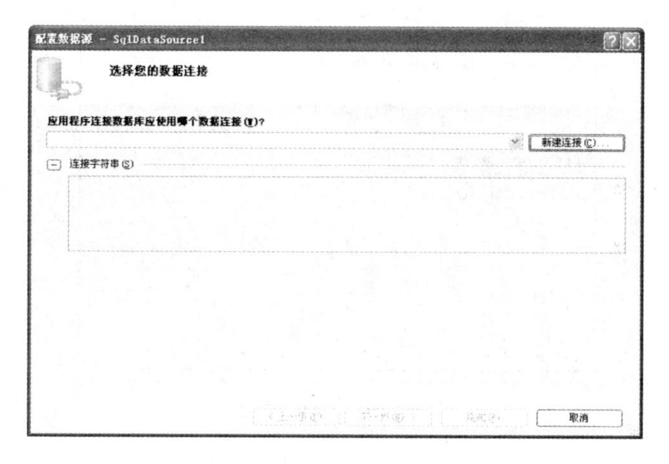

图 6.45　配置数据源

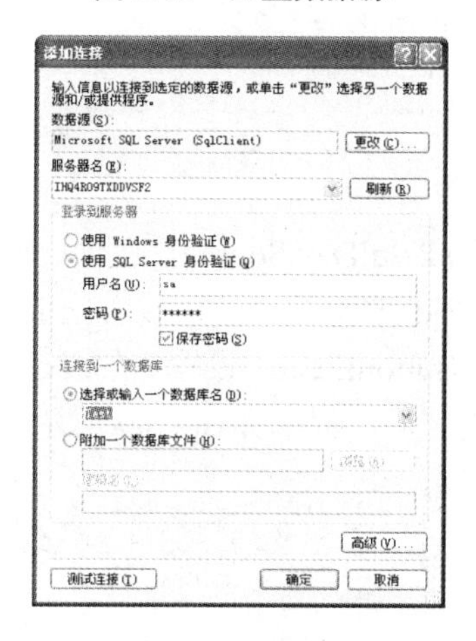

图 6.46　添加连接

(5) 配置完成后返回到数据源配置向导，在数据源下拉框中已经出现前面配置的数据源。单击“下一步”按钮，如图 6.47 所示。

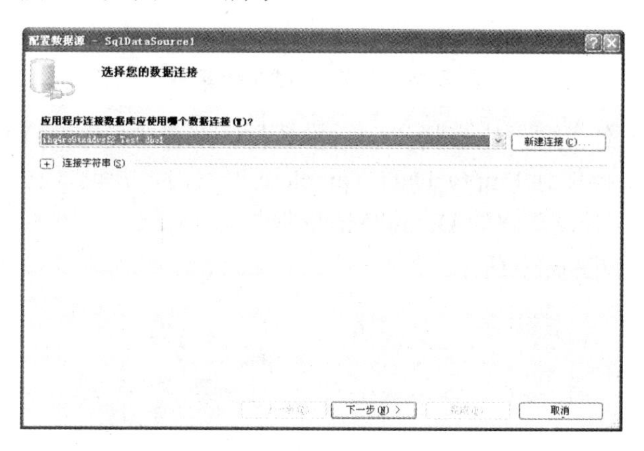

图 6.47　选择数据库连接

(6) 系统出现提示“是否将连接保存到应用程序配置文件中？”因为以后还需要使用此连接，选择保存。单击“下一步”按钮，如图 6.48 所示。

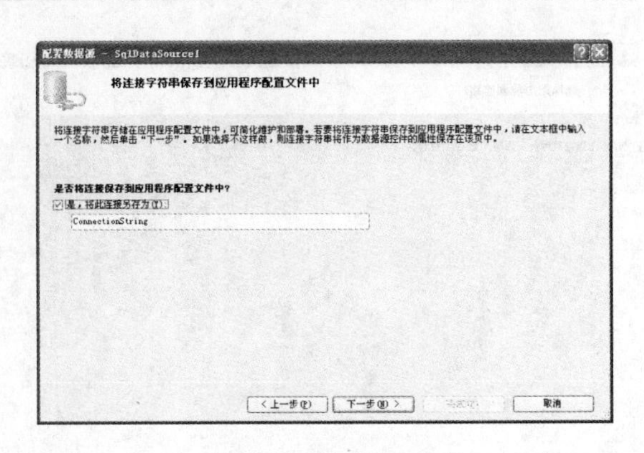

图 6.48　选择保存

(7) 在“配置 Select 语句”界面中，选择需要读取的数据表，在这里就选择 StudentInfo 表，并选择所有列。并单击“高级”按钮，在弹出的“高级 SQL 生成选项”对话框中选中两个复选框。

(8) 数据源配置完成后，进入“测试查询”界面，若配置正确，可以预览该数据源返回的数据。

(9) 单击“完成”按钮，完成 SqlDataSource1 数据源的配置。

(10) 返回页面，添加一个 GridView 控件，并设置它的数据源为 SqlDataSource1，编辑列，并在 GridView 中增加一个 ButtonField，设置它的 CommandName 属性为 Insert，启用分页、排序、编辑、删除，编辑完后，界面如图 6.49 所示。

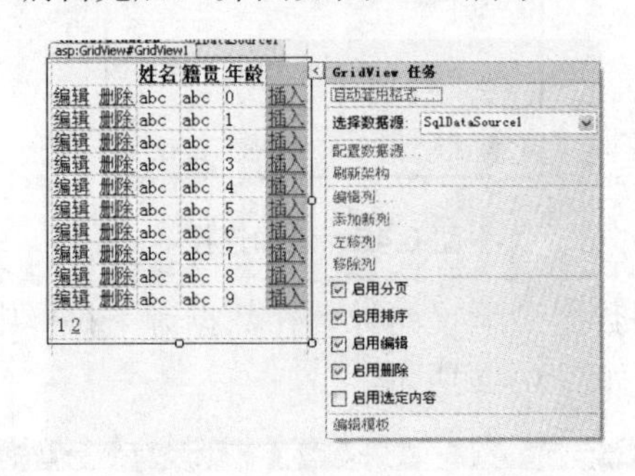

图 6.49　设置 GridView 控件

(11) 在 GridView 任务面板中选择“编辑模板”，选择“Empty Data Template”选项。这时拖到 DetailsView 控件到 Empty Data Template 框架内，并设置它的 DataSourceID 属性为 SqlDataSource1，同时设置它的 DefaultMode 属性为 Insert，字段的 HeaderText 为学号、姓名、籍贯和年龄，如图 6.50 所示。

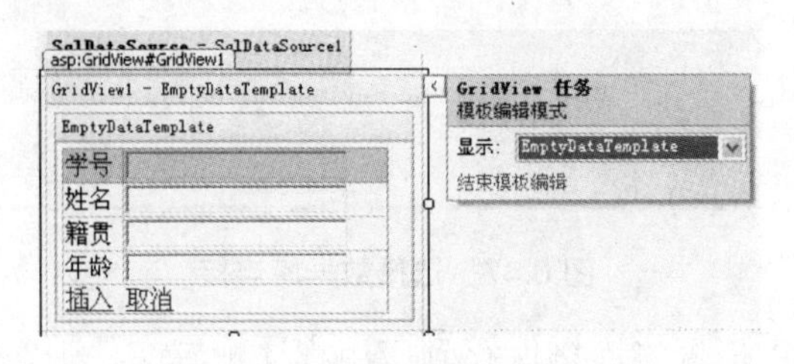

图 6.50　设置 DetailsView 控件

(12) 设置好后，单击“结束模板编辑”选项，这时在源视图中的代码声明如下所示：

```
<asp:SqlDataSource ID="SqlDataSource1" runat="server"
  ConnectionString="<%$ ConnectionStrings:ConnectionString %>"
  DeleteCommand=
    "DELETE FROM [StudentInfo] WHERE [StudentID] = @StudentID"
  InsertCommand="INSERT INTO [StudentInfo] ([StudentID], [StudentName],
  [Jiguang], [Age]) VALUES (@StudentID, @StudentName, @Jiguang, @Age)"
  SelectCommand="SELECT * FROM [StudentInfo]"
  UpdateCommand="UPDATE [StudentInfo] SET [StudentName] = @StudentName,
  [Jiguang] = @Jiguang, [Age] = @Age WHERE [StudentID] = @StudentID">
    <DeleteParameters>
        <asp:Parameter Name="StudentID" Type="Int32" />
    </DeleteParameters>
    <InsertParameters>
        <asp:Parameter Name="StudentID" Type="Int32" />
        <asp:Parameter Name="StudentName" Type="String" />
        <asp:Parameter Name="Jiguang" Type="String" />
        <asp:Parameter Name="Age" Type="Int32" />
    </InsertParameters>
    <UpdateParameters>
        <asp:Parameter Name="StudentName" Type="String" />
        <asp:Parameter Name="Jiguang" Type="String" />
        <asp:Parameter Name="Age" Type="Int32" />
        <asp:Parameter Name="StudentID" Type="Int32" />
    </UpdateParameters>
</asp:SqlDataSource>

<asp:GridView ID="GridView1" runat="server" AllowPaging="True"
  AllowSorting="True" AutoGenerateColumns="False"
  DataKeyNames="StudentID" OnRowCommand="GridView1_RowCommand"
  DataSourceID="SqlDataSource1">
    <Columns>
        <asp:CommandField ShowDeleteButton="True" ShowEditButton="True" />
        <asp:BoundField DataField="StudentName" HeaderText="姓名"
        SortExpression="StudentName" />
        <asp:BoundField DataField="Jiguang" HeaderText="籍贯"
          SortExpression="Jiguang" />
        <asp:BoundField DataField="Age" HeaderText="年龄"
          SortExpression="Age" />
        <asp:ButtonField CommandName="Insert" Text="插入" />
    </Columns>
    <EmptyDataTemplate>
        <asp:DetailsView ID="DetailsView1" runat="server"
          AutoGenerateRows="False" DataKeyNames="StudentID"
          DataSourceID="SqlDataSource1" DefaultMode="Insert"
          OnItemInserted="DetailsView1_ItemInserted"
          Height="50px" Width="216px">
            <Fields>
                <asp:BoundField DataField="StudentID" HeaderText="学号"
                  ReadOnly="True" SortExpression="StudentID" />
```

```
                <asp:BoundField DataField="StudentName" HeaderText="姓名"
                  SortExpression="StudentName" />
                <asp:BoundField DataField="Jiguang" HeaderText="籍贯"
                  SortExpression="Jiguang" />
                <asp:BoundField DataField="Age" HeaderText="年龄"
                  SortExpression="Age" />
                <asp:CommandField ShowInsertButton="True" />
            </Fields>
        </asp:DetailsView>
    </EmptyDataTemplate>
</asp:GridView>
```

(13) 在后台代码中编写 GridView 的 RowCommand 事件处理代码，如下：

```
protected void GridView1_RowCommand(
  object sender, GridViewCommandEventArgs e)
{
    if (e.CommandName == "Insert")
    {
        GridView1.DataSourceID = "";
        GridView1.DataBind();
    }
}
```

(14) 编写代码处理 DetailsView 控件的 ItemInserted 事件，当 DetailsView 成功地插入了一条新记录的时候，这个 ItemInserted 事件就会被触发。在 ItemInserted 事件内写出如下代码：

```
protected void DetailsView1_ItemInserted(
  object sender, DetailsViewInsertedEventArgs e)
{
    GridView1.DataSourceID = "SqlDataSource1";
    GridView1.DataBind();
}
```

在这里再次绑定 GridView，以便 GridView 显示出最新插入的记录。

(15) 运行该网站，可以看到 GridView 显示如图 6.51 所示，“插入”按钮显示在最后一行，当单击“插入”按钮的时候，弹出 DetailsView 控件来插入记录，如图 6.52 所示。

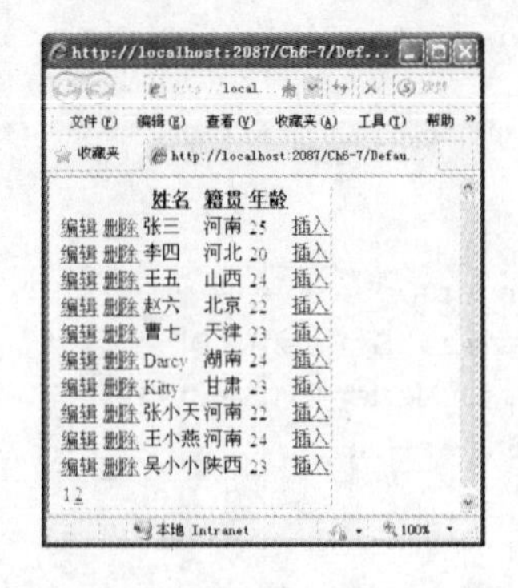

图 6.51　GridView 显示记录

图 6.52　插入记录

(16) 当输入记录完毕后，单击“插入”按钮，就完成记录的插入，页面并返回到 GridView 控件，可以看到，插入的记录在 GridView 表格的最后一条，如图 6.53 所示。

图 6.53　显示插入的记录

6.6　上 机 实 训

(1) 实验目的

① 熟悉 SqlDataSourse 控件的使用，并配置数据连接。

② 掌握 GridView 控件对数据进行编辑、删除、显示等操作。

③ 熟练使用 FormView 控件显示数据、编辑数据。

④ 掌握 DetailsView 控件显示数据并熟练使用它的模板。

⑤ 掌握 GridView 控件和 DetailsView 控件的联合使用。

(2) 实验内容

① 练习使用 SqlDataSourse 控件绑定到 MS SQL Server 2008。

② 使用 GridView 控件对 StudentInfo 表进行编辑、删除、分页、排序等操作。

③ 使用 FormView 控件显示表 StudentInfo 的数据，并编辑。

④ 结合使用 GridView 控件和 DetailsView 控件对数据进行插入、删除、更新。

6.7　本 章 习 题

一、选择题

(1) SqlDataSource 控件的(　　)属性用于获取或设置特定于 ADO.NET 提供程序的连接字符串。

A. DeleteCommand　　B. InsertCommand

C. SelectCommand　　D. ConnectionString

(2) 通过将 GridView 控件的(　　)属性设置为 true，就可以启用该控件中的默认排序行为。

A. AllowSorting　　B. AllowPaging

C. Enabled　　D. AutoGenerateColumns

(3) GridView 控件的(　　)属性包含了显示在 GridView 控件中的项的主键字段名称。

A. DataKeys　　B. DataSourceID

C. DataKeyNames　　D. HasAttributes

(4) FormView 控件的主要显示模板是(　　)。

A. EditItemTemplate　　B. ItemTemplate

C. HeaderTemplate　　D. FooterTemplate

(5) FormView 控件的(　　)属性设置为 Edit 时，可以编辑数据。

A. Caption　　B. DataItem　　C. FooterText　　D. DefaultMode

二、填空题

(1) 在数据库的连接字符串中，Integrated Security=True 表示__________。

(2) 在 GridView 控件中，要实现分页功能，可以设置它的属性___________。

(3) GridView 控件的_________事件是在数据绑定时发生的。

(4) GridView 控件绑定到数据源控件，通常使用它的属性_________和_________。

(5) FormView 控件可以执行________、更新、删除。

三、判断题(对/错)

(1) SqlDataSource 控件只能用于 Microsoft SQL Server 数据库。　　(　　)

(2) 在配置数据连接的时候，对于数据库来说，必须设置数据的主键，否则无法生成具有增、删、改功能的附加 SQL 语句。　　(　　)

(3) GridView 控件可以对数据库进行排序、更新和插入。　　(　　)

(4) FormView 控件只能一次显示数据源中的一个记录。　　(　　)

(5) DetailsView 控件显示数据源中的单个记录，其中，每个数据行表示记录中的一个字段。　　(　　)

四、简答题

(1) 简述 SqlDataSourse 控件如何配置数据源。

(2) 简述 GridView 控件、FormView 控件和 DetailsView 控件的区别。

第 7 章 ASP.NET 4.0 与 Ajax

学习目的与要求：

Ajax 作为下一代 Web 用户界面的核心技术(Asynchronous JavaScript And XML)，它由 JavaScript、XML、XSLT、CSS、DOM 和 XMLHttpRequest 等多种技术组成，使用 Ajax 技术可以做到局部刷新，增强用户体验。本章学习 ASP.NET 4.0 和 Ajax，需要读者熟悉 Ajax 的概念，深刻理解 Ajax 运行原理，掌握服务器端 Ajax 与客户端 Ajax 的运行机制，并且熟练使用 ASP.NET Ajax 服务器控件 UpdatePanel、Timer、Updateprogress 等。

7.1 Ajax 概况

Ajax 是 Asynchronous JavaScript And XML 的缩写，它是由 JavaScript、XML、XSLT、CSS、DOM 和 XMLHttpRequest 等多种技术组成的。

Ajax 使用通信技术(通常为 SOAP 和 XML)发送和接收对服务器的异步请求/响应，然后利用显示技术(JavaScript、DOM、HTML 和 CSS)处理响应。

利用 Ajax 技术，在 Web 应用程序中可改进交互式 UI 元素，如进度指示器、工具提示和弹出窗口，使 Web 的运行机制效率增强，可以只刷新已发生更改的网页部分，可简化从客户端脚本调用 Web 服务方法的过程，并支持大部分主流浏览器，如 Microsoft Internet Explorer、Mozilla Firefox 和 Apple Safari。

7.1.1 Ajax 使用的技术

Ajax 并不是一种新的技术，而是几种原有技术的结合体。它由下列技术组合而成：

- 使用 CSS 和 XHTML 来表示。
- 使用 DOM 模型来交互和动态显示。
- 使用 XMLHttpRequest 来与服务器进行异步通信。
- 使用 JavaScript 来绑定和调用。

下面分别介绍这几种技术。

1. XHTML

XHTML 是将 HTML 定义为 XML 文档的万维网联合会(W3C)标准。XHTML 标准的网页具有以下优点：

- 可以保证页中的元素都采用了正确的格式。
- 使用 XHTML 有助于使页面更便于符合辅助功能标准。
- XHTML 是可扩展的，允许定义新的元素。
- XHTML 更易于以编程方式读取，并且可以使用转换来操作文档。

Ajax 应用程序使用 HTML/XHTML 编写文档的结构，但这里编写的文档结构仅仅用来描述 Ajax 页面的初始界面，即用户第一次访问网站时看到的界面。在程序运行过程中，网页的文档结构会随着用户的操作而变化。同时，HTML/XHTML 还会告知浏览器下载将运行于客户端的 JavaScript 以及定义页面样式的 CSS 等相关文件。

2. DOM

DOM 是 Document Object Model(文档对象模型)的缩写，DOM 可被 JavaScript 用来读取、改变 HTML、XHTML 以及 XML 文档。

比如要改变页面的结构，JavaScript 首先需要获取 HTML 文档中所有元素进行访问的入口。这个入口，连同对 HTML 元素进行添加、移动、改变或移除的方法和属性，都可通过 DOM 来实现。

3. CSS

CSS 是 Cascading Style Sheets(层叠样式表单)的缩写，用来表现 HTML 或 XML 等文件样式。它提供了从内容中分离应用样式和设计的机制，这种将结构定义和表现处理分开的模型降低了 DOM 对象的复杂性，更方便开发者使用 JavaScript 对其进行维护。

4. XMLHttpRequest

XMLHttpRequest 对象是 Ajax 的核心技术，且已获得众多浏览器的支持。

使用 XMLHttpRequest，可以提供在不重新加载页面的情况下更新网页的能力。在页面加载后，在客户端向服务器请求数据，在服务器端接受数据，在后台向客户端发送数据。XMLHttpRequest 对象还提供了对 HTTP 协议完全的访问，包括做出 POST 和 HEAD 请求以及普通 GET 请求的能力。

5. JavaScript

JavaScript 在 Ajax 技术中起到粘合剂的作用，它使 Ajax 应用的各部分集成在一起。

在 Ajax 中，JavaScript 主要被用来传递用户界面上的数据到服务端并返回结果。

XMLHttpRequest 对象用来响应通过 HTTP 传递的数据，一旦数据返回到客户端就可以立刻使用 DOM 将数据显示到页面上。

7.1.2　Ajax 的运行机制

XMLHttpRequest 是 Ajax 的核心机制，它是在 IE5 中首先引入的，是一种支持异步请求的技术。简单地说，也就是 JavaScript 可以及时向服务器提出请求和处理响应，而不阻塞用户，达到无刷新的效果。

下面先了解 XMLHttpRequest 的工作原理。表 7.1 列出了 XMLHttpRequest 对象的常用属性。

表 7.1　XMLHttpRequest 对象的常用属性

名　称	说　明
onreadystatechange	每次状态改变所触发的事件处理程序
responseText	从服务器进程返回数据的字符串形式
responseXML	从服务器进程返回的 DOM 兼容的文档数据对象
status	从服务器返回的数字代码，例如常见的 404(未找到)和 200(已就绪)
statusText	伴随状态码的字符串信息
readyState	对象状态值：0 - 未初始化；1 - 正在加载；2 - 加载完毕；3 - 交互；4 - 完成

Ajax 运行机制主要由以下几个部分组成。

1. 创建 XMLHttpRequest 对象

创建 XMLHttpRequest 对象的语法为：

```
variable = new XMLHttpRequest();
```

但是，由于各浏览器之间存在差异，所以创建一个 XMLHttpRequest 对象可能需要不同的方法。这个差异主要体现在 IE 和其他浏览器之间。

浏览器(如 IE7 以上、Firefox、Chrome、Safari 和 Opera)一般都内建 XMLHttpRequest 对象，老版本的 Internet Explorer(IE5 和 IE6)使用 ActiveX 对象：

```
variable = new ActiveXObject("Microsoft.XMLHTTP");
var xmlhttp;
if (window.XMLHttpRequest)
{
    // 针对 IE7+、Firefox、Chrome、Safari、Opera
    xmlhttp = new XMLHttpRequest();
}
else
{
    // 对于 IE5、IE6
    xmlhttp = new ActiveXObject("Microsoft.XMLHTTP");
}
```

在上述代码中，首先定义了一个 XmlHttp 来引用创建的 XMLHttpRequest，然后针对不同的浏览器创建不同的对象。

2. 向服务器发送请求

在创建 XMLHttpRequest 对象后，如何向服务器发送请求？可使用 XMLHttpRequest 对象的 open()和 send()方法：

```
xmlhttp.open("GET", "Test.aspx", true);
xmlhttp.send();
```

表 7.2 列出了 XMLHttpRequest 对象的方法。

表 7.2　XMLHttpRequest 对象的方法

方　法	描　述
open(method, url, async)	规定请求的类型、URL 及是否异步处理请求。 method：请求的类型；GET 或 POST url：文件在服务器上的位置 async：true(异步)或 false(同步)
send(string)	将请求发送到服务器。 string：仅用于 POST 请求

3. 服务器响应

当请求被发送到服务器时，会执行一些响应，比如每当 readyState 改变时，就会触发 onreadystatechange 事件。使用 XMLHttpRequest 对象的 responseText 或 responseXML 属性可获得服务器的响应，responseText 表示获得字符串形式的响应数据，responseXML 表示获得 XML 形式的响应数据，

表 7.3 是 XMLHttpRequest 对象的 3 个属性。

表 7.3　XMLHttpRequest 对象的属性

属　性	描　述
onreadystatechange	存储函数(或函数名)，每当 readyState 属性改变时，就会调用该函数
readyState	存有 XMLHttpRequest 的状态。从 0 到 4 发生变化。 0：请求未初始化 1：服务器连接已建立 2：请求已接收 3：请求处理中 4：请求已完成，且响应已就绪
status	200：表示“OK” 404：未找到页面

当 readyState 等于 4 且状态为 200 时，表示响应已就绪。比如下列代码：

```
function myFunction()
{
    loadXMLDoc("ajaxTest.txt", function()
    {
        if (xmlhttp.readyState==4 && xmlhttp.status==200)
        {
        document.getElementById("myDiv").innerHTML = xmlhttp.responseText;
        }
    });
}
```

从上述分析可以看出 XMLHttpRequest 对象的运行机制：首先创建 XMLHttpRequest 对象，XMLHttpRequest 发出异步调用请求，服务器处理完成后系统调用指定的回调函数，然在回调函数中检查 XMLHttpRequest 对象的状态信息，如果状态为已经完成(readyStatus=4)，再检查服务器设定的询问请求状态，如果一切已经就绪(status=200)，就继续执行下面的操作。

通过对 XMLHttpRequest 运行机制的介绍，可以看出，XMLHttpRequest 对象主要用来向服务器发出一个请求，这恰是 Ajax 技术的关键，因为 Ajax 的主要作用就是实现发出请求和响应请求，XMLHttpRequest 对象正是为了解决服务器端和客户端通信的问题。

7.2　调试 Ajax 应用

基于 WebForms 的 ASP.NET 应用程序包含服务器代码和客户端代码的组合。浏览器也可以异步请求其他数据。这使得基于 WebForms 且使用 Ajax 的应用程序难以调试。本节讨论调试 Ajax 代码的方法和工具。

Microsoft Ajax 体系结构提供一种用于发布模式和调试模式的模型。发布模式提供错误检查和异常处理，并针对性能进行了优化，同时使用最少量的脚本。调试模式提供更可靠的调试功能，如类型和参数检查。如果创建客户端脚本文件或脚本资源的调试版本，则ASP.NET 将在应用程序处于调试模式时运行调试版本。这样我们就可以在调试脚本中引发异常，但仍可将发布代码的大小保持在最小。

Sys.Debug 是一个调试帮助器类，可提供用于在网页结尾以可读形式显示对象的方法。该类还显示跟踪消息，允许使用断言并中断至调试器。一个扩展的 Error 对象 API 将提供有用的异常详细信息，并支持发布和调试模式。

以下提供有关可用于调试和跟踪的方法和工具的详细信息。

1. 针对调试配置应用程序

若要启用调试，需要将 compilation 元素添加到网站的根 Web.config 文件，然后将其 debug 特性设置为 true。

下面的示例演示 Web.config 文件的一部分，其中已设置 debug 特性来进行调试：

```
<configuration>
   <system.web>
      <compilation debug="true">
         <!-- etc. -->
      </compilation>
   </system.web>
   ...
```

<configuration>启用调试时，ASP.NET 将使用 Microsoft Ajax Library 的调试版本和自定义客户端脚本文件的调试版本。

2. 将应用程序从调试模式设置为发布模式以便进行部署

当部属使用 Microsoft Ajax 的 WebForms 应用程序的发布版本时，需要将应用程序设置为发布模式。这将确保 ASP.NET 使用的是 Microsoft Ajax Library 的性能优化的发布版本。如果已创建自定义脚本文件和脚本资源的调试版本和发布版本，则 ASP.NET 也使用这些发布版本。若要将应用程序设置为发布模式，需要做如下设置：

- 在 Web.config 文件中，如果 compilation 元素包含 debug 特性，请确保将 debug 特性设置为 false。
- 确保任何包含 ScriptManager 控件的网页的 ScriptMode 属性设置为 Release。

@Page 指令的 debug 特性不影响基于 WebForms 且使用 Microsoft Ajax 的应用程序。ScriptManager 控件只使用 Web.config 文件及其 IsDebuggingEnabled 和 ScriptMode 属性中的设置来决定是否呈现调试脚本。

3. 在服务器上进行跟踪

如果在服务器上使用跟踪来调试已启用部分页呈现的网页，则应使用跟踪查看器(Trace.axd)来显示跟踪输出。可以将跟踪输出追加到页的结尾，此输出将在页第一次呈现时显示。但是，异步回发不会导致更新跟踪显示，因为只有需要刷新的 UpdatePanel 控件的内容才会发生更改。

注意：当页包含 ScriptManager 控件并且其 EnablePartialRendering 属性设置为 true 时，将启用部分页呈现。该页还必须包含一个或多个 UpdatePanel 控件。

4. 针对调试配置 Internet Explorer

默认情况下，Internet Explorer 会忽略它在 JavaScript 中遇到的问题。可使用以下过程启用调试。

在 Internet Explorer 中启用调试的步骤如下。

(1) 打开 Internet Explorer，在“工具”菜单中选择“Internet 选项”命令，弹出的“Internet 选项”对话框如图 7.1 所示。

(2) 在“高级”选项卡中，清除“禁用脚本调试(Internet Explorer)”复选框和“禁用脚本调试(其他)”复选框，如图 7.2 所示。

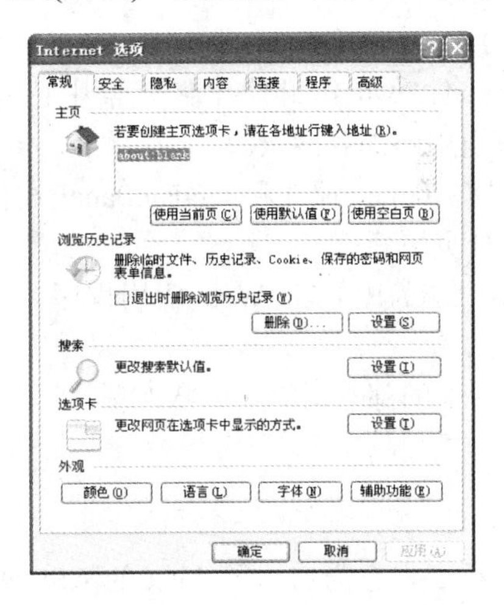

图 7.1　Internet 选项

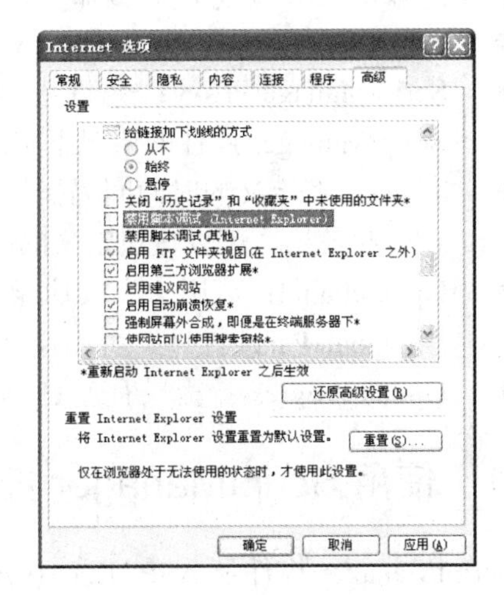

图 7.2　“高级”选项卡

(3) 选中“显示每个脚本错误的通知”复选框。

(4) 若要关闭“友好”错误消息，清除“显示友好 HTTP 错误消息”复选框。

如果已启用“友好”错误消息并且来自服务器的 HTTP 500 错误响应的长度少于 513 个字节，则 Internet Explorer 会将内容屏蔽。Internet Explorer 将显示适用于最终用户(而不是开发人员)的消息来代替错误信息。

7.3　ASP.NET Ajax 服务器控件

ASP.NET Ajax 作为 Microsoft 的一整套 Ajax 解决方案，提供了众多其他框架难以企及的完善而强大的功能，而且它与 ASP.NET 结合紧密，例如 JavaScript 的完全面向对象支持、服务器端对客户端功能的封装等。

借助 ASP.NET Ajax 控件，使用很少的客户端脚本或不使用客户端脚本就能创建丰富的客户端行为，如在异步回发过程中进行部分页更新(在回发时刷新网页的选定部分，而不是刷新整个网页)和显示更新进度。异步部分页更新可避免整页回发的开销。

在 VS2010 中，在工具箱中的“AJAX Extensions”组已经集成了 Ajax 组件，无须安装即可使用，如图 7.3 所示。

AJAX Extensions
指针
ScriptManager
ScriptManagerProxy
Timer
UpdatePanel
UpdateProgress

图 7.3 Ajax Extensions

以下是最常使用的 Ajax 服务器控件。

- ScriptManager：为启用了 Ajax 的 ASP.NET 网页管理客户端脚本。
- ScriptManagerProxy：允许内容页和用户控件等嵌套组件在父元素中已定义了 ScriptManager 控件的情况下将脚本和服务引用添加到网页。
- Timer：在定义的时间间隔执行回发。如果将 Timer 控件和 UpdatePanel 控件结合在一起使用，可以按照定义的间隔启用部分页更新。
- UpdatePanel：可用于生成功能丰富、以客户端为中心的 Web 应用程序。通过使用 UpdatePanel 控件，可以执行部分页更新。
- UpdateProgress：提供有关 UpdatePanel 控件中的部分页更新的状态信息。

7.3.1 使用 ScriptManager 控件

ScriptManager 控件是 ASP.NET 中 Ajax 功能的核心，它为启用了 Ajax 的 ASP.NET 网页管理客户端脚本。在默认情况下，ScriptManager 控件会向网页注册 Microsoft Ajax Library 的脚本。这样，客户端脚本就能使用类型系统扩展插件，还能支持部分页呈现和 Web 服务调用之类的功能。

注意： ScriptManager 控件需要 web.config 文件中的特定设置才能正常工作。

1. 概述

ScriptManager 控件管理一个页面上的所有 ASP.NET Ajax 资源。其中包括将 Microsoft Ajax Library 脚本下载到浏览器和通过使用 UpdatePanel 控件启用的部分页面更新。此外，通过 ScriptManager 控件，可以执行以下操作：

- 注册与部分页面更新兼容的脚本。
- 指定是发布还是调试发送到浏览器的脚本。
- 通过向 ScriptManager 控件注册 Web 服务，来提供从脚本访问 Web 服务方法所需要的权限。
- 通过向 ScriptManager 控件注册 ASP.NET 身份验证、角色和配置文件应用程序服务，提供从客户端脚本访问这些服务的权限。
- 在浏览器中以区域性特定的形式显示 ECMAScript(JavaScript)的 Date、Number 和 String 函数。
- 使用 ScriptReference 控件的 ResourceUICultures 属性来访问嵌入式脚本文件或独立脚本文件的本地化资源。

- 向 ScriptManager 控件注册可实现 IExtenderControl 或 IScriptControl 接口的服务器控件，以便呈现客户端组件和行为所需的脚本。

一个页面在其层次结构中只能包含一个 ScriptManager 控件。

若要在父页面已具有 ScriptManager 控件时为嵌套页面、用户控件或组件注册服务和脚本，应使用 ScriptManagerProxy 控件。

2. 脚本管理和注册

通过 ScriptManager 控件可注册随后将作为页面一部分呈现的脚本。ScriptManager 控件注册方法可以细分为以下 3 种类别：

- 保证维护 Microsoft Ajax Library 上脚本依赖项的注册方法。
- 不依赖 Microsoft Ajax Library，但与 UpdatePanel 控件兼容的注册方法。
- 支持与 UpdatePanel 控件协作的注册方法。

3. 在 ScriptManager 控件中注册 Web 服务

通过创建一个 ServiceReference 对象，然后将其添加到 ScriptManager 控件的 Services 集合中，可以注册一个要从客户端脚本调用的 Web 服务。ASP.NET 可为 Services 集合中的每个 ServiceReference 对象生成一个客户端代理对象。

可通过编程方式将 ServiceReference 对象添加到 Services 集合中，以便在运行时注册 Web 服务。

4. 错误处理

如果在异步回发期间出现页面错误，则会引发 AsyncPostBackError 事件。

以何种方式将服务器上的错误发送到客户端，取决于 AllowCustomErrorsRedirect 属性、AsyncPostBackErrorMessage 属性以及 Web.config 文件的自定义错误部分。为便于理解，在下一小节中将与 UpdatePanel 控件结合使用。

7.3.2　使用 UpdatePanel 控件

UpdatePanel 控件是 ASP.NET 中 Ajax 功能的中心部分，该控件在网页中需要 ScriptManager 控件，默认情况下，将启用部分页更新，因为 ScriptManager 控件的 EnablePartialRendering 属性的默认值为 true。部分页呈现在只需更新部分页时减少了同步回发和更新整个页面的需要。由于部分页减少了整页回发时的屏幕闪烁并提高了网页交互性，因而改善了用户体验。

启用部分页呈现后，控件可执行一个回发来更新整个页，也可执行异步回发来更新一个或多个 UpdatePanel 控件的内容。

可以使用多个 UpdatePanel 控件来单独更新不同的页区域。第一次呈现包含一个或多个 UpdatePanel 控件的页后，会呈现所有 UpdatePanel 控件的所有内容，并会将这些内容发送到浏览器。在随后执行异步回发时，根据面板设置以及各面板的客户端或服务器逻辑的不同，可能不会更新所有 UpdatePanel 控件的内容，请看示例 7.1。

【示例 7.1】使用 UpdatePanel 控件。

(1) 新建一个空网站，创建一个窗体“Default.aspx”，并切换到“设计”视图。

(2) 在工具箱的 AJAX Extensions 选项卡中，双击 ScriptManager 控件，将其添加到页中，如图 7.4 所示。

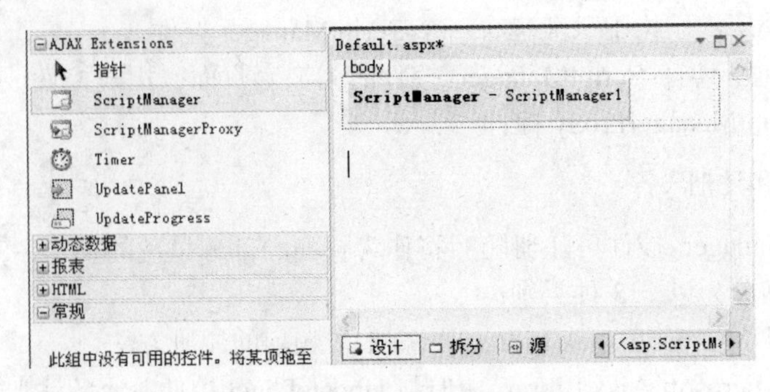

图 7.4 添加 ScriptManager 控件

(3) 双击 UpdatePanel 控件，将其添加到页中，如图 7.5 所示。

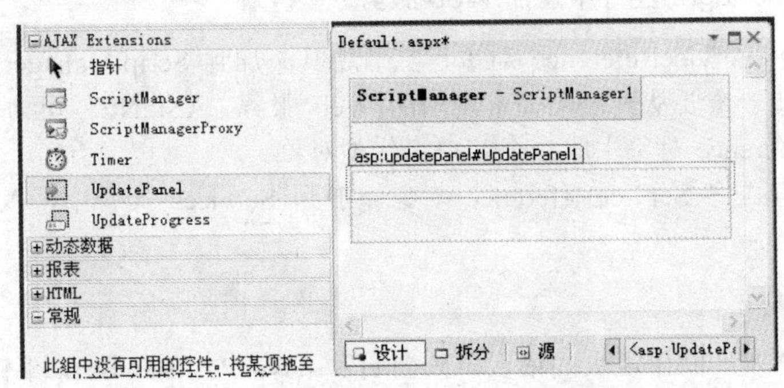

图 7.5 添加 UpdatePanel 控件

(4) 单击 UpdatePanel 控件内部，然后在工具箱的“标准”选项卡中双击 Label 和 Button 控件以将它们添加到 UpdatePanel 控件中。

注意： 确保将 Label 和 Button 控件添加到 UpdatePanel 控件内。

(5) 将 Label 的 Text 属性设置为“已创建测试”，Button 的 Text 属性设置为“刷新”，如图 7.6 所示。

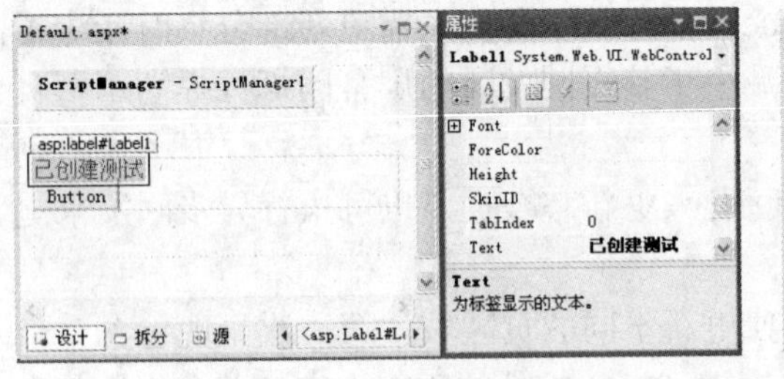

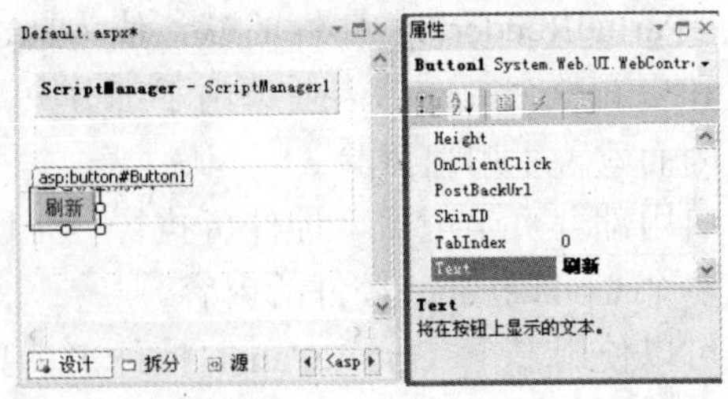

图 7.6 添加 Label 和 Button 控件

(6) 双击 Button 控件，以为该按钮的 Click 事件添加处理程序。

(7) 将下面的代码添加到 Click 处理程序中，这些代码可将面板中标签的值设置为当前时间：

```
protected void Button1_Click(object sender, EventArgs e)
{
    Label1.Text = "刷新时间为 " + DateTime.Now.ToString();
}
```

(8) 保存文档，然后按 Ctrl+F5 在浏览器中查看页面，当单击“刷新”按钮时，面板中的文本会发生变化，以显示面板内容的上次刷新时间，如图 7.7 所示。

图 7.7 运行效果

在这个示例中，每次单击“刷新”按钮时，面板内容都会发生更改，但不会刷新整个页面。默认情况下，UpdatePanel 控件的 ChildrenAsTriggers 属性为 true。如果将此属性设置为 true，则无论面板内的哪个控件导致回发，面板内的控件都会参与部分页更新。

需要注意的是，虽然可以以编程方式添加 UpdatePanel 控件，但不能以编程方式添加触发器。若要创建类似触发器的行为，可以将页上的控件注册为异步回发控件，通过调用 ScriptManager 控件的 RegisterAsyncPostBackControl 方法来执行此操作。然后创建一个为响应异步回发而运行的事件处理程序，并且在该处理程序中调用 UpdatePanel 控件的 Update 方法。

注意： 如果将 UpdatePanel 控件的 UpdateMode 属性设置为 Always，则每次从页执行回发时都会更新 UpdatePanel 控件的内容。

【示例 7.2】 使用 ScriptManager 控件来启用部分页面更新。

(1) 新建一个网站，并添加一个窗体“Default.aspx”。

(2) 在页面上添加一个 ScriptManager 控件和一个 UpdatePanel 控件。

(3) 把 Calendar 和 DropDownList 控件添加到 UpdatePanel 控件中，并添加相关事件，添加后，其前台代码如下：

```
<%@ Page Language="C#" AutoEventWireup="true" CodeFile="Default.aspx.cs"
  Inherits="_Default" %>
<!DOCTYPE html PUBLIC "-//W3C//DTD XHTML 1.0 Transitional//EN"
  "http://www.w3.org/TR/xhtml1/DTD/xhtml1-transitional.dtd">
<html xmlns="http://www.w3.org/1999/xhtml">
<head runat="server">
    <title></title>
</head>
<body>
<form id="form1" runat="server">
<div>
```

```
<asp:ScriptManager ID="ScriptManager1" runat="server" />
<asp:UpdatePanel ID="UpdatePanel1" runat="server">
   <ContentTemplate>
      <asp:Calendar ID="Calendar1"
        ShowTitle="True"
        OnSelectionChanged="Calendar1_SelectionChanged"
        runat="server" />
      <div>
      Background:
      <br />
      <asp:DropDownList ID="ColorList"
        AutoPostBack="True"
        OnSelectedIndexChanged="DropDownSelection_Change"
        runat="server" BackColor="White">
          <asp:ListItem Selected="True" Value="Gray">Gray</asp:ListItem>
          <asp:ListItem Value="Silver">Silver</asp:ListItem>
          <asp:ListItem Value="Fuchsia">Fuchsia</asp:ListItem>
          <asp:ListItem Value="Maroon">Maroon</asp:ListItem>
      </asp:DropDownList>
      </div>
      <br />
      Selected date:
      <asp:Label ID="SelectedDate" runat="server">None.</asp:Label>
   </ContentTemplate>
</asp:UpdatePanel>
<br />
</div>
</form>
</body>
</html>
```

(4) 编写后台相关处理代码:

```
using System;
using System.Collections.Generic;
using System.Linq;
using System.Web;
using System.Web.UI;
using System.Web.UI.WebControls;
public partial class _Default : System.Web.UI.Page
{
   protected void Page_Load(object sender, EventArgs e)
   {
   }
   protected void DropDownSelection_Change(Object sender, EventArgs e)
   {
      Calendar1.DayStyle.BackColor =
        System.Drawing.Color.FromName(ColorList.SelectedItem.Value);
   }
   protected void Calendar1_SelectionChanged(object sender, EventArgs e)
   {
```

```
        SelectedDate.Text = Calendar1.SelectedDate.ToString();
    }
}
```

(5) 运行程序，效果如图 7.8 所示。

图 7.8　运行效果

当位于 UpdatePanel 控件内的日历中导航到上个月或下个月时，所显示的月份将发生更改，在下拉列表中选择日历控件的背景颜色时，日历控件会立即改换背景颜色，而所有这些都不会刷新整个页面。

7.3.3　使用 Timer 控件

Timer 控件是一个服务器控件，按照定义的时间间隔执行异步网页回发或同步网页回发。它将一个 JavaScript 组件嵌入到网页中，当经过 Interval 属性中定义的时间间隔时，该 JavaScript 组件将从浏览器启动回发。可以在运行于服务器上的代码中设置 Timer 控件的属性，这些属性将传递到该 JavaScript 组件。使用 Timer 控件时，同样地必须在网页中包括 ScriptManager 类的实例。

若回发是由 Timer 控件启动的，则 Timer 控件将在服务器上引发 Tick 事件。当页发送到服务器时，可以创建 Tick 事件的事件处理程序来执行一些操作。

设置 Interval 属性可指定回发发生的频率，而设置 Enabled 属性可打开或关闭 Timer。Interval 属性是以毫秒为单位定义的，其默认值为 60000 毫秒(即 60 秒)。

当 Timer 控件包含在 UpdatePanel 控件内部时，Timer 控件将自动用作 UpdatePanel 控件的触发器。可以通过将 UpdatePanel 控件的 ChildrenAsTriggers 属性设置为 false 来重写此行为。

对于 UpdatePanel 控件内部的 Timer 控件，仅在每个回发完成时重新创建 JavaScript 计时组件。因此，在页从回发返回之前，计时时间间隔不会开始。例如，如果 Interval 属性设置为 60000 毫秒(60 秒)，但完成回发需要 3 秒，则下一个回发将在上一个回发的 63 秒之后发生。

下面的示例代码演示了如何将 Timer 控件包含在 UpdatePanel 控件中。

【**示例 7.3**】使用 Timer 控件自动刷新局部页面。

(1) 新建一个网站，并添加一个窗体“Default.aspx”。

(2) 在页面上添加一个 ScriptManager 控件和一个 UpdatePanel 控件。

(3) 把 Label 控件和 Timer 控件添加到 UpdatePanel 控件中，设置 Timer 的 Interval 为 6000，即 6 秒，其前台代码如下：

```
<%@ Page Language="C#" AutoEventWireup="true" CodeFile="Default.aspx.cs"
  Inherits="_Default" %>
<!DOCTYPE html PUBLIC "-//W3C//DTD XHTML 1.0 Transitional//EN"
  "http://www.w3.org/TR/xhtml1/DTD/xhtml1-transitional.dtd">
<html xmlns="http://www.w3.org/1999/xhtml">
<head runat="server">
   <title></title>
</head>
<body>
<form id="form1" runat="server">
<div>
<asp:ScriptManager runat="server" ID="ScriptManager1" />
<asp:UpdatePanel runat="server" ID="UpdatePanel1"
  UpdateMode="Conditional">
   <ContentTemplate>
      <asp:Label ID="Label1" runat="server" Text="Label"></asp:Label>
      <asp:Timer ID="Timer1" runat="server" Interval="6000"
        OnTick="Timer1_Tick">
      </asp:Timer>
   </ContentTemplate>
</asp:UpdatePanel>
</div>
</form>
</body>
</html>
```

(4) 编写后台相关处理代码：

```
using System;
using System.Collections.Generic;
using System.Linq;
using System.Web;
using System.Web.UI;
using System.Web.UI.WebControls;
public partial class _Default : System.Web.UI.Page
{
   protected void Page_Load(object sender, EventArgs e)
   {
   }
   protected void Timer1_Tick(object sender, EventArgs e)
   {
      Label1.Text = "我已经自动刷新" + "<Br>";
   }
}
```

(5) 运行网站，效果如图 7.9 所示。

图 7.9　运行效果

运行网站后，页面不做任何操作，等待 6 秒后，页面将显示“我已经自动刷新”，但整个页面并没有刷新。

7.3.4　使用 Updateprogress 控件

UpdateProgress 控件提供有关 UpdatePanel 控件中的局部页面更新的状态信息，如果局部页面更新速度较慢，这时可以利用 UpdateProgress 控件来直观地反映更新状态。通常可以在一个网页上放置多个 UpdateProgress 控件，每个控件都与不同的 UpdatePanel 控件关联。此外，也可以使用一个 UpdateProgress 控件，并将其与该网页上的所有 UpdatePanel 控件关联。

注意： 为防止在局部页面更新非常快时出现闪烁，可以指定在 UpdateProgress 控件显示之前有一个延迟。

1. 将 UpdateProgress 控件与 UpdatePanel 控件关联

通过设置 UpdateProgress 控件的 AssociatedUpdatePanelID 属性，可将 UpdateProgress 控件与 UpdatePanel 控件相关联。当某个 UpdatePanel 控件发生回发事件时，会显示任何关联的 UpdateProgress 控件。如果不将 UpdateProgress 控件与特定的 UpdatePanel 控件相关联，则 UpdateProgress 控件将显示任何异步回发的进度。

可将 UpdateProgress 控件放置在 UpdatePanel 控件的内部或外部。只要 UpdateProgress 控件关联的 UpdatePanel 控件因异步回发而被更新，就会显示该控件。

若 UpdatePanel 控件位于另一个更新面板中，则源自子面板内部的回发将导致显示任何与子面板关联的 UpdateProgress 控件。它还显示任何与父面板关联的 UpdateProgress 控件。如果回发源自父面板的直接子控件，则只显示与父面板关联的 UpdateProgress 控件。这将遵循如何触发回发的逻辑。

当 UpdatePanel 控件的 ChildrenAsTriggers 属性设置为 false，并且该 UpdatePanel 控件内部发生了一个异步回发时，则会显示任何关联的 UpdateProgress 控件。

【示例 7.4】演示一个 UpdateProgress 控件显示两个 UpdatePanel 控件的更新状态。

(1) 新建一个网站，并添加一个窗体“Default.aspx”。

(2) 在页面上添加一个 ScriptManager 控件和两个 UpdatePanel 控件。

(3) 每个 UpdatePanel 控件添加一个 Button 控件，并添加一个 UpdateProgress 控件，设置 CSS 属性，各控件的相关属性代码如下所示：

```
<%@ Page Language="C#" AutoEventWireup="true" CodeFile="Default.aspx.cs"
  Inherits="_Default" %>
<!DOCTYPE html PUBLIC "-//W3C//DTD XHTML 1.0 Transitional//EN"
 "http://www.w3.org/TR/xhtml1/DTD/xhtml1-transitional.dtd">
<html xmlns="http://www.w3.org/1999/xhtml" >
<head id="Head1" runat="server">
   <title>UpdateProgress Example</title>
   <style type="text/css">
   #UpdatePanel1, #UpdatePanel2, #UpdateProgress1 {
      border-right: gray 1px solid; border-top: gray 1px solid;
      border-left: gray 1px solid; border-bottom: gray 1px solid;
   }
   #UpdatePanel1, #UpdatePanel2 {
      width:200px; height:200px; position: relative;
      float: left; margin-left: 10px; margin-top: 10px;
   }
   #UpdateProgress1 {
      width: 400px; background-color: #FFC080;
      bottom: 0%; left: 0px; position: absolute;
   }
   </style>
</head>
<body>
<form id="form1" runat="server">
   <div>
   <asp:ScriptManager ID="ScriptManager1" runat="server" />
   <asp:UpdatePanel ID="UpdatePanel1" UpdateMode="Conditional"
     runat="server">
      <ContentTemplate>
         <%=DateTime.Now.ToString() %> <br />
         <asp:Button ID="Button1" runat="server" Text="刷新面板 1"
           OnClick="Button_Click" />
      </ContentTemplate>
   </asp:UpdatePanel>
   <asp:UpdatePanel ID="UpdatePanel2" UpdateMode="Conditional"
     runat="server">
      <ContentTemplate>
         <%=DateTime.Now.ToString() %> <br />
         <asp:Button ID="Button2" runat="server" Text="刷新面板 2"
           OnClick="Button_Click"/>
      </ContentTemplate>
   </asp:UpdatePanel>
   <asp:UpdateProgress ID="UpdateProgress1" runat="server">
      <ProgressTemplate>
         更新中...
      </ProgressTemplate>
   </asp:UpdateProgress>
   </div>
```

```
</form>
</body>
</html>
```

(4) 编写后台相关代码：

```
using System;
using System.Collections.Generic;
using System.Linq;
using System.Web;
using System.Web.UI;
using System.Web.UI.WebControls;

public partial class _Default : System.Web.UI.Page
{
    protected void Page_Load(object sender, EventArgs e)
    {
    }
    protected void Button_Click(object sender, EventArgs e)
    {
        System.Threading.Thread.Sleep(3000);
    }
}
```

(5) 运行网站，效果如图 7.10 所示。

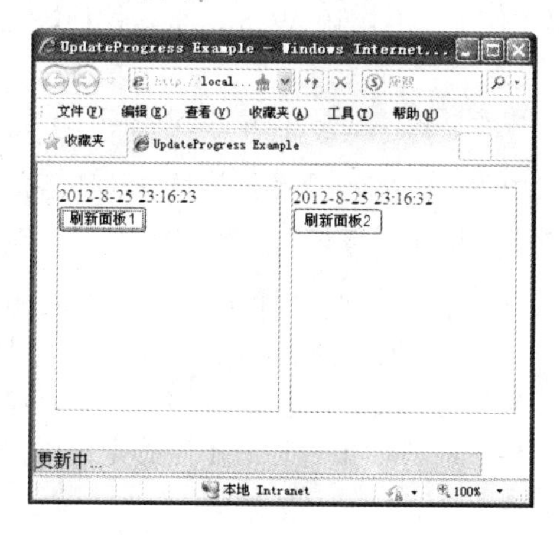

图 7.10 运行效果

2. 创建 UpdateProgress 控件的内容

可使用 ProgressTemplate 属性以声明方式指定由 UpdateProgress 控件显示的消息。<ProgressTemplate>元素可包含 HTML 和标记。

比如下列代码为 UpdateProgress 控件指定消息：

```
<asp:UpdateProgress ID="UpdateProgress1" runat="server">
    <ProgressTemplate>
        正在更新中...
    </ProgressTemplate>
</asp:UpdateProgress>
```

3. 指定内容布局

当 DynamicLayout 属性为 true 时，UpdateProgress 控件最初不占用页面显示中的任何空间。而是页面根据需要动态更改以显示 UpdateProgress 控件内容。为了支持动态显示，该控件将作为<div>元素呈现，并且其 display 样式属性最初设置为 none。

当 DynamicLayout 属性为 false 时，UpdateProgress 控件会占用页面显示中的空间，即使该控件不可见也是如此。在这种情况下，该控件的<div>元素的 display 样式属性设置为 block，并且其 visibility 最初设置为 hidden。

7.4 ASP.NET Ajax 服务器端控件扩展

Microsoft Ajax 扩展程序控件可增强 ASP.NET Web 服务器控件(如 TextBox 控件、Button 控件和 Panel 控件)的客户端功能。通过使用扩展程序，可以让用户获得更加丰富多彩的基于 Web 的体验。

可以将 Microsoft Ajax 扩展程序控件添加到 VS2010，并像使用其他控件那样使用这些控件，添加扩展程序控件可以使用下面的方法(只能将扩展程序控件放到支持扩展程序控件的 Web 服务器控件上)。

(1) 在 VS2010 中，把扩展程序控件拖到设计页面时，指针会指示是否可以将该扩展程序控件放到 Web 服务器控件上。右击该 Web 服务器控件，然后从弹出的快捷菜单中选择“添加扩展程序”命令。

(2) 选择“按钮任务”智能标记，然后单击“添加扩展程序”。

注意： 在“设计”视图中，通常不显示扩展程序控件。但是，如果发生与扩展程序控件相关的错误，则显示该扩展程序控件。

(3) 在设计器中添加扩展程序时，把扩展程序控件的 TargetControlID 属性设置为附加的 Web 服务器控件。扩展程序控件的名称基于它附加到的 Web 服务器控件的名称。

如果扩展程序控件附加到目标控件，则扩展程序控件不会显示在设计页面中。如果扩展程序控件未附加到目标控件，或者如果设计时不能确定关联，则扩展程序控件在设计页面中显示为占位符。

扩展控件必须与被其控制的控件组合才能发挥作用，如果将扩展程序控件附加到有效的目标控件，Visual Studio 将在“属性”窗口中隐藏下列扩展程序控件属性：TargetControlID、EnableViewState、ID。

7.4.1 安装 ASP.NET Ajax Control Toolkit

Ajax Control Toolkit 是由 CodePlex 开源社区和 Microsoft 共同开发的一个 ASP.NET Ajax 扩展控件包，该 Toolkit 建立在 ASP.NET Ajax 扩展之上，并已成为所有可用的 Web 客户端组件中最大、最好的一个工具集。作为目标，其中包含了数十种基于 ASP.NET Ajax 的服务端控件。

VS2010 安装 Ajax Control Toolkit 与 VS2008 相比有所不同，可以通过 NuGet Packget Manager 来安装。安装步骤如下。

(1) 到 Microsoft 网站下载 NuGet Package Manager，安装之后重启 VS2010。

(2) 创建或者打开 ASP.NET 项目，在菜单栏中选择“工具”→“库程序包管理器”→“管理解决方案的 NuGet 程序包”命令，如图 7.11 所示。

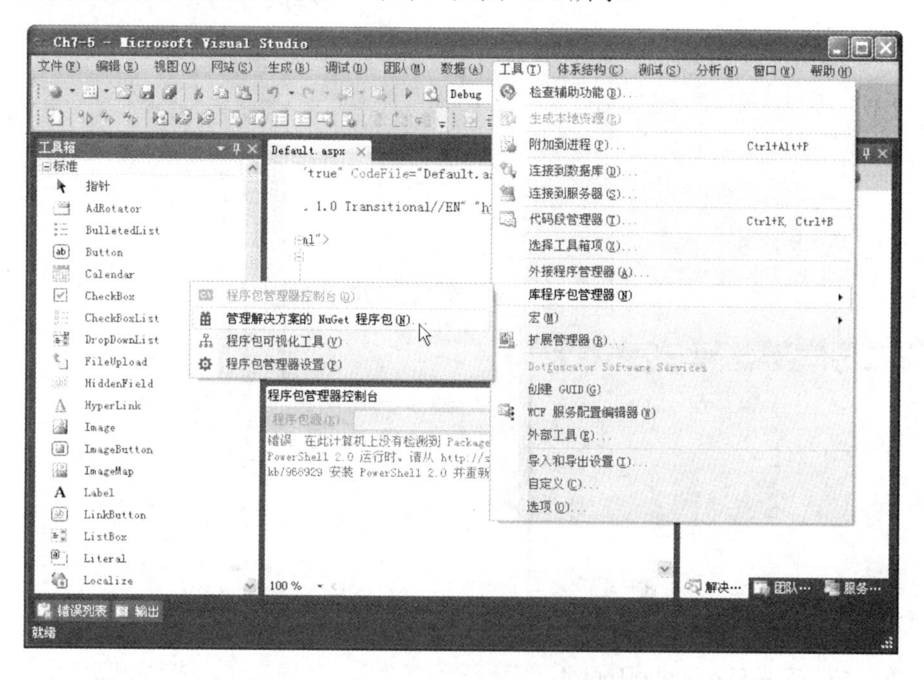

图 7.11 管理解决方案的 NuGet 程序包

(3) 出现“管理 NuGet 程序包”对话框，在右上角上输入“ajax”，稍等片刻之后，就可在中间显示区域搜索到“AjaxControlToolkit”，如图 7.12 所示。

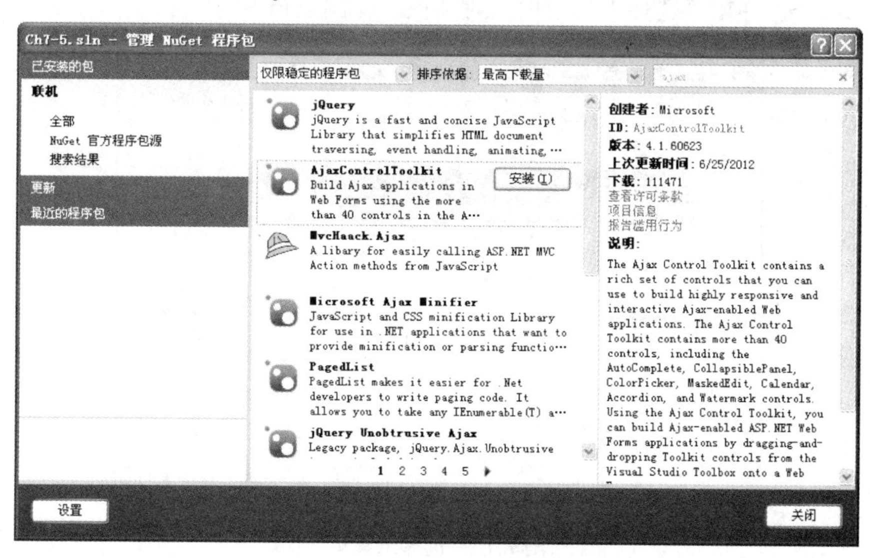

图 7.12 管理 NuGet 程序包

(4) 选择“AjaxControlToolkit”并点击旁边出现的“安装”按钮，开始安装，并同意将其安装在当前项目中，即刻安装完毕，如图 7.13 所示。

(5) 安装完毕后在网站的 Bin 目录下会看到跟 AjaxControlToolkit 相关的程序集和资源文件，如图 7.14 所示。

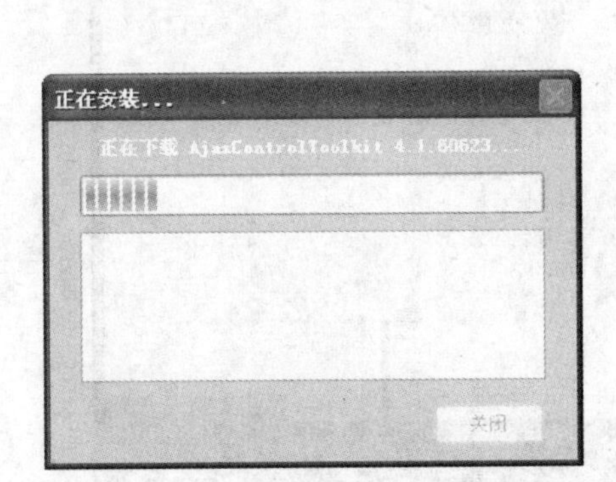

图 7.13 安装 AjaxControlToolkit

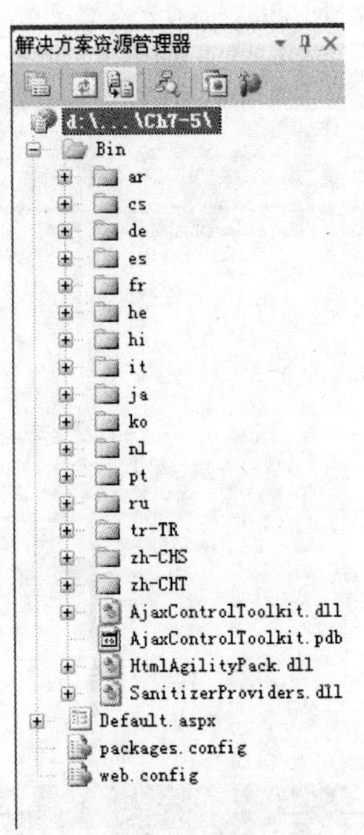

图 7.14 安装完成后

(6) 右击工具箱，在弹出的菜单中选择“添加选项卡”命令，设置名称，比如“Ajax Control Toolkit”，然后在“Ajax Control Toolkit”选项上右击，从弹出的快捷菜单中选择“选择项”命令，弹出“选择工具箱项”对话框，如图 7.15 所示。

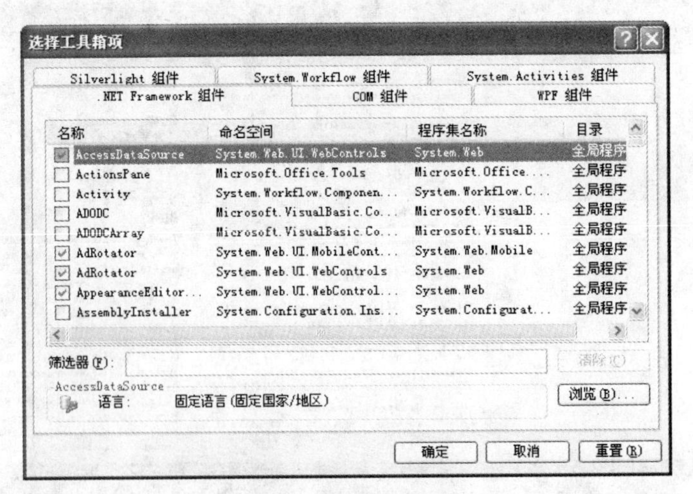

图 7.15 选择工具箱

(7) 单击“浏览”按钮，浏览找到本项目 Bin 文件夹下的 AjaxControlToolkit.dll，单击“打开”按钮，如图 7.16 所示。

图 7.16　添加 AjaxControlToolkit.dll 文件

(8) 添加完成后，在“Ajax Control Toolkit”选项卡中就会出现很多控件，如图 7.17 所示。

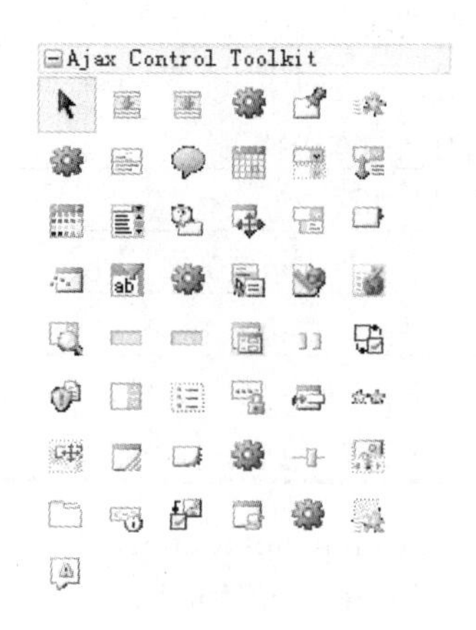

图 7.17　AjaxControlToolkit 控件

从图 7.17 可以看出，在 Ajax Control Toolkit 选项卡中，大部分后缀为 Extender，有 30 多个扩展控件，在这里，只介绍几个常用的控件，关于其他控件的使用，有兴趣的读者可以参阅相关的资料。

7.4.2　使用 AutoCompleteExtender 扩展控件

AutoCompleteExtender 控件是对 ASP.NET 文本框控件的扩展，主要辅助 TextBox 控件自动输入，它的完成依赖于特定的 Web Service。Google、百度的自动完成功能就是这个功能的成功应用，例如输入一个字符，如“I”，然后百度搜索框会自动弹出可能的提示结果，如图 7.18 所示。

AutoCompleteExtender 控件常用的属性如表 7.4 所示。

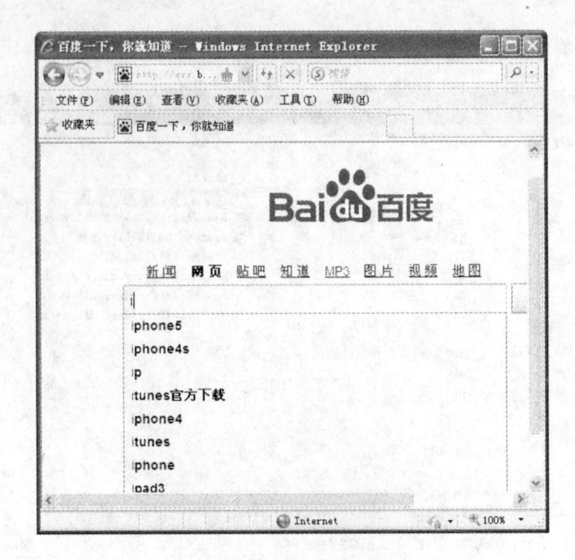

图 7.18　自动完成示例

表 7.4　AutoCompleteExtender 的常用属性

名　称	说　明
TargetControlID	指定将被辅助完成自动输入的控件 ID，这里的控件只能是 TextBox
ServicePath	指出提供服务的 Web 服务路径，若不指出，则 ServiceMethod 表示本页面对应的方法名
ServiceMethod	指出提供服务的方法名
MinimumPrefixLength	指出开始提供提示服务时，TextBox 控件应有的最小字符数，默认为 3
CompletionSetCount	显示的条数，默认为 10
EnableCaching	是否在客户端缓存数据，默认为 true
CompletionInterval	从服务器读取数据的时间间隔，默认为 1000，单位为毫秒

下面通过一个示例，演示 AutoCompleteExtender 控件的使用方法。

【示例 7.5】 AutoCompleteExtender 控件的使用。

(1) 新建一个网站，并添加一个窗体“Default.aspx”，在窗体上放置一个 TextBox 文本框、一个 ScriptManager 控件和一个 Button 控件。

(2) 在文本框上，单击“显示智能标记”，在“TextBox 任务”面板上选择“添加扩展程序”，如图 7.19 所示。

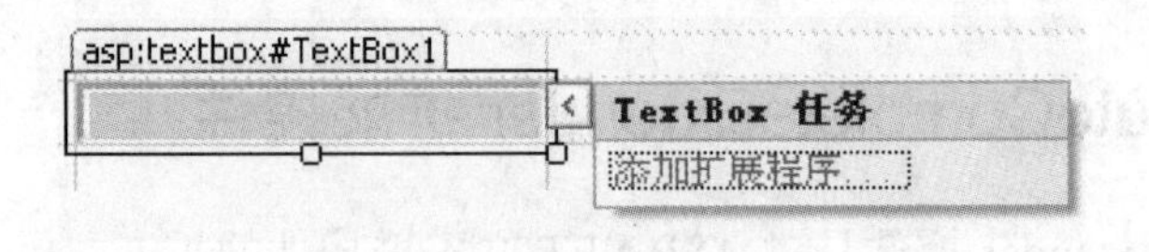

图 7.19　TextBox 智能标记

(3) 在打开的“扩展程序向导”对话框中，选择“AutoCompleteExtender”，然后单击“确定”按钮，如图 7.20 所示。

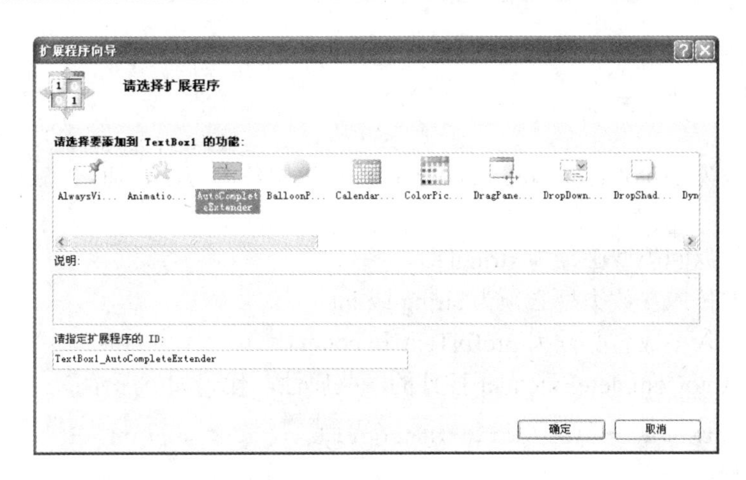

图 7.20　扩展程序向导

(4) 添加 Web 服务，从而向 AutoCompleteExtender 返回数据。在“解决方案资源管理器”中，右击“网站名称”，在弹出的菜单中选择“添加新项”命令，在“添加新项”对话框中选择“Web 服务”，文件名默认为“WebService.asmx”，如图 7.21 所示。

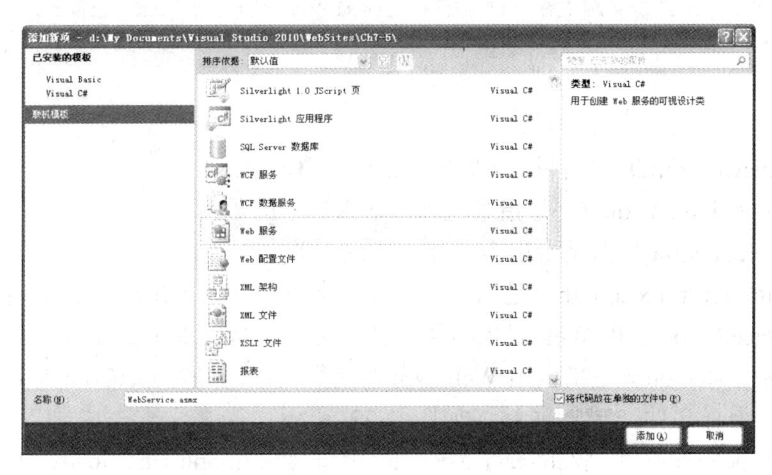

图 7.21　添加新项

(5) 添加以后，会在项目中生成一个 WebService.asmx 文件，打开 App_Code 目录，找到 webservice.cs 文件，可以看到如下代码：

```
[WebService(Namespace = "http://tempuri.org/")]
[WebServiceBinding(ConformsTo = WsiProfiles.BasicProfile1_1)]
//若要允许使用 ASP.NET AJAX 从脚本中调用此 Web 服务，请取消对下行的注释
//[System.Web.Script.Services.ScriptService]
public class WebService : System.Web.Services.WebService
```

默认情况下，语句[System.Web.Script.Services.ScriptService]是被注释掉的，在这里把它注释符号去掉，因为我们要在客户端调用，然后写入我们的方法 GetCompletionList。该方法如下：

```
public string[] GetCompletionList(string prefixText, int count)
{
```

```
    string[] temp = { "iphone", "ipad", "iloveyou" };
    return temp;
}
```

这个方法是为 AutoCompleteExtender 控件提供服务的方法，通常它必须完全满足以下 3 个条件：

- 方法的返回类型必须为 string[]。
- 方法的传入参数类型必须为 string 或 int。
- 两个传入参数名必须为 prefixText 和 count。

(6) 设置 AutoCompleteExtender 控件的一些属性，代码如下所示：

```
<asp:ScriptManager ID="ScriptManager1" runat="server">
</asp:ScriptManager>
<asp:TextBox ID="TextBox1" runat="server"></asp:TextBox>
<ajaxToolkit:AutoCompleteExtender ID="TextBox1_AutoCompleteExtender"
  runat="server" DelimiterCharacters="" Enabled="True"
  CompletionSetCount="10" EnableCaching="true"
  ServiceMethod="GetCompletionList" ServicePath="WebService.asmx"
  TargetControlID="TextBox1" UseContextKey="True" MinimumPrefixLength="1">
</ajaxToolkit:AutoCompleteExtender>
<asp:Button ID="Button1" runat="server" Text="搜索" />
```

其中：

- TargetControlID：是目标控件 ID，这里是 TextBox1。
- CompletionSetCount：是指列表列出输入提示的数量。
- EnableCaching：指是否启用缓存，建议启动。
- MinimumPrefixLength：是指输入多少个字符后开始列出输入提示列表。
- ServicePath：是指 Web 服务的文件名，这里是 WebService.asmx。
- ServiceMethod：是指调用 Web 服务的函数名，这里是 GetCompleteList。

(7) 保存所有文件，运行网站，如图 7.22 所示，当在文本框中输入字符“i”的时候，弹出我们预先保存在 WebService.cs 文件中的数据：iphone、ipad、iloveyou 等字符串，即实现了自动完成功能。

图 7.22 运行效果

注意：要实现文本框自动完成，必须打开浏览器的自动完成功能。

通过上述示例，我们总结一下使用 AutoCompleteExtender 的步骤。

① 添加宿主控件 TextBox 和 AutoCompleteExtender 扩展。

② 在页面上放置 ScriptManager 控件，这是所有 Ajax Control Toolkit 控件都必须添加的，用来处理页面上的所有组件以及页面局部更新，生成相关的客户端代理脚本以便能够在 JavaScript 中访问 Web Service。

③ 建立 WebService，使用 AutoCompleteExtender，都要通过 WebService 传递数据；

④ 设置 AutoCompleteExtender 的属性，主要是 TargetControlID、CompletionSet-Count、MinimumPrefixLength、ServicePath 和 ServiceMethod 等。

7.4.3 使用 DragPanelExtender 控件

DragPanelExtender 控件使 Panel 控件可被拖到页面的任意位置；它的用法比较简单，只要设置两个属性，就可以实现拖拽功能。它的属性如下。

- TargetControlID：要实现拖放功能的目标。
- DragHandleID：拖动处理 Panel ID，当用户单击并拖动它的时候，目标控件将随着一起移动。

下面通过一个示例来演示 DragPanelExtender 控件的使用。

【示例 7.6】 DragPanelExtender 的使用。

(1) 新建一个网站，并添加一个窗体“Default.aspx”，在窗体上放置 3 个 Panel 和一个 ScriptManager 控件，布局后，前台代码如下：

```
<asp:Panel ID="PanelContenter" runat="server" Width="24%"
 Height="251px">
   <asp:Panel ID="Panel1" Style="cursor: move" BorderStyle="Solid"
    BorderWidth="1px" BorderColor="black" runat="server"
    Width="134px" Height="20px">
      <div style="cursor: move"><strong>Drag Me</strong></div>
   </asp:Panel>
   <asp:Panel BorderStyle="Solid" Width="133" BackColor="#AFC5FE"
    ForeColor="Black" Font-Size="small" BorderWidth="1px"
    BorderColor="black" ID="Panel2" runat="server" Height="150px">
      <div>
         这个面板可拖动！
      </div>
   </asp:Panel>
   <asp:ScriptManager ID="ScriptManager1" runat="server">
   </asp:ScriptManager>
</asp:Panel>
```

(2) 在 ID 为 PanelContenter 的控件上，单击“显示智能标记”，在“TextBox 任务”面板上选择“添加扩展程序”，如图 7.23 所示。

(3) 在打开的“扩展程序向导”对话框中，选择“DragPanelExtender”，然后单击“确定”按钮。

(4) 设置 DragPanelExtender 控件的一些属性，如下面的代码所示：

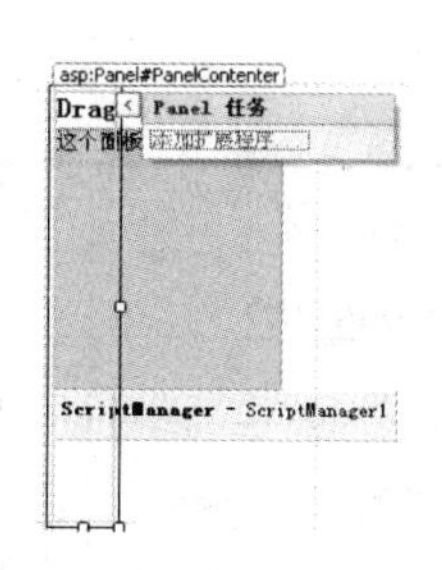

图 7.23　添加扩展程序

```
<asp:DragPanelExtender ID="PanelContenter_DragPanelExtender"
  runat="server"  DragHandleID="Panel1" Enabled="True"
  TargetControlID="PanelContenter">
</asp:DragPanelExtender>
```

(5) 为防止拖动 Panel 后弹回原位，在“源”视图加入如下 JS 代码：

```
<script type="text/javascript">
function setBodyHeightToContentHeight() {
    document.body.style.height =
      Math.max(document.documentElement.scrollHeight,
        document.body.scrollHeight) + "px";
}
setBodyHeightToContentHeight();
$addHandler(window, "resize", setBodyHeightToContentHeight);
</script>
```

(6) 运行网站，效果如图 7.24 所示，可以拖动到任意位置，如图 7.25 所示。

图 7.24 拖动前的位置

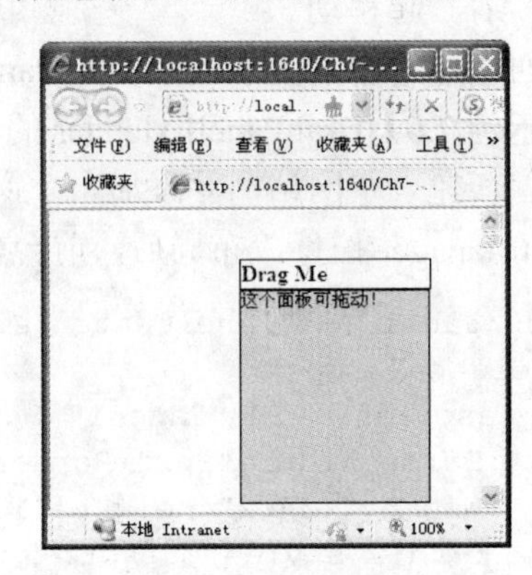

图 7.25 拖动后的位置

7.4.4 使用 FilteredTextBoxExtender 控件

FilteredTextBoxExtender 控件是一种文本框的过滤控件，让文本框只能对设定的值进行输入，若输入的字符不符合要求，就不会被输入。它可以阻止用户进行非法输入，当用户输入非法时，并不会给出任何提示，避免了将数据传入到服务端的时候再去验证。它常用的输入类型有 Numbers、LowerCaseLetters、UpperCaseLetters 和 Customer，依次表示为数字，小写英文字母，大写英文字母和自定义字符集合。表 7.5 列出了它的常用属性。

表 7.5 FilteredTextBoxExtender 控件的常用属性

名　称	说　明
TargetControlID	用来设置要控制的文本框
FilterType	过滤类型，可以为 Numbers、LowercaseLetters、UppercaseLetters 和 Custom
FilterMode	过滤模式：ValidChars，当 FilterType 为 Custom 时允许输入的字符集合；InvalidChars：非法字符集合

下面通过一个示例来演示 FilteredTextBoxExtender 的使用。

【示例 7.7】 FilteredTextBoxExtender 的使用。

(1) 新建一个网站，并添加一个窗体 Default.aspx，在窗体上放置一个 TextBox 和一个 ScriptManager 控件，布局后，前台代码如下：

```
<asp:TextBox ID="TextBox1" runat="server"></asp:TextBox>
<asp:ScriptManager ID="ScriptManager1" runat="server">
</asp:ScriptManager>
```

(2) 在 TextBox 控件的任务面板上，选择“添加扩展程序”，在打开的“扩展程序向导”对话框中，选择“FilteredTextBoxExtender”，然后单击“确定”按钮。

(3) 设置 DragPanelExtender 控件的一些属性，如下面的代码所示：

```
<asp:FilteredTextBoxExtender ID="TextBox1_FilteredTextBoxExtender"
  runat="server" Enabled="True" TargetControlID="TextBox1"
  FilterType="Custom, Numbers" ValidChars="+-=/*()." >
</asp:FilteredTextBoxExtender>
```

在这里，我们设置了只能输入数字和“+-=/*().”等字符。

(4) 运行网站，效果如图 7.26 所示，可以看到，此文本框只接受数字和数学运算符“+-=/*().”，当输入其他的字符时，文本框直接忽略。

图 7.26　运行效果

7.4.5　使用 ConfirmButtonExtender 控件

ConfirmButtonExtender 是一个捕获按钮单击事件的扩展控件(或者按钮类型的事件，例如 LinkButton、ImageButton 等)。在按钮的事件被执行前先确认是否要继续，它弹出一个确认对话框。

ConfirmButtonExtender 控件常用的属性如表 7.6 所示。

表 7.6　ConfirmButtonExtender 控件的常用属性

名　称	说　明
ConfirmText	确认对话框中的提示信息
TargetControlID	需要显示确认信息的按钮 ID 值
OnClientCancel	单击“取消”时执行的事件，为空时不执行

下面通过一个示例来演示 ConfirmButtonExtender 的使用。

【示例 7.8】ConfirmButtonExtender 的使用。

(1) 新建一个网站，并添加一个窗体 Default.aspx，在窗体上放置一个 Button 和一个 ScriptManager 控件，布局后，前台代码如下：

```
<asp:ScriptManager ID="ScriptManager1" runat="server">
</asp:ScriptManager>
<asp:Button ID="Button1" runat="server" Text="测试" />
```

(2) 在 Button 控件的任务面板上选择“添加扩展程序”，在打开的“扩展程序向导”对话框中选择“ConfirmButtonExtender”，然后单击“确定”按钮。

(3) 设置 ConfirmButtonExtender 控件的一些属性，如下面的代码所示：

```
<asp:ConfirmButtonExtender
  ID="Button1_ConfirmButtonExtender"
  runat="server"
  ConfirmText="你确认删除吗？"
  OnClientCancel="CancelClick"
  Enabled="True" TargetControlID="Button1">
</asp:ConfirmButtonExtender>
```

(4) 切换到“源”视图中，在<head></head>中间加入如下代码：

```
<script type="text/javascript">
function CancelClick() {
   alert('你按了取消按钮！');
}
</script>
```

(5) 运行网站，效果如图 7.27 所示，当单击“测试”按钮的时候，弹出确认消息；当单击“取消”按钮的时候，引发 CancelClick 事件。

图 7.27　运行效果

7.4.6　使用 CalendarExtender 控件

CalendarExtender 控件，主要是用来实现日期的选取。主要是用一个文本框，获取焦点时弹出日期面板，选择日期后将日期返回到文本框中。

表 7.7 列出了 CalendarExtender 控件的属性及样式(Calendar)设置。

表 7.7　CalendarExtender 控件的常用属性

名　称	说　明
TargetControlID	该属性设置当哪个控件获取焦点时，弹出日期面板并将日期值返回到这个控件中，通常设置为文本框
Format	通过该属性，设置返回日期的格式
PopupButtonID	设置当哪个控件点击时，弹出日期面板，此控件不接受返回值

下面通过一个示例来演示 CalendarExtender 控件的使用。

【示例 7.9】CalendarExtender 控件的使用。

(1) 新建一个网站，并添加一个窗体 Default.aspx，在窗体上放置一个 TextBox 和一个 ScriptManager 控件，布局后，前台代码如下：

```
<asp:TextBox ID="TextBox1" runat="server"></asp:TextBox>
<asp:ScriptManager ID="ScriptManager1" runat="server">
</asp:ScriptManager>
```

(2) 在 TextBox 控件的任务面板上，选择“添加扩展程序”，在打开的“扩展程序向导”对话框中，选择“CalendarExtender”，然后单击“确定”按钮。

(3) 设置后，如下面的代码所示：

```
<asp:CalendarExtender ID="TextBox1_CalendarExtender" runat="server"
  Enabled="True" TargetControlID="TextBox1">
</asp:CalendarExtender>
```

(4) 运行网站，效果如图 7.28 所示，当在文本框里单击的时候，弹出日期面板；选择日期后，文本框将显示当前日期，如图 7.29 所示。

图 7.28　运行效果

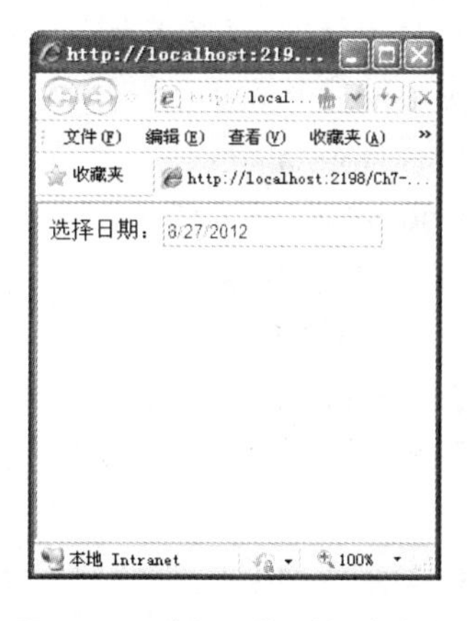

图 7.29　选择日期后的文本框

7.5　上 机 实 训

(1) 实验目的

① 熟悉、理解 Ajax 运行机制。

② 掌握 Ajax 调试。

③ 熟练使用 ASP.NET Ajax 服务器控件——ScriptManager、UpdatePanel、Timer 和 Updateprogress。

④ 学会安装 Ajax Control Toolkit。

⑤ 熟悉并且掌握 Ajax Control Toolkit 扩展控件的用法——AutoCompleteExtender、DragPanelExtender、FilteredTextBoxExtender、ConfirmButtonExtender、CalendarExtender。

(2) 实验内容

① 使用 UpdatePanel 控件实现当单击“刷新”按钮时，UpdatePanel 面板显示“刷新，而不刷新整个页面。

② 使用 Timer 控件每间隔 10 秒自动刷新①的内容。

③ 使用一个 UpdateProgress 控件显示两个 UpdatePanel 控件的更新状态：一个 UpdatePanel 面板为显示时间，另一个 UpdatePanel 面板为显示刷新的次数。

④ 使用 NuGet Package Manager 练习安装 Ajax Control Toolkit。

⑤ 使用 AutoCompleteExtender 实现当用户在文本框输入字符“a”的时候，自动提示以字符“a”开头的相关单词(可以自定义相关单词)。

⑥ 使用 ConfirmButtonExtender 实现当用户要删除数据库某条记录时，弹出提示“是否要删除数据？”

7.6 本章习题

一、选择题

(1) 要使用 Ajax 服务器控件，必须在页面上放置哪一个控件？(   )

A. UpdatePanel　　B. UpdateProgress
C. ScriptManager　　D. Timer

(2) UpdatePanel 控件的(   )属性设置为 Always，每次从页执行回发时都会更新 UpdatePanel 控件的内容。

A. UpdateMode　　B. DesignMode
C. ChildrenAsTriggers　　D. RenderMode

(3) Timer 控件的(   )属性可指定浏览器回发发生的频率。

A. AutoReset　　B. Enabled
C. DesignMode　　D. Interval

(4) 当 UpdatePanel 控件的(   )属性设置为 false，并且该 UpdatePanel 控件内部发生了一个异步回发时，则会显示任何关联的 UpdateProgress 控件。

A. ChildrenAsTriggers　　B. UpdateMode
C. ValidateRequestMode　　D. BindingContainer

(5) AutoCompleteExtender 的(   )用来指定被辅助完成自动输入的控件 ID。

A. ServiceMethod　　B. TargetControlID
C. CompletionInterval　　D. EnableCaching

二、填空题

(1) Ajax是________的缩写，它是由____、____、____、____、____、____、____等多种技术组成的。

(2) Ajax运行机制主要由_____、_________、_________三个部分组成。

(3) 默认情况下，如果将UpdatePanel控件的_______属性设置为true，则无论面板内的哪个控件导致回发，面板内的控件都会参与部分页更新。

(4) 通过设置UpdateProgress控件的__________属性，可将UpdateProgress控件与UpdatePanel控件相关联。

(5) AutoCompleteExtender控件的________属性用来设定TextBox控件应有的最小字符数。

三、判断题(对/错)

(1) 可以使用多个UpdatePanel控件来单独更新不同的页区域。 (　　)

(2) 一个UpdateProgress控件只能与网页上的一个UpdatePanel控件关联。 (　　)

(3) 使用AutoCompleteExtender控件，必须建立WebService。 (　　)

(4) 要实现文本框自动完成，必须打开浏览器的自动完成功能。 (　　)

四、简答题

(1) 简述ScriptManager控件的功能。

(2) 简述Ajax的运行机制。

第8章 主题与母版

学习目的与要求：

ASP.NET 提供了多种用于统一页面外观的方法：主题和母版页。主题可以为 Web 服务器控件提供一致的外观设置，与样式属于相同的技术，ASP.NET 母版页可以为网站的内容页创建一致的布局。在学习本章时，读者需要对主题的概念有一定的了解，并学会创建主题来定义，包括使用 CSS 文件；对于母版页，要学会创建母版页为网站统一外观，并熟练使用母版页的嵌套。

8.1 主　　题

主题是属性设置的集合，使用这些设置，可以定义页面和控件的外观。我们可在某个Web 应用程序中的所有页、整个 Web 应用程序或服务器上的所有 Web 应用程中一致地应用此外观。

8.1.1 什么是主题

主题由一组元素组成：外观、级联样式表(CSS)、图像和其他资源。主题将至少包含外观。主题是在网站或 Web 服务器上的特殊目录中定义的。

通常，可以使用主题来定义与某个页或控件的外观或静态内容有关的属性。主题至少包含外观元素。主题定义在网站或 Web 服务器的特殊目录中。

1. 外观

外观文件具有文件扩展名.skin，它包含各个控件(例如 Button、Label、TextBox 或 Calendar 控件)的属性设置。控件外观设置类似于控件标记本身，但只包含要作为主题的一部分来设置的属性。例如，下面是 Button 控件的控件外观：

```
<asp:button runat="server" BackColor="white" ForeColor="black" />
```

该代码将 Button 控件的背景色设置为白色，文字颜色设置为黑色。

通常，一个.skin 文件可以包含一个或多个控件类型的一个或多个控件外观。可以为每个控件在单独的文件中定义外观，也可以在一个文件中定义所有主题的外观。

有两种类型的控件外观：“默认外观”和“已命名外观”。

当向页应用主题时，默认外观自动应用于同一类型的所有控件。如果控件外观没有 SkinID 特性，则是默认外观。例如，如果为 Calendar 控件创建一个默认外观，则该控件外观适用于使用本主题的页面上的所有 Calendar 控件(默认外观严格按控件类型来匹配，因此 Button 控件外观适用于所有的 Button 控件，但不适用于 LinkButton 控件或从 Button 对象派生的控件)。

已命名外观是设置了 SkinID 属性的控件外观。已命名外观不会自动按类型应用于控件。而应当通过设置控件的 SkinID 属性将已命名外观显式应用于控件。通过创建已命名外观，可以为应用程序中同一控件的不同实例设置不同的外观。

2. CSS

主题还可以包含级联样式表(.css 文件)。将.css 文件放在主题文件夹中时，样式表自动作为主题的一部分加以应用。使用文件扩展名.css 在主题文件夹中定义样式表。

3. 主题图形和其他资源

主题还可包含图形和其他资源，如脚本文件或声音文件。例如页面主题的一部分可能包括 TreeView 控件的外观，可以在主题中包括用于表示展开按钮和折叠按钮的图形。

通常，主题的资源文件与该主题的外观文件位于同一个文件夹中，但它们也可以位于 Web 应用程序中的其他地方。也可以将资源文件存储在主题文件夹以外的位置。如果使用波形符(~)语法来引用资源文件，Web 应用程序将自动查找相应的图像，比如，使用“~/子文件夹/文件名.ext”的路径来引用这些资源文件。

8.1.2　主题的应用范围

可以定义单个 Web 应用程序的主题，也可以定义供 Web 服务器上的所有应用程序使用的全局主题。定义主题之后，可以使用@Page 指令的 Theme 或 StyleSheetTheme 属性将该主题放置在个别页上；或者通过设置应用程序配置文件中的 pages 元素(ASP.NET 设置架构)元素，将其应用于应用程序中的所有页。如果在 Machine.config 文件中定义了 pages 元素(ASP.NET 设置架构)，主题将应用于服务器上的 Web 应用程序中的所有页。

1. 页面主题

页面主题是一个主题文件夹，其中包含控件外观、样式表、图形文件和其他资源，该文件夹是作为网站中的\App_Themes 文件夹的子文件夹创建的。每个主题都是\App_Themes 文件夹的一个不同的子文件夹。

下面的示例演示了一个典型的页面主题，它定义了两个分别名为 RedTheme 和 BlackTheme 的主题：

```
TestWebSite
  App_Themes
    RedTheme
      Controls.skin
      RedTheme.css
    BlackTheme
      Controls.skin
      BlackTheme.css
```

2. 全局主题

全局主题是可以应用于服务器上的所有网站的主题。当我们维护同一个服务器上的多个网站时，可以使用全局主题定义域的整体外观。

全局主题与页面主题类似，因为它们都包括属性设置、样式表设置和图形。但是，全局主题存储在对 Web 服务器具有全局性质的名为 Themes 的文件夹中。服务器上的任何网站以及任何网站中的任何页面都可以引用全局主题。

3. 主题设置优先级

可以通过指定主题的应用方式来指定主题设置相对于本地控件设置的优先级。

如果设置了页的 Theme 属性，则主题和页中的控件设置将进行合并，以构成控件的最终设置。如果同时在控件和主题中定义了控件设置，则主题中的控件设置将重写控件上的任何页设置。即使页面上的控件已经具有各自的属性设置，此策略也可以使主题在不同的页面上产生一致的外观。例如，它使我们可以将主题应用于在 ASP.NET 的早期版本中创建的页面。

此外，也可以通过设置页面的 StyleSheetTheme 属性将主题作为样式表主题来应用。在这种情况下，本地页设置优先于主题中定义的设置(如果两个位置都定义了设置)。这是级联样式表使用的模型。如果我们希望能够设置页面上的各个控件的属性，同时仍然对整体外观应用主题，则可以将主题作为样式表主题来应用。

全局主题元素不能由应用程序级主题元素进行部分替换。如果创建的应用程序级主题的名称与全局主题相同，应用程序级主题中的主题元素不会重写全局主题元素。

8.1.3 创建主题并应用网页

主题可以包括定义单个控件的常用外观的外观文件、一个或多个样式表和用于控件(如 TreeView 控件)的常用图形。下面简单介绍创建主题文件的方法。

(1) 首先创建一个网站，添加一个 Web 窗体，放置一个 Button 控件、一个 Calendar 控件和一个 Label 控件，如图 8.1 所示。

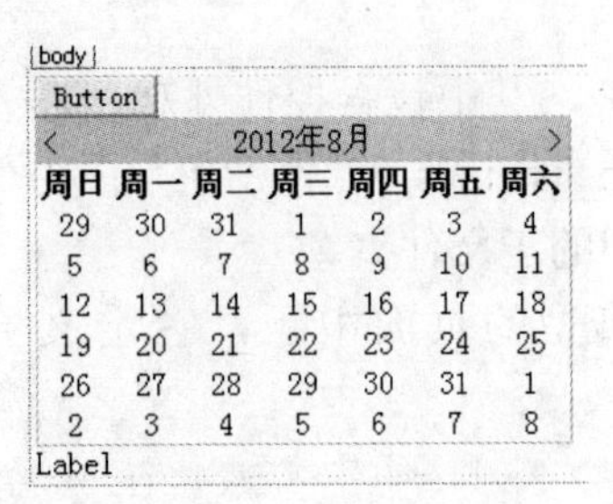

图 8.1　页面布局

注意： 不要对任何控件应用任何格式。例如，不要使用 AutoFormat 命令来设置“日历”控件的外观。

(2) 切换到“源”视图。为 head 元素添加 runat=“server”特性，如下所示：

```
<head runat="server"></head>
```

(3) 在解决方案资源管理器中，右击网站名，从快捷菜单中选择“添加 ASP.NET 文件夹”→“主题”命令，如图 8.2 所示，创建名为 App_Themes 的文件夹和名为“主题 1”的子文件夹。

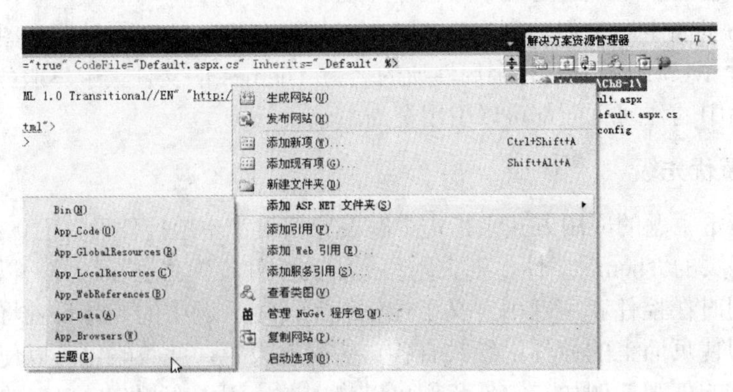

图 8.2　添加文件夹

将“主题 1”文件夹重命名为“TestTheme”。

此文件夹名将成为创建的主题的名称(在这里是 TestTheme)。具体名称无关紧要，但是在应用自定义主题的时候，必须记住该名称。

(4) 右击 TestTheme 文件夹，从快捷菜单中选择“添加新项”命令，添加一个新的文本文件，然后将该文件命名为“TestTheme.skin”，如图 8.3 所示。

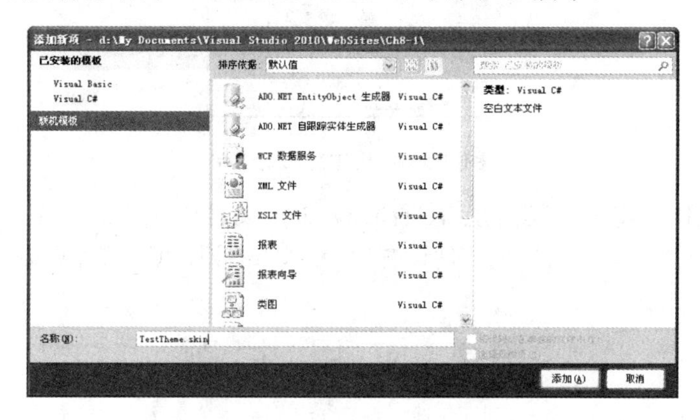

图 8.3　添加 TestTheme.skin

(5) 在 TestTheme.skin 文件中，按如下代码所示的方法添加外观定义，并保存：

```
<asp:Label runat="server" ForeColor="red" Font-Size="14pt"
  Font-Names="Verdana" />
<asp:button runat="server" Borderstyle="Solid" Borderwidth="2px"
  Bordercolor="Blue" Backcolor="yellow"/>
```

(6) 回到网站项目页，按 Ctrl+F5 组合键运行该页。控件以它们的默认外观显示，如图 8.4 所示。

图 8.4　默认外观

(7) 关闭浏览器，然后返回到 VS2010 程序中，打开或切换到 Default.aspx，然后切换到“源”视图，在@Page 指令中添加一个将 TestTheme 指定为主题名称的 Theme 特性：

```
<%@ Page Language="C#" AutoEventWireup="true" CodeFile="Default.aspx.cs"
  Inherits="_Default" Theme="TestTheme" %>
```

(8) 按 Ctrl+F5 组合键再次运行该页。这次，控件使用主题中定义的配色方案呈现，如图 8.5 所示。

图 8.5 使用主题后的效果

标签和按钮控件将按照我们在 TestTheme.skin 文件中完成的设置显示。因为没有在 TestTheme.skin 文件中为“日历”控件设置项，所以该控件以默认外观显示。

8.2 应用主题

创建了主题后，可以定制如何在应用程序中使用主题。方法是：将主题作为自定义主题与页关联，或者将主题作为样式表主题与页关联。样式表主题使用与自定义主题相同的主题文件，但是样式表主题在页的控件和属性中的优先级更低，相当于 CSS 文件的优先级。在 ASP.NET 中，优先级的顺序如下。

(1) 主题设置，包括 Web.config 文件中设置的主题。

(2) 本地页设置。

(3) 样式表主题设置。

8.2.1 设置应用主题的方法

下面介绍将主题如何应用于网站，步骤如下所示。

【示例 8.1】设置主题应用于网站。

(1) 打开上面建好的网站，打开 Web.config 文件。

在 pages 元素中添加 theme 特性，并将其值设置为要应用于整个网站的主题的名称，比如：

```
<?xml version="1.0"?>
<!--
  有关如何配置 ASP.NET 应用程序的详细信息，请访问
  http://go.microsoft.com/fwlink/?LinkId=169433
-->
<configuration>
    <system.web>
        <compilation debug="true" targetFramework="4.0"/>
        <pages theme="TestTheme" />
    </system.web>
</configuration>
```

注意：Web.config 文件中的元素和特性名称区分大小写。

(2) 保存并关闭 Web.config 文件，切换到 Default.aspx 文件或打开 Default.aspx 文件，然后切换到“源”视图。从@Page 声明中移除 theme 特性(theme=“ThestTheme”)。

(3) 按 Ctrl+F5 运行 Default.aspx 页面，该页现在使用 Web.config 文件中指定的主题显示，运行效果与图 8.5 一样。

如果选择在页声明中指定一个主题名称，该主题名称将重写 Web.config 文件中指定的任何主题。

8.2.2 以编程方式应用 ASP.NET 主题

除了在页面声明和配置文件中指定主题和外观首选项之外，还可以通过编程方式应用主题。可以通过编程方式同时对页面主题和样式表进行设置。但是，应用每种类型的主题的过程有所不同。

方法就是：在页面的 PreInit 方法的处理程序中，设置页面的 Theme 属性。

下面的代码设置了如何根据查询字符串中传递的值按条件设置页面主题：

```
protected void Page_PreInit(object sender, EventArgs e)
{
    switch (Request.QueryString["theme"])
    {
        case "Red":
            Page.Theme = "RedTheme";
            break;
        case "Black":
            Page.Theme = "BlackTheme";
            break;
    }
}
```

当然，也可以以编程方式应用控件外观，方法也是在页面的 PreInit 方法的处理程序中设置控件的 SkinID 属性，例如下列代码：

```
void Page_PreInit(object sender, EventArgs e)
{
    Calendar1.SkinID = "CustomSkin";
}
```

8.3 母 版 页

使用 ASP.NET 母版页可以为应用程序中的页创建一致的布局。单个母版页可以为应用程序中的所有页(或一组页)定义所需的外观和标准行为。然后可以创建包含要显示的内容的各个内容页。当用户请求内容页时，这些内容页将与母版页合并，从而产生将母版页的布局与内容页中的内容组合在一起的输出。

母版页提供了开发人员已通过传统方式创建的功能，这些传统方式包括重复复制现有代码、文本和控件元素；使用框架集；对通用元素使用包含文件；使用 ASP.NET 用户控件等。母版页具有下面的优点：

- 使用母版页可以集中处理页的通用功能，以便可以只在一个位置上进行更新。
- 使用母版页可以方便地创建一组控件和代码，并将结果应用于一组页。
- 通过允许控制占位符控件的呈现方式，母版页可以在细节上控制最终页的布局。
- 母版页提供一个对象模型，使用该对象模型可以从各个内容页自定义母版页。

8.3.1 母版页的工作原理

母版页实际由两部分组成，即母版页本身和一个或多个内容页。

母版页为扩展名是 master(如 MySite.master)的 ASP.NET 文件，它具有可以包括静态文本、HTML 元素和服务器控件的预定义布局。母版页由特殊的@Master 指令标识，该指令替换了用于普通.aspx 页的@Page 指令。

@Master 指令可以包含@Control 指令可以包含的大部分相同指令。例如，下面的母版页指令包括一个代码隐藏文件的名称，并将一个类名称分配给母版页：

```
<%@ Master Language="C#" CodeFile="MasterPage.master.cs"
  Inherits="MasterPage" %>
```

除@Master 指令外，母版页还包含页的所有顶级 HTML 元素，如 html、head 和 form。例如，在母版页上可以将一个 HTML 表用于布局、将一个 img 元素用于公司徽标、将静态文本用于版权声明并使用服务器控件创建站点的标准导航，当然我们也可以在母版页中使用任何 HTML 元素和 ASP.NET 元素。

8.3.2 创建母版页

在 VS2010 中，创建母版页可按下列步骤操作。

(1) 新建网站后，在“解决方案资源管理器”中右击网站的名称，选择“添加新项”→“Visual Studio 已安装的模板”→“母版页”，在“名称”框中键入“Master1”，选中“将代码放在单独的文件中”复选框。在左侧的列表中单击 Visual C#，如图 8.6 所示。

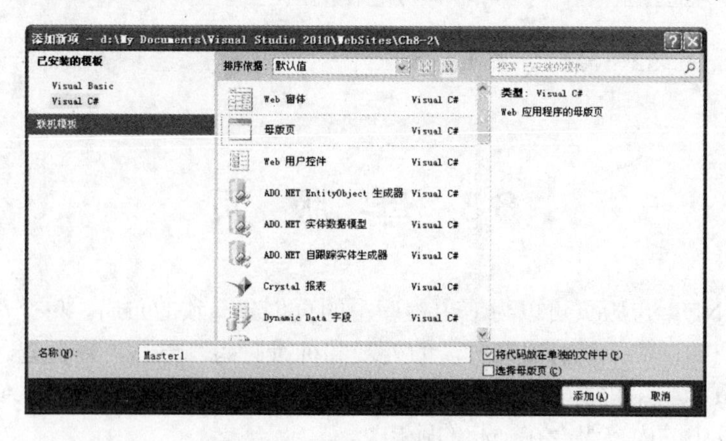

图 8.6 添加“母版页”

(2) 单击“添加”按钮，即会在“源”视图中打开新的母版页，代码如下所示：

```
<%@ Master Language="C#" AutoEventWireup="true"
  CodeFile="MasterPage.master.cs" Inherits="MasterPage" %>
<!DOCTYPE html PUBLIC "-//W3C//DTD XHTML 1.0 Transitional//EN"
  "http://www.w3.org/TR/xhtml1/DTD/xhtml1-transitional.dtd">
<html xmlns="http://www.w3.org/1999/xhtml">
<head runat="server">
    <title></title>
    <asp:ContentPlaceHolder id="head" runat="server">
    </asp:ContentPlaceHolder>
</head>
<body>
    <form id="form1" runat="server">
    <div>
        <asp:ContentPlaceHolder id="ContentPlaceHolder1" runat="server">
        </asp:ContentPlaceHolder>
    </div>
    </form>
</body>
</html>
```

在页面的顶部是一个@Master 声明，而不是通常在 ASP.NET 页顶部看到的@Page 声明。页面的主体包含一个 ContentPlaceHolder 控件，这是母版页中的一个区域，其中的可替换内容将在运行时由内容页合并。

8.3.3　设计母版页的布局

母版页定义站点中页面的外观。它可以包含静态文本和控件的任何组合。母版页还可以包含一个或多个内容占位符，这些占位符指定显示页面时动态内容出现的位置。下面通过一个示例来演示母版页的布局。

【示例 8.2】设计母版页的布局。

在本示例中，将使用一个表格来帮助在页面中定位元素，首先创建一个布局表格来保存母版页元素。

(1) 打开上一节创建的母版页，在“源”视图中选定 Master1.master 文件后，使用工具栏上的“验证的目标架构”下拉列表，将目标架构设置为“Microsoft Internet Explorer 6.0”，如图 8.7 所示。

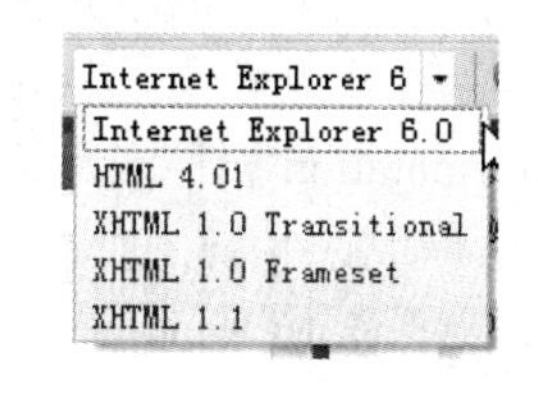

图 8.7　设置验证的目标架构

(2) 切换到“设计”视图，单击页面的中心以选择该页面。从“属性”窗口中，将 BgColor 属性设置为明显不同的颜色。

注意：勿将布局表格放在 ContentPlaceHolder 控件内。

(3) 单击要放置布局表格的页面，在“表”菜单上，单击“插入表”。在“插入表”对话框中，创建一个带有三行和一列的表，然后单击“确定”按钮，如图 8.8 所示。

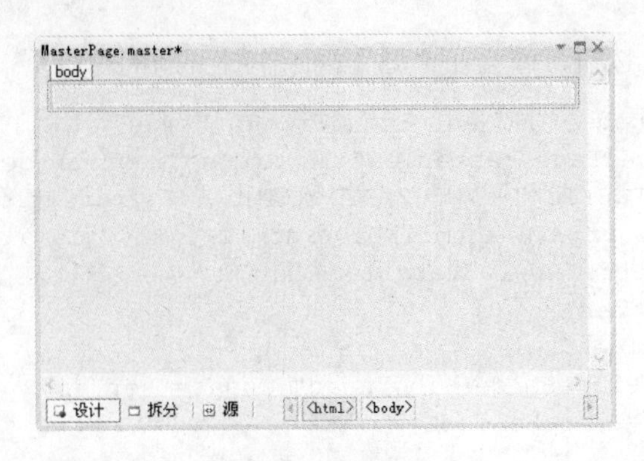

图 8.8　插入表

(4)　将光标置于表的第二行中，在“表”菜单的“修改”子菜单中，单击“拆分单元”。在“拆分单元”对话框中，选择“拆分成列”，单击“确定”按钮。

(5)　选中表中的所有单元格，将 BgColor 设置为与背景不同的颜色，设置后，布局如图 8.9 所示。

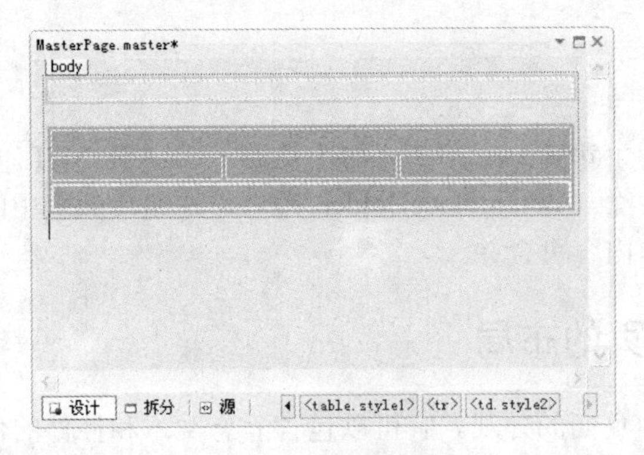

图 8.9　布局后的表格

注意： 可以通过拖动表单元格的边框或在“属性”窗口中选择单元格并设置值，设置宽度和高度。

布局完表格后，可以将内容添加到母版页，此内容将在所有页面上显示。

(6)　单击底部的单元格，然后键入页脚文本，如“Copyright 2012 Hello World”。

(7)　在工具箱中，从“导航”控件组将 Menu 控件拖动到顶部单元格中。将 Menu 控件的 Orientation 属性设置为 Horizontal。

(8)　单击 Menu 控件上的智能标记，然后在“菜单任务”对话框中单击“编辑菜单项”，如图 8.10 所示。

(9)　弹出“编辑菜单项”对话框，在“编辑菜单项”对话框的“项”部分中，单击两次“添加根节点”图标以添加两个菜单项：

- 单击第一个节点，然后将 Text 设置为“主页”，将 NavigateUrl 设置为“Default.aspx”。
- 单击第二个节点，然后将 Text 设置为“关于我们”，将 NavigateUrl 设置为“About.aspx”，如图 8.11 所示。

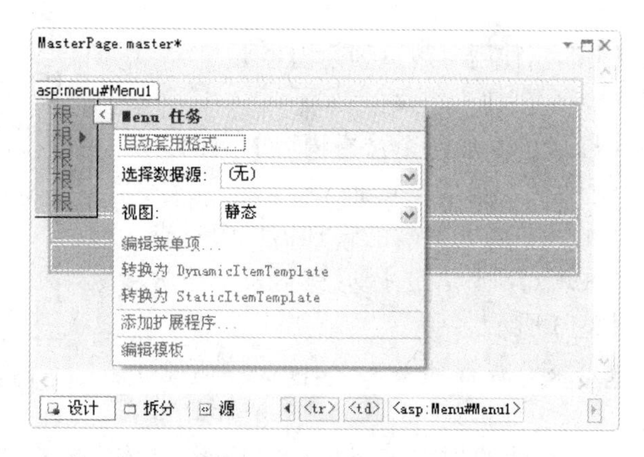

图 8.10　编辑菜单项

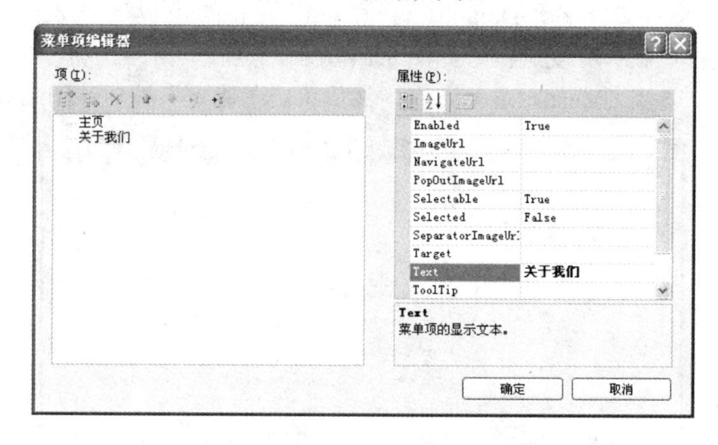

图 8.11　添加菜单项

(10) 单击“确定”按钮关闭“菜单项编辑器”对话框，保存页。

(11) 母版页的实现效果如图 8.12 所示。

图 8.12　实现效果

8.3.4　使用母版页创建内容页

通过创建与母版页关联的 ASP.NET 页来定义母版页的内容。内容页是 ASP.NET 页的专用形式，它仅包含要与母版页合并的内容。在内容页中，添加用户请求该页面时要显示的文本和控件。

下面通过一个示例来演示使用母版页创建内容页。

图 8.13　添加现有项

【示例 8.3】使用母版页创建内容页。

在本示例中，将为母版页添加两个带有内容的页面。第一个是主页，第二个是“关于我们”页面。

(1) 新建网站后，在“解决方案资源管理器”中右击网站的名称，单击“添加现有项”，选择示例 8.2 的母版页，添加完毕后，如图 8.13 所示。

(2) 接着在“解决方案资源管理器”中右击网站的名称，单击“添加新项”。

在“Visual Studio 已安装的模板”下单击“Web 窗体”。在“名称”框中，保留 Visual Studio 插入的文件名“Default”。在“已安装的模板”列表中，单击“Visual C#”，选中“选择母版页”复选框，如图 8.14 所示，然后单击“添加”按钮，出现“选择母版页”对话框，选择“Master1.master”，然后单击“确定”按钮，如图 8.15 所示。

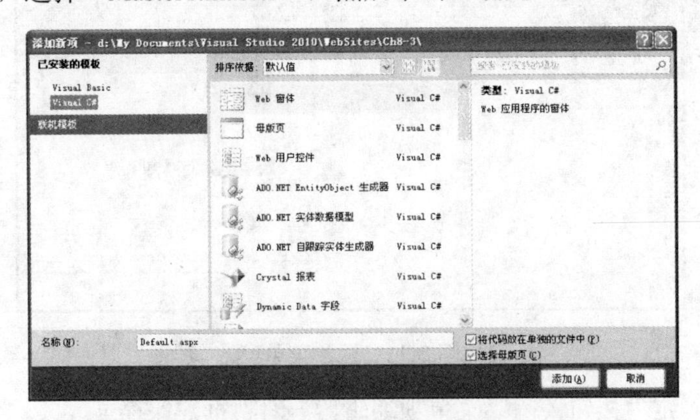

图 8.14　添加 Web 窗体

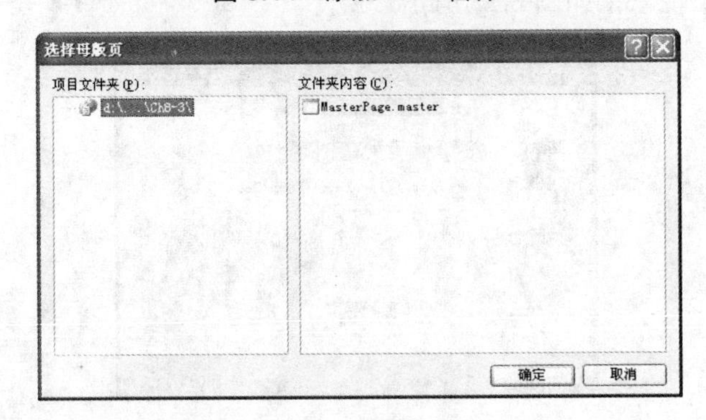

图 8.15　选择母版页

即创建了一个新的.aspx 文件。该页面包含一个@Page 指令，此指令将当前页附加到带有 MasterPageFile 特性的选定母版页，如下面的代码所示：

```
<%@ Page Title="" Language="C#" MasterPageFile="~/MasterPage.master"
 AutoEventWireup="true" CodeFile="Default.aspx.cs"
 Inherits="_Default" %>
```

该页还包含一个 Content 控件元素，下面将会使用此控件元素。

内容页不具有常见的组成 ASP.NET 页的元素，如 html、body 或 form 元素。相反，通过替换在母版页中创建的占位符区域，仅添加要在母版页上显示的内容。

(3) 将内容添加到默认页面。在“源”视图中，在页面顶部的@Page 指令的 Title 元素中键入“Hello World 主页”：

```
<%@ Page Title="Hello World主页" Language="C#"
  MasterPageFile="~/MasterPage.master" AutoEventWireup="true"
  CodeFile="Default.aspx.cs" Inherits="_Default" %>
```

在这里，可以独立设置每个内容页的标题，以便内容与母版页合并时在浏览器中显示正确的标题。标题信息存储在内容页的@Page 指令中。

(4) 切换到“设计”视图。母版页中的 ContentPlaceHolder 控件在新的内容页中显示为 Content 控件。将显示其余的母版页内容，以便查看布局。

但母版页内容显示为灰色，因为编辑内容页时不能更改它，只有在光标变为“I”时才可以添加内容，如图 8.16 所示。

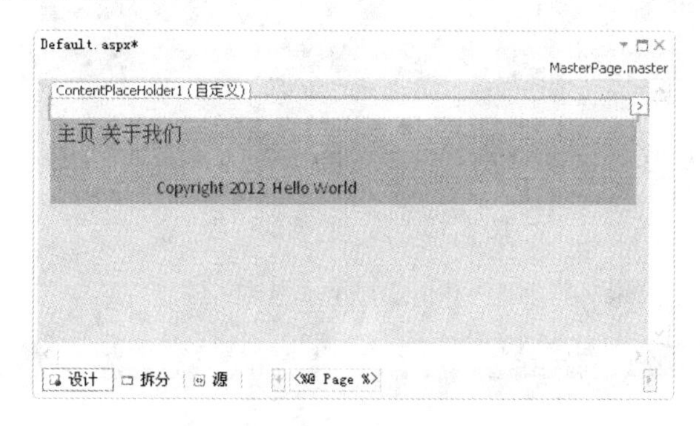

图 8.16　设计视图中的母版页

(5) 在与母版页上的 ContentPlaceHolder1 匹配的 Content 控件中，键入“欢迎光临 Hello World”。

选择文本，然后通过从“工具箱”上的“块格式”下拉列表中选择“标题 1”，将文本的格式设置为标题，按 Enter 键，在 Content 控件中创建一个新的空白行，然后键入“感谢您访问本站”，如图 8.17 所示。

图 8.17　添加内容

这里添加的文本并不重要，可键入任何有助于将此页识别为默认页面(主页)的文本。

(6) 保存此页。

下面用与创建默认页面相同的方法创建“关于”页面。

(7) 使用与创建默认页面相同的步骤添加名为 About.aspx 的新内容页。确定将新页面附加到 Master1.master 页，正如对默认页面的操作一样。

(8) 将页面的标题更改为“关于页面”。在内容区域中，键入“关于我们”，然后选择文本，并从“工具箱”上面的“块格式”下拉列表中选择“标题 2”，将文本的格式设置为“标题 2”。按 Enter 键以创建新行，然后键入“关于我们的故事很长……..”。如图 8.18 所示。

图 8.18 关于页面的内容

(9) 保存页，运行效果如图 8.19 和 8.20 所示。

图 8.19 主页的运行效果

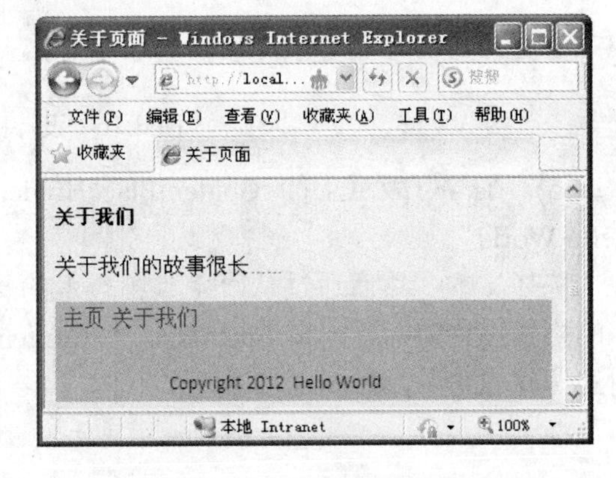

图 8.20 “关于页面”的运行效果

8.4 母版页的嵌套

母版页可以嵌套，让一个母版页引用另外的页作为其母版页。利用嵌套的母版页可以创建组件化的母版页。通过嵌套母版页，可以使每个页面具有灵活的布局，同时让网站保持一致的外观。例如，某学校创建一个父级母版页，在其顶部设置学校的 LOGO，并在侧栏中提供网站导航控件。随后，可以为特定院系或部门创建使用该父级母版页的子级母版页。它还可以用作所有其他相关部门的母版页。按照这种方式，每个部门或院系都将具有一致的外观，而所有页面也都会因为使用了父级母版页而具有一致的整体外观。

与任何母版页一样，子母版页也包含文件扩展名.master。子母版页通常会包含一些内容控件，这些控件将映射到父母版页上的内容占位符。就这方面而言，子母版页的布局方式与所有内容页类似。但是，子母版页还有自己的内容占位符，可用于显示其子页提供的内容。下面通过示例来演示一个简单的母版页嵌套。

【示例 8.4】母版页的嵌套。

在一个网站中，首先创建一个父级母版页，在父级母版页包含一个 LOGO 和若干导航控件，以便它们可以在整个站点中使用。然后，创建另一个要在此父级母版页中使用的母版页。子级母版页可以提供多种页面布局，同时保留由父级母版页建立的外观。

(1) 首先新建一个空网站，并添加一个 Web 窗体“Default.aspx”。

(2) 创建母版页。在“解决方案资源管理器”中，右击网站的名称，在弹出的快捷菜单中选择“添加新项”命令，弹出“添加新项”对话框。在“Visual Studio 已安装的模板”之下单击“母版页”。

在“名称”框中，键入“ParentMaster”。清除“将代码放在单独的文件中”复选框，在“语言”列表中单击“Visual C#”，如图 8.21 所示。

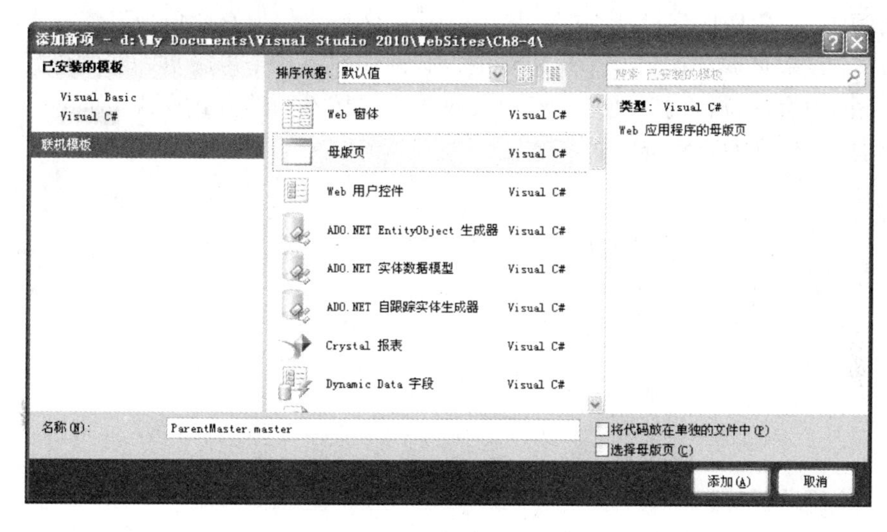

图 8.21　创建母版页

(3) 单击“添加”按钮，新母版页将在“源”视图中打开。

(4) 向父级母版页中添加元素。这里我们要在页的顶部和页脚分别添加一幅图片，在“解决方案资源管理器”中右击网站的名称，从弹出的菜单中选择“添加现有项”命令。弹出“添加现有项”对话框，选择要添加的图片，单击“添加”按钮，如图 8.22 所示。

(5) 向父级母版页中添加 LOGO 和页脚图片，设计好后，主要代码如下所示：

```
<form id="Form1" runat="server">
    <div>
    <h1>主母版页<img alt="这是顶部 LOGO" src="banner.gif" /></h1>
    <p style="font:color=red">这是主母版页的内容.</p>
```

```
    <asp:ContentPlaceHolder ID="MainContent" runat="server" />
    </div>
    <div id="banner"><img src="footer.gif" alt="页脚图片" /></div>
</form>
```

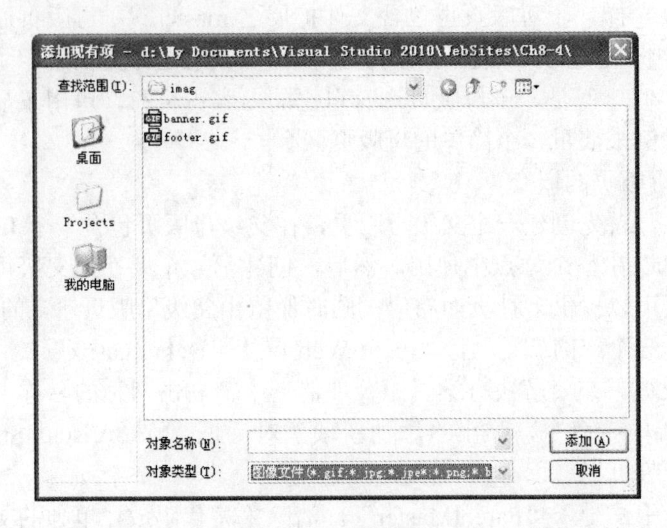

图 8.22　添加图片

(6) 添加之后，切换到设计视图，显示如图 8.23 所示，保存此母版页。

要将一个母版页嵌套在另一个母版页中，必须创建另一个母版页。新的母版页将位于父级母版页的内容占位符内。通过子级母版页，可以按不同的方式安排页面布局，同时保持由父级母版页建立的一致外观。

图 8.23　母版页效果

(7) 创建子级母版页。在“解决方案资源管理器”中，右击网站的名称，从弹出的快捷菜单中选择“添加新项”命令，弹示“添加新项”对话框，在“Visual Studio 已安装的模板”之下单击“母版页”。

在“名称”框中键入“ChildMaster”。清除“将代码放在单独的文件中”复选框。选中“选择母版页”复选框。在“已安装的模板”列表中单击“Visual C#”。

(8) 单击“添加”按钮，弹出“选择母版页”对话框，选择在前面部分中创建的父级母版页，然后单击“确定”按钮，如图 8.24 所示。

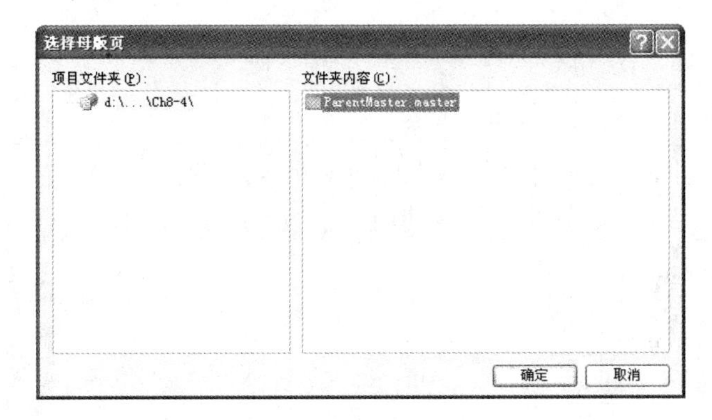

图 8.24　选择母版页

(9) 新母版页将在“源”视图中打开，如图 8.25 所示。

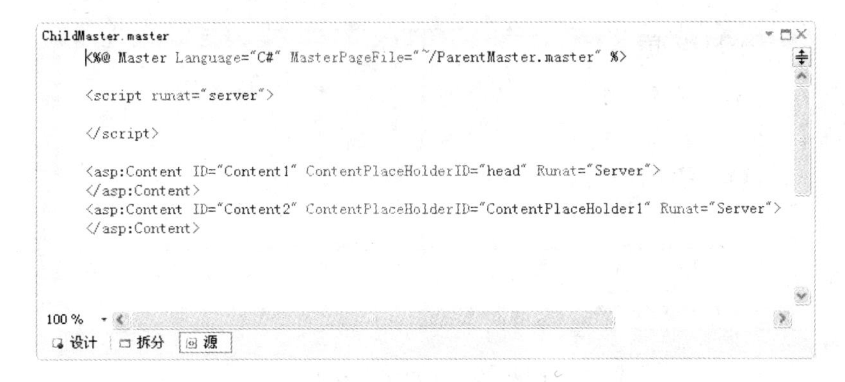

图 8.25　子母版页的“源”视图

注意：新母版页顶部的@Master 声明指示它引用了另一个母版页。

由于子级母版页具有与之关联的另一个母版页，因此它包含两个 Content 控件。第一个内容占位符可用于向页面中添加通常显示在 head 元素中的信息，例如 Script 元素。在第二个 Content 控件内，可以添加一个 ContentPlaceHolder 控件。这样，使用子级母版页的 ASP.NET 页便可以提供页面内容。在 Content 控件内还可以添加其他页面元素。子级母版页可以包含其他页面元素，以便为使用它的其他页面提供一致的外观。

(10) 向子级母版页中添加 ContentPlaceholder 控件。打开或切换到该子级母版页，切换到“源”视图，在第二个 Content 控件部分中添加以下代码：

```
<asp:Content ID="Content2" ContentPlaceHolderID="MainContent"
 Runat="Server">
   <asp:panel runat="server" id="panelMain" backcolor="lightyellow">
       <h2>子母版页</h2>
       <asp:panel runat="server" id="panel1" backcolor="lightblue">
           <p>这是子母版页.</p>
           <asp:ContentPlaceHolder ID="ChildContent1" runat="server" />
       </asp:panel>
       <asp:panel runat="server" id="panel2" backcolor="pink">
           <p>这是子母版页的内容.</p>
           <asp:ContentPlaceHolder ID="ChildContent2" runat="server" />
```

```
        </asp:panel>
    <br />
    </asp:panel>
```

(11) 保存该文件，切换到设计视图，如图 8.26 所示，现在子级母版页已具有 ContentPlaceHolder 控件，这些控件包含使用该子级母版页的 ASP.NET 中的标记。

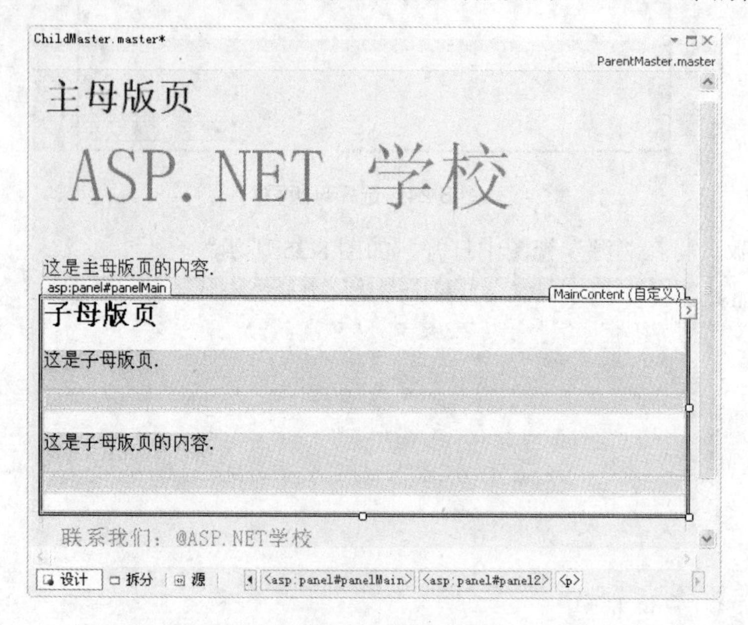

图 8.26　子母版页效果

在上述步骤中，已创建一个嵌套在其他母版页内部的母版页。在得到的子级母版页中，我们可以使用父级母版页的用户界面元素。它还提供了要在另一个母版页中使用的其他用户界面元素。在本示例中，我们向父级母版页添加了一些图形，并在第二个母版页中添加了一些占位符。若要查看运行中的嵌套母版页，必须创建一个使用子级母版页的 ASP.NET 网页。使用子级母版页创建的新页将自动为我们在子级母版页中创建的每个 ContentPlaceHolder 控件包含一个 Content 控件。

(12) 创建使用子级母版页的页面。在“解决方案资源管理器”中，右击网站的名称，从弹出的快捷菜单中选择“添加新项”命令，弹出“添加新项”对话框，在“Visual Studio 已安装的模板”下单击“Web 窗体”。在“名称”框中键入“Test”，选中“将代码放在单独的文件中”复选框，选中“选择母版页”复选框，在“已安装的模板”列表中，单击“Visual C#”，如图 8.27 所示。

(13) 单击“添加”按钮，在“选择母版页”对话框中，选择在本示例的前面部分中创建的子级母版页。单击“确定”按钮，新内容页将在“源”视图中打开，如图 8.28 所示。

(14) 将第一个 Content 控件的 ID 更改为“ChildContent1”，并将第二个 Content 控件的 ID 更改为“ChildContent2”。向页面添加文本或页面元素。

(15) 运行 Test 页面，显示效果如图 8.29 所示。

注意： Test.aspx 页显示的是在本示例中创建的所有元素的综合效果。这包括父级母版页上的图形、子级母版页，以及向 Test.aspx 页中添加的文本。

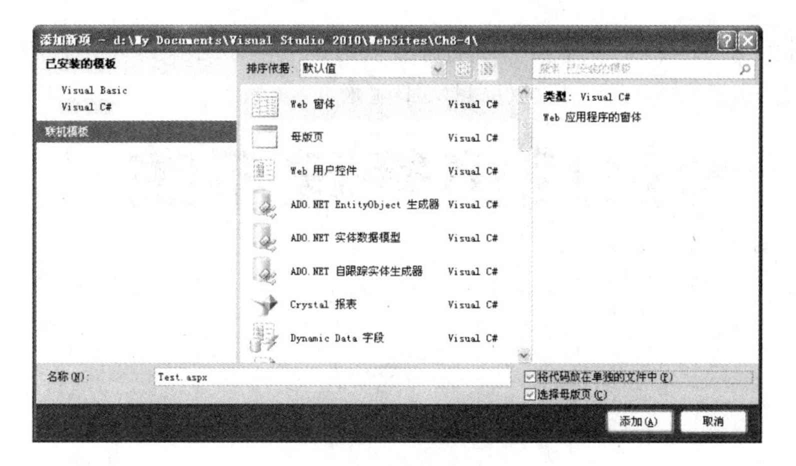

图 8.27　添加新项

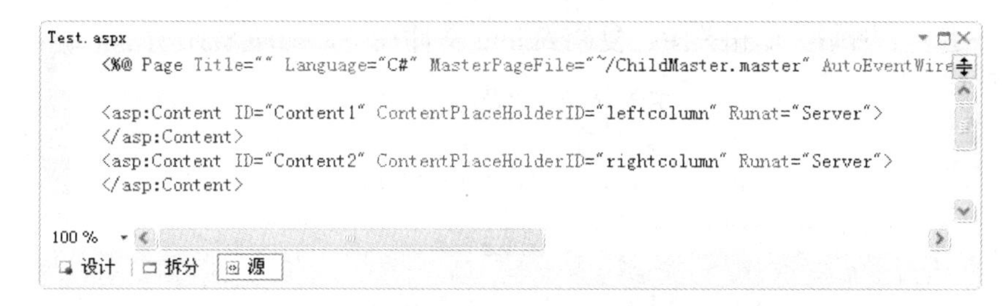

图 8.28　使用子级母版页

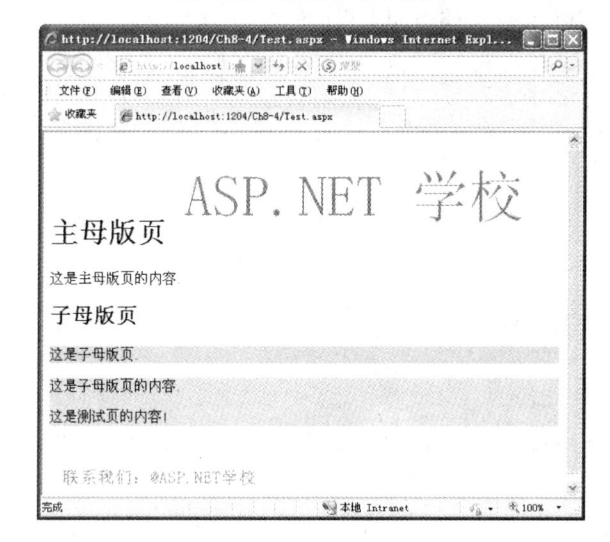

图 8.29　运行效果

8.5　综 合 实 例

在本节中，我们将模拟一个学生成绩管理系统的母版页，将整个网站的公共元素集中起来，做成母版页，并结合前面的 Sitemap 文件、Menu、SiteMapPath、SiteMapDataSource

等控件，来制作一个实例。在本实例中的母版页内容主要如图 8.30 所示，将页面中顶部的 LOGO、左边的分类栏和底部的版权信息集中起来。

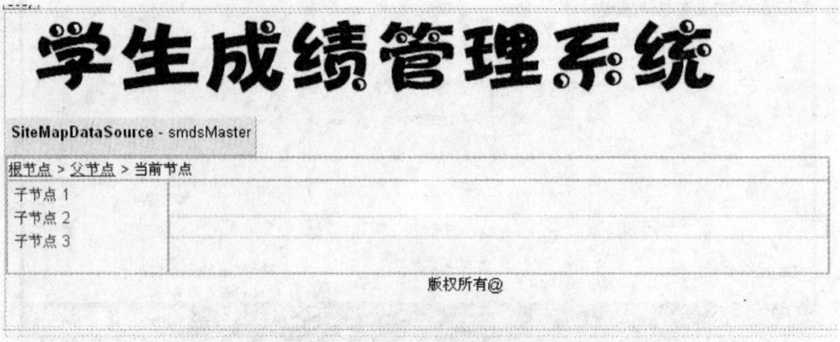

图 8.30　实例中的母版页内容

(1) 新建一个网站，把相关图片复制到 img 文件夹下，如图 8.31 所示。

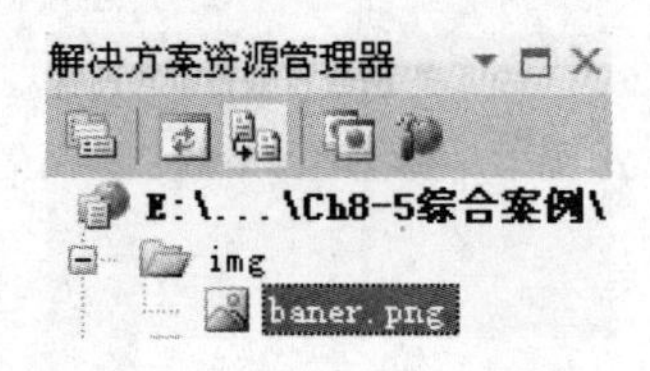

图 8.31　复制图片到文件夹

(2) 为网站添加 CSS 文件，CSS 文件内容如下：

```
body {
    font-size: 10pt;
    font-family: Arial;
    height: 269px;
}
td
{
    font-size: 10pt;
    font-family: Arial;
    text-align: left;
}
```

(3) 添加站点地图 Web.Sitemap 文件。在“解决方案资源管理器”中，右击网站的名称，选择“添加新项”命令，弹出“添加新项”对话框。在“Visual Studio 已安装的模板”之下单击“站点地图”，名称为默认，如图 8.32 所示。

(4) 添加站点地图文件之后，添加如下代码：

```
<?xml version="1.0" encoding="utf-8" ?>
<siteMap xmlns="http://schemas.microsoft.com/AspNet/SiteMap-File-1.0">
    <siteMapNode url="default.aspx" title="主页"  description="">
        <siteMapNode url="Teacher.aspx" title="教师管理页"  description="">
            <siteMapNode url="Teacher1.aspx" title="成绩录入"
             description="" />
            <siteMapNode url="Teacher2.aspx" title="成绩修改"
             description="" />
```

```
            <siteMapNode url="Teacher3.aspx" title="资料审核"
              description="" />
        </siteMapNode>
        <siteMapNode url="Student.aspx" title="学生管理页" description="">
            <siteMapNode url="Student1.aspx" title="查询成绩"
              description="" />
            <siteMapNode url="Student2.aspx" title="申请审核"
              description="" />
            <siteMapNode url="Studen3t.aspx" title="修改资料"
              description="" />
        </siteMapNode>
    </siteMapNode>
</siteMap>
```

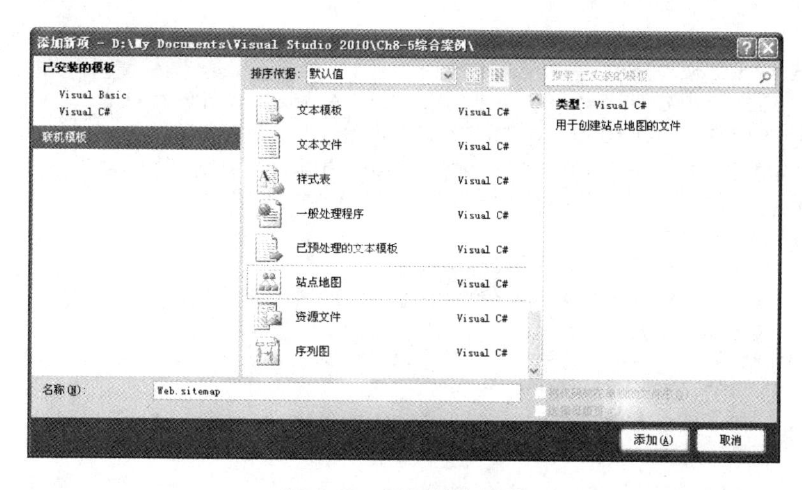

图 8.32　添加站点地图

(5) 在“解决方案资源管理器”中，右击网站的名称，从弹出的快捷菜单中选择“添加新项”命令，弹出“添加新项”对话框。在“Visual Studio 已安装的模板”之下单击“母版页”。在“名称”框中键入“MasterPage”。清除“将代码放在单独的文件中”复选框，在“已安装的模板”列表中单击“Visual C#”，如图 8.33 所示。

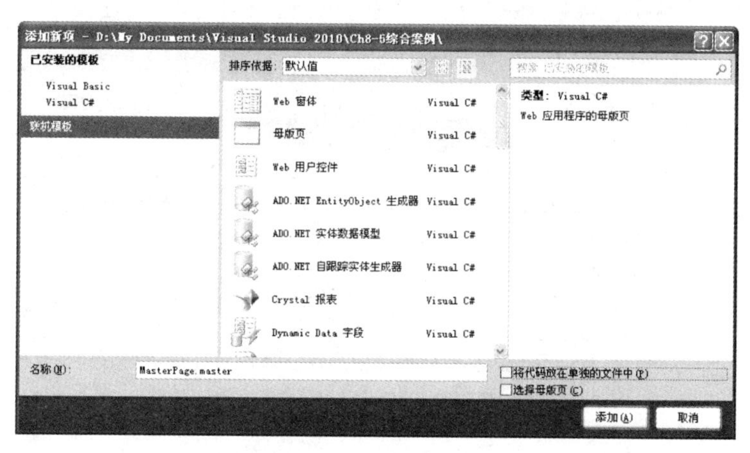

图 8.33　创建母版页

(6) 按照如图 8.29 所示设计母版页的布局，它的关键代码如下所示：

```
<%@ Master Language="C#" %>
<!DOCTYPE html PUBLIC "-//W3C//DTD XHTML 1.0 Transitional//EN"
  "http://www.w3.org/TR/xhtml1/DTD/xhtml1-transitional.dtd">
<script runat="server"></script>

<html xmlns="http://www.w3.org/1999/xhtml">
<head id="Head1" runat="server">
   <title></title>
   <link href="common.css" rel="stylesheet" type="text/css" />
   <asp:ContentPlaceHolder id="head" runat="server">
   </asp:ContentPlaceHolder>
</head>
<body>
<form id="form1" runat="server">
   <img alt="" class="style1" src="img/baner.png" /><br />
   <asp:SiteMapDataSource ID="smdsMaster" runat="server"
     StartFromCurrentNode="True" ShowStartingNode="False" />
   <table width="90%" border="1" cellspacing="0">
      <colgroup>
         <col width="20%" />
         <col width="80%" />
      </colgroup>
      <tr>
         <td colspan="2">
         <asp:SiteMapPath ID="SiteMapPath1" runat="server"
           style="text-align: left">
         </asp:SiteMapPath>
         </td>
      </tr>
      <tr>
         <td valign="top">
         <asp:Menu ID="mnuChild" runat="server" BackColor="#FFFBD6"
           DataSourceID="smdsMaster"
           DynamicHorizontalOffset="2" Font-Names="Arial"
           ForeColor="#990000"
           StaticSubMenuIndent="10px" StaticDisplayLevels="3">
            <StaticMenuItemStyle HorizontalPadding="5px"
              VerticalPadding="2px" />
            <DynamicHoverStyle BackColor="#990000" ForeColor="White" />
            <DynamicMenuStyle BackColor="#FFFBD6" />
            <StaticSelectedStyle BackColor="#FFCC66" />
            <DynamicSelectedStyle BackColor="#FFCC66" />
            <DynamicMenuItemStyle HorizontalPadding="5px"
              VerticalPadding="2px" />
            <StaticHoverStyle BackColor="#990000" ForeColor="White" />
         </asp:Menu> 
         </td>
         <td>
         <asp:ContentPlaceHolder ID="ContentPlaceHolder1"
```

```
            runat="server">
              <p> </p>
            </asp:ContentPlaceHolder>
            </td>
        </tr>
    </table> 
    版权所有@
</form>
</body>
</html>
```

(7) 母版页设计完毕后，在“解决方案资源管理器”中，右击网站的名称，从弹出的快捷菜单中选择“添加新项”命令，弹出“添加新项”对话框，如图 8.34 所示。在左侧列表中单击“Visual C#”，在中间的列表中单击“Web 窗体”，名称默认为“Default.aspx”，选中“将代码放在单独的文件中”复选框，并选中“选择母版页”复选框。

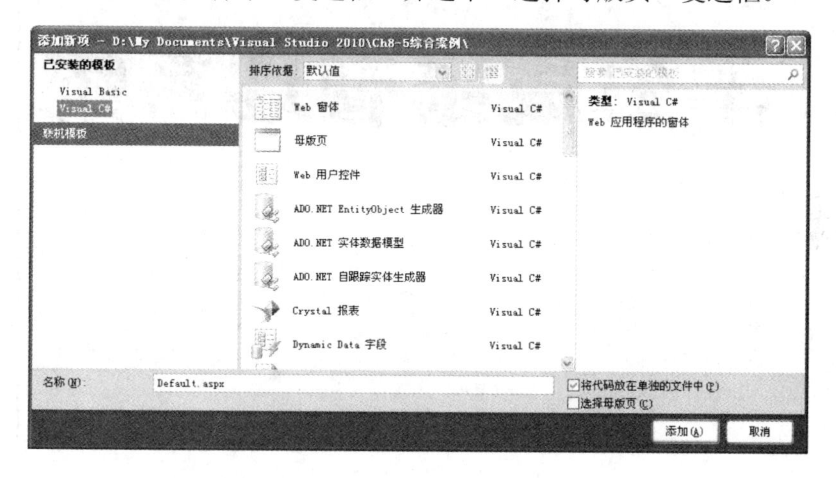

图 8.34　添加 Web 窗体

(8) 弹出“选择母版页”对话框，选择刚建好的母版页 MasterPage.master，如图 8.35 所示。

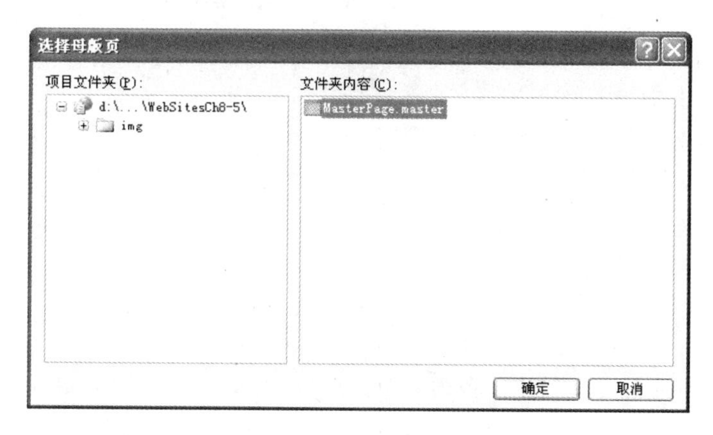

图 8.35　选择母版页

(9) 在 Default.aspx 窗体的设计视图中添加登录控件，如图 8.36 所示。

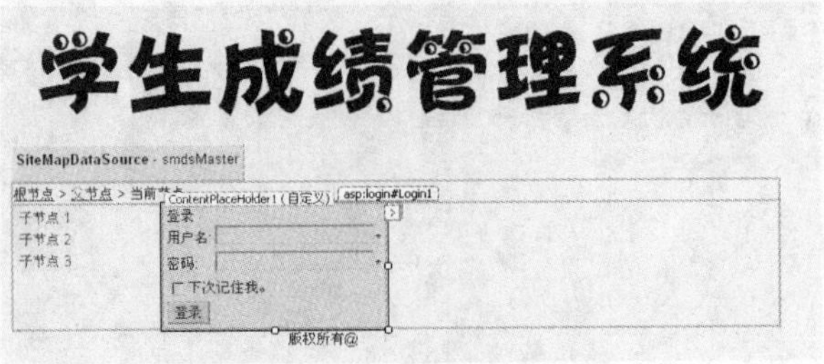

图 8.36 应用母版页

(10) 运行 Default.aspx 文件，效果如图 8.37 所示。

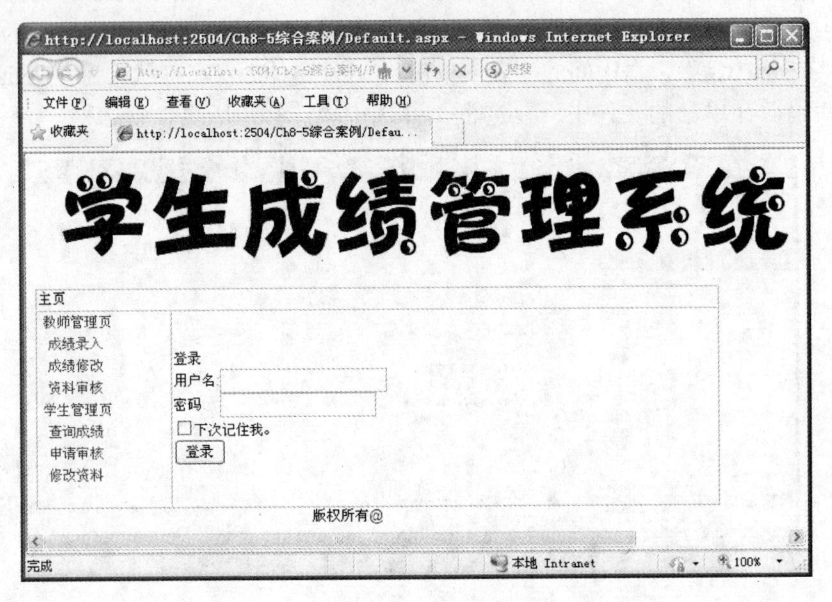

图 8.37 运行效果

8.6 上 机 实 训

(1) 实验目的

① 了解主题，并掌握主题文件的应用。

② 理解母版页的工作原理。

③ 掌握母版页的创建及使用。

(2) 实验内容

① 定义一个主题，将 TextBox 控件上面的文字修改为红色。

② 做一个简单的网站，设计其导航条，并制作成母版页。

③ 应用②的母版页，创建一个内容页。

④ 利用②的母版页制作一个子母版页，并使用子母版页创建一个内容页。

8.7　本 章 习 题

一、选择题

(1) 全局主题存储在对 Web 服务器具有全局性质的名为(　　)的文件夹中。
A. Web　　B. Themes　　C. Skin　　D. Date

(2) 在以下几项中，优先级最高的是(　　)。
A. 主题设置　　B. 本地页设置　　C. 样式表主题设置　　D. 母版页

(3) 在 Web.config 文件的 pages 元素中添加(　　)特性，可以为网站设置应用主题。
A. buffer　　B. masterPageFile　　C. theme　　D. configSource

(4) 通常在页面的(　　)方法的处理程序中，设置页面的 Theme 属性。
A. PreInit　　B. Load　　C. Init　　D. PreRender

(5) 母版页文件的扩展名是(　　)。
A. aspx　　B. css　　C. xml　　D. master

二、填空题

(1) 主题是由__________、__________、__________、__________组成的。

(2) 外观文件的文件扩展名是__________。

(3) 以编程方式应用控件外观的方法是设置控件的_______属性。

(4) 母版页面的主体包含一个__________控件。

三、判断题(对/错)

(1) 主题只包括外观。(　　)

(2) 全局主题元素不能由应用程序级主题元素进行部分替换。(　　)

(3) Web.config 文件中的元素和特性名称可以不区分大小写。(　　)

(4) 母版页可以为应用程序中的所有页提供所需的外观和标准行为。(　　)

(5) 母版页可以嵌套母版页。(　　)

第 9 章 成员资格及角色管理

学习目的与要求：

ASP.NET 成员资格提供了一种验证和存储用户凭据的内置方法，利用 ASP.NET 成员资格，可帮助管理网站中的用户身份验证。通常将 ASP.NET 成员资格与 ASP.NET Forms 身份验证或 ASP.NET 登录控件一起使用以创建一个完整的用户身份验证系统。使用 ASP.NET 成员角色管理，可以极大地提高权限管理模块的开发效率，减轻开发人员的工作量。因此，通过本章的学习，读者需要熟悉成员资格类、角色管理类，能熟练地使用它们来创建用户并分配角色权限。

9.1 登录系列控件

在学习使用 ASP.NET 成员资格及角色管理之前，我们先来学习 ASP.NET 4.0 的登录系列控件。关于登录控件，我们在第 4 章中曾经简单地介绍过，本节将详细地来阐述 ASP.NET 4.0 提供的几个登录控件。在网站中，常见功能包括用户登录、创建新用户、显示登录状态、显示登录用户名、更新或重置密码等，在 ASP.NET 4.0 中，工具箱提供了一组“登录”控件，可以无需编写任何代码就能实现相应的用户界面和功能，默认情况下，登录控件与 ASP.NET 成员资格和 ASP.NET Forms 身份验证集成，以帮助实现网站的用户身份验证过程的自动化，如图 9.1 所示。

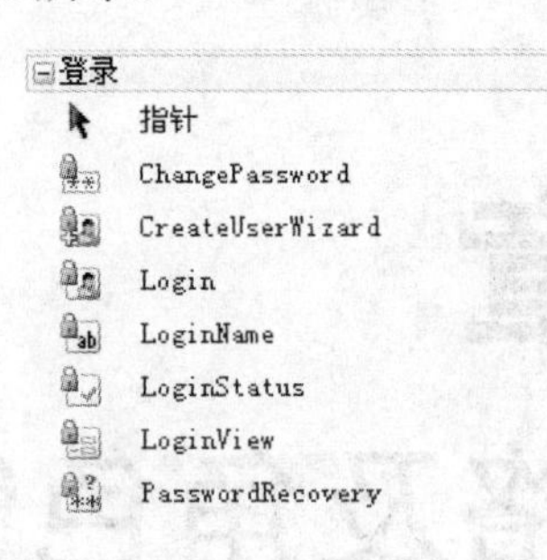

图 9.1 登录控件

下面分别阐述这些控件的使用方法。

9.1.1 Login 控件

Login 控件显示用于执行用户身份验证的用户界面，如图 9.2 所示。Login 控件包含用于用户名和密码的文本框和一个复选框，该复选框让用户指示是否需要服务器使用 ASP.NET 成员资格存储他们的标识并且当他们下次访问该站点时自动进行身份验证。

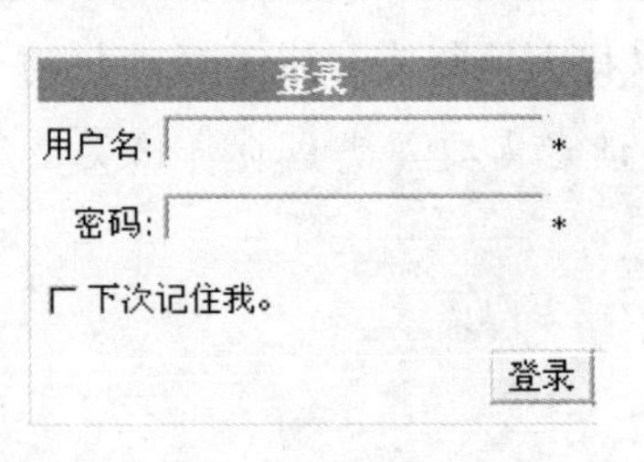

图 9.2 Login 控件界面

Login 控件有用于自定义显示、自定义消息的属性和指向其他页的链接，在那些页面中，用户可以更改密码或找回忘记的密码。Login 控件可用作主页上的独立控件，或者还可以在专门的登录页上使用它。Login 控件的常用属性如表 9.1 所示。

如果同时使用 Login 控件和 ASP.NET 成员资格，可以不需要编写执行身份验证的代码。然而，如果我们想创建自己的身份验证逻辑，则必须处理 Login 控件的 Authenticate 事件并添加自定义身份验证代码。当用户使用 Login 控件登录到网站时，Authenticate 引发事件。自定义身份验证方案可以使用 Authenticate 事件验证用户。

表 9.1　Login 控件常用的属性

名　称	描　述
CreateUserUrl	设置新用户注册页的 URL
FailureText	设置登录失败时的提示说明
InstructionText	设置登录说明文字
LoginButtonImageUrl	设置登录按钮中显示的图像 URL
LoginButtonText	设置设置 Login 控件的登录按钮的文本
LgoinButtonType	设置登录按钮类型，三个枚举：Button、Image、Link
RememberMeText	默认值“下次记住我”
UserName	输入的用户名
Password	输入的密码
DestinationPageUrl	在登录尝试成功时，获取或设置页的 URL 显示给用户
VisibleWhenLoggedIn	在验证用户后，获取或设置一个值以指示显示 Login 控件

当用户提交登录信息时，Login 控件首先引发 LoggingIn 事件，然后引发 Authenticate 事件和最后的 LoggedIn 事件。

比如下列代码：

```
<form id="form1" runat="server">
  <asp:Login id="Login1" runat="server"
    OnAuthenticate="OnAuthenticate">
  </asp:Login>
```

然后，编写 OnAuthenticate 事件处理程序：

```
private void OnAuthenticate(object sender, AuthenticateEventArgs e)
{
    bool Authenticated = false;
    Authenticated = SiteSpecificAuthenticationMethod(
      Login1.UserName, Login1.Password);
    e.Authenticated = Authenticated;
}
```

9.1.2　LoginView 控件

使用 LoginView 控件，可以向匿名用户和登录用户显示不同的信息，如图 9.3 所示。

图 9.3　LoginView 控件界面

该控件显示以下两个模板之一：AnonymousTemplate 或 LoggedInTemplate。在这些模板中，我们可以分别添加为匿名用户和经过身份验证的用户显示适当信息的标记和控件。

LoginView 控件还包括 ViewChanging 和 ViewChanged 的事件，可以为这些事件编写当用户登录和更改状态时的处理程序。

9.1.3 LoginStatus 控件

LoginStatus 控件为没有通过身份验证的用户显示登录链接，为通过身份验证的用户显示注销链接，如图 9.4 所示。“登录”链接将用户带到登录页。“注销”链接将当前用户的身份重置为匿名用户。

图 9.4 LoginStatus 控件界面

可以通过设置 LoginText 和 LoginImageUrl 属性自定义 LoginStatus 控件的外观。

9.1.4 LoginName 控件

如果用户已使用 ASP.NET 成员资格登录，LoginName 控件将显示该用户的登录名。或者，如果站点使用集成 Windows 身份验证，该控件将显示用户的 Windows 账户名。

9.1.5 PasswordRecovery 控件

PasswordRecovery 控件允许根据创建账户时所使用的电子邮件地址来找回用户密码，如图 9.5 所示。

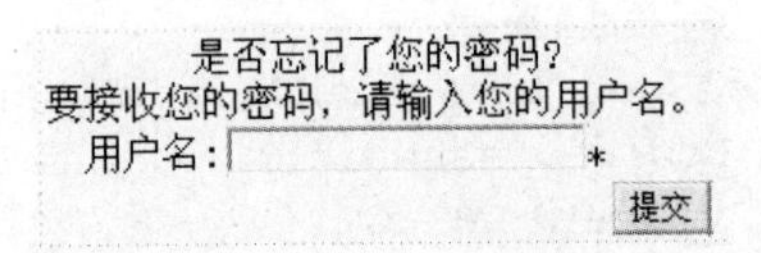

图 9.5 PasswordRecovery 控件界面

PasswordRecovery 控件会向用户发送包含密码的电子邮件。

我们也可以配置 ASP.NET 成员资格，以使用不可逆的加密来存储密码。在这种情况下，PasswordRecovery 控件将生成一个新密码，而不是将原始密码发送给用户。

还可以配置成员资格，以包括一个用户为了找回密码必须回答的安全提示问题。如果这样做，PasswordRecovery 控件将在找回密码前提问该问题并核对答案。

PasswordRecovery 控件要求应用程序能够将电子邮件转发给简单邮件传输协议(SMTP)服务器。我们可以通过设置 MailDefinition 属性自定义发送给用户的电子邮件的文本和格式。

9.1.6　CreateUserWizard 控件

在默认情况下，CreateUserWizard 控件将新用户添加到 ASP.NET 成员资格系统中，如图 9.6 所示。

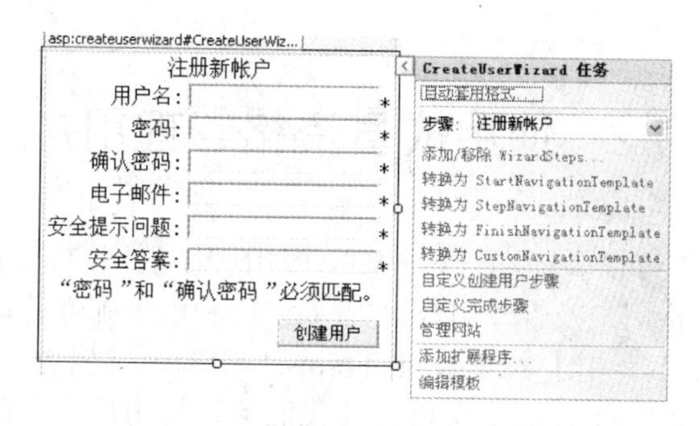

图 9.6　CreateUserWizard 控件界面

从图中可以看出，CreateUserWizard 控件需要下列用户信息：用户名、密码、密码确认、电子邮件地址、安全提示问题、安全答案等。

下面的示例演示了 CreateUserWizard 控件的一个典型 ASP.NET 声明：

```
<asp:CreateUserWizard ID="CreateUserWizard1" Runat="server"
 ContinueDestinationPageUrl="~/Default.aspx">
   <WizardSteps>
      <asp:CreateUserWizardStep Runat="server"
        Title="创建新账号向导">
      </asp:CreateUserWizardStep>
      <asp:CompleteWizardStep Runat="server"
        Title="完成">
      </asp:CompleteWizardStep>
   </WizardSteps>
</asp:CreateUserWizard>
```

9.1.7　ChangePassword 控件

通过 ChangePassword 控件，用户可以更改其密码。用户必须首先提供原始密码，然后创建并确认新密码。如果原始密码正确，则用户密码将更改为新密码。该控件还支持发送关于新密码的电子邮件，如图 9.7 所示。

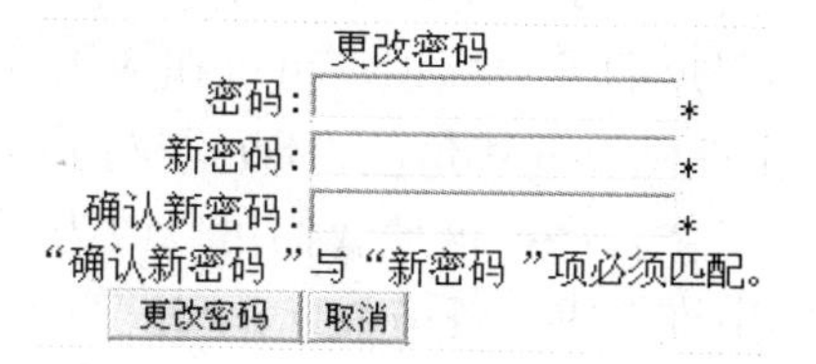

图 9.7　ChangePassword 控件界面

ChangePassword 控件包含显示给用户的两个模板化视图。

第一个模板是 ChangePasswordTemplate，显示用来收集更改用户密码所需的数据的用户界面。第二个模板是 SuccessTemplate，定义当用户密码更改成功以后显示的用户界面。

ChangePassword 控件由通过身份验证和未通过身份验证的用户使用。如果用户未通过身份验证，该控件将提示用户输入登录名。如果用户已通过身份验证，该控件将用用户的登录名填充文本框。

9.2 使用成员资格管理用户

ASP.NET 成员资格可以验证和管理 Web 应用程序的用户信息。它提供验证用户凭据、创建和修改成员资格用户及管理用户设置(如密码和电子邮件地址)等功能。

ASP.NET 成员资格主要用于 ASP.NET Forms 身份验证，但也可以在 ASP.NET 应用程序的任意位置中使用 ASP.NET 成员资格，使我们可以将用户信息保存在所选数据源中，同时，还可以管理应用程序的用户身份验证。由于 ASP.NET 成员资格使用成员资格数据源的提供程序，因此不需要大量代码来读写成员资格信息。

ASP.NET 成员资格主要由内置成员资格提供程序组成，这些提供程序与数据源及公开其功能的 Membership 静态类进行通信。从 ASP.NET 代码调用 Membership 类以执行用户验证和管理。

9.2.1 成员资格介绍

ASP.NET 成员资格为我们提供了一种验证和存储用户凭据的内置方法。因此，ASP.NET 成员资格可帮助我们管理网站中的用户身份验证。可以将 ASP.NET 成员资格与 ASP.NET Forms 身份验证或 ASP.NET 登录控件一起使用以创建一个完整的用户身份验证系统。

ASP.NET 成员资格主要提供以下功能：

- 创建新用户和密码。
- 将成员资格信息(用户名、密码和支持数据)存储在 Microsoft SQL Server、Active Directory 或其他数据存储区。
- 对访问站点的用户进行身份验证。可以以编程方式验证用户，也可以使用 ASP.NET 登录控件创建一个只需很少代码或无需代码的完整身份验证系统。
- 管理密码，包括创建、更改和重置密码。根据我们选择的成员资格选项不同，成员资格系统还可以提供一个使用用户提供的问题和答案的自动密码重置系统。
- 公开经过身份验证的用户的唯一标识，可以在应用程序中使用该标识，也可以将该标识与 ASP.NET 个性化设置和角色管理(授权)系统集成。
- 指定自定义成员资格提供程序，这使我们可以改为用自己的代码管理成员资格及在自定义数据存储区中维护成员资格数据。

虽然成员资格是 ASP.NET 中用来进行身份验证的独立功能，但它可以与 ASP.NET 角色管理集成以便为站点提供授权服务。成员资格还可以与用户配置文件属性集成，以提供可为单个用户量身订做的特定于应用程序的自定义。

若要使用成员资格，必须首先为站点配置成员资格。配置成员资格的基本步骤如下。

(1) 将成员资格选项指定为网站配置的一部分。默认情况下，成员资格处于启用状态。还可以指定要使用哪个成员资格提供程序。默认提供程序会将成员资格信息存储在 Microsoft SQL Server 数据库中。

(2) 将应用程序配置为使用 Forms 身份验证(与 Windows 身份验证不同)。还可指定应用程序中的某些页或文件夹受到保护，并只能由经过身份验证的用户访问。

(3) 为成员资格定义用户账户，可以通过多种方式执行此操作。可以使用网站管理工具，该工具提供了一个用于创建新用户的类似向导的界面。或者，可以使用 ASP.NET 网页，在该网页中收集用户名和密码(及电子邮件地址(可选))，然后使用 CreateUser 成员资格方法在成员资格系统中创建一个新用户。

9.2.2　成员资格类

ASP.NET 成员资格是由一组类和接口组成的，这些类和接口可创建和管理用户。

在 ASP.NET 应用程序中，Membership 类用于验证用户凭据并管理用户设置(如密码和电子邮件地址)。Membership 类可以独自使用，或者与 FormsAuthentication 一起使用以创建一个完整的 Web 应用程序或网站的用户身份验证系统。

表 9.2 列出了 ASP.NET 成员资格所使用的类以及这些类的功能。

表 9.2　成员资格类及功能

类 / 接口	功　能
Membership 提供常规成员资格功能	创建一个新用户。 删除一个用户。 用新信息来更新用户。 返回用户列表。 通过名称或电子邮件来查找用户。 验证(身份验证)用户。 获取联机用户的人数。 通过用户名或电子邮件地址来搜索用户
MembershipUser 提供有关特定用户的信息	获取密码和密码问题。 更改密码。 确定用户是否联机。 确定用户是否已经过验证。 返回最后一次活动、登录和密码更改的日期。 取消对用户的锁定
MembershipProvider 为可供成员资格系统使用的数据提供程序定义功能	定义要求成员资格所使用的提供程序实现的方法和属性

续表

类 / 接口	功 能
MembershipProviderCollection	返回所有可用提供程序的集合
MembershipUserCollection	存储对 MembershipUser 对象的引用
MembershipCreateStatus	提供描述性值，用于描述创建一个新成员资格用户时是成功还是失败
MembershipCreateUserException	定义无法创建用户时引发的异常。描述异常原因的 MembershipCreateStatus 枚举值可通过 StatusCode 属性获取
MembershipPasswordFormat	指定 ASP.NET 包含的成员资格提供程序可以使用的密码存储格式(Clear、Hashed、Encrypted)

注意： ASP.NET 登录控件(Login、LoginView、LoginStatus、LoginName 和 PasswordRecovery)实际上封装了 Membership 类的操作。

ASP.NET 附带有两个成员资格提供程序：一个使用 Microsoft SQL Server 作为数据源，而另一个使用 Windows Active Directory。第三方可能会开发一些其他的成员资格提供程序，用于其他数据库(如 Oracle)或用于其架构不同于 ASP.NET 提供程序所使用的架构的 SQL Server 数据库。

默认情况下，ASP.NET 成员资格可支持所有 ASP.NET 应用程序。默认成员资格提供程序为 SqlMembershipProvider，并在计算机配置中以名称 AspNetSqlProvider 指定 SqlMembershipProvider 的默认实例配置为连接到 Microsoft SQL Server 的一个本地实例。

9.2.3 配置 ASP.NET 应用程序以使用成员资格

在 ASP.NET 中成员资格 Membership 类默认会使用 SqlExpress 数据库，并在项目的 App_Data 文件夹下生成一个 ASPNETDB 的 mdf 文件。

如果在安装 VS2010 时没有安装 SQL Server Express，需要使用 aspnet_regsql 工具来注册到 SQL Server 数据库中，并且修改 LocalServer 为新注册的数据库服务器。

下面介绍手动配置 ASP.NET 应用程序以使用成员资格的操作步骤。

(1) 首先打开需要创建角色管理功能的网站项目，在 VS2010 中切换到命令行状态。选择“开始”→“程序”→“Microsoft Visual Studio 2010”→“Visual Studio Tools”→“Visual Studio 命令提示(2010)”命令，如图 9.8 所示。

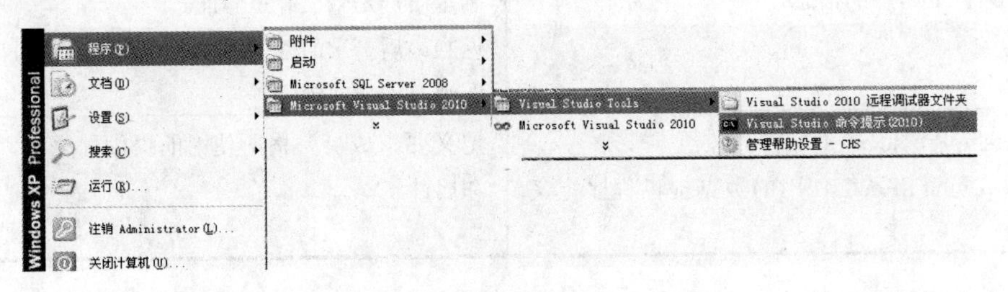

图 9.8 切换到命令行

(2) 启动 VS2010 的命令窗口，在其中输入“aspnet_regsql”，如图 9.9 所示。

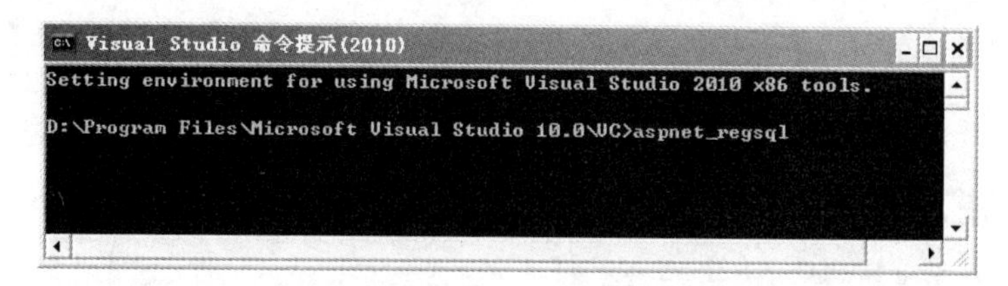

图 9.9　输入命令

(3) 按 Enter 键，将弹出“ASP.NET SQL Server 安装向导”对话框，如图 9.10 所示。

(4) 单击“下一步”按钮，出现安装选项，这里选择“为应用程序服务配置 SQL Server”，如图 9.11 所示。

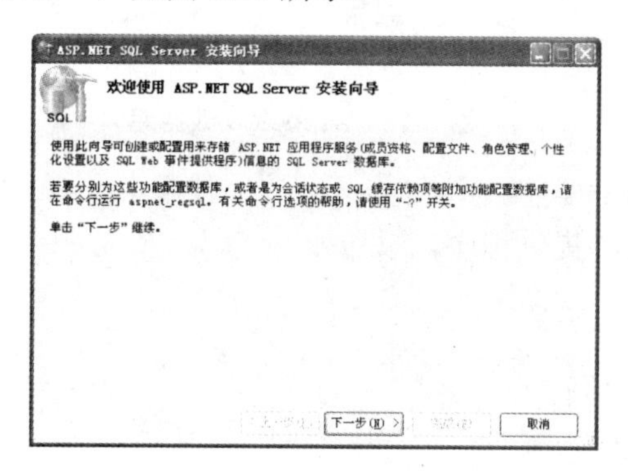

图 9.10　ASP.NET SQL Server 安装向导

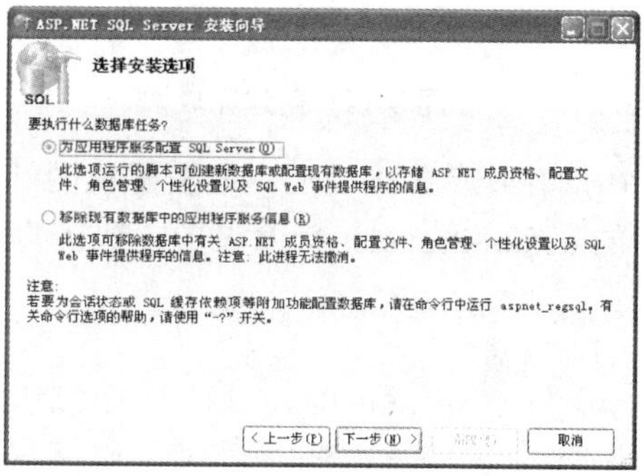

图 9.11　选择配置 SQL Server

(5) 单击“下一步”按钮，进入“选择服务器和数据库”界面，这里选择“SQL Server 身份验证”选项，输入用户名 sa 和密码，数据库选择“默认”项，也可以选已有的数据库，如图 9.12 所示。

(6) 单击“下一步”按钮，出现确认信息，如图 9.13 所示。

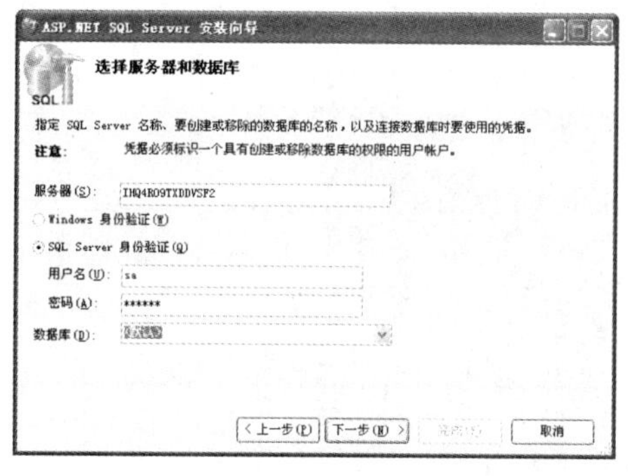

图 9.12　选择服务器和数据库

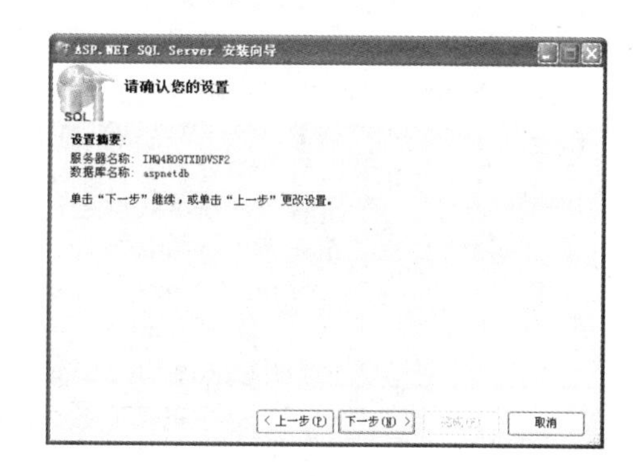

图 9.13　确认信息

(7) 单击“下一步”按钮，出现“数据库已被创建或修改”提示，如图 9.14 所示，表示数据库已经创建成功。

(8) 单击“完成”按钮，即完成了使用 aspnet_regsql 工具来注册 SQL Server 数据库。在 SQL Server Management Studio 中打开 aspnetdb 数据库，可以看到 aspnetdb 数据库已经

出现，并已自动创建好相关的 11 张表以及视图和相关的存储过程，如图 9.15 所示。

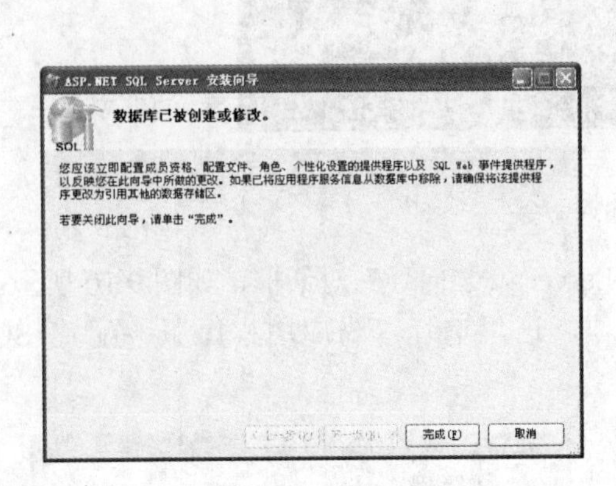

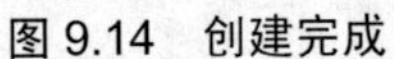
图 9.14　创建完成

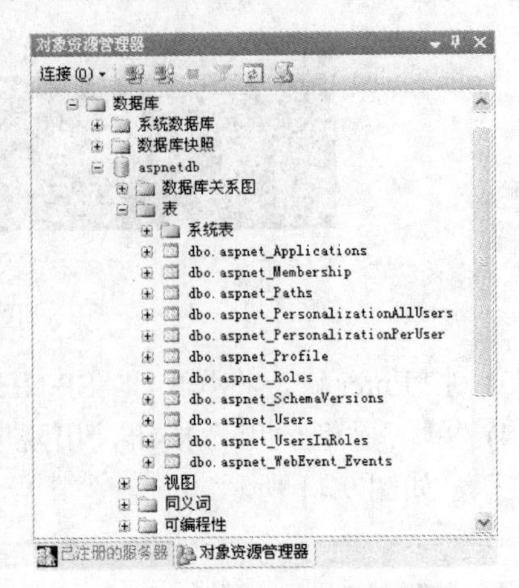

图 9.15　aspnetdb 数据库

(9) 生成数据库之后，需要配置网站项目下的配置文件 Web.config，使用 membership 元素的 defaultProvider 特性来指定默认的成员资格提供程序。添加如下代码：

```
<?xml version="1.0"?>
<!--
有关如何配置 ASP.NET 应用程序的详细信息，请访问
http://go.microsoft.com/fwlink/?LinkId=169433
-->
<configuration>
   <connectionStrings>
      <add name="ApplicationServices"
        connectionString="data source=IHQ4RO9TXDDVSF2;
        Initial Catalog=aspnetdb;User ID=sa;Password=142536;"
        providerName="System.Data.SqlClient" />
   </connectionStrings>
   <system.web>
      <compilation debug="false" targetFramework="4.0" />
      <membership defaultProvider="myMemshipProvider">
         <providers>
            <add type="System.Web.Security.SqlMembershipProvider"
              name="myMemshipProvider"
              connectionStringName="ApplicationServices"
              applicationName="MyMembership"
              enablePasswordRetrieval="false"
              enablePasswordReset="true"
              requiresQuestionAndAnswer="true"
              requiresUniqueEmail="true" passwordFormat="Hashed"/>
         </providers>
      </membership>
   </system.web>
</configuration>
```

(10) 在 VS2010 界面中的“解决方案资源管理器”中，单击“ASP.NET 配置”按钮，

如图 9.16 所示。

(11) VS2010 将启动“网站管理工具”，如图 9.17 所示。

图 9.16　选择“ASP.NET 配置”

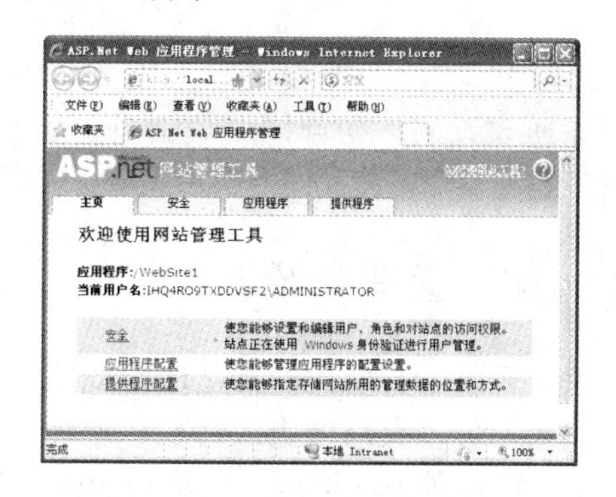

图 9.17　ASP.NET 网站管理工具

(12) 在“ASP.NET 网站管理工具”中选择“安全”选项卡，进入网站角色管理工具，如图 9.18 所示。

(13) 在网站角色管理工具界面中单击“选择身份验证类型”链接，在打开的页面中选择“通过 Internet”项，如图 9.19 所示。

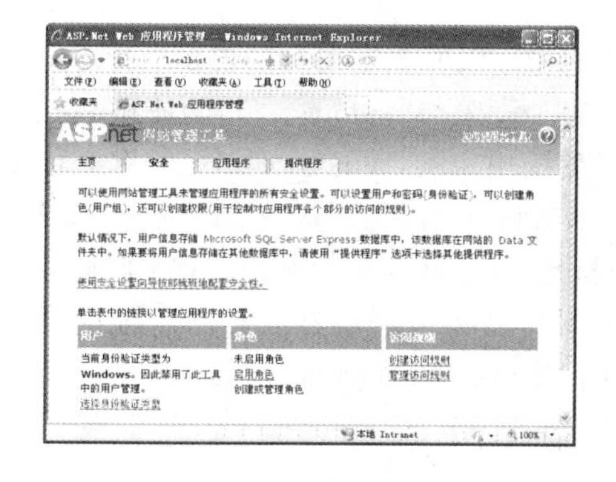

图 9.18　网站安全设置

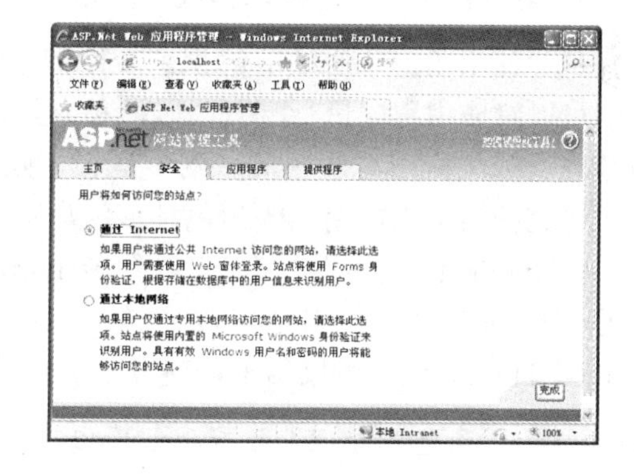

图 9.19　选择身份验证类型

(14) 单击“完成”按钮后，回到 ASP.NET 成员和角色管理页面，如图 9.20 所示。

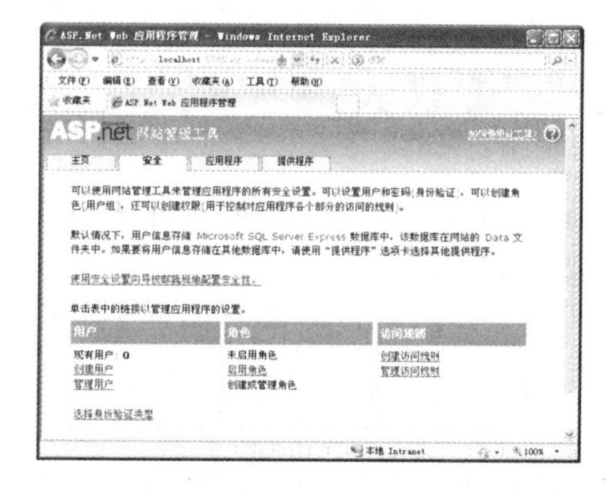

图 9.20　主页面

经过以上步骤，即为 ASP.NET 应用程序配置了使用成员资格。

9.3 使用角色管理授权

在上一小节中，我们学习使用了 ASP.NET 4.0 中的登录控件和成员资格，但用户登录之后，如何设置用户访问哪些资源并未解决。从本节开始，将学习使用角色管理授权，ASP.NET 角色管理可使我们能够指定应用程序中的各种用户可访问哪些资源。

9.3.1 角色管理介绍

角色管理可以帮助我们指定应用程序中的用户可访问的资源，它允许我们向角色分配用户，使我们可以灵活地更改特权、添加和删除用户。我们为应用程序定义的访问规则越多，使用角色这种方法向用户组应用更改就越方便。

建立角色的主要目的是为应用程序或网站提供一种管理用户组的访问规则的便捷方法。创建用户，然后将用户分配到角色。这样，就可以建立允许和拒绝访问受限文件夹的规则。如果未被授权的用户尝试查看受限制的页面，该用户会看到错误消息或被重定向到指定的页面。

1. 角色管理、用户标识和成员资格

若要使用角色，必须能够识别应用程序中的用户，以便确定用户是否属于特定角色。我们可以对应用程序进行配置，以两种方式建立用户标识：Windows 身份验证和 Forms 身份验证。如果应用程序在局域网中运行，则可以使用用户的 Windows 域账户名来标识用户。在这种情况下，用户的角色是该用户所属的 Windows 组。

在 Internet 应用程序中，可以使用 Forms 身份验证来建立用户标识。对于此任务，通常是创建一个页面，用户可以在该页面中输入用户名和密码，然后对用户进行验证。ASP.NETLogin 控件可以用来创建登录页面并使用 FormsAuthentication 类建立用户标识。

注意： 角色不处理未在应用程序中建立标识的用户(匿名用户)。

如果使用 Login 控件或 Forms 身份验证建立用户标识，则还可以将角色管理和成员资格一起使用。在这个方案中，使用成员资格来定义用户和密码。然后，可以使用角色管理来定义角色并为这些角色分配成员。但是，角色管理并不依赖于成员资格。只要能够在应用程序中设置用户标识，就可以使用角色管理进行授权。

2. ASP.NET 角色管理的工作原理

若要使用角色管理，首先要启用它，并配置能够利用角色的访问规则(可选)。然后可以在运行时使用角色管理功能处理角色。

使用 ASP.NET 角色管理，需要设置在应用程序的 Web.config 文件中启用它：

```
<roleManager enabled="true" cacheRolesInCookie="true">
</roleManager>
```

角色的典型应用是建立规则，用于允许或拒绝对页面或文件夹的访问。可以在 Web.config 文件的 authorization 中设置此类访问规则。下面的示例代码演示了允许 Suser 角色的用户查看名为 Student 的文件夹中的页面，同时也拒绝任何其他用户的访问：

```
<configuration>
    <location path="Student">
        <system.web>
            <authorization>
                <allow roles="Suser" />
                <deny users="*" />
            </authorization>
        </system.web>
    </location>
    <!-- other configuration settings here -->
<configuration>
```

如果使用 Forms 身份验证，则可以使用 ASP.NET 网站管理工具设置用户和角色，通过调用各种角色管理器方法来以编程方式执行此任务。

下面的示例演示如何创建角色 Suser：

```
Roles.CreateRole("Suser");
```

下面的示例演示如何将用户“darcy”单独添加到角色 Teacher 中，以及如何将用户 Wyun 和 Kitty 同时添加到角色 Suser 中：

```
Roles.AddUserToRole("darcy", "Teacher");
string[] userGroup = new string[2];
userGroup[0] = " Wyun";
userGroup[1] = "Kitty";
Roles.AddUsersToRole(userGroup, "Suser");
```

角色管理涉及到的 aspnetdb 数据库中的表如图 9.21 所示。

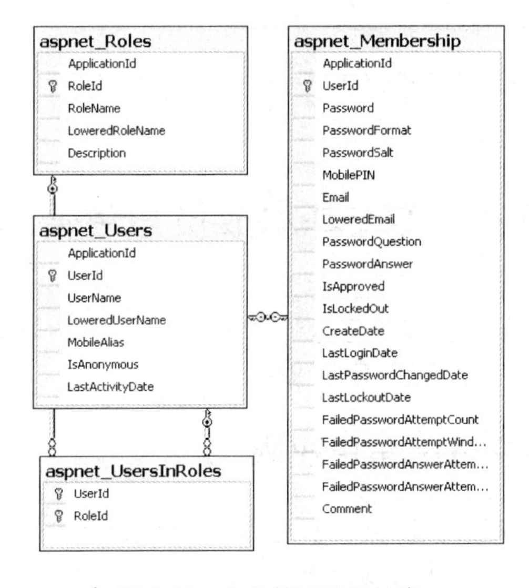

图 9.21　角色管理涉及的表

9.3.2　角色管理类

角色管理包含一组用于为当前用户建立角色并管理角色信息的类和接口。表 9.3 列出了角色管理类及其提供的功能。

表 9.3 角色管理类及功能

类 / 接口	功 能
Roles 提供用于角色的常规管理功能	创建角色；将用户添加到角色；确定特定用户是否在角色中；获取用户的角色；从角色中删除用户；管理包含角色信息的 Cookie
RoleProvider 为可供角色管理服务使用的数据提供程序定义功能	定义提供程序要由 Roles 类使用必须实现的功能
RoleManagerModule 向当前的 User 属性中添加角色信息	自动创建 RolePrincipal 并将其附加到当前上下文中；引发 GetRoles 事件，以允许自定义向当前用户上下文中添加角色的过程
RoleManagerEventArgs 定义传递到 GetRoles 事件的参数	在 GetRoles 事件中提供对当前用户上下文的访问
RolePrincipal 作为 IPrincipal 对象并为用户缓存角色	存储当前用户的角色信息。 从 Cookie 或数据库中(如果需要也可为两者)管理角色信息的检索
RoleService 提供对作为 WindowsCommunicationFramework 服务的角色的访问	检查用户是否属于指定的角色；检索用户的所有角色

在上面的列表中，Roles 是核心类，它管理角色中的用户成员资格，以便在 ASP.NET 应用程序中进行授权检查。

9.4 实现基本成员角色管理

在了解 ASP.NET 成员资格和角色管理功能后，下面来学习如何使用成员角色管理创建角色，并显示用户列表以及为角色分配权限。

9.4.1 创建新用户并分配角色权限

在 ASP.NET 的成员资格管理中，创建新用户有两种方法：①通过注册页面进行注册；②使用 ASP.NET 配置管理工具创建新用户。下面分别介绍。

1. 通过注册页面创建新用户

在 VS2010 中，在登录控件中提供了 CreateUserWizard 控件来快速创建新用户，并且无需编写任何代码，即可实现用户注册的功能，操作步骤如下。

(1) 新建网站后，添加一个窗体“Default.aspx”。

(2) 在页面上放置一个 CreateUserWizard 控件，如图 9.22 所示，可看到注册页面包含了常用的注册选项。

(3) 运行该注册页面，效果如图 9.23 所示，输入相应的用户名和密码、邮箱等。

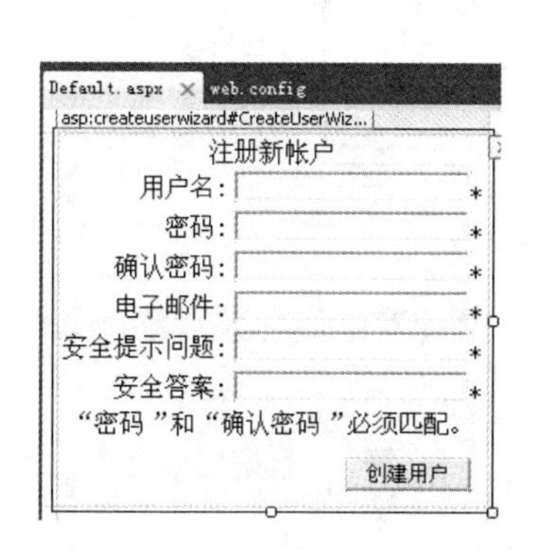

图 9.22 页面设置

图 9.23 注册页面

(4) 单击“创建用户”按钮，即可完成创建用户，如图 9.24 所示。

图 9.24 完成创建用户

注意： 要使用自带的 CreateUserWizard 控件，必须在 Web.config 文件中配置成员资格相关信息。

2. 使用 ASP.NET 配置管理工具创建新用户

使用 ASP.NET 配置管理工具创建新用户的步骤如下。

(1) 打开或新建网站后，在“解决方案资源管理器”中单击“ASP.NET 配置”，启动 ASP.NET 网站配置工具，如图 9.25 所示。

(2) 单击“安全”选项，选择“创建用户”链接，如图 9.26 所示，在“创建用户”页面输入相关信息，如图 9.27 所示。

(3) 单击“创建用户”按钮，当用户信息填写符合要求，且用户名没有与系统中存在的用户重名时，系统会提示创建用户成功，如图 9.28 所示。

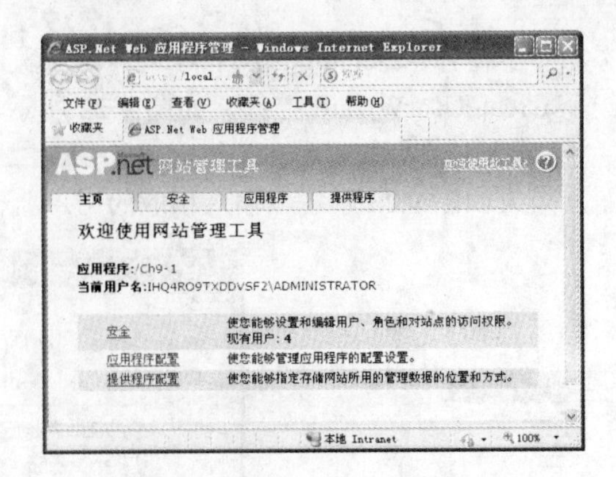

图 9.25　ASP.NET 配置首页

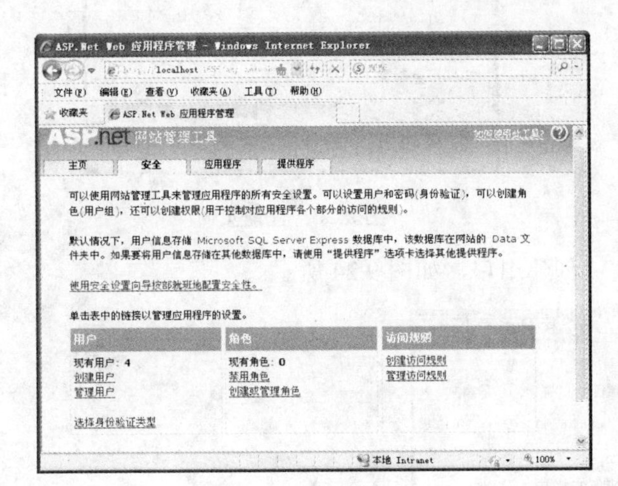

图 9.26　安全选项

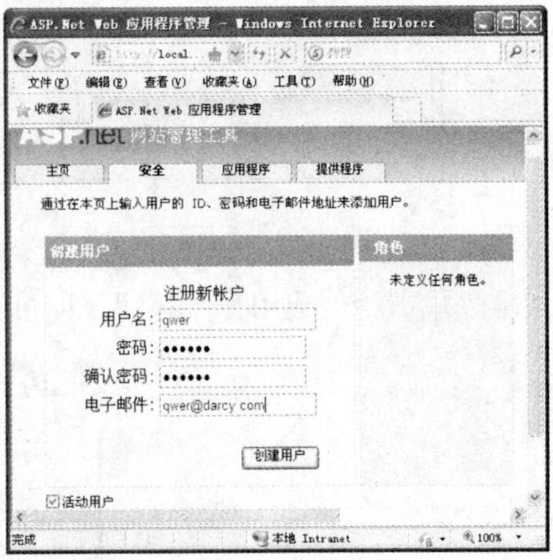

图 9.27　创建用户

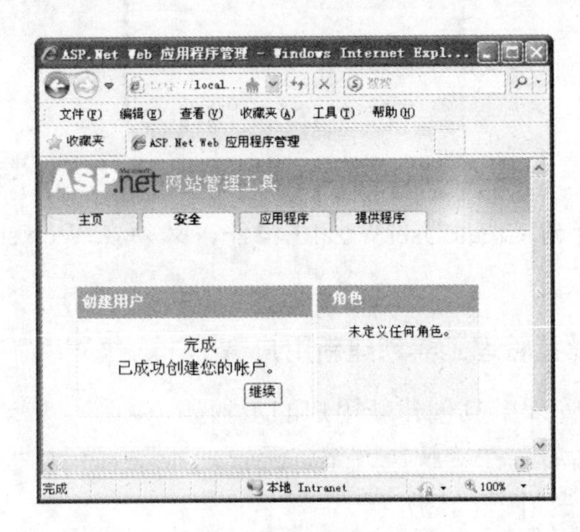

图 9.28　创建成功

9.4.2　管理用户

创建用户之后，管理员可以对用户信息进行修改和删除，ASP.NET 在网站管理工具中

提供了用户管理功能，步骤如下。

(1) 在网站管理工具中，单击“管理用户”链接，如图 9.29 所示。

(2) 在用户管理页面中可以进行用户信息的修改和删除，同时，如果用户信息较多，可查询，如图 9.30 所示。

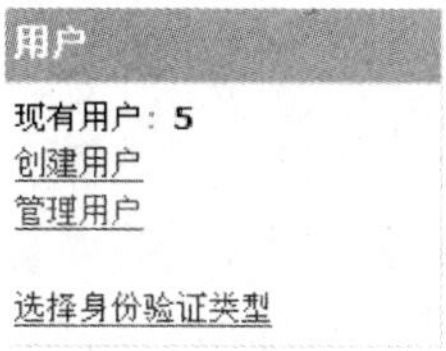

用户
现有用户：5
创建用户
管理用户
选择身份验证类型

图 9.29　“管理用户”链接

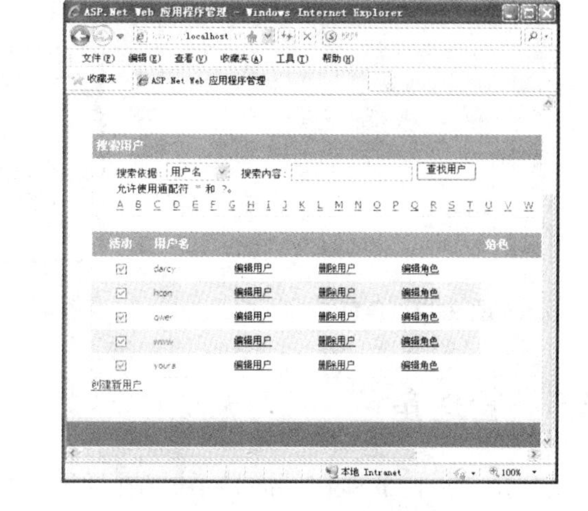

图 9.30　用户管理页面

9.4.3　更新用户信息

管理员通过在用户管理页面单击用户名后面的“编辑用户”链接进入本页面，在这里可以修改用户的基本资料，还可以设置用户所拥有的角色权限，如图 9.31 所示。

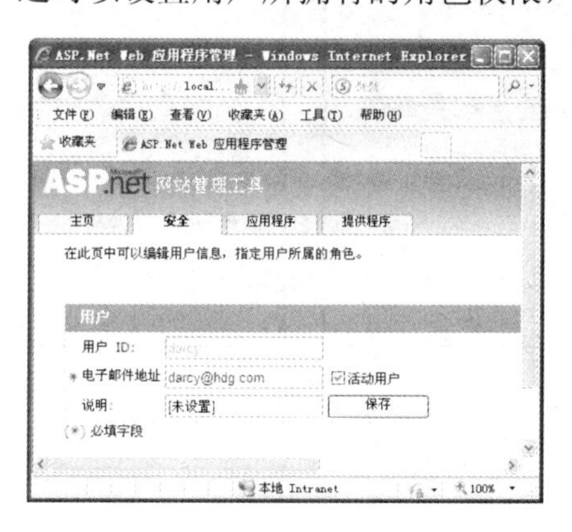

图 9.31　编辑用户信息界面

9.4.4　创建角色

在创建用户的时候，可以使用旁边的“角色”选项卡，显示当前 ASP.NET 网站的角色情况，如图 9.32 所示，从中可以看到当前网站配置为“启用角色”状态。

单击“创建或管理角色”链接，进入“创建新角色”页面，输入角色名称并单击“添加角色”按钮，则完成角色创建任务，如图 9.33 所示。

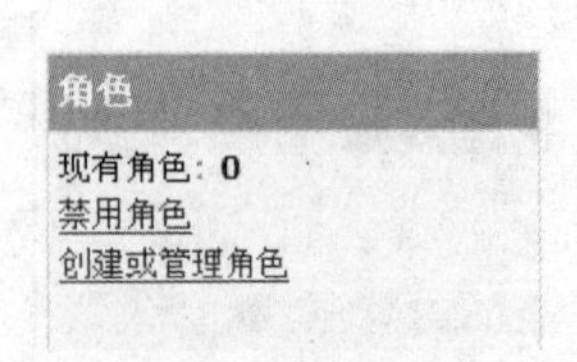

图 9.32　角色

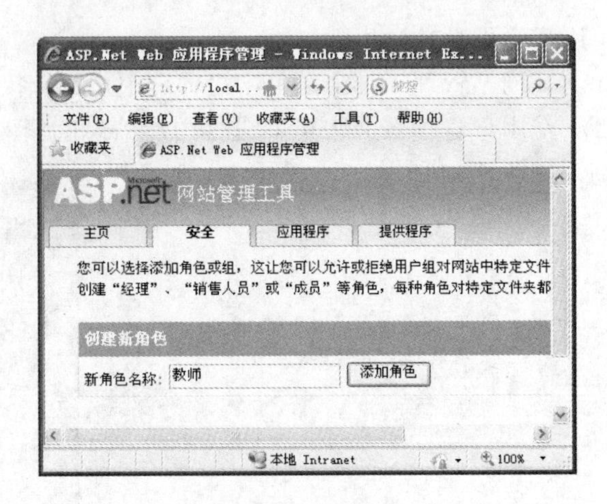

图 9.33　创建角色

9.4.5　管理角色

创建角色后，立即在下面显示网站已经创建的角色名称，并可编辑和删除，如图 9.34 所示。

当单击"管理"链接的时候，可以管理该角色下面的用户，如图 9.35 所示。

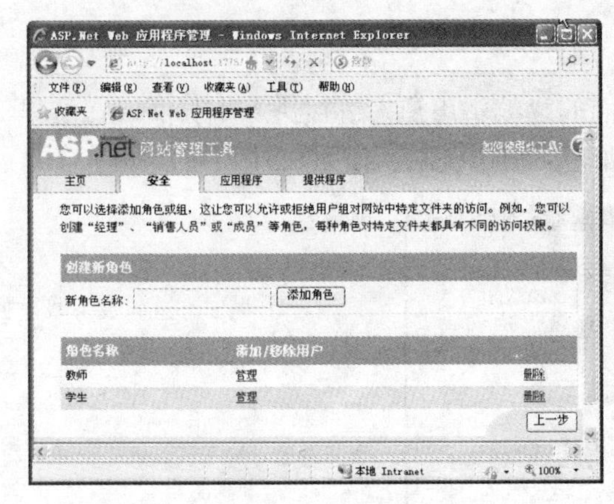

图 9.34　管理角色

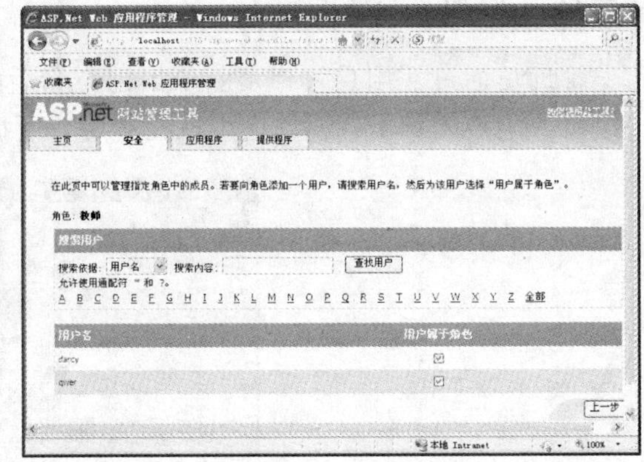

图 9.35　角色用户

9.4.6　设置角色权限

创建角色后，就可以对角色的权限进行管理，以实现不同的角色访问不同的资源。设置角色权限可按下列步骤进行操作。

(1) 在网站管理工具的"安全"选项卡中，单击"创建访问规则"链接，如图 9.36 所示。

(2) 进入规则配置界面后，选择添加访问规则来控制对整个网站或单个文件夹的访问。规则可应用于特定的用户和角色、所有用户、匿名用户或这些用户的某种组合。规则将会应用于子文件夹，如图 9.37 所示。

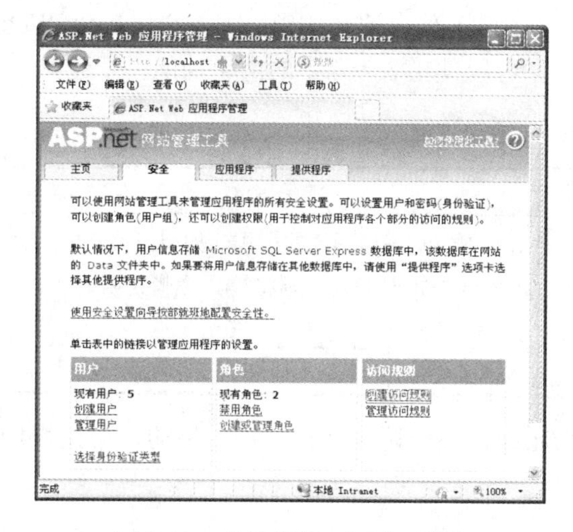

图 9.36　“创建访问规则”链接

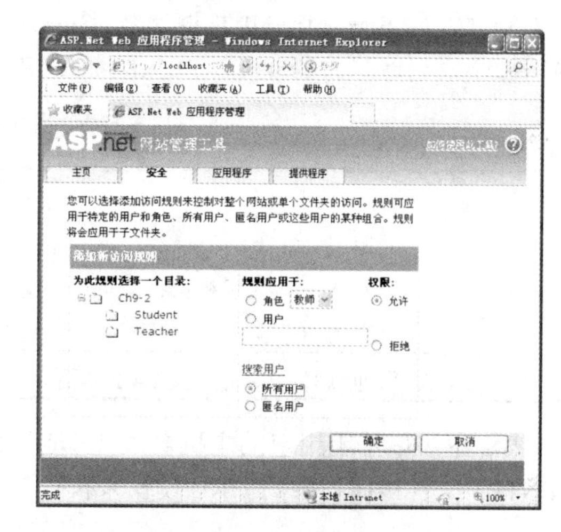

图 9.37　添加新访问规则

(3) 设置好访问规则后，返回安全配置页面，可单击“管理访问规则”链接对这些规则进行管理，如图 9.38 所示。

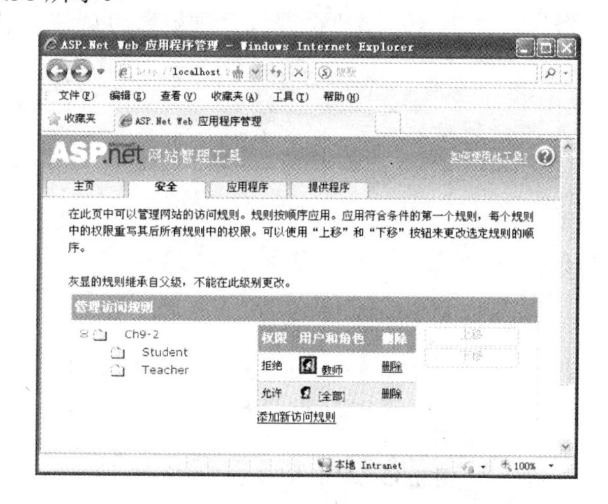

图 9.38　管理访问规则

9.5　ASP.NET 的安全性

安全性是 ASP.NET Web 应用程序中一个非常重要的方面。本节主要学习 ASP.NET 的身份认证、如何对用户进行身份验证和授权。在保护 ASP.NET 应用程序的安全时，存在很多威胁及可应用的相应对策，读者通过此节，需要学会如何编写安全的代码，以便构建安全的 Web 应用程序。

9.5.1　ASP.NET 安全性的工作原理

对于 Web 开发人员来说，保证网站的安全是一个十分重要的问题。在 ASP.NET 中，

ASP.NET 与 Microsoft .NET 框架及 Microsoft Internet 信息服务(IIS)协同工作以提供 Web 应用程序安全性。若要保护 ASP.NET 应用程序，可以使用表 9.4 中的两个功能。

表 9.4　ASP.NET 的安全功能

名　称	说　明
身份验证	用来验证用户的身份。应用程序获取用户的凭据(各种形式的标识，如用户名和密码)并通过某些授权机构验证那些凭据。如果这些凭据有效，则将提交这些凭据的实体视为通过身份验证
授权	通过对已验证身份授予或拒绝特定权限来限制访问权限

IIS 也可以基于用户的主机名或 IP 地址来允许或拒绝访问。任何进一步的访问授权均由 NTFS 文件访问权限的 URL 授权来执行。

9.5.2　ASP.NET 安全性体系结构

所有 Web 客户端都是通过 IIS 与 ASP.NET 应用程序通信。IIS 根据需要对请求进行身份验证，并找到请求的资源。如果客户端已被授权，则资源可用，其过程如图 9.39 所示。

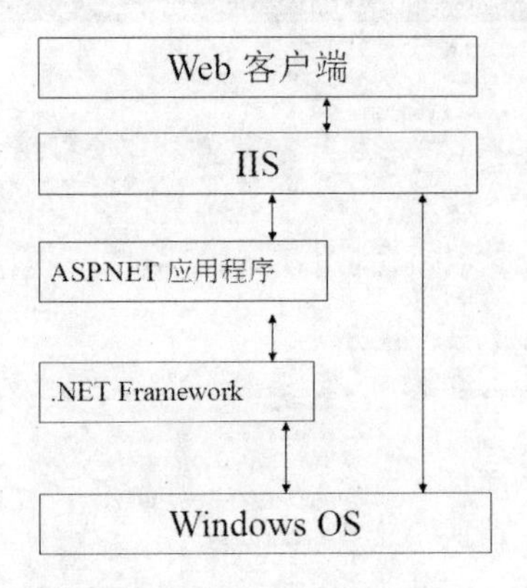

图 9.39　ASP.NET 安全结构

当运行 ASP.NET 应用程序时，它可以使用内置的 ASP.NET 安全功能。另外，ASP.NET 应用程序还可以使用.NET 框架的安全功能。

1. 将 ASP.NET 身份验证与 IIS 集成

除利用 IIS 的身份验证功能之外，还可以在 ASP.NET 中执行身份验证。在使用 ASP.NET 身份验证时，应了解其与 IIS 身份验证服务之间的交互。

IIS 假定一组凭据映射到一个 Microsoft Windows NT 账户并且必须使用这些凭据对用户进行身份验证。IIS7 中使用的身份验证方法有以下这些：匿名、ASP.NET 模拟、基本、客户端证书映射、摘要式、表单和 Windows 集成安全性(NTLM/Kerberos)。可以通过使用 IIS 管理服务来选择身份验证类型。

如果用户请求映射到 ASP.NET 应用程序的 URL，则该请求和身份验证信息将传送给应用程序。ASP.NET 提供 Forms 身份验证。Forms 身份验证是一个系统，将未经身份验证

的请求重定向到我们创建的 ASP.NET 网页。用户提供凭据并提交该页。如果应用程序对请求进行身份验证，则系统会在 Cookie 中发出一个身份验证票，其中包含用于重新获取标识的凭据或密钥。后面的请求将在请求中包含身份验证票。

2. ASP.NET 配置文件安全设置

ASP.NET 安全设置是在 Machine.config 和 Web.config 文件中进行配置的。与其他配置信息一样，在当前.NET 框架安装的 Config 子目录中的 Machine.config 文件中建立基本设置和默认设置。可以在网站根目录和应用程序根目录中的 Web.config 文件中建立特定于站点的设置和特定于应用程序的设置(包括重写 Machine.config 文件中的设置)。子目录会继承上一级目录的设置，除非子目录中的 Web.config 文件重写这些设置。

Web.config 文件有 3 个主要的子节：authentication、authorization 和 identity 节。通常在 Machine.config 文件中设置各个安全元素的值，并根据需要在应用程序级别的 Web.config 文件中重写这些值。所有子目录都自动继承那些设置。但是，子目录可以有自己的配置文件，这些配置文件重写继承的设置。

可以使用 location 配置元素来指定设置要应用到的特定文件或目录。

下面的示例代码演示了一个配置文件的安全节的语法：

```
<authentication mode="[Windows|Forms|None]">
   <forms name="name"
     loginUrl="url"
     protection="[All|None|Encryption|Validation]"
     timeout="minutes"
     path="path"
     requireSSL="[true|false]"
     slidingExpiration="[true|false]"
     defaultUrl="string"
     cookieless="[UseCookies|UseUri|AutoDetect|UseDeviceProfile]"
     domain="string">
       <credentials passwordFormat="[Clear|MD5|SHA1]">
          <user name="********" password="********"/>
       </credentials>
   </forms>
</authentication>
<authorization>
   <allow users="list of users"
     roles=" list of roles"
     verbs="list of verbs" />
   <deny  users="list of users"
     roles="list of roles"
     verbs=" list of verbs" />
</authorization>
<identity impersonate ="[true|false]"
  userName="domain\username"
  password="password" />
<trust level="[Full|High|Medium|Low|Minimal]"
  originUrl=""/>
<securityPolicy>
```

```
    <trustLevel name="Full" policyFile="internal"/>
    <trustLevel name="High" policyFile="web_hightrust.config"/>
    <trustLevel name="Medium" policyFile="web_mediumtrust.config"/>
    <trustLevel name="Low" policyFile="web_lowtrust.config"/>
    <trustLevel name="Minimal" policyFile="web_minimaltrust.config"/>
</securityPolicy>
```

9.5.3 ASP.NET 身份验证

身份验证是从用户处获取标识凭据(如用户名和密码)并通过某些授权机构验证那些凭据的过程。如果这些凭据有效，则将提交这些凭据的实体视为通过身份验证。在身份得到验证后，授权进程将确定该身份是否可以访问给定资源。

ASP.NET 通过身份验证提供程序(即包含验证请求方凭据所需代码的代码模块)来实现身份验证，身份验证模式主要有以下两种(见表 9.5)。

表 9.5　身份验证模式

名　称	说　明
Windows 身份验证提供程序	提供有关如何将 Windows 身份验证与 Microsoft Internet 信息服务(IIS)身份验证结合使用来确保 ASP.NET 应用程序安全的信息
Forms 身份验证提供程序	提供有关如何使用我们自己的代码创建应用程序特定的登录窗体并执行身份验证的信息。使用 Forms 身份验证的一种简便方法是使用 ASP.NET 成员资格和 ASP.NET 登录控件，它们一起提供了一种只需少量或无需代码就可以收集、验证和管理用户凭据的方法

1. Windows 身份验证

在 ASP.NET 应用程序中，Windows 身份验证将 Microsoft Internet 信息服务(IIS)所提供的用户标识视为已经过身份验证的用户。IIS 提供了大量用于验证用户标识的身份验证机制，包括匿名身份验证、Windows 集成的 NTLM 身份验证、Windows 集成的 Kerberos 身份验证、基本(base64 编码)身份验证、摘要式身份验证以及基于客户端证书的身份验证。

在 ASP.NET 中，使用 WindowsAuthenticationModule 模块来实现 Windows 身份验证。该模块根据 IIS 所提供的凭据构造一个 WindowsIdentity，并将该标识设置为该应用程序的当前 User 属性值。

Windows 身份验证是 ASP.NET 应用程序的默认身份验证机制，并指定作为使用 authentication 配置元素的应用程序的身份验证模式，如下面的示例代码所示：

```
<system.web>
    <authentication mode="Windows"/>
</system.web>
```

2. Forms 身份验证

Forms 身份验证使我们可以使用自己的代码对用户进行身份验证，然后将身份验证标记保留在 Cookie 或页的 URL 中。Forms 身份验证通过 FormsAuthenticationModule 类参与到 ASP.NET 页的生命周期中。可以通过 FormsAuthentication 类访问 Forms 身份验证信息和功能。

若要使用 Forms 身份验证，可以创建一个登录页。该登录页既可收集用户的凭据，又包含用于对这些凭据进行身份验证的代码。通常，可以对应用程序进行配置，以便在用户尝试访问受保护的资源(如要求身份验证的页)时，将请求重定向到登录页。如果用户的凭据有效，则可以调用 FormsAuthentication 类的方法，以使用适当的身份验证(Cookie)将请求重定向回到最初请求的资源。如果不需要进行重定向，则只需获取 Forms 身份验证 Cookie 或对其进行设置即可。在后续的请求中，用户的浏览器会随同请求一起传递相应的身份验证 Cookie，从而绕开登录页。

通过使用 authentication 配置元素，可以对 Forms 身份验证进行配置。最简单的情况是使用登录页。在配置文件中指定一个 URL 以将未经身份验证的请求重定向到登录页。然后在 Web.config 文件或单独的文件中定义有效的凭据。

9.5.4 防止 SQL 语句利用

有一种脚本利用的变体可以导致恶意的 SQL 语句的执行，比如在用户名和密码输入位置输入“'or '1'='1'”、“' or 'a'='a”之类的字符串(不包含引号)，这时如果应用程序提示用户输入信息并将用户的输入串联为表示 SQL 语句的字符串，则会出现 SQL 语句被利用的情况。例如，应用程序可能提示输入姓名，目的是为了执行类似如下的语句：

```
"Select * From StudentInfo where StudentName = " + txtStudentName.text
```

但是，对数据库有所了解的恶意用户可能使用文本框输入包含客户姓名的嵌入式 SQL 语句，产生类似如下的语句：

```
Select * From StudentInfo Where StudentName = '张三' Delete From
  StudentInfo Where StudentName > ''
```

当执行该查询时，就会损坏数据库。

为了防止脚本利用的情况出现，我们可以通过对字符串应用 HTML 编码(显示字符串之前，调用 HtmlEncode 方法)，防止脚本中有非法字符的出现。

注意： 通过检查潜在危险字符串，例如“<!”、“</”和“<?”，ASP.NET 可帮助防止伪装成 URL 的脚本利用。

ASP.NET 提供了几种有助于防止脚本利用的方法：

- ASP.NET 对查询字符串、窗体变量和 Cookie 值执行请求验证。默认情况下，如果当前的 Request 包含 HTML 编码的元素或某些 HTML 字符，则 ASP.NET 页框架将引发一个错误。
- 如果希望在 Web 中接受某个 HTML(例如，来自用户的某些格式设置说明)，最好在提交给服务器之前，在客户端对其进行编码。
- 为了防止 SQL 语句利用，最好不用串联字符串创建 SQL 查询。相反，使用参数化查询并将用户输入分配给参数对象。

9.6 上机实训

(1) 实验目的

① 掌握 Login、LoginView、LoginStatus、LoginName、PasswordRecovery、CreateUserWizard 和 ChangePassword 这些登录控件的使用。

② 掌握使用成员资格管理用户。

③ 学会配置 ASP.NET 应用程序以使用成员资格。

④ 熟悉使用角色管理。

⑤ 熟悉 ASP.NET 安全原理。

(2) 实验内容

① 利用登录系列控件实现用户注册，并实现登录，登录成功后，跳转到 Index.aspx 文件。

② 使用 ASP.NET 成员资格创建新用户，并修改密码。

③ 使用网站管理工具创建两个用户角色，分别命名为“教师”和“学生”，并为每种角色添加一个用户。

④ 使用角色权限管理，匿名访客只能打开登录页面，教师登录后进入教师文件夹的首页，学生登录后进入学生文件夹首页。

9.7 本章习题

一、选择题

(1) Login 控件的(　　)用于设置新用户注册页的 URL。

A. InstructionText　　B. LoginButtonImageUrl

C. CreateUserUrl　　D. DestinationPageUrl

(2) 默认情况下，(　　)控件将新用户添加到 ASP.NET 成员资格系统中。

A. CreateUserWizard　　B. PasswordRecovery

C. LoginStatus　　D. LoginView

(3) ASP.NET 成员资格类的核心是(　　)。

A. Membership　　B. MembershipProviderCollection

C. SqlMembershipProvider　　D. MembershipUser

(4) ASP.NET 角色管理的核心类是(　　)。

A. RoleProvider　　B. Roles

C. RolePrincipal　　D. RoleService

二、填空题

(1) 当用户提交用户的登录信息时，Login 控件首先引发____________事件，然后引发____________事件，最后引发____________事件。

(2) 使用_______控件，可以向匿名用户和登录用户显示不同的信息。

(3) ASP.NET 成员资格主要用于 ASP.NET_________身份验证。

(4) 如果在安装 VS2010 时没有安装 SQL Server Express，可使用___________工具来注册管理成员资格数据库。

(5) 若要使用 ASP.NET 角色管理，需要设置在应用程序的_________文件中启用它。

(6) Forms 身份验证通过_______________类参与到 ASP.NET 页的生命周期中。

三、判断题(对/错)

(1) 使用 Login 控件和 ASP.NET 成员资格，可以不需要编写执行身份验证的代码。 (　　)

(2) ChangePassword 控件仅由通过身份验证的用户使用。 (　　)

四、简述题

简述 ASP.NET 的安全体系结构。

ASP.NET

第 10 章 简易电费收费系统

学习目的与要求：

本章通过简易电费收费系统的开发，向读者介绍管理信息系统的基本开发方法，以及使用 Microsoft Visual Studio 2010 开发应用软件的关键技术。

在整个管理信息系统的开发过程中，从系统需求到系统分析，再从系统分析研究到数据库的结构设计，最后到系统的部署，本章进行了详细的演示。读者通过此管理信息系统的学习，可以加深对系统开发过程的理解、熟练掌握系统开发的常用方法。

10.1 系统概述

本章主要实现一个简单的电费收费系统。简易电费收费系统主要实现电费交费、交费查询、用户开户、电费余额等功能。通过此案例，可以掌握使用 Microsoft Visual Studio 2010 在 ASP.NET 4.0 平台上开发管理信息系统的基本方法，为以后的进一步学习打下坚实的基础。

10.2 需求分析

通过对简易电费收费系统的分析，可以总结出简易电费收费系统的主要功能如下。

- 电费开户：添加新用户的相关信息。
- 修改信息：修改用户的信息。
- 电费交费：用于登记用户交费情况。
- 交费查询：显示包括“详细记录”和“历史记录”。“详细记录”显示的将是用户当前电费使用的详细信息，包括用户的详细信息(如用户 ID、用户姓名、用户住址)、电费使用量、费用信息(预缴费用、余额、欠费)等；“历史记录”显示的则是用户历史的交费记录信息，包括交费日期、交费金额、上次结余、交费后的结余。

另外，管理员主要负责对收费员的添加、删除，对数据库的备份、密码修改等。

10.3 用例图

根据前面的需求分析，设计出电费收费系统的用例图，如图 10.1 和 10.2 所示。

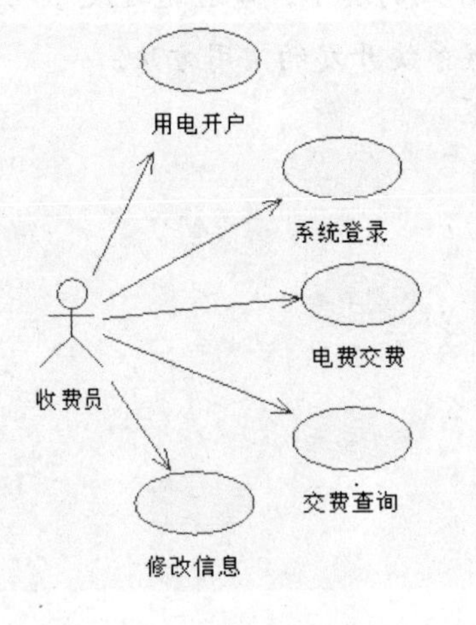

图 10.1 收费员用例图

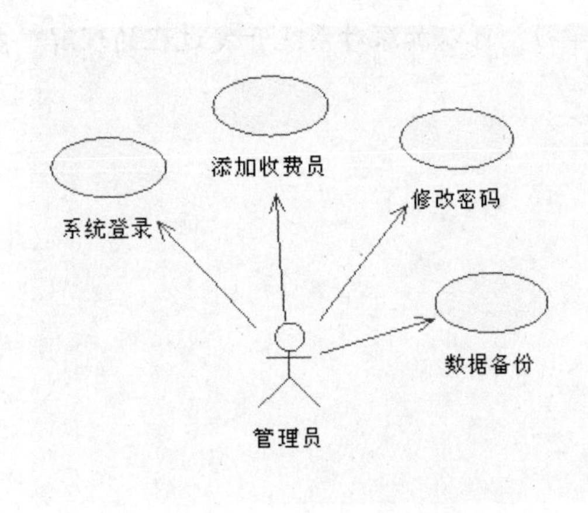

图 10.2 管理员用例图

10.4　系统总体设计

本系统在开发上，前台界面大部分使用 ASP.NET 内置控件，对于数据库访问，为了温习前面的知识，大部分使用 ADO.NET 访问数据库和使用数据库访问控件，以便加强读者对 ASP.NET 基础服务器控件的练习。

根据前面的系统分析和用例图，系统采用自顶而下的方法设计，可以分解为以下几个模块，如图 10.3 所示。

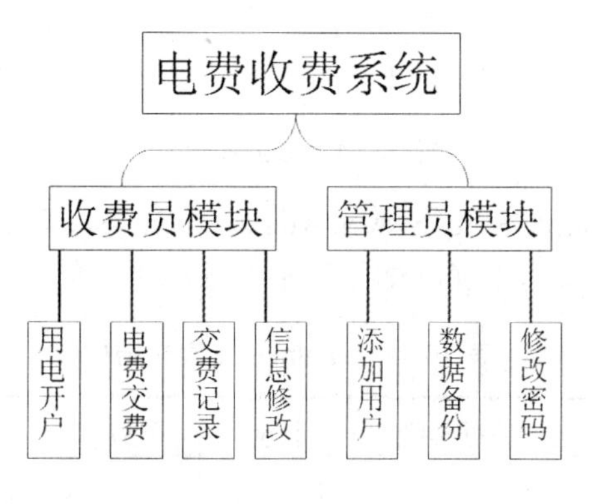

图 10.3　系统主要模块

10.5　开 发 环 境

本系统采用如下环境开发。

- 操作系统：Windows XP SP3。
- 开发工具：Microsoft Visual Studio 2010。
- UML 建模工具：Rational Rose 2007。
- 数据库设计工具：PowerDesigner 15.1。
- 数据库环境：SQL Server 2008 企业版。

10.6　数据库设计

数据库设计是建立数据库及其应用系统的第一步，是开发管理信息系统最重要的一部分。数据库设计的基本任务是根据用户对象的信息需求、处理需求和数据库的支持环境设计出符合需要的数据库系统。

结合前面的系统分析、用例图和总体设计，利用 PowerDesigner 设计出数据库的结构，如图 10.4 所示。

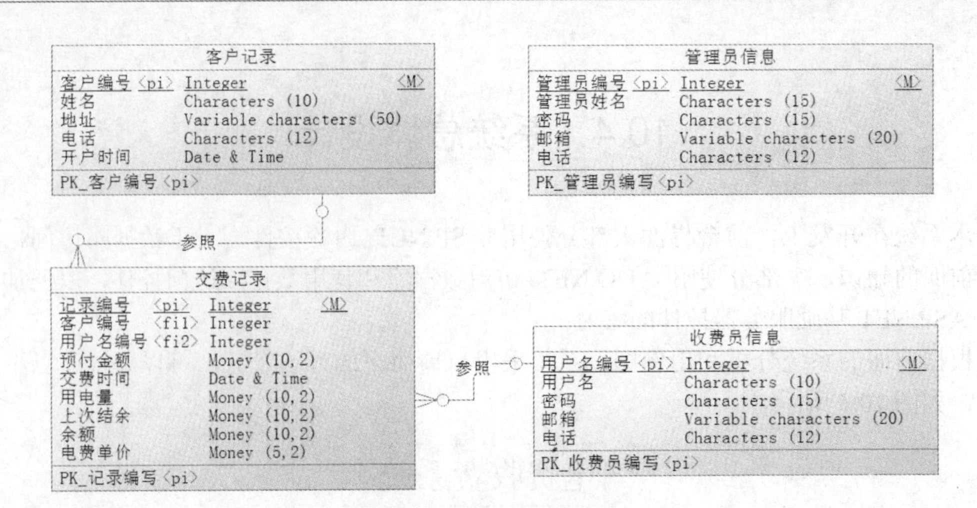

图 10.4 数据库设计

根据图 10.4 的设计，通过 SQL Server Management Studio 视图创建数据库和表，也可以使用 SQL 语句，根据系统需求建立如下所示的数据库系统表(表 10.1~10.4)。

表 10.1 AdminUser 表的结构

序号	列名	数据类型	长度	小数位	标识	主键	允许空
1	AdminID	int	4	0		是	否
2	AdminName	nchar	15	0			是
3	AdminPwd	nchar	15	0			是
4	AdminEmail	nchar	20	0			是
5	AdminPhone	nchar	11	0			是

表 10.2 Client 表的结构

序号	列名	数据类型	长度	小数位	标识	主键	允许空
1	ClientID	int	4	0	是	是	否
2	ClientName	char	10	0			是
3	ClientAddress	char	50	0			是
4	ClientPhone	char	15	0			是
5	ClientAddTime	nchar	20	0			是

表 10.3 PayRecord 表的结构

序号	列名	数据类型	长度	小数位	标识	主键	允许空
1	RecordId	bigint	8	0	是	是	否
2	ClientName	char	10	0			是
3	PayAmount	float	8	0			是
4	PayTime	nchar	25	0			是
5	UsedAmount	float	8	0			是

续表

序号	列名	数据类型	长度	小数位	标识	主键	允许空
6	LastYuEr	float	8	0			是
7	YuEr	float	8	0			是
8	UnitPrice	float	8	0			是

表 10.4　UserInfo 表的结构

序号	列名	数据类型	长度	小数位	标识	主键	允许空
1	UserID	int	4	0	是	是	否
2	UserName	nchar	15	0			是
3	UserPwd	nchar	15	0			是
4	UserMail	nchar	20	0			是
5	UserPhone	nchar	11	0			是

10.7　项目及数据库搭建

在对系统有了整体认识后，开始创建项目，可按如下步骤操作。

(1)　启动 Microsoft Visual Studio 2010，界面如图 10.5 所示。

图 10.5　启动界面

(2)　选择“文件”→“新建网站”菜单命令，打开“新建网站”对话框，如图 10.6 所示。选择模板为“ASP.NET 空网站”，语言选择“Visual C#”，设置保存路径，单击“确定”按钮创建项目，即创建了一个新项目。

项目创建完成后，若安装了 SQL Server 2008 Express，可在 Microsoft Visual Studio 2010 中添加新数据库。这里我们利用 SQL Server Management Studio 工具来创建数据库。

(3)　启动 SQL Server Management Studio 工具，如图 10.7 所示。

(4)　登录成功后，在“对象资源管理器”窗口中，右击“数据库”，在弹出的快捷菜单中选择“新建数据库”命令，弹出如图 10.8 所示的对话框。

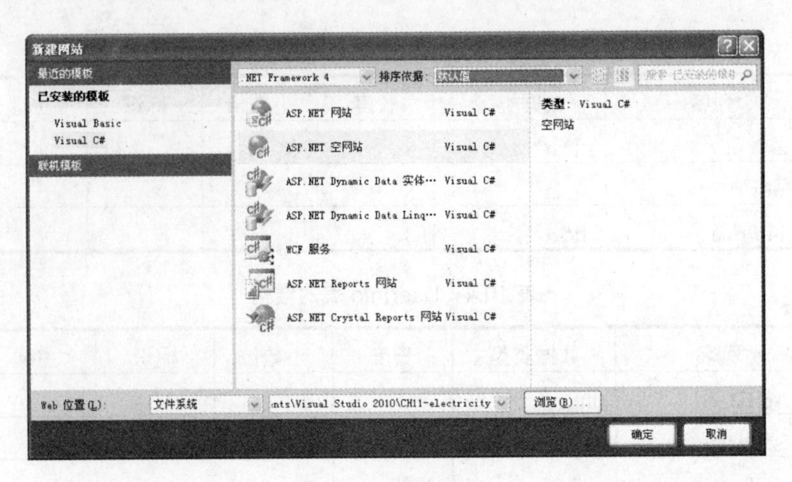

图 10.6　新建网站

图 10.7　连接到 SQL 服务器

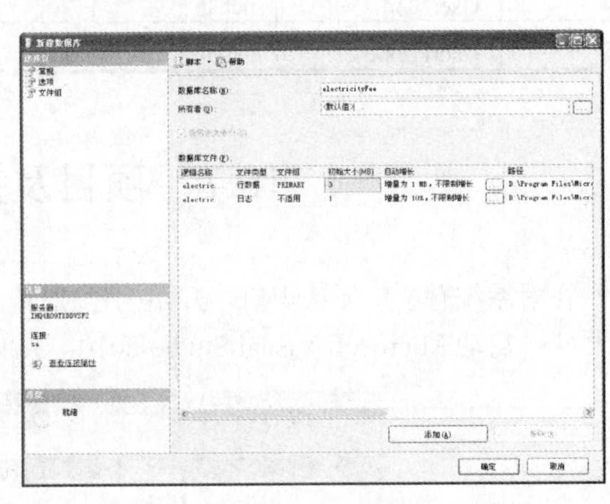

图 10.8　新建数据库

(5) 输入数据库名“electricityFee”，设置好保存路径后，单击“确定”按钮，即完成了数据库的创建。在创建好数据库后，单击 electricityFee 选项，在下面的“表”对象上右击，从弹出的快捷菜单中选择“新建表”命令，如图 10.9 所示，工作区出现如图 10.10 所示的新建表界面。依次创建前面所设计好的表。

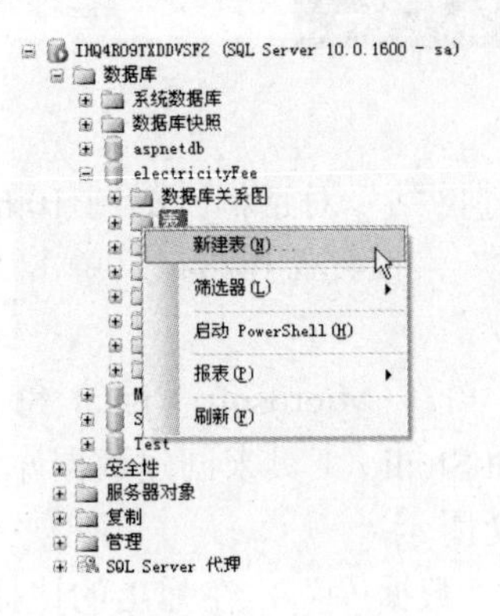

图 10.9　新建表

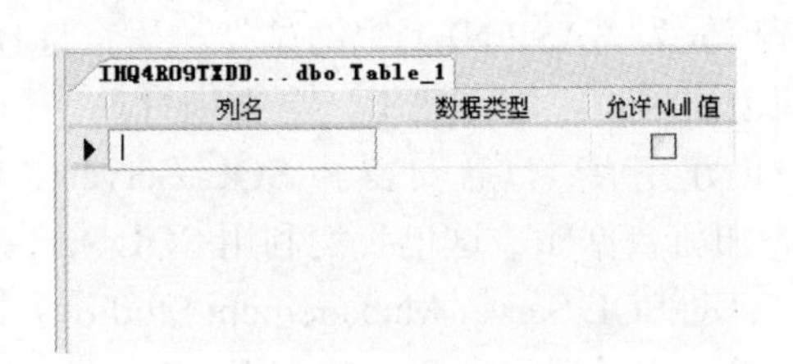

图 10.10　新建表界面

10.8　数据库连接字符串

本系统对数据库的连接采用内置的数据库连接字符串，因此，对于数据访问，只需把数据库连接字符串保存在配置文件中即可。

在配置文件 Web.config 中书写如下代码：

```
<configuration>
   <connectionStrings>
      <add name="Connectelectricity" connectionString="Data
      Source=127.0.0.1;Initial Catalog=gasuser;User ID=sa;
      Password=142536" providerName="System.Data.SqlClient"/>
   </connectionStrings>
```

对于这些属性，在网站部署的时候，都可以进行修改。在实际开发中，为便于调试，可以使用“Integrated Security=SSPI”来使用 Windows 集成登录。

10.9　主要模块的实现

根据前面的系统需求分析，系统主要有以下几个模块：登录、用电开户、电费收费、交费查询；管理员登录后，主要添加收费员、修改收费员的密码、进行数据库的备份。

10.9.1　登录界面

对于电费收费系统，首先就是收费员的登录，只有登录后，才能进行电费收费、查询等操作；同样地，对于后台的管理功能，管理员也必须登录后才能使用。本系统通过 ASP.NET 登录控件，轻松实现管理员和收费员登录模块，下面介绍登录界面的开发过程。

(1)　首先在网站中添加一个窗体“Login.aspx”，打开这个文件，在页面上放置一个 Login 控件，如图 10.11 所示。然后，在 Login 控件任务面板中，选择“转换为模板”，如图 10.12 所示。

图 10.11　用户登录控件

图 10.12　转换为模板

(2)　转换为模板后，我们就可以自定义 Login 控件。在这里，删除“下次记住我”复选框，并在此位置添加两个 RadioButton 控件，分别设置它们的 Text 属性为“管理员”和

“收费员”，并设置它们的 GroupName 属性都为“A”，如图 10.13 和 10.14 所示。

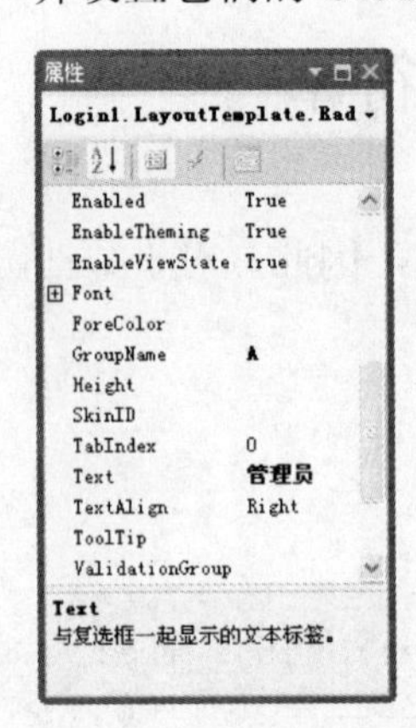

图 10.13　RadioButton1 的属性

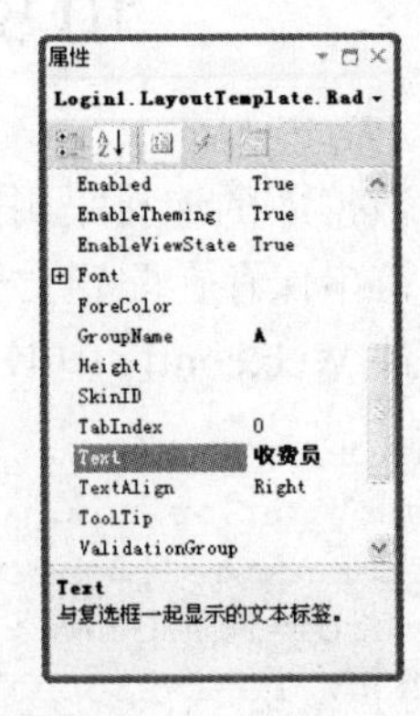

图 10.14　RadioButton2 的属性

(3) 设置好后，Login 控件如图 10.15 所示。

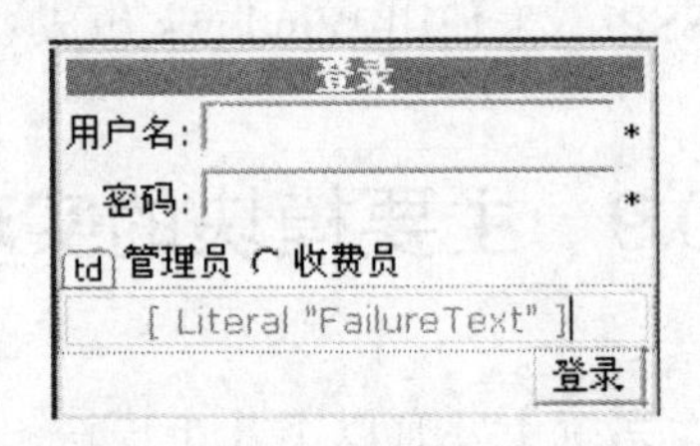

图 10.15　自定义后的 Login 控件

(4) 切换到“源”视图，为 Login 控件加入 Authenticate 事件，并添加相关图片和布局代码，添加后的代码如下所示：

```
<%@ Page Language="C#" AutoEventWireup="true" CodeFile="Login.aspx.cs"
 Inherits="Login" %>
<!DOCTYPE html PUBLIC "-//W3C//DTD XHTML 1.0 Transitional//EN"
 "http://www.w3.org/TR/xhtml1/DTD/xhtml1-transitional.dtd">
<html xmlns="http://www.w3.org/1999/xhtml">
<head runat="server">
<title>用户登录</title>
<style type="text/css">
<!--
body {
    margin-left: 0px;
    margin-top: 0px;
    margin-right: 0px;
    margin-bottom: 0px;
    background-color: #1D3647;
}
.style1
{
    width: 555px;
    height: 115px;
    text-align: center;
```

```
}
.style2
{
   width: 189px;
}
-->
</style>
</head>
<body>
<form id="form1" runat="server">
<br />
<br />
<table align="center" style="width: 100%;">
<tr>
<td class="style2"></td>
<td colspan="3">
 <img alt="" class="style1" src="image/logo.png" />
</td>
</tr>
<tr>
<td class="style2"> </td>
<td class="style4"> </td>
<td>
<asp:Login ID="Login1" runat="server" BackColor="#F7F7DE"
  BorderColor="#CCCC99" BorderStyle="Solid" BorderWidth="1px"
  Font-Names="Verdana" Font-Size="10pt"
  OnAuthenticate="Login1_Authenticate">
    <LayoutTemplate>
        <table cellpadding="1" cellspacing="0"
          style="border-collapse: collapse;">
        <tr>
        <td>
            <table cellpadding="0">
            <tr>
            <td align="center" colspan="2" style="color: White;
              background-color: #6B696B; font-weight: bold;"> 登录
            </td>
            </tr>
            <tr>
            <td align="right">
            <asp:Label ID="UserNameLabel" runat="server"
              AssociatedControlID="UserName">用户名:</asp:Label>
            </td>
            <td>
            <asp:TextBox ID="UserName" runat="server"></asp:TextBox>
            <asp:RequiredFieldValidator ID="UserNameRequired"
              runat="server" ControlToValidate="UserName"
              ErrorMessage="必须填写“用户名”。" ToolTip="必须填写“用户名”。"
              ValidationGroup="Login1">*</asp:RequiredFieldValidator>
            </td>
            </tr>
```

```
        <tr>
        <td align="right">
        <asp:Label ID="PasswordLabel" runat="server"
          AssociatedControlID="Password">密码:</asp:Label>
        </td>
        <td>
        <asp:TextBox ID="Password" runat="server"
          TextMode="Password"></asp:TextBox>
        <asp:RequiredFieldValidator ID="PasswordRequired"
          runat="server" ControlToValidate="Password"
          ErrorMessage="必须填写“密码”。" ToolTip="必须填写“密码”。"
          ValidationGroup="Login1">*</asp:RequiredFieldValidator>
        </td>
        </tr>
        <tr>
        <td colspan="2">
        <asp:RadioButton ID="RadioButton1" runat="server"
          GroupName="A" Text="管理员" />
        <asp:RadioButton ID="RadioButton2" runat="server"
          GroupName="A" Text="收费员" />
        </td>
        </tr>
        <tr>
        <td align="center" colspan="2" style="color: Red;">
        <asp:Literal ID="FailureText" runat="server"
          EnableViewState="False"></asp:Literal>
        </td>
        </tr>
        <tr>
        <td align="right" colspan="2">
        <asp:Button ID="LoginButton" runat="server"
          CommandName="Login" Text="登录" ValidationGroup="Login1" />
        </td>
        </tr>
        </table>
      </td>
      </tr>
      </table>
  </LayoutTemplate>
  <TitleTextStyle BackColor="#6B696B" Font-Bold="True"
    ForeColor="#FFFFFF" />
</asp:Login>
</td>
</tr>
</table>
<br />
</form>
</body>
</html>
```

(5) 设置好前台页面后，编写后台处理程序，代码如下所示：

```
using System;
using System.Collections.Generic;
using System.Linq;
using System.Web;
using System.Web.UI;
using System.Web.UI.WebControls;
using System.Data.SqlClient;
using System.Configuration;

public partial class Login : System.Web.UI.Page
{
    string strSQL;
    protected SqlConnection conn;
    protected SqlCommand cmd;
    protected void Page_Load(object sender, EventArgs e)
    {
    }
    protected void Login1_Authenticate(
      object sender, AuthenticateEventArgs e)
    {
        //创建数据库连接
        SqlConnection conn = new SqlConnection (ConfigurationManager
          .ConnectionStrings["Connectelectricity"].ToString());
        //打开数据库
        conn.Open();
        string username = this.Login1.UserName;
        string password = this.Login1.Password;
        RadioButton rb = (RadioButton)Login1.FindControl("RadioButton1");
        if (rb.Checked == true)
        {
            strSQL = "select AdminID from AdminUser where AdminName='"
              + username + "' and AdminPwd='"
              + password + "'";  //查询管理员表
            cmd = new SqlCommand(strSQL, conn);
            SqlDataReader dr = cmd.ExecuteReader();
            if (dr.Read())
            {
                Session["UserID"] =
                  dr["AdminID"].ToString();   //保存管理员 ID
                Page.Response.Redirect("~/Index.aspx");
            }
            else
            {
                Response.Write(
                  "<script>alert('用户名或密码错误，登录失败！')</script>");
            }
        }
        else
        {
            strSQL = "select UserID from UserInfo where UserName='"
```

```
            + username + "' and UserPwd='" + password + "'"; //查询收费员表
        cmd = new SqlCommand(strSQL, conn);
        SqlDataReader dr = cmd.ExecuteReader();
        if (dr.Read())
        {
            Session["UserID"] = dr["UserID"].ToString();   //保存收费员 ID
            Page.Response.Redirect("~/Default.aspx");
        }
        else
        {
            Response.Write(
              "<script>alert('用户名或密码错误，登录失败！')</script>");
        }
    }
    conn.Close();
  }
}
```

根据用户的身份，登录系统后，分别跳转到不同的页面：管理员登录后跳转到Index.aspx页面，收费员登录后跳转到Default.aspx页面，如图10.16所示。

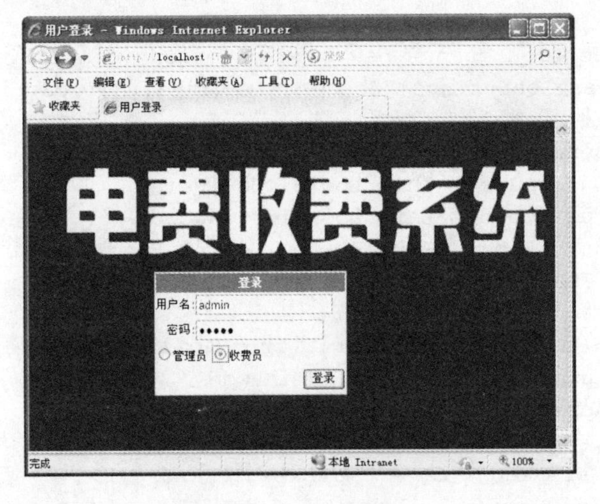

图10.16 登录界面

其他页面我们在后面将详细介绍。

10.9.2 设计收费员的母版页

收费员登录后，就可以进行收费、电费开户等操作。因此，对于收费员登录后的页面，可以设计一个母版页，以便为应用程序中的所有页(或一组页)定义所需的外观和标准行为。设计收费员的母版页按如下步骤进行。

(1) 在“解决方案资源管理器”中右击网站的名称，从弹出的快捷菜单中选择“添加新项”命令，如图10.17所示，通过“Visual Studio已安装的模板”选择“母版页”，在“名称”文本框中键入“MasterPage”，取消选中“将代码放在单独的文件中”复选框。在“已安装的模板”列表中单击“Visual C#”，如图10.18所示。

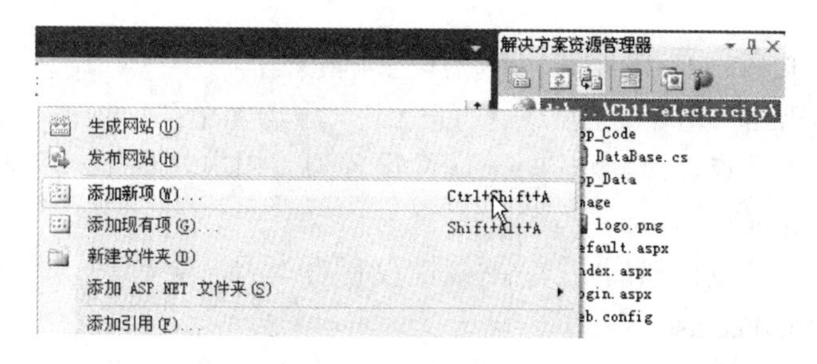

图 10.17　添加新项

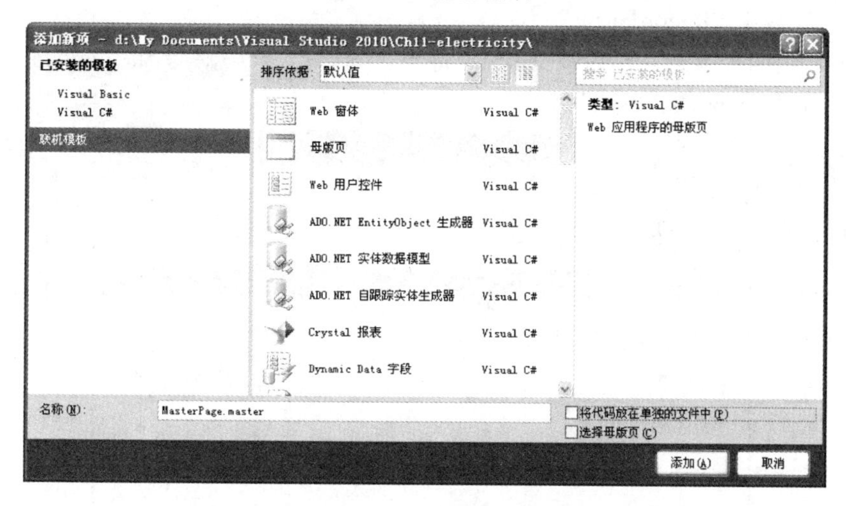

图 10.18　选择母版页

(2) 单击“添加”按钮，即会在“源”视图中打开新的母版页。

(3) 切换到“设计”视图，单击页面的中心以选择该页面。在“表”菜单上单击“插入表”，插入表后，在表的第 2 列放置图形 logo.png 文件，如图 10.19 所示。

图 10.19　布局设计

(4) 然后在表的第二行第二列，放置一个 menu 控件，如图 10.20 所示。

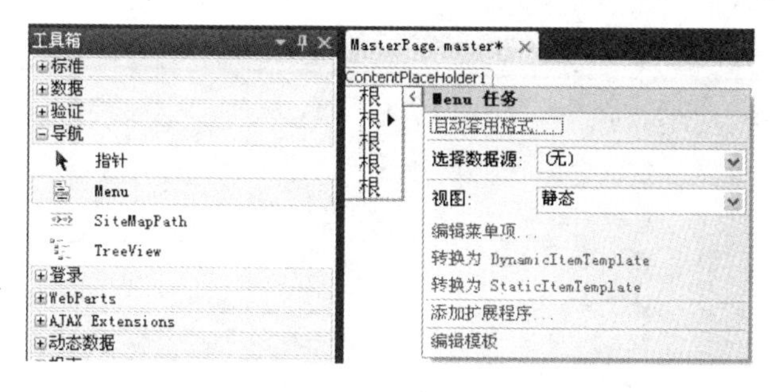

图 10.20　放置 menu 控件

(5) 在 menu 控件的任务面板中，选择“编辑菜单项”，弹出“菜单项编辑器”对话框，在“菜单项编辑器”对话框的“项”部分中，添加 5 个菜单项：

- 单击第一个节点，然后将 Text 属性设置为“用电开户”，将 NavigateUrl 属性设置为“~/AddClient.aspx”。
- 单击第二个节点，然后将 Text 属性设置为“用户交费”，将 NavigateUrl 属性设置为“~/PayFee.aspx”。
- 单击第三个节点，然后将 Text 属性设置为“交费记录”，将 NavigateUrl 属性设置为“~/PayRecord.aspx”。
- 单击第四个节点，然后将 Text 属性设置为“修改信息”，将 NavigateUrl 属性设置为“~/ModUser.aspx”。
- 单击第五个节点，然后将 Text 属性设置为“退出”，将 NavigateUrl 属性设置为“~/Login.aspx”。

添加的菜单项如图 10.21 所示。

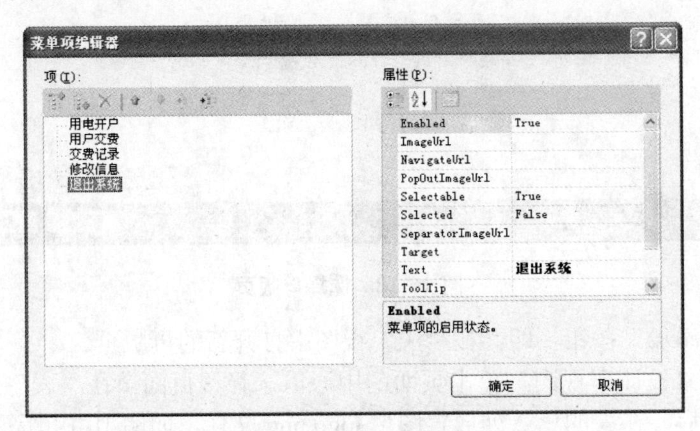

图 10.21 添加菜单项

(6) 单击“确定”按钮关闭“菜单项编辑器”对话框，保存页面，其前台代码如下：

```
<%@ Master Language="C#" %>
<!DOCTYPE html PUBLIC "-//W3C//DTD XHTML 1.0 Transitional//EN"
  "http://www.w3.org/TR/xhtml1/DTD/xhtml1-transitional.dtd">
<html xmlns="http://www.w3.org/1999/xhtml">
<head runat="server">
<title></title>
<asp:ContentPlaceHolder ID="head" runat="server">
</asp:ContentPlaceHolder>
<style type="text/css">
.style1
{
   width: 119px;
}
.style2
{
   width: 537px;
   height: 96px;
```

```
}
</style>
</head>
<body bgcolor="#1D3647">
<form id="form1" runat="server">
<div>
    
<table style="width: 100%;">
<tr>
<td class="style1"> </td>
<td><img alt="" class="style2" src="image/logo.png" /></td>
</tr>
<tr>
<td class="style1"> </td>
<td>
<asp:Menu ID="Menu1" runat="server" Orientation="Horizontal"
  Font-Bold="True" Font-Names="Corbel"
  Font-Size="X-Large" Font-Underline="False" ForeColor="#009933"
  StaticSubMenuIndent="16px">
    <Items>
        <asp:MenuItem NavigateUrl="~/ AddClient.aspx" Text="用电开户"
          Value="用电开户">
        </asp:MenuItem>
        <asp:MenuItem NavigateUrl="~/PayFee.aspx" Text="用户交费"
          Value="用户交费">
        </asp:MenuItem>
        <asp:MenuItem NavigateUrl="~/PayRecord.aspx" Text="交费记录"
          Value="交费记录">
        </asp:MenuItem>
        <asp:MenuItem NavigateUrl="~/ModUser.aspx" Text="修改信息"
          Value="修改信息">
        </asp:MenuItem>
        <asp:MenuItem Text="退出系统" Value="退出系统"
          NavigateUrl="~/Login.aspx">
        </asp:MenuItem>
    </Items>
</asp:Menu>
</td>
</tr>
</table>
<br />
<asp:ContentPlaceHolder ID="ContentPlaceHolder1" runat="server">
</asp:ContentPlaceHolder>
</div>
</form>
</body>
</html>
```

下面添加收费员登录后的主界面，在网站中添加一个新 Web 窗体“Default.aspx”，并选择母版页为前面的 MasterPage.master，应用母版页后的效果如图 10.22 所示。

图 10.22　实现效果

10.9.3　用电开户页面

用电开户，主要实现添加新用户的功能，包括用户 ID、用户名、用户地址、用户电话及开户的时间。其中用户 ID 和开户时间为系统默认添加，在设计界面的时候，在页面上放置 3 个 TextBox 控件和 3 个 Label 控件，并放置两个 Button 按钮，并为 TextBox 添加数据验证控件，使用 Ajaxtookit 扩展控件为“保存”按钮添加确认功能，具体设计步骤如下。

(1) 首先在网站中添加一个新 Web 窗体“AddClient.aspx”，并选择母版页为前面的 MasterPage.master，如图 10.23 所示。

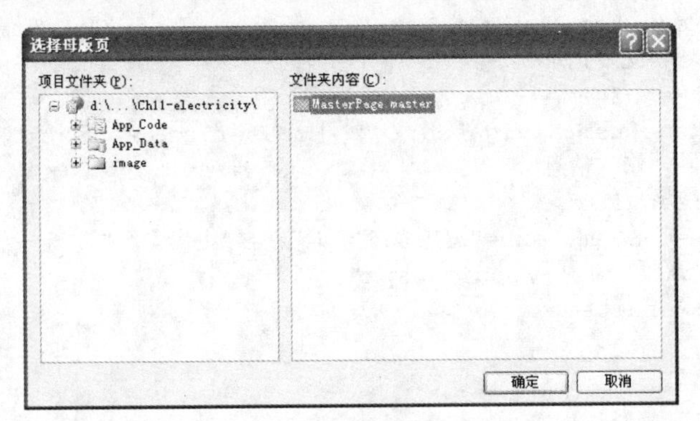

图 10.23　选择母版页

(2) 添加后，设置其前台界面，布局如图 10.24 所示。

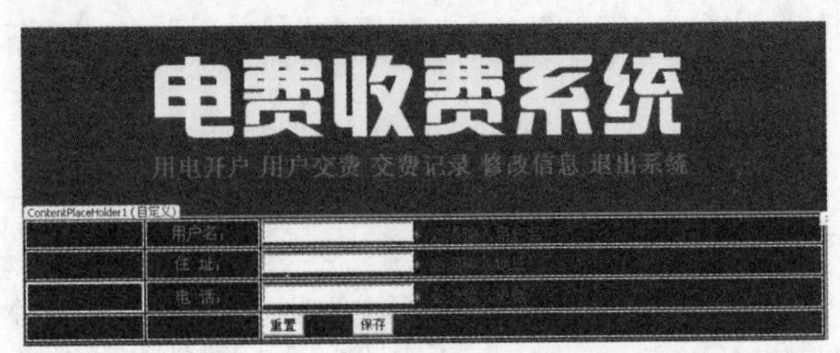

图 10.24　用户开户界面

前台代码如下所示：

```
<%@ Page Title="" Language="C#" MasterPageFile="~/MasterPage.master"
  AutoEventWireup="true"
  CodeFile="AddClient.aspx.cs" Inherits="AddClient" %>

<%@Register Assembly="AjaxControlToolkit" Namespace="AjaxControlToolkit"
  TagPrefix="asp" %>
<asp:Content ID="Content1" ContentPlaceHolderID="head" runat="Server">
<style type="text/css">
.style3
{
   width: 100%;
}
.style4
{
   width: 112px;
   text-align: center;
}
.style5
{
   width: 112px;
   height: 30px;
   text-align: center;
}
.style6
{
   height: 30px;
   text-align: left;
}
.style7
{
   width: 112px;
   height: 29px;
   text-align: center;
}
.style8
{
   height: 29px;
   text-align: left;
}
.style9
{
   width: 112px;
   height: 27px;
   text-align: center;
}
.style10
{
   height: 27px;
   text-align: left;
```

```
}
.style11
{
   text-align: center;
}
.style16
{
   text-align: left;
}
.style21
{
   color: #33CC33;
}
.style22
{
   width: 55px;
   height: 27px;
   text-align: center;
}
.style23
{
   width: 55px;
   height: 29px;
   text-align: center;
}
.style24
{
   width: 55px;
   height: 30px;
   text-align: center;
}
.style25
{
   width: 55px;
   text-align: center;
}
</style>
</asp:Content>

<asp:Content ID="Content2" ContentPlaceHolderID="ContentPlaceHolder1"
  runat="Server">
<p class="style11">
<table class="style3">
<tr>
<td class="style22"> </td>
<td class="style9">
<asp:Label ID="Label1" runat="server" ForeColor="#00CC00" Text="用户名：">
</asp:Label>
</td>
<td class="style10">
<asp:TextBox ID="txtName" runat="server"></asp:TextBox>
```

```
<span class="style21">*</span>
<asp:RequiredFieldValidator ID="RequiredFieldValidator1" runat="server"
 ControlToValidate="txtName"
 Display="Dynamic" ErrorMessage="必须输入用户名" ForeColor="Red">
</asp:RequiredFieldValidator>
</td>
</tr>
<tr>
<td class="style23"> </td>
<td class="style7">
<asp:Label ID="Label2" runat="server" ForeColor="#00CC00"
 Text="住　址：">
</asp:Label>
</td>
<td class="style8">
<asp:TextBox ID="txtAddress" runat="server"></asp:TextBox>
<span class="style21">*</span>
<asp:RequiredFieldValidator ID="RequiredFieldValidator2" runat="server"
 ControlToValidate="txtAddress"
 ErrorMessage="必须输入地址" ForeColor="Red">
</asp:RequiredFieldValidator>
</td>
</tr>
<tr>
<td class="style24"></td>
<td class="style5">
<asp:Label ID="Label3" runat="server" ForeColor="#00CC00" Text="电　话：">
</asp:Label>
</td>
<td class="style6">
<asp:TextBox ID="txtPhone" runat="server"></asp:TextBox>
<span class="style21">*</span>
<asp:RegularExpressionValidator ID= "RegularExpressionValidator1"
 runat="server" ErrorMessage="必须输入电话"
 ForeColor="Red" ValidationExpression=" \d{11}|\d{8}|\d{7} "
 ControlToValidate="txtPhone"></asp:RegularExpressionValidator>
</td>
</tr>
<tr>
<td class="style25"> </td>
<td class="style4"> </td>
<td class="style16">
<input id="Reset1" type="reset" value="重置" />
     
<asp:Button ID="btnSave" runat="server" Text="保存"
 OnClick="btnSave_Click" />
<asp:ConfirmButtonExtender ID= "btnSave_ConfirmButtonExtender"
 runat="server" ConfirmText="确认添加此用户吗?"
 Enabled="True" TargetControlID="btnSave">
</asp:ConfirmButtonExtender>
</td>
```

```
</tr>
</table>
<div class="style11">
<asp:ScriptManager ID="ScriptManager1" runat="server">
</asp:ScriptManager>
<br />
</div>
</p>
<p></p>
</asp:Content>
```

(3) 给“保存”按钮添加后台处理代码，如下所示：

```
using System;
using System.Collections.Generic;
using System.Linq;
using System.Web;
using System.Web.UI;
using System.Web.UI.WebControls;
using System.Data.SqlClient;
using System.Configuration;
public partial class AddClient : System.Web.UI.Page
{
    string strSQL;
    protected SqlConnection conn;
    protected SqlCommand cmd;
    protected void Page_Load(object sender, EventArgs e)
    {
    }
    protected void btnSave_Click(object sender, EventArgs e)
    {
        strSQL = "INSERT INTO Client(ClientName,ClientAddress,
          ClientPhone,ClientAddTime) VALUES('";
        strSQL += txtName.Text.ToString() + "','";
        strSQL +=  txtAddress.Text.ToString() + "','";
        strSQL +=  txtPhone.Text.ToString() + "','";
        strSQL += DateTime.Now.ToString() + "')";
        //创建数据库连接
        SqlConnection conn = new SqlConnection (ConfigurationManager
          .ConnectionStrings["Connectelectricity"].ToString());
        //打开数据库
        conn.Open();
        cmd = new SqlCommand(strSQL, conn);
        try
        {
            cmd.ExecuteNonQuery(); //执行插入命令
        }
        catch (Exception Err)
        {
            Response.Write(Err.Message.ToString());
        }
        conn.Close();
```

```
            Response.Write("<script>alert('添加成功! ')</script>");
            txtAddress.Text = "";
            txtName.Text = "";
            txtPhone.Text = "";
        }
    }
```

(4) 运行该页面，效果如图 10.25 所示。

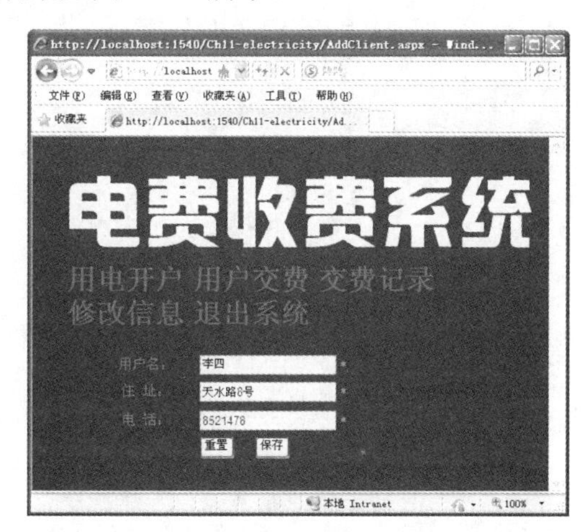

图 10.25　运行效果

10.9.4　用户交费页面

用户交费页面主要实现根据用户用电量的多少来确定费用，且用户多交的费用可以自动保存在数据库中，以便下次交费的时候自动结算。该页面主要对交费记录 ID、用户名、交费金额、用电量、交费时间、上次结余、余额等进行记录。其中交费记录 ID 和交费时间为系统默认添加，在设计界面的时候，在页面上放置 4 个 TextBox 控件和 6 个 Label 控件，并放置两个 Button 按钮，分别为 TextBox 添加数据验证控件，并设计验证规则，具体设计步骤如下。

(1) 首先在网站中添加一个新的 Web 窗体“PayFee.aspx”，并选择母版页为前面的 MasterPage.master。

(2) 添加后，设置其前台界面，布局如图 10.26 所示。

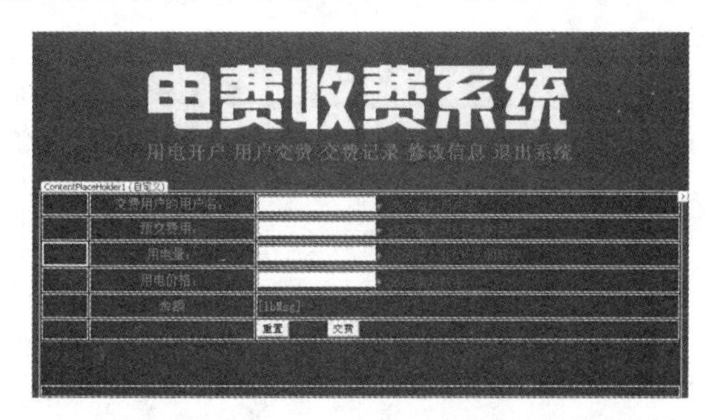

图 10.26　用户交费前台

其前台代码如下所示：

```
<%@ Page Title="" Language="C#" MasterPageFile="~/MasterPage.master"
 AutoEventWireup="true"
 CodeFile="PayFee.aspx.cs" Inherits="PayFee" %>

<%@ Register Assembly="AjaxControlToolkit"
 Namespace="AjaxControlToolkit" TagPrefix="asp" %>
<asp:Content ID="Content1" ContentPlaceHolderID="head" runat="Server">
<style type="text/css">
.style11
{
   text-align: center;
}
.style3
{
   width: 100%;
}
.style22
{
   width: 55px;
   height: 27px;
   text-align: center;
}
.style9
{
   width: 202px;
   height: 27px;
   text-align: center;
}
.style10
{
   height: 27px;
   text-align: left;
}
.style21
{
   color: #33CC33;
}
.style23
{
   width: 55px;
   height: 29px;
   text-align: center;
}
.style7
{
   width: 202px;
   height: 29px;
   text-align: center;
}
```

```
.style8
{
   height: 29px;
   text-align: left;
}
.style24
{
   width: 55px;
   height: 30px;
   text-align: center;
}
.style5
{
   width: 202px;
   height: 30px;
   text-align: center;
}
.style6
{
   height: 30px;
   text-align: left;
}
.style25
{
   width: 55px;
   text-align: center;
}
.style4
{
   width: 202px;
   text-align: center;
}
.style16
{
   text-align: left;
}
</style>
</asp:Content>
<asp:Content ID="Content2" ContentPlaceHolderID="ContentPlaceHolder1"
 runat="Server">
<p class="style11">
<table class="style3">
<tr>
<td class="style22"> </td>
<td class="style9">
<asp:Label ID="Label1" runat="server" ForeColor="#00CC00"
 Text="交费用户的用户名：">
</asp:Label>
</td>
<td class="style10">
<asp:TextBox ID="txtName" runat="server"></asp:TextBox>
```

```
<span class="style21">*</span>
<asp:RequiredFieldValidator ID="RequiredFieldValidator1" runat="server"
 ControlToValidate="txtName"
 Display="Dynamic" ErrorMessage="必须输入用户名" ForeColor="Red">
</asp:RequiredFieldValidator>
</td>
</tr>
<tr>
<td class="style23"> </td>
<td class="style7">
<asp:Label ID="Label2" runat="server" ForeColor="#00CC00"
 Text="预交费用：">
</asp:Label>
</td>
<td class="style8">
<asp:TextBox ID="txtFee" runat="server"></asp:TextBox>
<span class="style21">*</span>
<asp:RegularExpressionValidator ID="RegularExpressionValidator3"
 runat="server" ErrorMessage="必须输入非 0 开头的数字" ForeColor="Red"
 ValidationExpression="^(0|[1-9][0-9]*)$" ControlToValidate="txtFee"
 Display="Dynamic">
</asp:RegularExpressionValidator>
</td>
</tr>
<tr>
<td class="style24"></td>
<td class="style5">
<asp:Label ID="Label3" runat="server" ForeColor="#00CC00" Text="用电量：">
</asp:Label>
</td>
<td class="style6">
<asp:TextBox ID="txtAmout" runat="server"></asp:TextBox>
<span class="style21">*</span>
<asp:RegularExpressionValidator ID="RegularExpressionValidator1"
 runat="server" ErrorMessage="必须输入非 0 开头的数字"
 ForeColor="Red" ValidationExpression="^(0|[1-9][0-9]*)$"
 ControlToValidate="txtAmout" Display="Dynamic">
</asp:RegularExpressionValidator>
</td>
</tr>
<tr>
<td class="style24"> </td>
<td class="style5">
<asp:Label ID="Label4" runat="server" ForeColor="#00CC00"
 Text="用电价格：">
</asp:Label>
</td>
<td class="style6">
<asp:TextBox ID="txtPrice" runat="server"></asp:TextBox>
<span class="style21">*</span>
<asp:RegularExpressionValidator ID="RegularExpressionValidator2"
```

```
  runat="server" ControlToValidate="txtPrice"
  Display="Dynamic" ErrorMessage="必须输入数字" ForeColor="Red"
  ValidationExpression="^[-+]?\d+(\.\d+)?$">
</asp:RegularExpressionValidator>
</td>
</tr>
<tr>
<td class="style24"> </td>
<td class="style5">
<asp:Label ID="Label5" runat="server" ForeColor="#00CC00" Text="余额">
</asp:Label>
</td>
<td class="style6">
<asp:Label ID="lbMsg" runat="server" ForeColor="#33CC33"></asp:Label>
</td>
</tr>
<tr>
<td class="style25"> </td>
<td class="style4"> </td>
<td class="style16">
<input id="Reset1" type="reset" value="重置" />
     
<asp:Button ID="btnConfirm" runat="server" Text="交费"
 OnClick="btnConfirm_Click" />
</td>
</tr>
</table>
<div class="style11">
<br />
</div>
</p>
<p></p>
</asp:Content>
```

(3) 添加后台处理代码，如下所示：

```
using System;
using System.Collections.Generic;
using System.Linq;
using System.Data;
using System.Web;
using System.Web.UI;
using System.Web.UI.WebControls;
using System.Data.SqlClient;
using System.Configuration;
public partial class PayFee : System.Web.UI.Page
{
    protected SqlConnection conn, conn1;
    protected SqlCommand cmd1, cmd2;
    string strSQL, strSQL2;
    bool exist = false;
    string temp = "0.0";
```

```
float lastb = 0;
protected void Page_Load(object sender, EventArgs e) {}
protected void btnConfirm_Click(object sender, EventArgs e)
{
    SqlConnection conn1 = new SqlConnection(ConfigurationManager
      .ConnectionStrings["Connectelectricity"].ToString());
    strSQL2 = "Select ClientName from Client";
    conn1.Open();
    cmd2 = new SqlCommand(strSQL2, conn1);
    SqlDataReader rd2 = cmd2.ExecuteReader();

    //查找交费用户是否存在
    while (rd2.Read())
    {
        if (rd2[0].ToString().Trim() == txtName.Text.ToString())
        {
            exist = true;
            break;
        }
        // Emsg.Text = reader[0].ToString().Trim();
    }
    conn1.Close();
    //如果用户存在，则把数据写入到数据库中
    if (exist)
    {
        strSQL = "select YuEr,ClientName from PayRecord
          Order by Paytime  desc"; //按交费时间倒序
        SqlConnection conn = new SqlConnection (ConfigurationManager
          .ConnectionStrings["Connectelectricity"].ToString());
        conn.Open();
        cmd1 = new SqlCommand(strSQL, conn);
        SqlDataReader Rd = cmd1.ExecuteReader();
        while (Rd.Read())  //查找用户
        {
            if (txtName.Text.ToString().Trim()
              == Rd[1].ToString().Trim())
            {
                temp = Rd[0].ToString().Trim();  //取得上次结余数目
                break;
            }
            else
            {
                temp = "0.0";
            }
        }
        conn.Close();
        lastb = float.Parse(temp);
        strSQL = "INSERT INTO PayRecord (ClientName,PayAmount,PayTime,
          UsedAmount,UnitPrice,LastYuEr,YuEr) VALUES('";
        strSQL += txtName.Text.ToString() + "','";
        strSQL += txtFee.Text.ToString() + "','";
```

```
            strSQL += DateTime.Now.ToString() + "','";
            strSQL += txtAmout.Text.ToString() + "','";
            strSQL += txtPrice.Text.ToString() + "','";
            strSQL += temp + "','";
            strSQL += (float.Parse(txtFee.Text.ToString())
              + lastb - float.Parse(txtPrice.Text.ToString())
              * float.Parse(txtAmout.Text.ToString())).ToString() + "')";
            //创建数据库连接
            conn.Open();
            try
            {
                cmd1 = new SqlCommand(strSQL, conn);
                cmd1.ExecuteNonQuery(); //执行非查询 SQL 命令，如增、删、改等
            }
            catch (Exception Er)
            {
                Response.Write(Er.Message.ToString());
            }
            Response.Write("<script>alert('添加成功! ')</script>");
            lbMsg.Text = txtName.Text + "余额为"
              +(float.Parse(txtFee.Text.ToString())
              + lastb - float.Parse(txtPrice.Text.ToString())
              * float.Parse(txtAmout.Text.ToString())).ToString();
            conn.Close();
            txtName.Text = "";
            txtAmout.Text = "";
            txtFee.Text = "";
            txtPrice.Text = "";
        }
        else {}
    }
}
```

(4) 运行该页面，效果如图 10.27 所示，当用户交费完成后，显示用户结存余额，如图 10.28 所示。

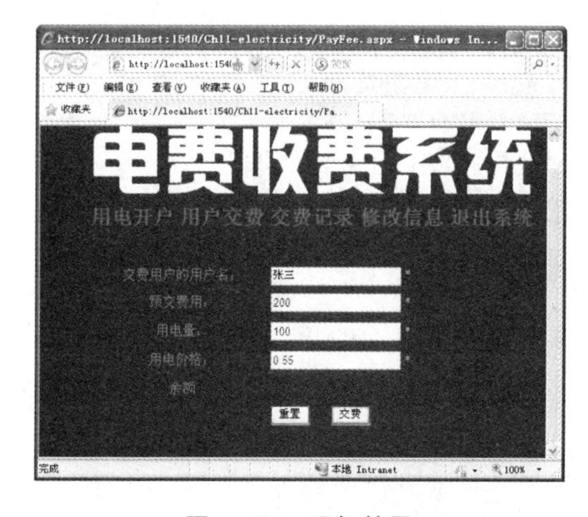

图 10.27　运行效果

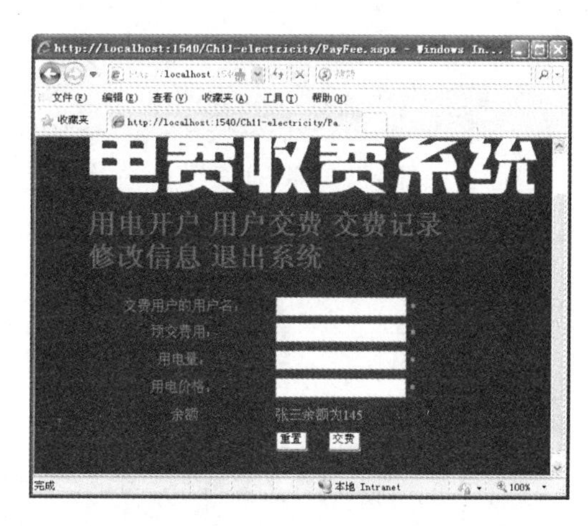

图 10.28　完成效果

10.9.5 交费记录页面

交费记录页面主要实现根据用户名来查询用户交费的信息，包括交费时间、交费金额、用电量、余额等信息。为实现页面部分更新的效果，在设计界面的时候，采用了 Ajax UpdatePanel 控件。具体设计步骤如下。

(1) 首先在网站中添加一个新的 Web 窗体“PayRecord.aspx”，并选择母版页为前面的 MasterPage.master。

(2) 添加后，设置其前台界面，布局如图 10.29 所示。

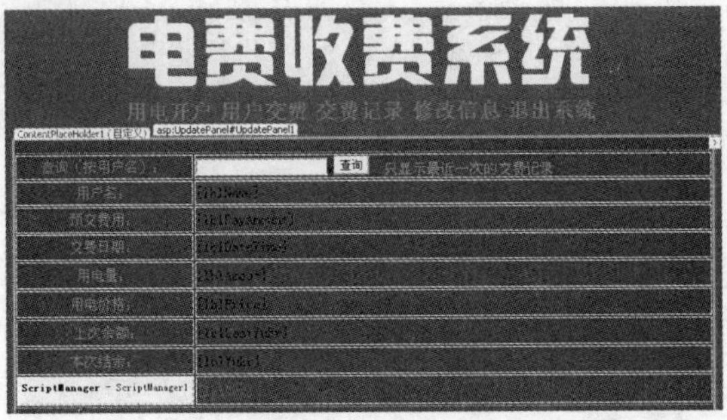

图 10.29 前台布局

其前台代码如下：

```
<asp:UpdatePanel ID="UpdatePanel1" runat="server">
    <ContentTemplate>
        <br />
        <table class="style3">
            <tr>
            <td class="style9">
            <asp:Label ID="Label13" runat="server" ForeColor="#00CC00"
              Text="查询(按用户名): ">
            </asp:Label>
            </td>
            <td class="style10">
            <asp:TextBox ID="txtName" runat="server"></asp:TextBox>
            *<asp:Button ID="btnSearch" runat="server"
              OnClick="btnSearch_Click" Text="查询" /> 
            <span class="style11">只显示最近一次的交费记录</span>
            </td>
            </tr>
            <tr>
            <td class="style9">
            <asp:Label ID="Label1" runat="server" ForeColor="#00CC00"
              Text="用户名: ">
            </asp:Label>
            </td>
            <td class="style10">
            <asp:Label ID="lblName" runat="server"></asp:Label>
            </td>
```

```
</tr>
<tr>
<td class="style7">
<asp:Label ID="Label2" runat="server" ForeColor="#00CC00"
 Text="预交费用：">
</asp:Label>
</td>
<td class="style8">
<asp:Label ID="lblPayAmount" runat="server"></asp:Label>
</td>
</tr>
<tr>
<td class="style7">
<asp:Label ID="Label14" runat="server" ForeColor="#00CC00"
 Text="交费日期：">
</asp:Label>
</td>
<td class="style8">
<asp:Label ID="lblDateTime" runat="server"></asp:Label>
</td>
</tr>
<tr>
<td class="style5">
<asp:Label ID="Label3" runat="server" ForeColor="#00CC00"
 Text="用电量：">
</asp:Label>
</td>
<td class="style6">
<asp:Label ID="lblAmout" runat="server"></asp:Label>
</td>
</tr>
<tr>
<td class="style5">
<asp:Label ID="Label4" runat="server" ForeColor="#00CC00"
 Text="用电价格：">
</asp:Label>
</td>
<td class="style6">
<asp:Label ID="lblPrice" runat="server"></asp:Label>
</td>
</tr>
<tr>
<td class="style5"> 
<asp:Label ID="Label5" runat="server" ForeColor="#00CC00"
 Text="上次余额：">
</asp:Label>
</td>
<td class="style6">
<asp:Label ID="lblLastYuEr" runat="server"></asp:Label>
</td>
</tr>
```

```
        <tr>
        <td class="style5">
        <asp:Label ID="Label6" runat="server" ForeColor="#00CC00"
          Text="本次结余: ">
        </asp:Label>
        </td>
        <td class="style6">
        <asp:Label ID="lblYuEr" runat="server"></asp:Label>
        </td>
        </tr>
        <tr>
        <td class="style5">
        <asp:ScriptManager ID="ScriptManager1" runat="server">
        </asp:ScriptManager>
        </td>
        <td class="style6">
        <asp:Label ID="lblMsg" runat="server" ForeColor="Red">
        </asp:Label>
        </td>
        </tr>
    </table>
    <br />
  </ContentTemplate>
</asp:UpdatePanel>
```

(3) 编写后台处理代码，如下所示：

```
using System;
using System.Collections.Generic;
using System.Linq;
using System.Web;
using System.Web.UI;
using System.Web.UI.WebControls;
using System.Data.SqlClient;
using System.Configuration;
public partial class PayRecord : System.Web.UI.Page
{
   protected SqlConnection conn;
   protected SqlCommand cmd;
   string strSQL;
   bool exist = false;
   protected void Page_Load(object sender, EventArgs e) {}
   protected void btnSearch_Click(object sender, EventArgs e)
   {
      string settings = Convert.ToString(ConfigurationManager
        .ConnectionStrings["Connectelectricity"]);
      strSQL = "SELECT ClientName,PayAmount,PayTime,UsedAmount,LastYuEr,
        YuEr,UnitPrice from PayRecord Order by Paytime Desc";
      conn = new SqlConnection(settings);
      conn.Open();
      cmd = new SqlCommand(strSQL, conn);
      SqlDataReader rd = cmd.ExecuteReader();
```

```
            while (rd.Read()) //若找到
            {
                if (txtName.Text.ToString() == rd[0].ToString().Trim())
                {
                    lblName.Text = rd[0].ToString();
                    lblPayAmount.Text = rd[1].ToString();
                    lblDateTime.Text = rd[2].ToString();
                    lblAmout.Text =  rd[3].ToString();
                    lblLastYuEr.Text =  rd[4].ToString();
                    lblYuEr.Text =  rd[5].ToString();
                    lblPrice.Text =  rd[6].ToString();
                    exist = true;
                }
            }
            if (exist == false)
                this.lblMsg.Text = "此用户暂无交费记录！";
            rd.Close();
            conn.Close();
        }
    }
```

(4) 运行该网页，效果如图 10.30 所示。

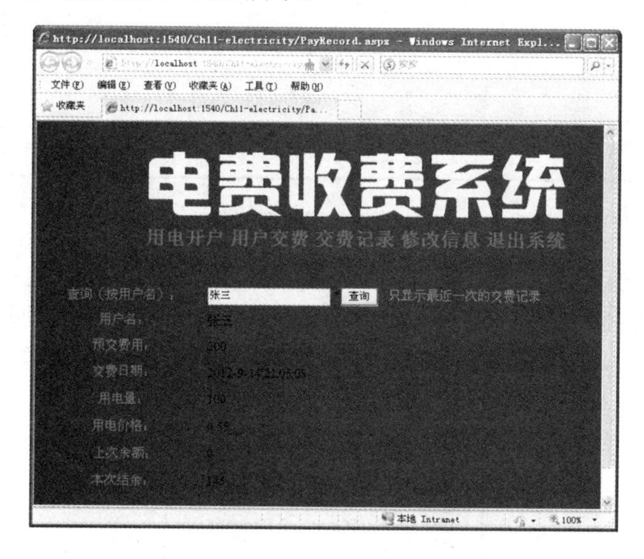

图 10.30　运行效果

10.9.6　修改信息页面

当用户的信息发生改变的时候，需要在数据库里修改用户信息，进行更新或删除操作。在本页面中，我们将利用 GridView 控件来实现修改用户信息的目的，以便加深理解前面所学的知识。下面介绍修改信息页面的实现过程。

(1) 在网站中添加一个新的 Web 窗体“ModUser.aspx”，并选择母版页为前面的 MasterPage.master。

(2) 首先设置 GridView 控件的数据源，如图 10.31 所示。

图 10.31 添加数据源

(3) 选中数据源控件，打开“任务”面板，选择“配置数据源”选项，启动数据源配置向导。弹出“SqlDataSource 配置”向导对话框，如图 10.32 所示。

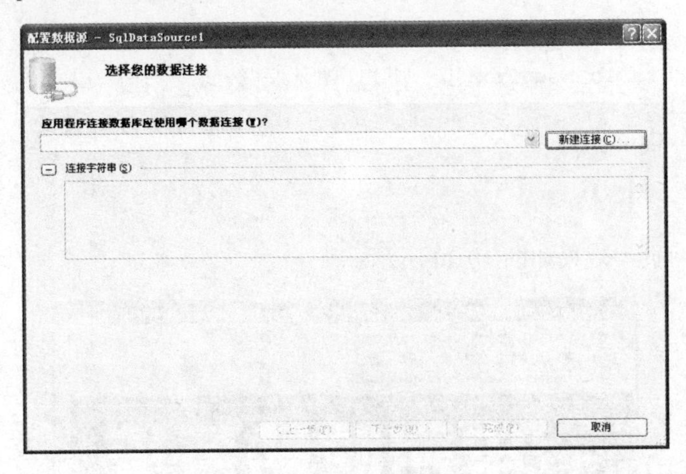

图 10.32 配置数据源

(4) 单击“新建连接”按钮，在“选择数据源”对话框中选择“Microsoft SQL Server”，单击“继续”按钮；在弹出的“添加连接”对话框中配置服务器，并选择“使用 SQL Server 身份验证”登录到服务器，数据库为此案例使用的数据库：electricityFee，如图 10.33 所示。

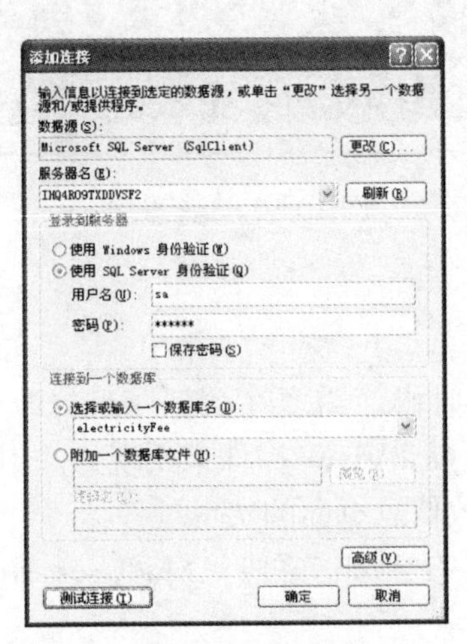

图 10.33 添加连接

(5) 单击“测试连接”按钮，如果弹出“测试连接成功”信息对话框，说明数据库连接成功，完成数据库连接配置。

(6) 配置完成后返回到数据源配置向导，在数据源下拉列表框中已经出现前面配置的数据源。单击“下一步”按钮，如图 10.34 所示。

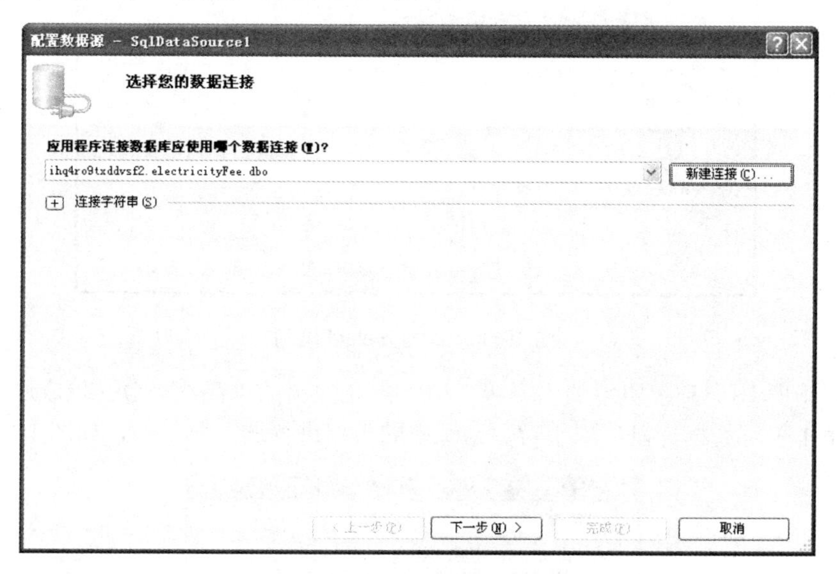

图 10.34　设置数据库连接

(7) 系统提示“是否将连接保存到应用程序配置文件中？”这里选择保存。单击“下一步”按钮，如图 10.35 所示。

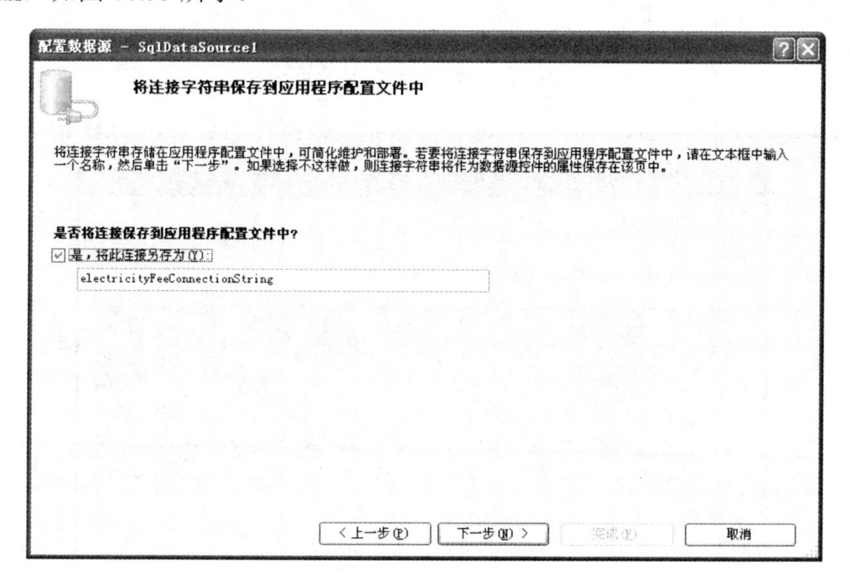

图 10.35　选择保存

(8) 在“配置 Select 语句”界面中，选择需要读取的数据表，在这里选择 Client 表，并选中所有的列，如图 10.36 所示。

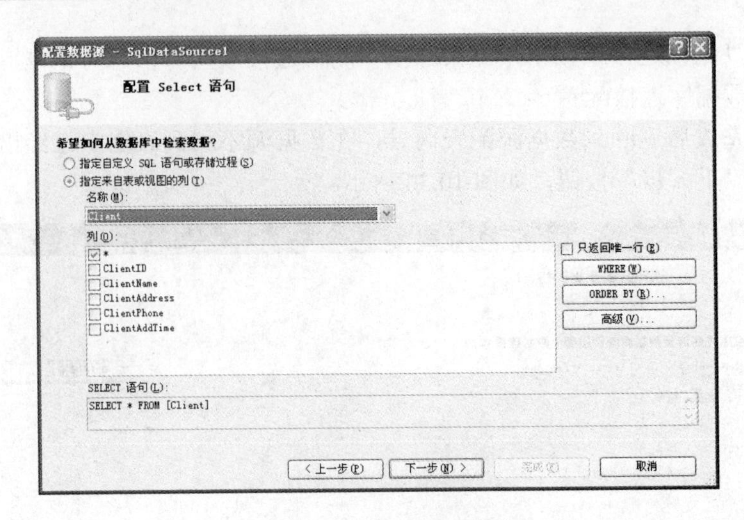

图 10.36　配置 Select 语句

(9) 单击图 10.35 中所示的“高级”按钮，在弹出的“高级 SQL 生成选项”对话框中，选中第 1 个复选框，以便用于对数据源中的数据进行增、删、改，如图 10.37 所示。

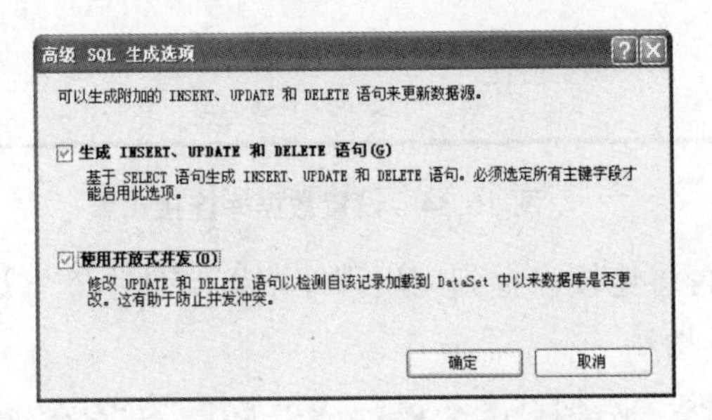

图 10.37　高级 SQL 生成选项

(10) 数据源配置完成后，单击“确定”按钮完成数据源的配置，如图 10.38 所示。

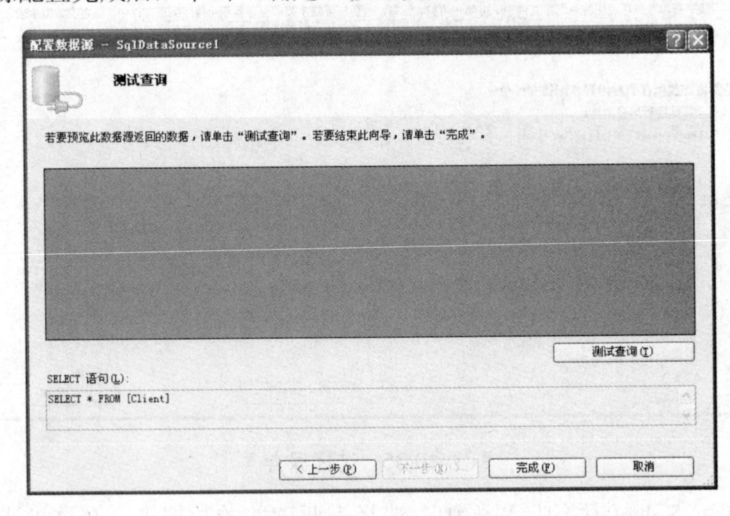

图 10.38　完成配置

(11) 下面开始添加 GridView 控件到页面上，如图 10.39 所示。

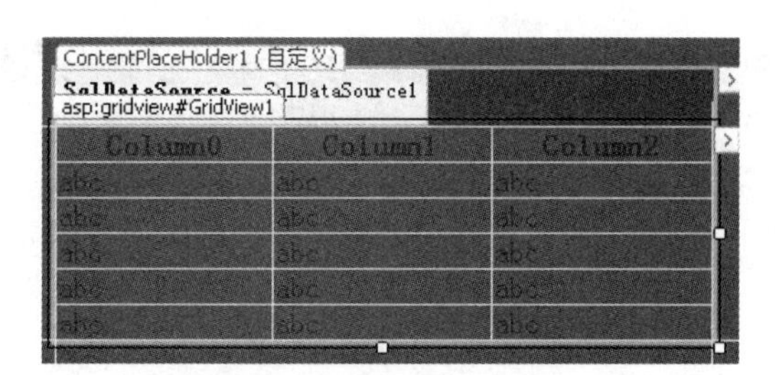

图 10.39　添加 GridView 控件

(12) 选择 GridView 控件的数据源为前面步骤添加的数据源控件，如图 10.40 所示。

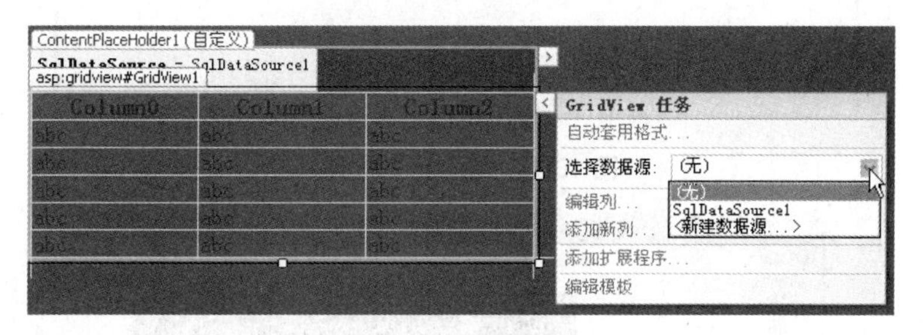

图 10.40　添加数据源

(13) 在 GridView 控件的任务面板中单击“编辑列”选项，打开“字段”对话框，如图 10.41 所示。

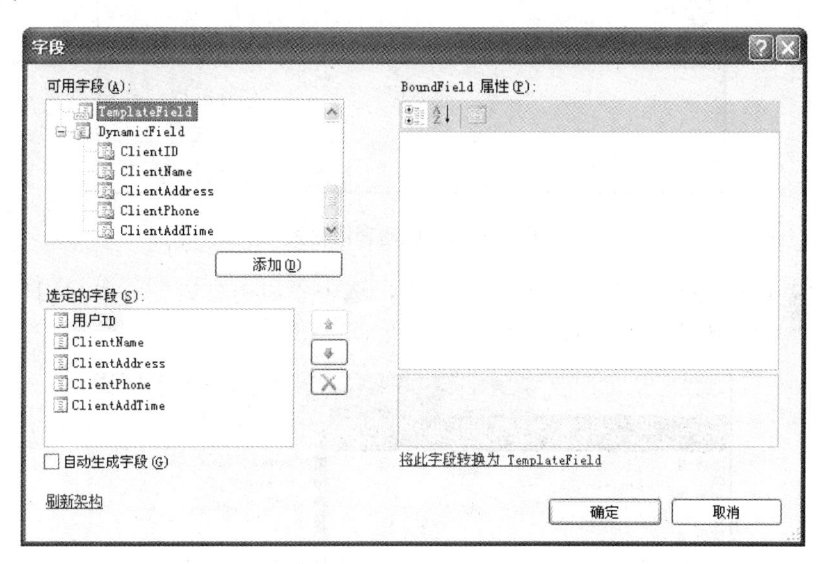

图 10.41　编辑字段

(14) 选中 ClientID 列，在右边的属性窗口中将 HeaderText 属性修改为“用户 ID”，如图 10.42 所示，同样地，修改其他的字段 HeaderText 属性分别为：用户姓名、用户地址、用户电话、用户开户时间，修改完成，单击“确定”按钮。

(15) 在 GridView 控件的任务面板中单击“自动套用格式”，在弹出的对话框中为控件选择一种格式，如图 10.43 所示。

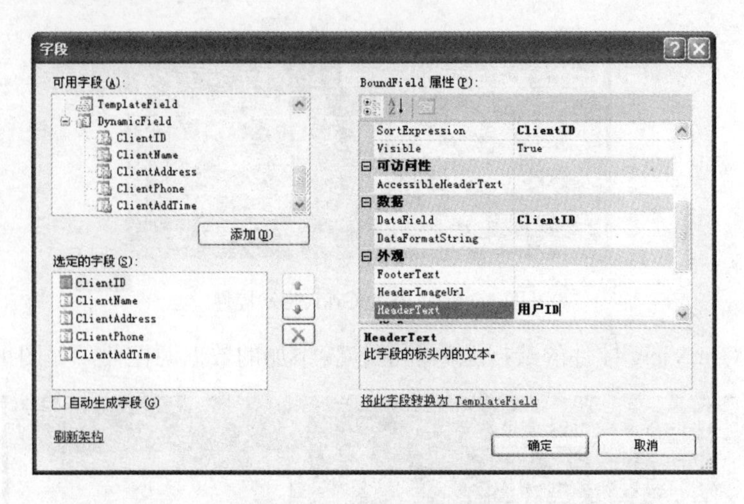

图 10.42　修改字段的属性

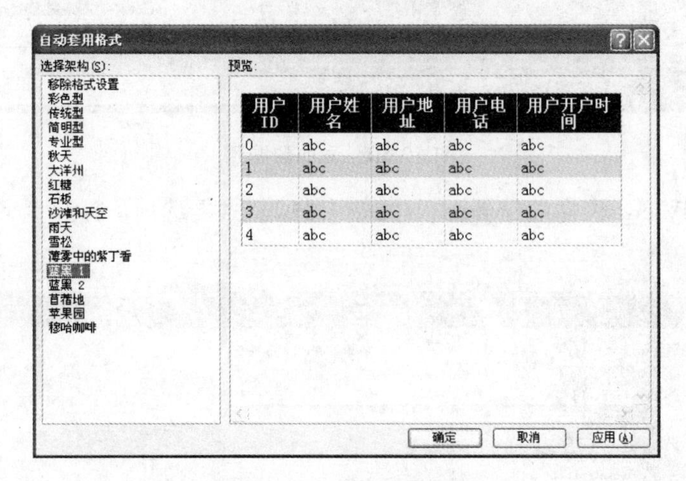

图 10.43　自动套用格式

(16) 选中 GridView 控件，在任务面板中，选中“启用分页”、“启用排序”、“启用编辑”、“启用删除”复选框，如图 10.44 所示。

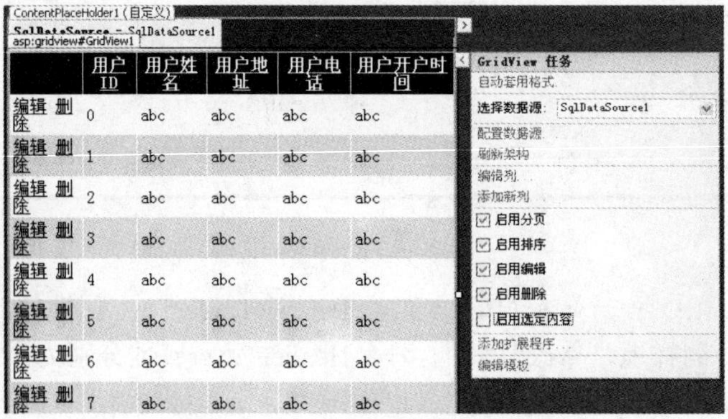

图 10.44　启用编辑删除等功能

(17) 运行该网页，效果如图 10.45 所示。

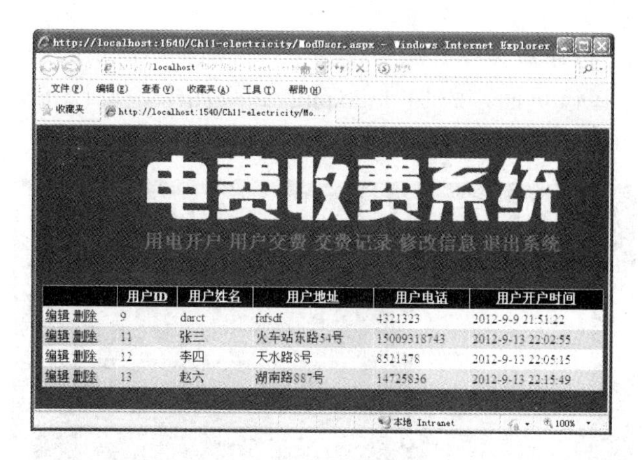

图 10.45　运行效果

经过以上步骤，我们不需编写任何代码，即完成了对用户信息修改页面的开发。

10.10　后台代码实现

对于后台的管理，由管理员登录后进行统一管理，比如收费员的添加、数据库的备份等。下面分别介绍这些页面的实现。

10.10.1　创建管理员母版页

在管理员母版页，主要把管理员登录后常用的功能添加到页面中。创建管理员母版页的步骤如下所示。

(1) 在“解决方案资源管理器”中右击网站的名称，从弹出的快捷菜单中选择“添加新项”命令，在“添加新项”对话框的中间列表框中选择“母版页”，在“名称”文本框中键入“AdminMaster”，取消选中“将代码放在单独的文件中”复选框。在“已安装的模板”列表中，单击“Visual C#”，如图 10.46 所示。

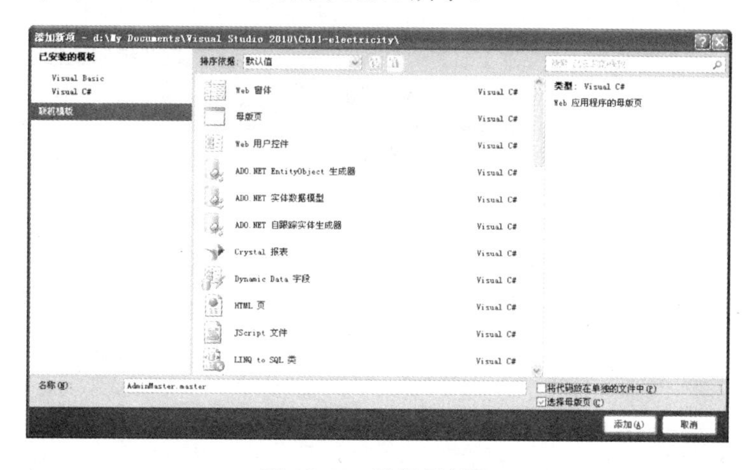

图 10.46　选择母版页

(2) 单击“添加”按钮，会在“源”视图中打开新的母版页。切换到“设计”视图，单击页面的中心以选择该页面，添加 logo.png 到页面中，设计布局表格后，拖放一个 menu 控件到页面中，如图 10.47 所示。

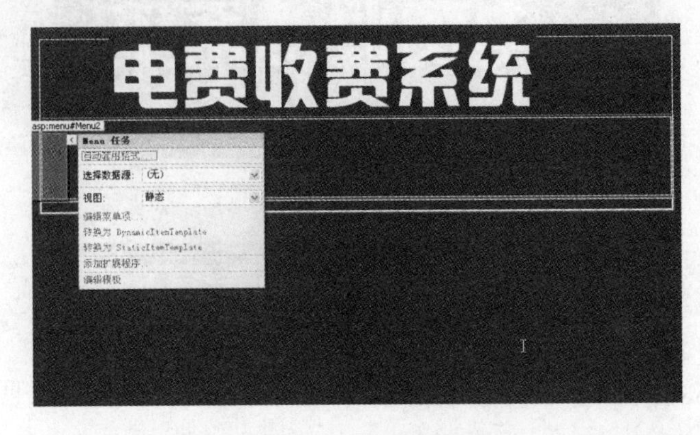

图 10.47 设计页面布局

(3) 在 menu 控件的任务面板中，选择“编辑菜单项”，在弹出的“菜单项编辑器”对话框中，添加一个根项，两个子项，其中根项的 Text 设置为“管理界面”。

第一个子项的 Text 设置为“添加用户”，将 NavigateUrl 设置为“~/AddUser.aspx”。

第二个子项的 Text 设置为“数据库备份”，将 NavigateUrl 设置为“~/BackData.aspx”。

如图 10.48 所示。

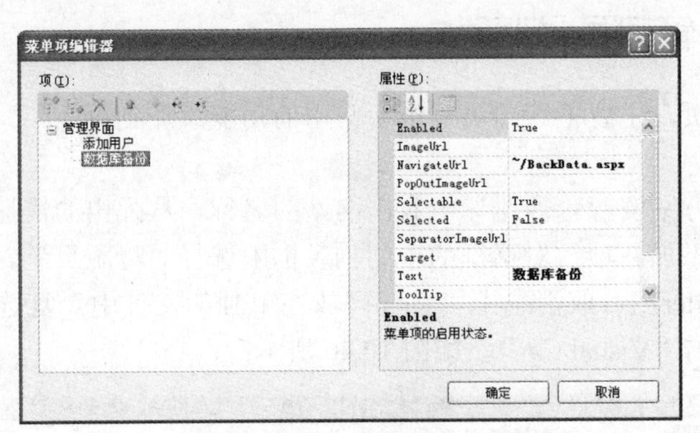

图 10.48 编辑菜单项

(4) 单击“确定”按钮关闭“菜单项编辑器”对话框，保存页，其前台代码如下：

```
<%@ Master Language="C#" %>

<!DOCTYPE html PUBLIC "-//W3C//DTD XHTML 1.0 Transitional//EN"
  "http://www.w3.org/TR/xhtml1/DTD/xhtml1-transitional.dtd">
<script runat="server">
</script>
<html xmlns="http://www.w3.org/1999/xhtml">
<head runat="server">
   <title></title>
   <asp:ContentPlaceHolder ID="head" runat="server">
   </asp:ContentPlaceHolder>
```

```
    <style type="text/css">
        .style1
        {
            width: 537px;
            height: 96px;
            text-align: center;
        }

        .style2
        {
            width: 100%;
        }
        .style3
        {
            width: 55px;
            height: 27px;
            text-align: center;
        }
    </style>
</head>
<body bgcolor="#1D3647">
    <form id="form1" runat="server">
    <div>
                  
        <img alt="" class="style1" src="image/logo.png" /><br />
        <table class="style2">
            <tr>
                <td class="style3">
                     <asp:Menu ID="Menu1" runat="server" ForeColor="#33CC33">
                        <Items>
                            <asp:MenuItem Text="管理界面" Value="管理界面">
                                <asp:MenuItem Text="添加用户" Value="添加用户"
                                 NavigateUrl="~/AddUser.aspx">
                                </asp:MenuItem>
                                <asp:MenuItem NavigateUrl="~/DataBack.aspx"
                                 Text="数据库备份" Value="数据库备份">
                                </asp:MenuItem>
                            </asp:MenuItem>
                        </Items>
                    </asp:Menu>
                     
                </td>
            </tr>
        </table>
        <asp:ContentPlaceHolder ID="ContentPlaceHolder1" runat="server">
        </asp:ContentPlaceHolder>
    </div>
    </form>
</body>
</html>
```

10.10.2　管理员添加收费员页面

利用前面设计的登录界面，在登录的时候，选择“管理员”选项，即可用管理员身份登录，对收费员进行添加，并进行设置密码等操作。

下面介绍添加收费员页面的开发过程。

(1) 在网站中添加一个新的 Web 窗体“ModUser.aspx”，并选择母版页为 AdminMaster.master。

(2) 界面布置如图 10.49 所示，其中密码一栏的 TextBox 的 TextMode 属性设置为 Password，并分别添加验证控件。

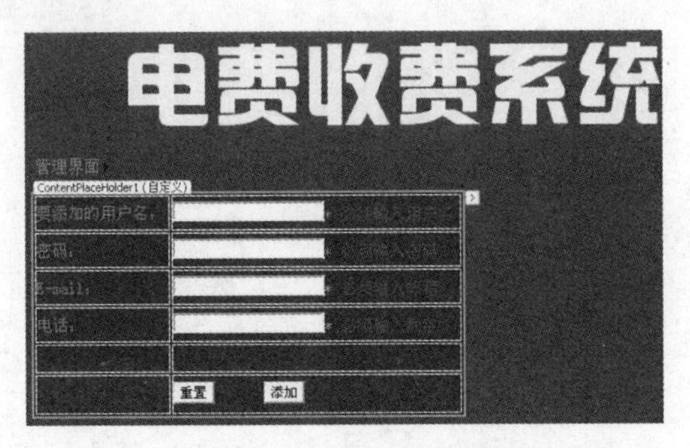

图 10.49　界面控件布局

其中验证控件：

- RequiredFieldValidator1 的 ControlToValidate 属性设置为 txtName。
- RequiredFieldValidator2 的 ControlToValidate 属性设置为 txtPwd。
- RegularExpressionValidator1 的 ControlToValidate 属性设置为 txtEmail，其正则表达式为 ValidationExpression="\w+([-+.']\w+)*@\w+([-.]\w+)*\.\w+([-.]\w+)*"，表示只能输入邮箱。
- RegularExpressionValidator2 的 ControlToValidate 设置为 txtPhone，其正则表达式为 ValidationExpression="^[-+]?\d+(\.\d+)?$"，表示只能输入数字。

设置好后，其前台代码如下所示：

```
<%@ Page Title="" Language="C#" MasterPageFile="~/AdminMaster.master"
  AutoEventWireup="true"
  CodeFile="AddUser.aspx.cs" Inherits="AddUser" %>

<asp:Content ID="Content1" ContentPlaceHolderID="head" runat="Server">
<style type="text/css">
.style21
{
   color: #33CC33;
}
.style22
{
   width: 460px;
}
```

```
.style23
{
   width: 252px;
}
.style24
{
   width: 537px;
   height: 96px;
   text-align: center;
   color: #00CC00;
}
</style>
</asp:Content>

<asp:Content ID="Content2" ContentPlaceHolderID="ContentPlaceHolder1"
  runat="Server">
<table style="height: 216px; width: 424px">
<tr>
<td class="style23">
<asp:Label ID="Label1" runat="server" ForeColor="#00CC00"
  Text="要添加的用户名: ">
</asp:Label>
</td>
<td class="style22">
<asp:TextBox ID="txtName" runat="server"></asp:TextBox>
<span class="style24">*</span>
<asp:RequiredFieldValidator ID="RequiredFieldValidator1" runat="server"
  ControlToValidate="txtName"
  Display="Dynamic" ErrorMessage="必须输入用户名"
  ForeColor="Red">
</asp:RequiredFieldValidator>
</td>
</tr>
<tr>
<td class="style23">
<asp:Label ID="Label2" runat="server" ForeColor="#00CC00" Text="密码: ">
</asp:Label>
</td>
<td class="style22">
<asp:TextBox ID="txtPwd" runat="server" TextMode="Password">
</asp:TextBox>
<span class="style24">*</span>
<asp:RequiredFieldValidator ID="RequiredFieldValidator2" runat="server"
  ControlToValidate="txtPwd"
  ErrorMessage="必须输入密码" ForeColor="Red">
</asp:RequiredFieldValidator>
</td>
</tr>
<tr>
<td class="style23">
<asp:Label ID="Label3" runat="server" ForeColor="#00CC00"
```

```
 Text="E-mail: ">
</asp:Label>
</td>
<td class="style22">
<asp:TextBox ID="txtMail" runat="server"></asp:TextBox>
<span class="style21">*</span>
<asp:RegularExpressionValidator ID="RegularExpressionValidator1"
 runat="server" ErrorMessage="必须输入邮箱"
 ForeColor="Red"
 ValidationExpression="\w+([-+.']\w+)*@\w+([-.]\w+)*\.\w+([-.]\w+)*"
 ControlToValidate="txtMail" Display="Dynamic">
</asp:RegularExpressionValidator>
</td>
</tr>
<tr>
<td class="style23">
<asp:Label ID="Label4" runat="server" ForeColor="#00CC00" Text="电话: ">
</asp:Label>
</td>
<td class="style22">
<asp:TextBox ID="txtPhone" runat="server"></asp:TextBox>
<span class="style21">*</span>
<asp:RegularExpressionValidator ID="RegularExpressionValidator2"
 runat="server" ControlToValidate="txtPhone"
 Display="Dynamic" ErrorMessage="必须输入数字" ForeColor="Red"
 ValidationExpression="^[-+]?\d+(\.\d+)?$">
</asp:RegularExpressionValidator>
</td>
</tr>
<tr>
<td class="style23">
 
</td>
<td class="style22">
 
</td>
</tr>
<tr>
<td class="style23"> </td>
<td class="style22">
<input id="Reset1" type="reset" value="重置" />
     
<asp:Button ID="btnAdd" runat="server" Text="添加"
 OnClick="btnAdd_Click" />
</td>
</tr>
</table>

</asp:Content>
```

(3) 编写后台处理代码，完成添加用户操作，如下所示：

```
using System;
using System.Collections.Generic;
using System.Linq;
using System.Web;
using System.Web.UI;
using System.Web.UI.WebControls;
using System.Data.SqlClient;
using System.Configuration;

public partial class AddUser : System.Web.UI.Page
{
    string strSQL;
    protected SqlConnection conn;
    protected SqlCommand cmd;

    protected void Page_Load(object sender, EventArgs e)
    {
    }
    protected void btnAdd_Click(object sender, EventArgs e)
    {
        //编写 SQL 命令
        strSQL = "INSERT INTO UserInfo
          (UserName,UserPwd,UserMail,UserPhone) VALUES('";
        strSQL += txtName.Text.ToString() + "','";
        strSQL += txtPwd.Text.ToString() + "','";
        strSQL += txtMail.Text.ToString() + "','";
        strSQL += txtPhone.Text.ToString() + "')";
        //创建数据库连接
        SqlConnection conn = new SqlConnection(ConfigurationManager
          .ConnectionStrings["Connectelectricity"].ToString());
        conn.Open();
        cmd = new SqlCommand(strSQL, conn);
        try
        {
            cmd.ExecuteNonQuery(); //执行保存命令
        }
        catch (Exception Err)
        {
            Response.Write(Err.Message.ToString());
        }
        conn.Close();
        Response.Write("<script>alert('添加成功！')</script>");
        txtName.Text = "";
        txtPwd.Text = "";
        txtMail.Text = "";
        txtPhone.Text = "";
    }
}
```

(4) 运行该页面，效果如图 10.50 所示。

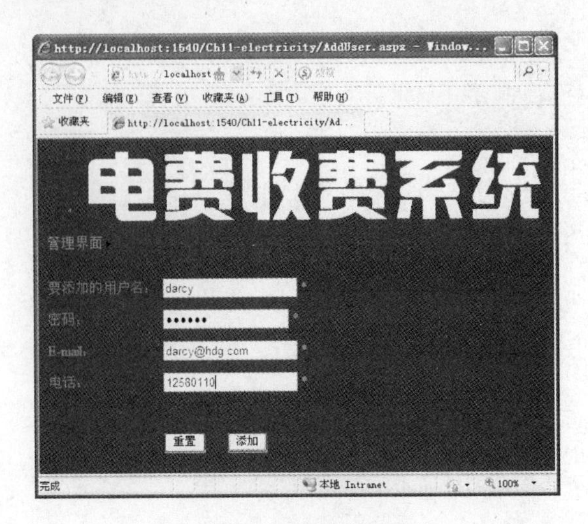

图 10.50　运行效果

10.10.3　数据库备份

为保证数据库的安全性，经常需要备份数据库。备份数据库的方法在 ASP.NET 中很多，下面我们就介绍利用 SQL 语句来实现本案例的数据库备份功能。

数据库备份的核心代码如下：

```
backup database 数据库名 to disk ='备份文件路径'
```

(1) 在网站中添加一个新的 Web 窗体“DataBack.aspx”，并选择母版页为 AdminMaster.master。

(2) 前台界面布局如图 10.51 所示：一个 TextBox、一个 Label、一个 Button 控件。

图 10.51　前台界面

其前台代码如下所示：

```
<%@ Page Title="" Language="C#" MasterPageFile="~/AdminMaster.master"
 AutoEventWireup="true"
 CodeFile="DataBack.aspx.cs" Inherits="DataBack" %>

<asp:Content ID="Content1" ContentPlaceHolderID="head" runat="Server">
<style type="text/css">
.style5
{
   width: 601px;
}
```

```
.style6
{
   width: 632px;
}
</style>
</asp:Content>

<asp:Content ID="Content2" ContentPlaceHolderID="ContentPlaceHolder1"
 runat="Server">
<table class="style2" style="width: 52%">
<tr>
<td class="style6"> </td>
<td class="style5"> </td>
</tr>
<tr>
<td class="style6">
<asp:Label ID="Label1" runat="server" ForeColor="#33CC33"
 Text="请输入备份的文件名:">
</asp:Label>
</td>
<td class="style5">
<asp:TextBox ID="txtFileName" runat="server"></asp:TextBox>
</td>
</tr>
<tr>
<td class="style6"> </td>
<td class="style5">
<asp:Button ID="btnBack" runat="server" OnClick="btnBack_Click"
 Text="备份" />
</td>
</tr>
</table>
</asp:Content>
```

(3) 为“备份”按钮添加代码，添加后，代码如下所示：

```
using System;
using System.Data;
using System.Collections.Generic;
using System.Linq;
using System.Web;
using System.Web.UI;
using System.Web.UI.WebControls;
using System.Data.SqlClient;
using System.Configuration;

public partial class DataBack : System.Web.UI.Page
{
   protected void Page_Load(object sender, EventArgs e)
   {
   }
```

```
    protected void btnBack_Click(object sender, EventArgs e)
    {
        SqlConnection conn = new SqlConnection (ConfigurationManager
          .ConnectionStrings["Connectelectricity"].ToString());
        string sql = "backup database electricityFee to disk = '"
          + Server.MapPath("backup").ToString() + "/"
          + txtFileName.Text  //备份文件名
          + System.DateTime.Now.DayOfYear.ToString()
          + DateTime.Now.Hour.ToString() + ".bak'";
        conn.Open();
        SqlCommand mycmd = new SqlCommand(sql, conn);
        try
        {
            mycmd.ExecuteNonQuery();
            Response.Write(
              "<script language=javascript>alert('备份成功! ')</script>");
        }
        catch (SqlException Err)
        {
            throw new System.Exception(Err.Message);
        }
    }
}
```

(4) 运行该网页，效果如图 10.52 所示。

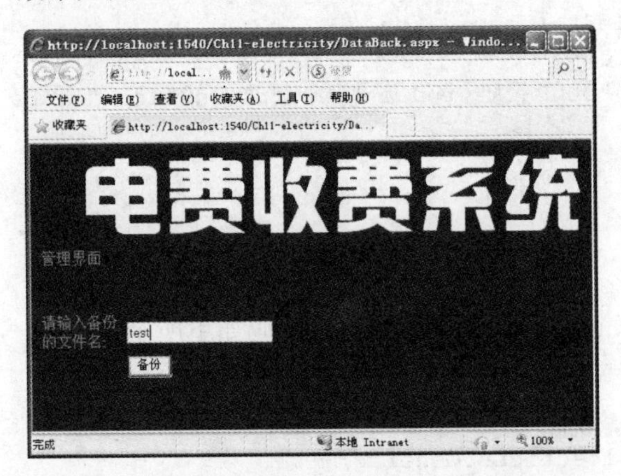

图 10.52　运行效果

输入备份文件名后，若提示备份成功，可以在网站右边的 Backup 文件夹下看到刚备份的数据库文件(需要刷新)，如图 10.53 所示。

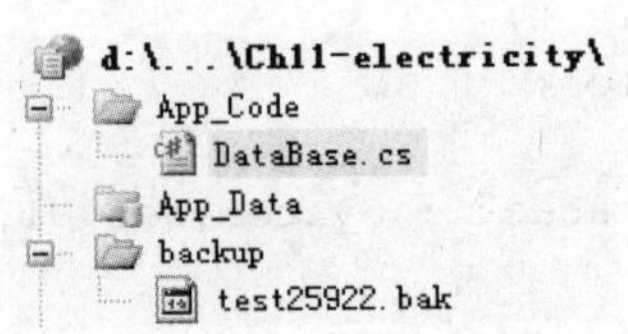

图 10.53　备份成功的文件

10.11　网 站 部 署

在整个程序开发完成之后，需要将网站部署到服务器上，服务器上必须安装 Microsoft .NET 框架 4.0 及 SQL Server 2008 的任意一个版本。

在这里，我们的开发环境为：

- Windows XP SP3。
- SQL Server 2008 企业版。
- IIS 5.1。
- Microsoft .NET 框架 4.0。

10.11.1　数据库安装

在服务器上部署网站之前，首先需要将数据库恢复到服务器的 SQL Server 数据库中，下面介绍如何在 SQL Server 2008 安装数据库。

(1) 首先将本案例的代码拷入某个文件夹，启动 SQL Server Management Studio，在 SQL Server Management Studio 对象资源管理器中，连接到 Microsoft SQL Server 数据库引擎实例，再展开该实例。

(2) 右击“数据库”，从弹出的快捷菜单中选择“附加”命令，如图 10.54 所示。

(3) 弹出“附加数据库”对话框，指定要附加的数据库，单击“添加”，然后在“定位数据库文件”对话框中选择数据库所在的磁盘驱动器并展开目录树，在 App_Data 文件夹下，找到 electricityfee.mdf，如图 10.55 所示。

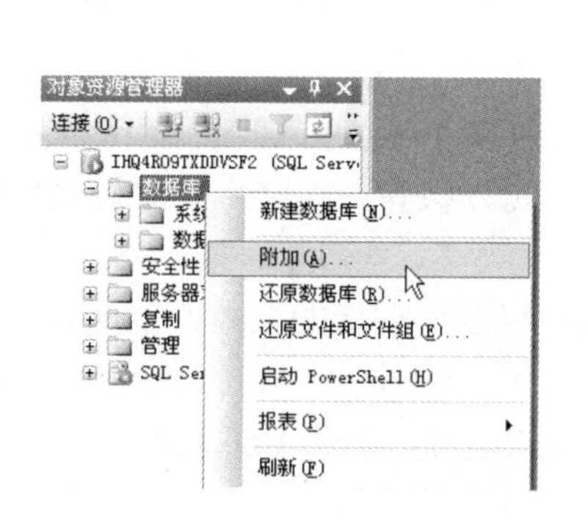

图 10.54　选择附加

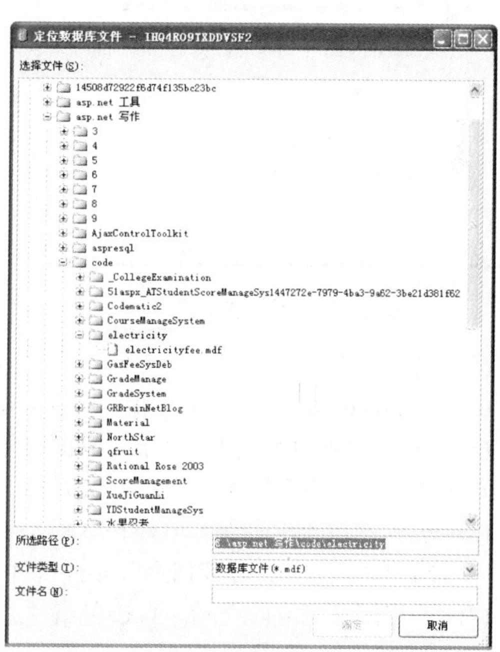

图 10.55　附加数据库

(4) 准备好附加数据库后，单击“确定”按钮即完成数据库的附加。

注意：当读者附加数据库到本机后，应修改 Web.config 中的连接字符串的相关信息。

10.11.2 IIS 服务器设置

网站的部署必须在 IIS 服务器上进行，因此，下面以 Windows XP 为例，演示在 IIS 上进行网站部署。具体步骤如下所示。

(1) 启动 IIS。展开要建立目录的网站，如图 10.56 所示。

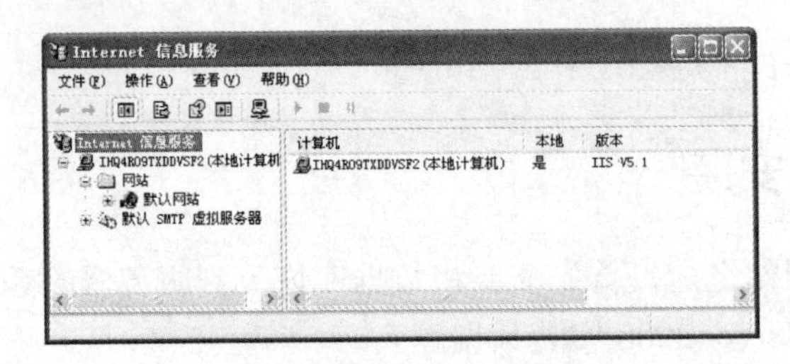

图 10.56 IIS 主界面

(2) 在“默认网站”上面单击鼠标右键，从弹出的快捷菜单中选择“新建”→“虚拟目录”命令，如图 10.57 所示。

(3) 弹出“虚拟目录创建向导”对话框，单击“下一步”按钮，如图 10.58 所示。

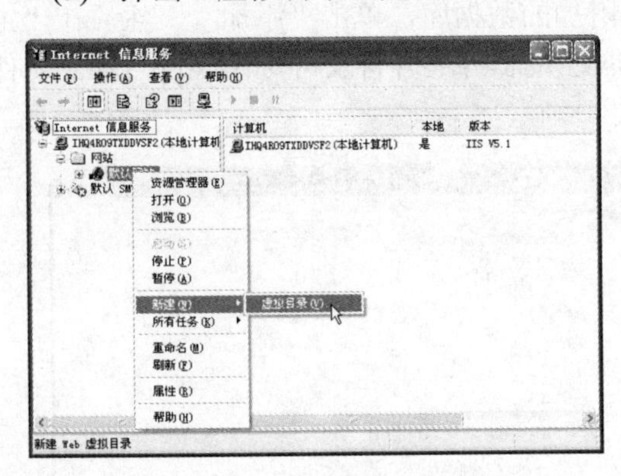

图 10.57 新建虚拟目录

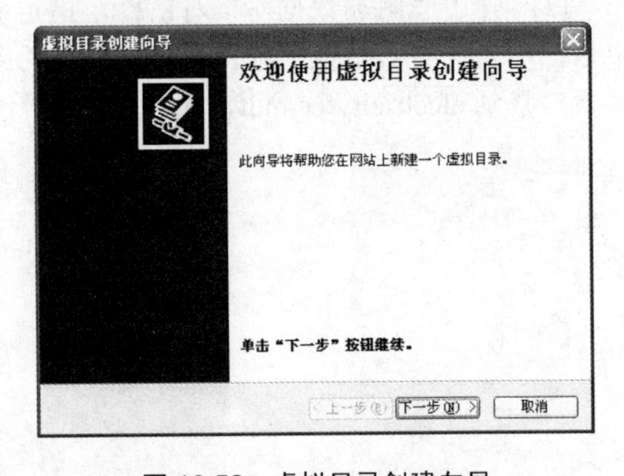

图 10.58 虚拟目录创建向导

(4) 进入“虚拟目录别名”界面，在“别名”文本框中输入需要的别名，例如这里输入“electricityFee”，单击“下一步”按钮，如图 10.59 所示。

(5) 进入配置“网站内容目录”界面，单击“浏览”按钮，选择电费收费系统的存放路径，单击“下一步”按钮，如图 10.60 所示。

(6) 进入“访问权限”界面，在这里不需要执行权限，默认的权限设置就可以，因为 Windows XP/2003 直接以 ISAPI 模式运行，直接单击“下一步”按钮，如图 10.61 所示。

(7) 弹出配置完成的提示，直接单击“完成”按钮即可，如图 10.62 所示。

(8) 在如图 10.63 所示的 Login.aspx 文件上面单击鼠标右键，从弹出的快捷菜单中选择“浏览”命令，出现电费收费系统的登录界面，如图 10.64 所示。

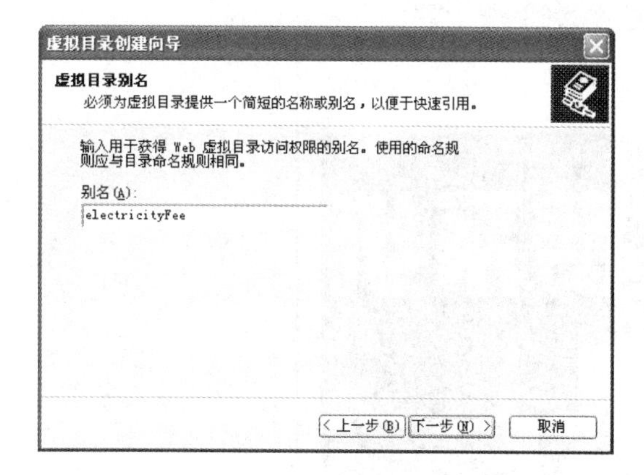

图 10.59　虚拟目录别名

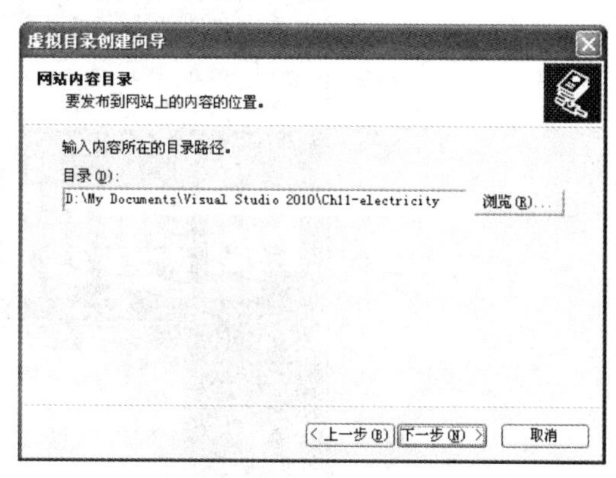

图 10.60　选择存放路径

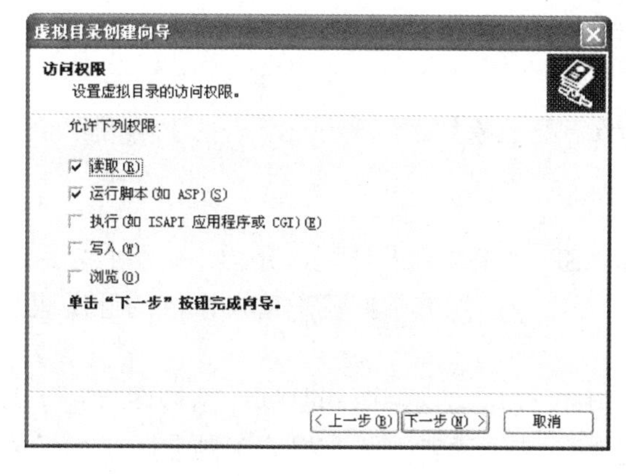

图 10.61　访问权限设置

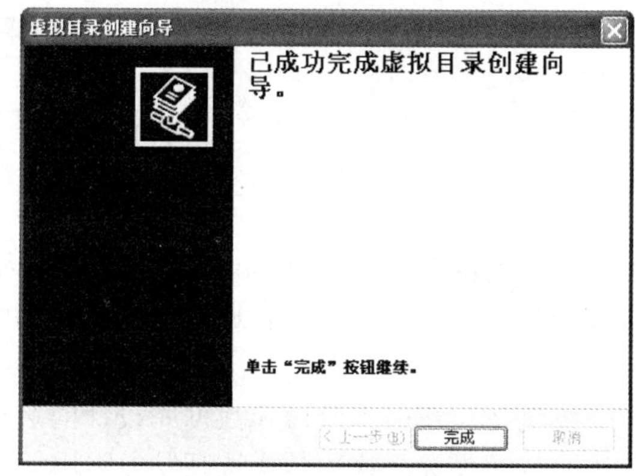

图 10.62　配置完成

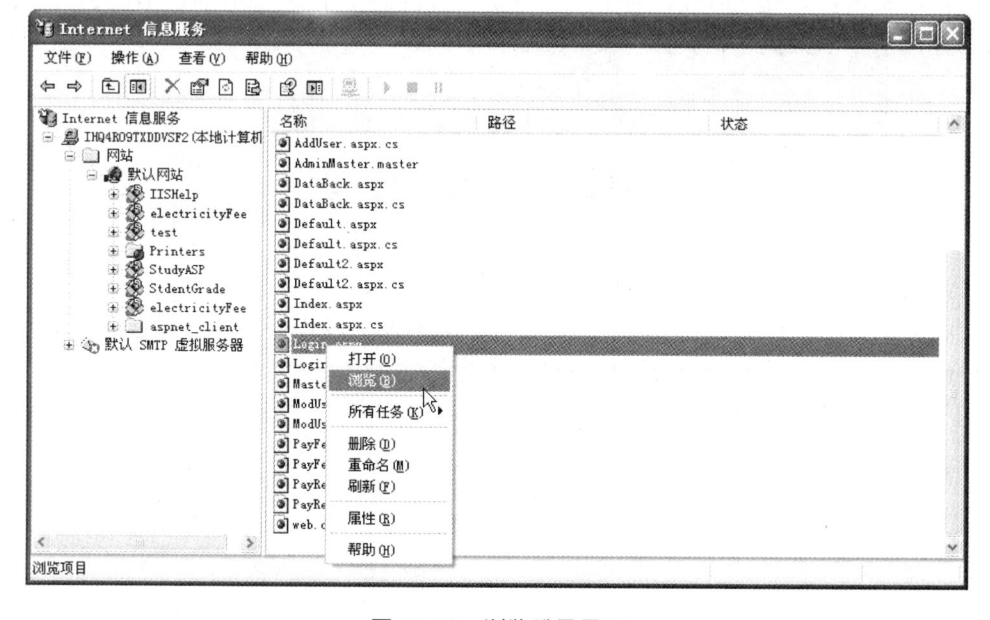

图 10.63　浏览登录界面

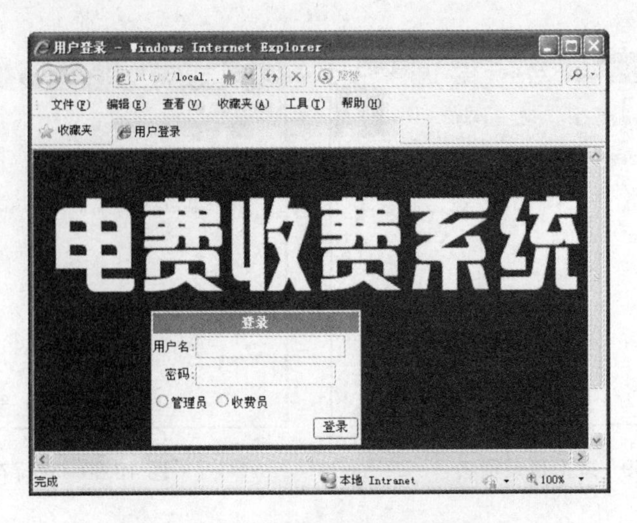

图 10.64 电费收费系统的登录界面

10.12 总　　结

本章使用 Microsoft Visual Studio 2010 和 ASP.NET 4 开发环境，介绍了电费收费系统主要模块的开发过程。读者通过对本系统的学习，应该能够掌握管理信息系统的开发思想和实现过程。

本例在系统需求分析和数据库设计的过程中，使用了用例图和数据库结构图进行了数据库系统的设计。这也是系统开发中常用的建模方法，读者需结合相关资料掌握 UML 建模与数据库设计的工具。

另外，本例在开发的时候，对于数据库访问并没有使用通用访问代码，其目的是复习和温习前面所学的数据库相关控件及 Ajax 技术，在下一章中，将会学习一个比较复杂的案例。

10.13 上 机 实 训

(1) 为电费收费系统增加管理员修改密码页面。

(2) 对后台的管理页面加入验证身份功能，只有验证身份后才能访问管理员页面。

(3) 管理员登录后，增加恢复数据库的功能。

ASP.NET

第 11 章 学生成绩管理系统

学习目的与要求：

本章通过学生成绩管理系统的开发，进一步向读者介绍管理系统的开发方法。

本案例在设计登录界面的时候，对登录的处理方法进行了封装，且对常用的数据库操作全部写入到数据公共访问库中。本章对学生成绩管理系统的主要模块的开发进行了介绍，在多个模块的开发中使用了 GridView 控件，读者需仔细体会 GridView 控件编辑、删除、更新等操作。

11.1 系统概述

本系统实现基于 Web 的学生成绩管理平台，以便方便、高效地管理学生成绩。其主要功能包括管理员操作模块、教师操作模块和学生操作模块三大部分。

11.2 需求分析

本系统用以实现管理员、任课教师、学生三者协同对学生学习成绩的综合管理及使用。其中，管理员主要负责：①院系班级管理；②课程管理；③教学学期管理；④任课教师管理(教师申请批准)；⑤学期教师任课管理；⑥学生管理(成绩修改)。任课教师主要负责：①系统使用注册申请；②学生管理(学生申请批准)；③学生成绩管理。学生主要负责：①系统使用注册申请；②某学期课程成绩查询。

管理员设置好院系班级、课程、教学学期后，可批准来自网上的教师使用系统申请，将批准允许使用本系统的教师同相应的班级、课程、学期相关联，等待教师的使用。教师需首先申请系统使用权限，待批准后进入系统，选择管理员已设定的相应班组、课程、学期后进入学生成绩管理页面，对成绩进行录入、修改。学生需首先申请系统使用权限，待批准后进入系统，进入系统后，可查询课程成绩。

11.3 用例图

结合前面的系统需求分析，可归纳出系统的用例图，采用 Rational Rose 软件画出系统的用例图。

管理员操作的用例如图 11.1 所示。

1. 管理员操作模块

(1) 后台管理员登录模块是对管理员进行身份识别的模块，管理员凭初始密码(如用户名 admin、密码 admin)进入系统后可进行其余的操作。

(2) 院系管理。对院系信息进行增、删、改、查的操作。提交的信息包括院系 ID、院系名称。

(3) 班级管理。对班级信息进行增、删、改、查的操作。提交的信息包括班级 ID、班级名称。

(4) 课程管理。对课程信息进行增、删、改、查的操作。提交的信息包括课程 ID、课程名称。

(5) 教学学期管理。对教学学期信息(如 2012—2013 学年第 1 学期)进行增、删、改、查的操作。

(6) 任课教师管理。功能包括审查教师的系统注册申请，对非法的注册申请进行删除，对通过审查的任课教师信息进行增、删、改、查的日常维护操作。

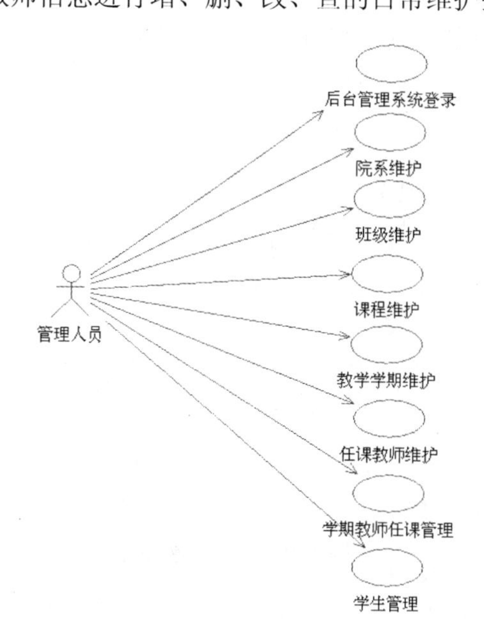

图 11.1　管理员的用例图

(7)　学期教师任课管理。主要是针对特定学期特定课程特定班级选择特定的教师，以建立学期、课程、班级、教师的对应关系。

(8)　学生管理。主要包括对学生信息进行管理，并且管理员可针对已发布的学生成绩信息进行修改操作。

2. 教师操作模块

教师操作的用例如图 11.2 所示。

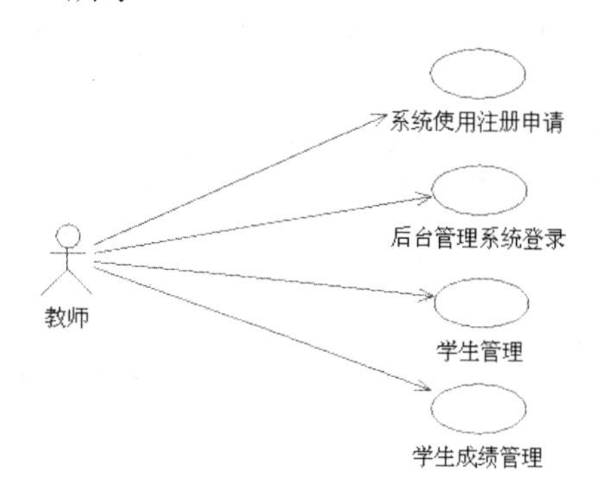

图 11.2　教师的用例图

(1)　系统登录及使用注册申请。只有进行了注册申请，并且审查通过的教师方可使用本系统教师模块。注册申请需提交的信息包括用户代码、密码、姓名、所在院系。

(2)　审查学生的系统使用注册申请。只有进行了注册申请，并且审查通过的学生方可使用本系统学生模块。教师可以对照学生的名册进行审查，对未能审查通过的注册申请，可以删除。

(3) 学生成绩管理。任课教师可以针对当前学期，所授课程，所授班级的学生成绩进行填写、修改、发布。对已发布的成绩信息不能修改(修改权限上交到管理员)，对以往学期学生成绩只能查询。

3. 学生操作模块

学生操作的用例如图 11.3 所示。

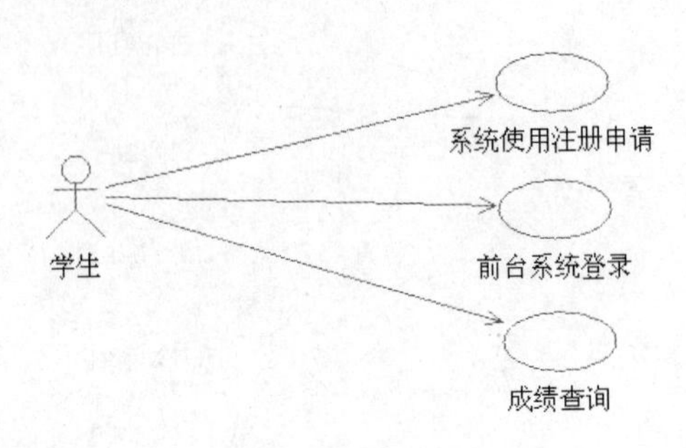

图 11.3　学生用例图

(1) 系统登录及使用注册申请。只有进行了注册申请，并且审查通过的学生方可使用本系统学生模块。注册申请需提交的信息包括用户名、密码、姓名、所在院系班级、选择教师。

(2) 成绩查询。针对本人的课程成绩查询。查询结果展示的信息包括院系班级、学号、姓名、{课程代码、课程名称、课程成绩、任课教师}。

11.4　系统总体设计

本系统在开发上使用了 Ajax Extensions 组件和 ASP.NET 内置组件，二者相结合，在数据访问层，使用 SqlHelper 类，并且把常用的数据操作语句集成到 SqlHelper 类中。

SqlHelper 是一个基于.NET 框架的数据库操作组件。目前 SqlHelper 有很多版本，本案例主要以微软发布的 SqlHelper 类为基础，在此基础上进行了改写。

11.5　开 发 环 境

本系统采用如下开发环境。

- 操作系统：Windows XP SP3。
- 开发工具：Microsoft Visual Studio 2010 旗舰版。
- UML 建模工具：Rational Rose。
- 数据库设计工具：PowerDesigner 15.1。
- 数据库环境：SQL Server 2008 企业版。

11.6　数据库设计

11.6.1　数据库的概念设计

概念设计用来反映现实世界中的实体、属性和它们之间的关系等的原始数据形式，建立数据库用例图。学生成绩管理系统主要分为 7 大实体，相应属性文字描述如下：

院系(院系 ID，院系名称)

班级(班级 ID，院系 ID，班级名称)

学期(学期，是否为当前学期)

注意： 是否为当前学期属性提供当前学期的默认选择，如针对学生注册申请的批准通过学期，学期学生选课关系中的学期等。

课程(课程 ID，课程名称)

教师(教师 ID，密码，教师名称，院系 ID，注册批准状态)

学生(学生 ID，密码，学生名称，班级 ID，注册批准状态，批准人，批准通过学期)

学期学生选课关系(学期，学生 ID，教师 ID，课程 ID，成绩，发布状态)

注意： 发布状态属性为已发布状态时，教师将不能修改成绩，此时只有管理员有修改成绩的权限。

结合前面的需求分析、用例图，按照数据库设计原则，数据库的设计如图 11.4 所示。

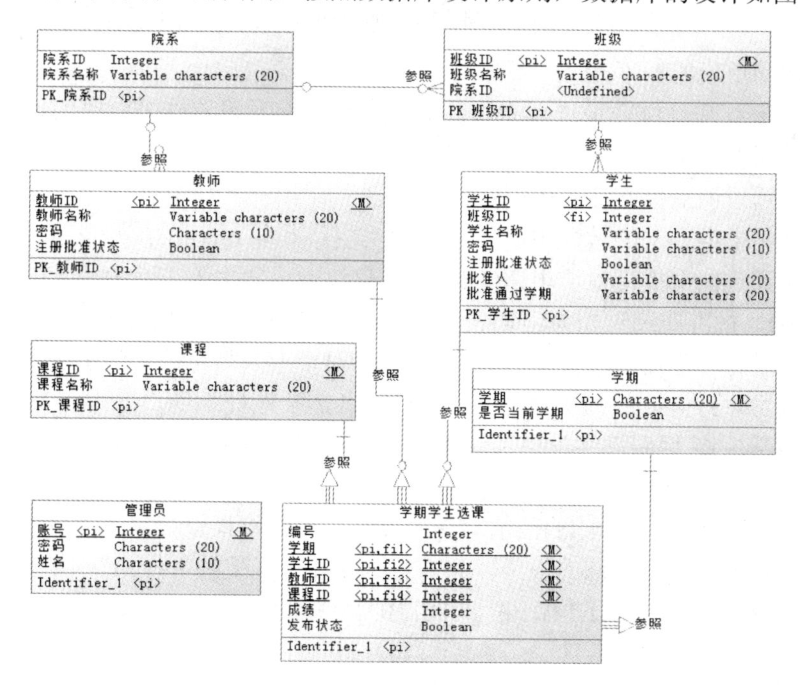

图 11.4　数据库设计图

11.6.2 数据流程图

整个数据的操作流程图可用下面的时序图来表示，如图 11.5 所示。

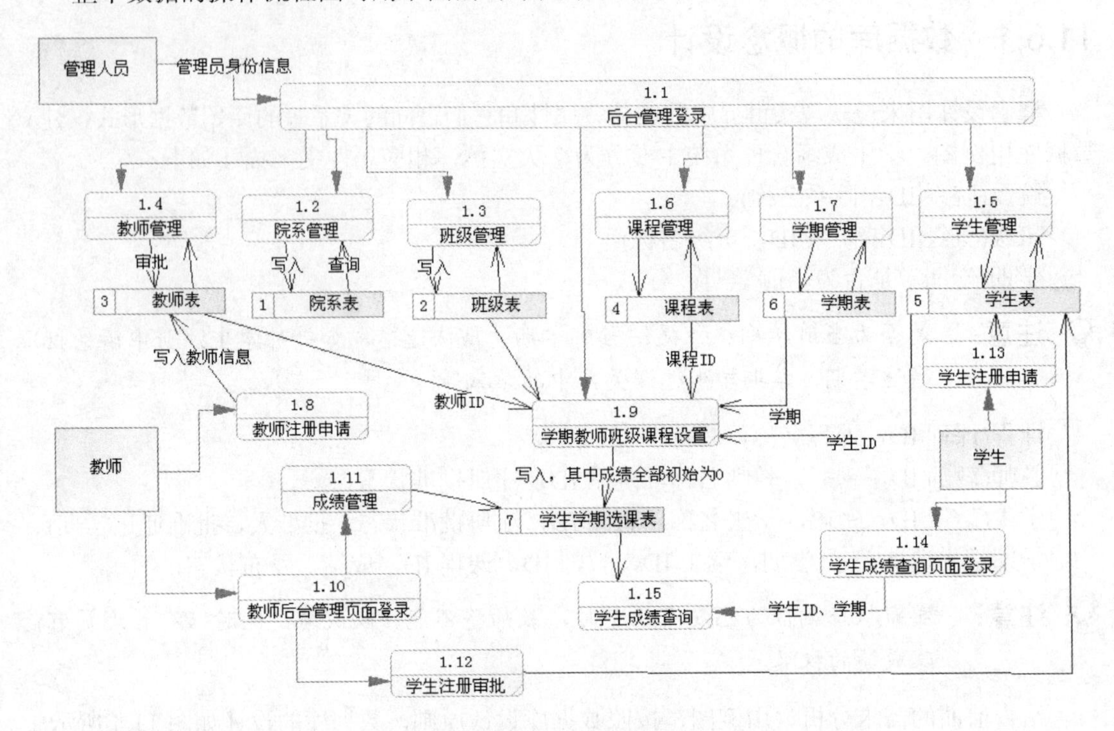

图 11.5 时序图

操作时序简单说明如下。

(1) 管理员以其身份登录进入系统(1.1)后，进行院系设置(1.2)、班级设置(1.3)、课程设置(1.6)、学期设置(1.7)。

(2) 教师通过网页提交注册申请(1.8)。

(3) 管理员批准合法的教师申请(1.4)。

(4) 学生通过网页提交注册申请(1.13)，信息存贮于学生表，其中“批准人”存放学生选择的教师 ID，批准通过学期为学期表里的当前学期(任何时候当前学期只有一个)。

(5) 教师进行学生注册审批(1.12)。教师只针对批准人是自己的学生进行审批。

(6) 管理员进行学期教师班级课程设置(1.9)。需要选择学期、课程、教师、班级(班级关联所有该班学生)然后向学生学期选课表存储记录，所有学生的成绩初始为 0 分，以等待教师填写成绩。

(7) 教师进行成绩管理(1.11)，填写学生成绩，成绩一旦登记完毕，可进行“发布”操作，进行发布后教师不允许修改成绩，只有管理员在“学生管理(1.5)”中能修改。

(8) 学生进行成绩查询(1.14)，根据学生 ID，学生登录后，显示所有课程成绩。

11.7　项目及数据库搭建

对系统的需求分析和数据库设计完成后，可以开始创建项目。

(1)　启动 Microsoft Visual Studio 2010，界面如图 11.6 所示。

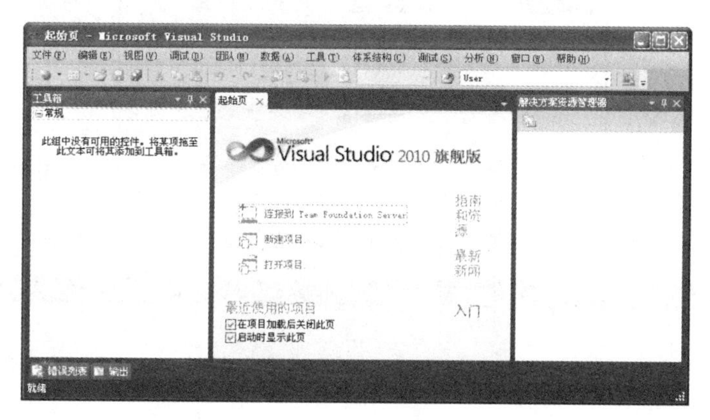

图 11.6　启动界面

(2)　选择“文件”→“新建网站”菜单命令，打开“新建网站”对话框，如图 11.7 所示。选择模板为“ASP.NET 空网站”，语言选择“Visual C#”，设置保存路径，单击“确定”按钮创建项目，即创建了一个新项目。

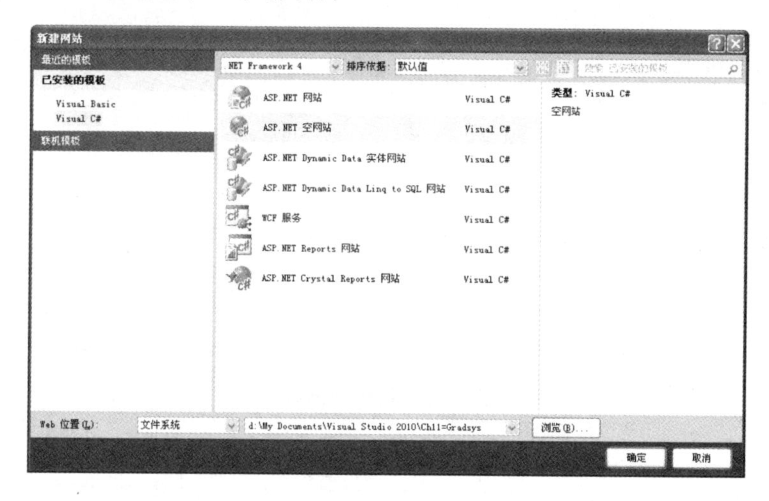

图 11.7　新建网站

项目创建完成后，就开始创建数据库。

(3)　启动 SQL Server Management Studio 工具，如图 11.8 所示。

(4)　连接成功后，在“对象资源管理器”窗口中，右击“数据库”，在弹出的快捷菜单中选择“新建数据库”命令，弹出如图 11.9 所示的对话框。

(5)　输入数据库名“GradSys”，设置存储路径，单击“确定”按钮即完成了数据库的创建，在创建好数据库后，单击“GradSys”选项，在下面的“表”对象上右击，从弹出的快捷菜单中选择“新建表”命令，弹出如图 11.10 所示的新建表界面，根据前面所设计的 7 大实体及属性，分别创建本案例所需要的表。

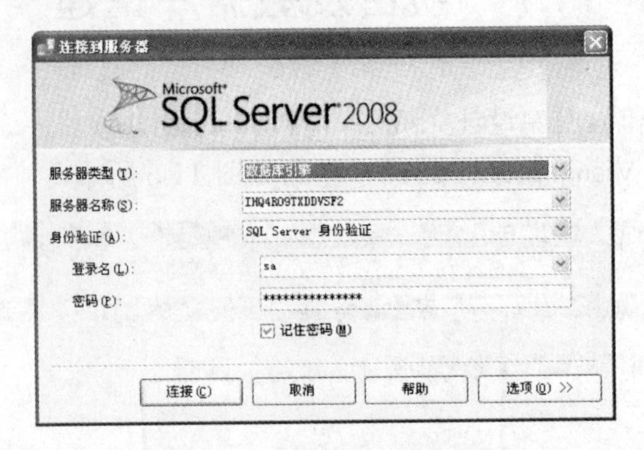

图 11.8　连接 SQL 服务器

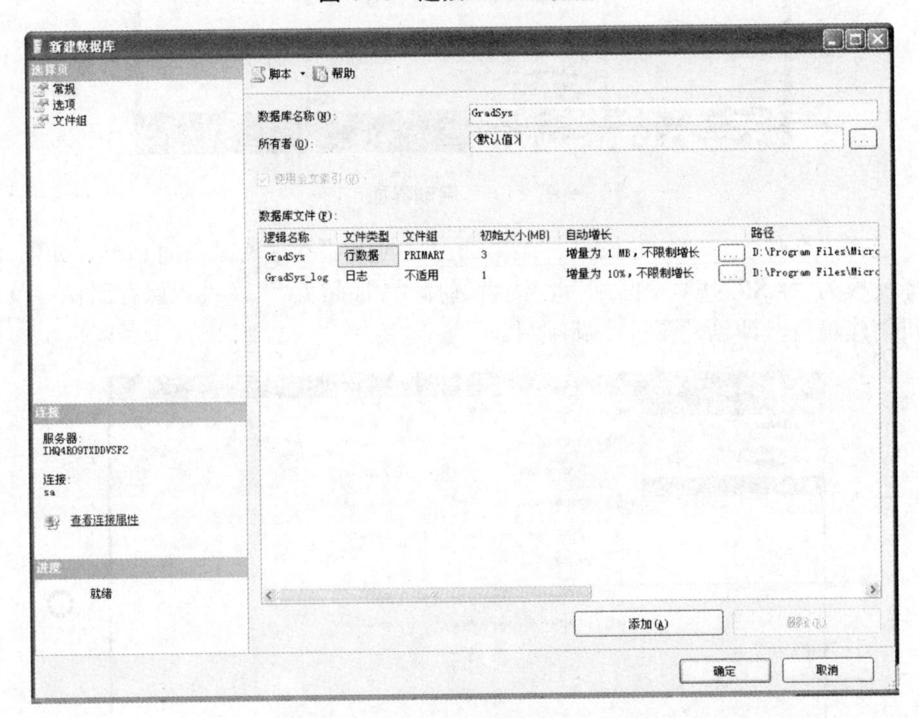

图 11.9　新建数据库

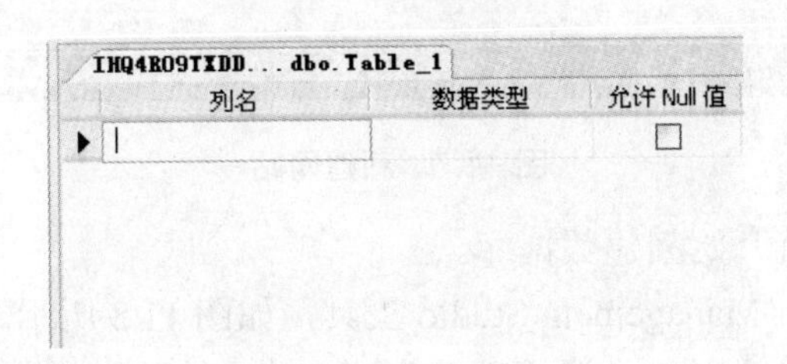

图 11.10　新建表界面

当然，除了使用上述方式创建数据库和表外，还可以使用 SQL 语句来创建，具体可参考本案例的代码。

11.8　数据访问层实现

与上一章相比，本案例以公共数据库访问类 SqlHelper 为基础，并且对用户的登录处理方法也封装到 Login.cs 类中。至于公共数据连接字符串，可参考上一章相关的内容。

11.8.1　公共数据库访问类 SqlHelper 的实现

微软提供的 Data Access Application Block 组件中的 SQLHelper 类封装了最常用的数据操作。

可以帮助用户调用存储过程以及向 SQL Server 数据库发出 SQL 文本命令，它返回 SqlDataReader、DataSet 和 XmlReader 对象。利用此类，我们可以很方便地在自己的.NET 应用程序中将其作为构造块使用，从而减少了需要创建、测试和维护的自定义代码的数量。在本案例中，我们对 SqlHelper 类进行简化，并且加入案例中常用到的一些操作。

为项目添加公共数据库访问类的步骤如下。

(1) 在工程的根目录右击，在弹出的快捷菜单中选择“添加 ASP.NET 文件夹”→“App_Code”命令，添加代码目录，如图 11.11 所示。

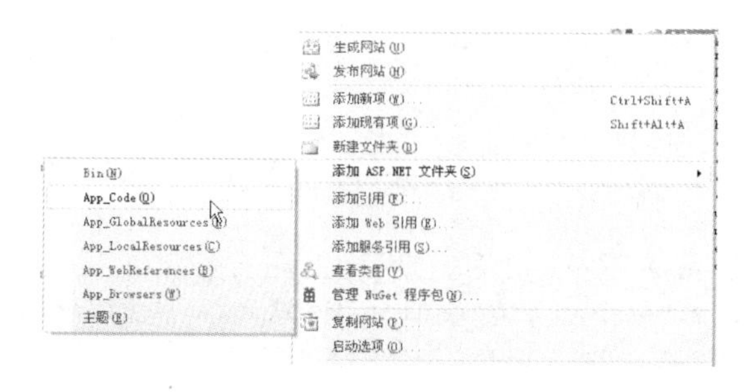

图 11.11　添加目录

(2) 在添加的 App_Code 目录上单击鼠标右键，从弹出的快捷菜单中选择“添加新项”命令，在“添加新项”对话框中间的列表框中选择“类”，在“名称”文本框中输入“SQLHelper.cs”，单击“添加”按钮，如图 11.12 所示。

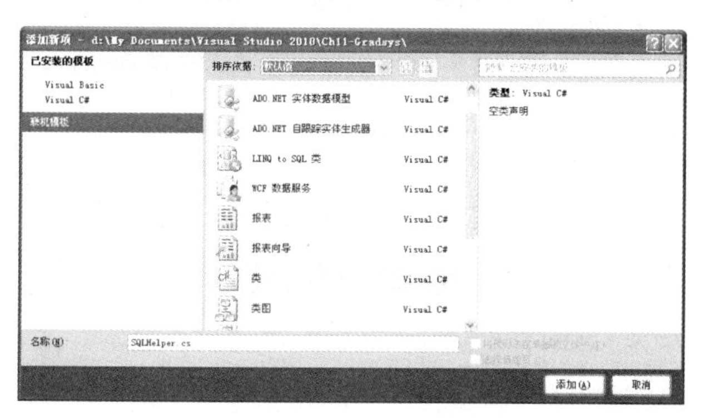

图 11.12　添加新项

(3) 在 SqlHelper.cs 文件中输入代码，限于篇幅，这里只给出主要的方法：

```
using System;
using System.Collections.Generic;
using System.Text;
using System.Data;
using System.Data.SqlClient;
using System.Configuration;
using System.ComponentModel;
using System.Web;
using System.Web.Security;
using System.Web.UI.WebControls;

/// <summary>
/// SQLHelper 类封装对 SQL Server 数据库的添加、删除、修改和选择等操作
/// </summary>
public class SQLHelper
{
    /// 连接数据源
    private SqlConnection conn = null;
    private readonly string temp = "temp";
    /// <summary>
    /// 打开数据库连接
    /// </summary>
    private void Open()
    {
        // 打开数据库连接
        if (conn == null)
        {
            conn = new System.Data.SqlClient.SqlConnection(
              System.Web.Configuration.WebConfigurationManager
              .ConnectionStrings["GradsysConnect"].ToString());
        }
        if (conn.State == ConnectionState.Closed)
        {
            try
            {
                ///打开数据库连接
                conn.Open();
            }
            catch (Exception ex)
            {
                ///抛出错误信息
                throw new Exception(ex.Message);
            }
            finally
            {
                ///关闭已经打开的数据库连接
            }
        }
    }
```

```
/// <summary>
/// 关闭数据库连接
/// </summary>
public void Close()
{
    ///判断连接是否已经创建
    if (conn != null)
    {
        ///判断连接的状态是否打开
        if (conn.State == ConnectionState.Open)
        {
            conn.Close();
        }
    }
}

/// <summary>
/// 释放资源
/// </summary>
public void Dispose()
{
    // 确认连接是否已经关闭
    if (conn != null)
    {
        conn.Dispose();
        conn = null;
    }
}

/// <summary>
/// 执行 SQL 语句，并返回第一行第一列结果
/// </summary>
/// <param name="strSql">SQL 语句</param>
/// <returns></returns>
public string ExcuteSqlReturn(string cmdText)
{
    string strReturn = "";
    SqlCommand cmd = CreateSQLCommand(cmdText, null);
    try
    {
        ///执行存储过程
        strReturn = cmd.ExecuteScalar().ToString();
    }
    catch (Exception ex)
    {
        ///抛出错误信息
        throw new Exception(ex.Message);
    }
    finally
    {
        ///关闭数据库的连接
```

```
        Close();
    }

    ///返回存储过程的参数值
    return strReturn;
}
/// <summary>
/// <summary>
/// 执行无返回值的SQL语句
/// </summary>
/// <param name="cmdText">SQL语句</param>
/// <param name="prams">SQL语句所需参数</param>
/// <returns>返回值</returns>
public int ExcuteSQL(string cmdText, params SqlParameter[] prams)
{
    SqlCommand cmd = CreateSQLCommand(cmdText, prams);
    try
    {
        ///执行SQL语句
        cmd.ExecuteNonQuery();
    }
    catch (Exception ex)
    {
        ///抛出错误信息
        throw new Exception(ex.Message);
    }
    finally
    {
        ///关闭数据库的连接
        Close();
    }

    ///返回存储过程的参数值
    return (int)cmd.Parameters[temp].Value;
}
/// <summary>
/// <summary>
/// 执行SQL语句
/// </summary>
/// <param name="cmdText">SQL语句</param>
/// <param name="dataSet">返回DataSet对象</param>
public void ExcuteSQL(string cmdText, ref DataSet dataSet)
{
    if (dataSet == null)
    {
        dataSet = new DataSet();
    }
    ///创建SqlDataAdapter
    SqlDataAdapter da = CreateSQLDataAdapter(cmdText, null);
    try
    {
```

```
            ///读取数据
            da.Fill(dataSet);
        }
        catch (Exception ex)
        {
            ///抛出错误信息
            throw new Exception(ex.Message);
        }
        finally
        {
            ///关闭数据库的连接
            Close();
        }
    }
    /// <summary>
    /// 执行 SqlCommand
    /// </summary>
    /// <param name="cmdText">SQL 语句</param>
    /// <param name="prams">SQL 语句所需参数</param>
    /// <returns>返回 SqlCommand 对象</returns>
    private SqlCommand CreateSQLCommand(
      string cmdText, SqlParameter[] prams)
    {
        ///打开数据库连接
        Open();
        ///设置 Command
        SqlCommand cmd = new SqlCommand(cmdText, conn);
        ///添加参数
        if (prams != null)
        {
            foreach (SqlParameter parameter in prams)
            {
                cmd.Parameters.Add(parameter);
            }
        }
        ///添加返回参数 ReturnValue
        cmd.Parameters.Add(
        new SqlParameter(temp, SqlDbType.Int, 4,
          ParameterDirection.ReturnValue,
          false, 0, 0, string.Empty, DataRowVersion.Default, null));
        ///返回创建的 SqlCommand 对象
        return cmd;
    }
    /// <summary>
    /// 创建一个 SqlDataAdapter 对象，用此来执行 SQL 语句
    /// </summary>
    /// <param name="cmdText">SQL 语句</param>
    /// <param name="prams">SQL 语句所需参数</param>
    /// <returns>返回 SqlDataAdapter 对象</returns>
    private SqlDataAdapter CreateSQLDataAdapter(
      string cmdText, SqlParameter[] prams)
```

```
    {
        ///打开数据库连接
        Open();
        ///设置 SqlDataAdapter 对象
        SqlDataAdapter da = new SqlDataAdapter(cmdText, conn);
        ///添加存储过程的参数
        if (prams != null)
        {
            foreach (SqlParameter parameter in prams)
            {
                da.SelectCommand.Parameters.Add(parameter);
            }
        }
        ///添加返回参数 ReturnValue
        da.SelectCommand.Parameters.Add(
          new SqlParameter(temp, SqlDbType.Int, 4,
          ParameterDirection.ReturnValue,
          false, 0, 0, string.Empty, DataRowVersion.Default, null));
        ///返回创建的 SqlDataAdapter 对象
        return da;
    }
    /// <summary>
    /// 绑定 GridView 控件
    /// </summary>
    /// <param name="gv">GridView 控件名称</param>
    /// <param name="sqlstring">SQL 语句</param>
    public void BindGV(GridView gv, string sqlstring)
    {
        DataSet dataSet = new DataSet();
        ExcuteSQL(sqlstring, ref dataSet);
        gv.DataSource = dataSet;
        try
        {
            gv.DataBind();
        }
        catch (Exception ex)
        {
            ///抛出错误信息
            throw new Exception(ex.Message);
        }
        finally
        {
            conn.Close();
        }
    }
}
```

11.8.2 登录处理类的实现

本系统登录的时候，由于有三种角色：教师、学生、管理员，因此，在登录的时候，登录处理方法使用 Login 类来实现：

```
using System;
using System.Collections.Generic;
using System.Linq;
using System.Web;

/// <summary>
///登录处理方法
/// </summary>
public class Login
{
    SQLHelper sqlhp = new SQLHelper();
    public Login()
    {
        //
        //TODO: 在此处添加构造函数逻辑
        //
    }
    public string StudentLogin(string strName, string strPwd)
    {
        string sSD = null;
        string strSQL =
          "select StudentID from t_Student where StudentName='"
          + strName + "' and StudentPw='" + strPwd + "'";
        try
        {
            sSD = sqlhp.ExcuteSqlReturn(strSQL);
        }
        catch (Exception err)
        {
            throw new Exception(err.Message);
        }
        if (!Equals(sSD, ""))
        {
            return sSD;
        }
        else
        {
            return null;
        }
    }
    public string TeacherLogin(string strName, string strPwd)
    {
        string sTID = null;
        string strSQL =
          "select TeacherID from t_Teacher where TeacherName='"
          + strName + "' and TeacherPw='" + strPwd + "'";
        try
        {
            sTID = sqlhp.ExcuteSqlReturn(strSQL);
```

```
    }
    catch (Exception err)
    {
        throw new Exception(err.Message);
    }
    if (!Equals(sTID, ""))
    {
        return sTID;
    }
    else
    {
        return null;
    }
}
public string AdminLogin(string strName, string strPwd)
{
    string strAdminID = null;
    string strSQL =
      "select AdminID from t_Admin where AdminName='"
      + strName + "' and AdminPw='" + strPwd + "'";
    try
    {
        strAdminID = sqlhp.ExcuteSqlReturn(strSQL);
    }
    catch (Exception err)
    {
        throw new Exception(err.Message);
    }
    if (!Equals(strAdminID, ""))
    {
        return strAdminID;
    }
    else
    {
        return null;
    }
  }
}
```

11.9 登录界面的实现

登录界面是管理员、学生、教师进入系统的入口，本例中，三种角色的登录使用统一的界面，系统在后台，根据身份的不同调用相应的方法来处理登录事件。

(1) 首先在网站中添加一个窗体“Default.aspx”，打开这个文件，其页面的布局如图 11.13 所示。

值得注意的是页面上的 3 个 RadioButton 控件，必须设置它们的 GroupName 属性都为

“A”，以便同时只能有一个被选中。

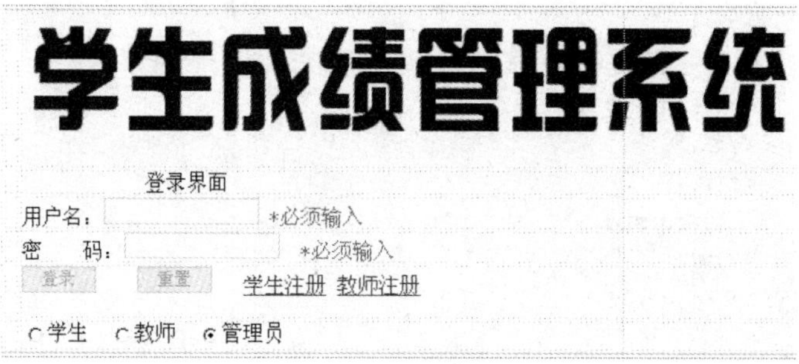

图 11.13　登录界面前台

设置好后，前台主要代码如下所示：

```
<form id="form1" runat="server">
    <div>
        <table align="center" class="style1">
            <tr>
                <td>
                     
                </td>
                <td>
                     
                </td>
                <td class="style6">
                     
                </td>
                <td class="style6">
                    <img alt="" class="style2" src="images/logo.png" />
                </td>
                <td class="style4">
                     
                </td>
                <td>
                     
                </td>
            </tr>
            <tr>
                <td>
                     
                </td>
                <td>
                     
                </td>
                <td class="style6">
                     
                </td>
                <td class="style6">
                      
```

```
             
        登录界面 
        </td>
        <td class="style4">
             
        </td>
        <td>
             
        </td>
    </tr>
    <tr>
        <td class="style3">
        </td>
        <td class="style3">
             
        </td>
        <td class="style7">
             
        </td>
        <td class="style7">
        用户名：<asp:TextBox ID="txtUser" CssClass="txtbox"
          runat="server" Width="120px">
        </asp:TextBox>
         <asp:RequiredFieldValidator
          ID="RequiredFieldValidator1" runat="server"
          ControlToValidate="txtUser"
          ErrorMessage="*必须输入" ForeColor="Red">
        </asp:RequiredFieldValidator>
              
            <br />
        </td>
        <td class="style5">
             
        </td>
        <td class="style3">
        </td>
    </tr>
    <tr>
        <td>
             
        </td>
        <td>
             
        </td>
        <td class="style6">
             
        </td>
        <td class="style6">
            密    码：<asp:TextBox ID="txtPw"
            CssClass="txtbox" runat="server" TextMode="Password"
            Width="120px">
```

```
        </asp:TextBox>
          <asp:RequiredFieldValidator
            ID="RequiredFieldValidator2" runat="server"
            ControlToValidate="txtPw" ErrorMessage="*必须输入"
            ForeColor="Red">
            </asp:RequiredFieldValidator>
         
    </td>
    <td class="style4">
         
    </td>
    <td>
         
    </td>
</tr>
<tr>
    <td>
         
    </td>
    <td>
         
    </td>
    <td class="style6">
         
    </td>
    <td class="style6">
        <asp:Button ID="btnLogin" runat="server" CssClass="btn"
          Text="登录" OnClick="btnLogin_Click" />
            
        <input id="Reset1" type="reset"
          class="btn" value="重置" />  
        <asp:HyperLink ID="HyperLink1" runat="server"
          NavigateUrl="~/Student/StuRegister.aspx">
          学生注册
          </asp:HyperLink>
         <asp:HyperLink ID="HyperLink2" runat="server"
          NavigateUrl="~/Teacher/TeRegister.aspx">
          教师注册
          </asp:HyperLink>
        <br />
           
    </td>
    <td class="style4">
         
    </td>
    <td>
         
    </td>
</tr>
<tr>
    <td>
```

```
             
        </td>
        <td>
             
        </td>
        <td class="style6">
             
        </td>
        <td class="style6">
            <asp:RadioButton ID="rdiS" runat="server"
              Text="学生" GroupName="A" />
              
            <asp:RadioButton ID="rdiT" runat="server" Text="教师"
              ValidationGroup=" " GroupName="A" />
              
            <asp:RadioButton ID="rdiA" runat="server" Text="管理员"
              GroupName="A" Checked="True" />
        </td>
        <td class="style4">
             
        </td>
        <td>
             
        </td>
      </tr>
    </table>
  </div>
</form>
```

(2) 设置前台后，为登录编写处理代码，如下所示：

```
using System;
using System.Collections.Generic;
using System.Linq;
using System.Web;
using System.Web.UI;
using System.Web.UI.WebControls;

public partial class _Default : System.Web.UI.Page
{
    Login LoginCheck = new Login();

    protected void Page_Load(object sender, EventArgs e)
    {
    }

    protected void btnLogin_Click(object sender, EventArgs e)
    {
        if (rdiA.Checked)  //如果是管理员登录
        {
            string userName = txtUser.Text.Trim();
```

```
            string userPw = txtPw.Text.Trim();

            if (LoginCheck.AdminLogin(userName, userPw) != null)
            {
                Session["AID"] = LoginCheck.AdminLogin(userName, userPw);
                Session["AName"] = txtUser.Text.Trim();
                Server.Transfer("~/Admin/AdminIndex.aspx");
            }
            else
            {
                Page.ClientScript.RegisterStartupScript(GetType(), "Login",
                  "<script>alert('用户名或密码错误！');</script>");
            }
        }

        if (rdiT.Checked) //如果是教师登录
        {
            string userName = txtUser.Text.Trim();
            string userPw = txtPw.Text.Trim();
            if (LoginCheck.TeacherLogin(userName, userPw) != null)
            {
                Session["TID"] = LoginCheck.TeacherLogin(userName, userPw);
                Session["TName"] = txtUser.Text.Trim();
                Server.Transfer("~/Teacher/TeacherIndex.aspx");
            }
            else
            {
                Page.ClientScript.RegisterStartupScript(GetType(), "Login",
                  "<script>alert('用户名或密码错误！');</script>");
            }
        }

        if (rdiS.Checked) //如果是学生登录
        {
            string userName = txtUser.Text.Trim();
            string userPw = txtPw.Text.Trim();
            if (LoginCheck.StudentLogin(userName, userPw) != null)
            {
                Session["SID"] = LoginCheck.StudentLogin(userName, userPw);
                Session["SName"] = txtUser.Text.Trim();
                Server.Transfer("~/Student/stuVierGrade.aspx");
            }
            else
            {
                Page.ClientScript.RegisterStartupScript(GetType(), "Login",
                  "<script>alert('用户名或密码错误！');</script>");
            }
        }
    }
}
```

(3) 运行登录界面，效果如图 11.14 所示。

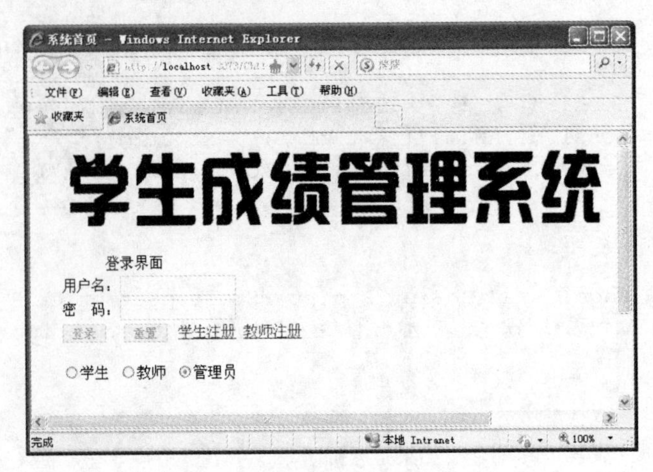

图 11.14 登录界面

11.10 管理员的主要模块

管理员主要负责对系统的一些初始化操作，比如设置院系班级、课程、教学学期、批准教师的申请，并且对课程、班级、教师等进行关联，等待教师的使用。前台主要包括以下页面。

- AdminIndex.aspx：管理员登录后的主页。
- AdminDepart.aspx：对院系信息进行维护。
- AdminClass.aspx：对班级信息进行维护。
- AdminCourse.aspx：对课程信息进行维护。
- AdminTeacher.aspx：对已经通过审批的教师信息进行维护。
- AdminTerm.aspx：对学期信息进行维护。
- AdminApproved.aspx：对教师的申请注册进行审批，可删除非法申请。
- AdminTCS.aspx：对课程进行安排，主要是关联班级、课程和教师。
- AdninGrade.aspx：对已经发布的成绩进行修改。

为了便于管理，把管理员的相关模块统一放在 Admin 文件夹中。

由于篇幅限制，这里只对部分模块进行介绍，其他模块可参考源代码。

11.10.1 管理员主页

管理员登录后，进入到管理员主页。在管理员的主页里，对管理员常用的操作都集中放置。对于管理员主页，在前台使用了框架结构，并且使用了 menu 控件。

(1) 在网站中，添加一个窗体“AdminIndex.aspx”，打开这个文件，其页面的布局如图 11.15 所示。

图 11.15　管理员主页的布局

(2) 其前台主要代码如下所示：

```
<form id="form1" runat="server">
<div>
<table class="style1">
<tr>
<td colspan="2">
<asp:Image ID="Image1" runat="server" ImageUrl="~/images/logo.png" />
</td>
</tr>
<tr>
<td class="style4">
欢迎<asp:Label ID="lblAdmin" runat="server" Text="Label"></asp:Label>
登录
</td>
<td rowspan="6">
<iframe id="iframe1" name="mainFrame" frameborder="0" class="style6">
</iframe>
</td>
</tr>
<tr>
<td class="style4">
<asp:TreeView ID="TreeView1" runat="server"
  AutoGenerateDataBindings="False" CssClass="STYLE1"
  EnableTheming="True" ExpandDepth="8" Height="388px" ImageSet="News"
  NodeIndent="10" Style="text-align: left; margin-top: 0px;"
  Width="129px">
    <ParentNodeStyle Font-Bold="False" />
    <HoverNodeStyle Font-Underline="True" />
    <SelectedNodeStyle Font-Underline="True" HorizontalPadding="0px"
      VerticalPadding="0px" />
    <Nodes>
```

```
            <asp:TreeNode Expanded="False" ImageUrl="~/images/ico1.gif"
              Text="院系管理" Value="院系管理"
              NavigateUrl="~/Admin/AdminDepart.aspx" Target="mainFrame"
              Checked="True">
            </asp:TreeNode>
            <asp:TreeNode Expanded="False" ImageUrl="~/images/ico2.gif"
              Target="mainFrame" Text="班级管理"
              Value="班级管理" NavigateUrl="~/Admin/AdminClass.aspx">
            </asp:TreeNode>
            <asp:TreeNode Expanded="False" ImageUrl="~/images/ico3.gif"
              Text="课程管理" Value="课程管理"
              NavigateUrl="~/Admin/AdminCourse.aspx" Target="mainFrame">
            </asp:TreeNode>
            <asp:TreeNode Expanded="False" ImageUrl="~/images/ico4.gif"
              Text="学期管理" Value="学期管理"
              Target="mainFrame" NavigateUrl="~/Admin/AdminTerm.aspx">
            </asp:TreeNode>
            <asp:TreeNode ImageUrl="~/images/ico5.gif" Text="教师管理"
              Value="教师管理" Target="mainFrame" Expanded="True">
                <asp:TreeNode NavigateUrl="~/Admin/AdminApproved.aspx"
                  Target="mainFrame" Text="注册审批" Value="注册审批">
                </asp:TreeNode>
                <asp:TreeNode NavigateUrl="~/Admin/AdminTeacher.aspx"
                  Target="mainFrame" Text="教师信息管理" Value="试卷维护">
                </asp:TreeNode>
            </asp:TreeNode>
            <asp:TreeNode ImageUrl="~/images/ico6.gif" Text="课程管理"
              Value="课程管理" Expanded="True" Target="mainFrame">
                <asp:TreeNode NavigateUrl="~/Admin/AdminTCS.aspx"
                  Target="mainFrame" Text="安排任课" Value="安排任课">
                </asp:TreeNode>
            </asp:TreeNode>
            <asp:TreeNode ImageUrl="~/images/ico7.gif" Text="学生管理"
              Value="学生管理" Target="mainFrame">
                <asp:TreeNode Text="学生成绩修改" Value="学生成绩修改"
                  Expanded="False" NavigateUrl="~/Admin/AdninGrade.aspx"
                  Target="mainFrame">
                </asp:TreeNode>
            </asp:TreeNode>
            <asp:TreeNode ImageUrl="~/images/ico9.gif"
              NavigateUrl="~/Default.aspx" Text="退出" Value="退出">
            </asp:TreeNode>
        </Nodes>
        <NodeStyle Font-Names="Arial" Font-Size="10pt" ForeColor="Black"
          HorizontalPadding="5px" NodeSpacing="0px" VerticalPadding="0px" />
</asp:TreeView>
</td>
</tr>
<tr>
<td class="style4">
 
```

```
</td>
</tr>
<tr>
<td class="style4">
 
</td>
</tr>
<tr>
<td class="style4">
 
</td>
</tr>
<tr>
<td class="style4">
 
</td>
</tr>
<tr>
<td class="style5">
</td>
<td class="style3">
</td>
</tr>
</table>
</div>
</form>
```

(3) 编写后台的相关代码，如下所示：

```
using System;
using System.Collections.Generic;
using System.Linq;
using System.Web;
using System.Web.UI;
using System.Web.UI.WebControls;

public partial class Admin_AdminIndex : System.Web.UI.Page
{
    protected void Page_Load(object sender, EventArgs e)
    {
        if (Session["AID"] == null)
        {
            Response.Write("<script language=javascript>alert('请先登录');
              location='../Default.aspx'</script>");
        }
        if (!IsPostBack)
            this.lblAdmin.Text = Session["AName"].ToString();
    }
}
```

(4) 当使用管理员登录后，即可进入到管理员主页。否则，由于使用了 Session 判断，不能访问此页面。

11.10.2　教师审批页面

教师审批主要是对教师的申请进行审批，并删除非法的申请。

(1)　在网站中添加一个窗体“AdminApproved.aspx”，打开这个文件，其页面的布局如图 11.16 所示。

教师注册审批单

选择	教师姓名	院系名称	操作
□	数据绑定	数据绑定	审批 删除
□	数据绑定	数据绑定	审批 删除
□	数据绑定	数据绑定	审批 删除
□	数据绑定	数据绑定	审批 删除
□	数据绑定	数据绑定	审批 删除

□ 全选

ScriptManager - ScriptManager1

取消　批量审批

图 11.16　前台界面

(2)　前台主要代码如下所示：

```
<div style="height: 266px">
   <asp:UpdatePanel ID="UpdatePanel1" runat="server">
      <ContentTemplate>
         <asp:GridView ID="GridView1" runat="server"
           AutoGenerateColumns="False" BackColor="White"
           BorderColor="#CCCCCC" BorderStyle="None" BorderWidth="1px"
           CellPadding="4" DataKeyNames="TeacherID"
           ForeColor="Black" GridLines="Horizontal"
           OnPageIndexChanging="GridView1_PageIndexChanging"
           OnRowCancelingEdit="GridView1_RowCancelingEdit"
           OnRowDeleting="GridView1_RowDeleting"
           OnRowEditing="GridView1_RowEditing"
           OnRowUpdating="GridView1_RowUpdating" Width="507px"
           Caption="教师注册审批单">
             <EmptyDataTemplate>
                现在没有要审批的记录！
             </EmptyDataTemplate>
             <Columns>
                <asp:TemplateField HeaderText="选择">
                   <ItemTemplate>
                      <asp:CheckBox ID="CheckBox1" runat="server" />
                   </ItemTemplate>
                   <FooterStyle HorizontalAlign="Left" />
                   <HeaderStyle HorizontalAlign="Left" />
                </asp:TemplateField>
                <asp:BoundField DataField="TeacherID" HeaderText="编号"
                  Visible="False" />
                <asp:TemplateField HeaderText="教师姓名">
```

```
        <ItemTemplate>
            <asp:Label ID="lbName" runat="server"
              Text='<%#Eval("TeacherName") %>'>
            </asp:Label>
        </ItemTemplate>
        <EditItemTemplate>
            <asp:Label ID="txtName" runat="server"
              Text='<%#Eval("TeacherName") %>'>
            </asp:Label>
        </EditItemTemplate>
        <FooterStyle HorizontalAlign="Left" />
        <HeaderStyle HorizontalAlign="Left" />
    </asp:TemplateField>
    <asp:TemplateField HeaderText="院系名称">
        <ItemTemplate>
            <asp:Label ID="lDepartName" runat="server"
              Text='<%#Eval("DepartName") %>'>
            </asp:Label>
        </ItemTemplate>
        <EditItemTemplate>
            <asp:Label ID="txtDepartName" runat="server"
              Text='<%#Eval("DepartName") %>'>
            </asp:Label>
        </EditItemTemplate>
        <FooterStyle HorizontalAlign="Left" />
        <HeaderStyle HorizontalAlign="Left" />
    </asp:TemplateField>
    <asp:TemplateField HeaderText="操作">
        <EditItemTemplate>
            <asp:LinkButton ID="LinkButton1" runat="server"
            CausesValidation="True" CommandName="Update"
            Text="通过">
            </asp:LinkButton>
            <asp:LinkButton ID="LinkButton2" runat="server"
            CausesValidation="False" CommandName="Cancel"
            Text="取消">
            </asp:LinkButton>
        </EditItemTemplate>
        <ItemTemplate>
            <asp:LinkButton ID="LinkButton4" runat="server"
            CausesValidation="False" CommandName="Edit"
            Text="审批">
            </asp:LinkButton>
            <asp:LinkButton ID="LinkButton3" runat="server"
            CausesValidation="False" CommandName="Delete"
            OnClientClick="return confirm('确认要删除吗？');"
            Text="删除">
            </asp:LinkButton>
        </ItemTemplate>
        <FooterStyle HorizontalAlign="Left" />
        <HeaderStyle HorizontalAlign="Left" />
```

```
                </asp:TemplateField>
            </Columns>
            <FooterStyle BackColor="#CCCC99" ForeColor="Black" />
            <HeaderStyle BackColor="#333333" Font-Bold="True"
              ForeColor="White" />
            <PagerStyle BackColor="White" ForeColor="Black"
              HorizontalAlign="Right" />
            <SelectedRowStyle BackColor="#CC3333" Font-Bold="True"
              ForeColor="White" />
            <SortedAscendingCellStyle BackColor="#F7F7F7" />
            <SortedAscendingHeaderStyle BackColor="#4B4B4B" />
            <SortedDescendingCellStyle BackColor="#E5E5E5" />
            <SortedDescendingHeaderStyle BackColor="#242121" />
        </asp:GridView>
        <asp:CheckBox ID="Cbquan" runat="server"
          OnCheckedChanged="Cbquan_CheckedChanged"
          Text="全选" AutoPostBack="True" />
        <br />
        <asp:ScriptManager ID="ScriptManager1" runat="server">
        </asp:ScriptManager>
      </ContentTemplate>
    </asp:UpdatePanel>
    <br />
       
    <asp:Button ID="btnCancel" runat="server" Text="取消"
      OnClick="btnCancel_Click" />
      
    <asp:Button ID="btnShenpi" runat="server" Text="批量审批"
      OnClick="btnShenpi_Click" />
        
</div>
```

(3) 编写后台代码：

```
using System;
using System.Data;
using System.Configuration;
using System.Collections;
using System.Web;
using System.Web.Security;
using System.Web.UI;
using System.Web.UI.WebControls;
using System.Web.UI.WebControls.WebParts;
using System.Web.UI.HtmlControls;
using System.Data.SqlClient;
using System.Drawing;

public partial class Admin_AdminApproved : System.Web.UI.Page
{
    SQLHelper sqlhp = new SQLHelper();
    protected void Page_Load(object sender, EventArgs e)
```

```
{
    if (Session["AID"] == null)
    {
        Response.Write("<script language=javascript>alert('请先登录');
          location='../Default.aspx'</script>");
    }
    if (!IsPostBack)
        sqlhp.BindGV(GridView1,
          "select * from AdminTeacher where IsApproved is null");
}
protected void GridView1_RowEditing(
  object sender, GridViewEditEventArgs e)
{
    GridView1.EditIndex = e.NewEditIndex;
    //当前编辑行背景色高亮
    this.GridView1.EditRowStyle.BackColor = Color.FromName("#F7CE90");
    sqlhp.BindGV(GridView1,
      "select * from AdminTeacher where IsApproved is null");
}
/// <summary>
/// 取消编辑状态
/// </summary>
/// <param name="sender"></param>
/// <param name="e"></param>
protected void GridView1_RowCancelingEdit(
  object sender, GridViewCancelEditEventArgs e)
{
    GridView1.EditIndex = -1;
    sqlhp.BindGV(GridView1,
      "select * from AdminTeacher where IsApproved is null");
}
/// <summary>
/// 删除记录过程
/// </summary>
/// <param name="sender"></param>
/// <param name="e"></param>
protected void GridView1_RowDeleting(
  object sender, GridViewDeleteEventArgs e)
{
    //得到编号
    string tid = GridView1.DataKeys[e.RowIndex].Values[0].ToString();
    string str = "DELETE FROM t_Teacher where TeacherID="
      + "'" + tid + "'" + "";
    try
    {
        sqlhp.ExcuteSQL(str);
        //重新绑定数据
        sqlhp.BindGV(GridView1,
          "select * from AdminTeacher where IsApproved is null");
    }
    catch (Exception ex)
```

```
    {
        Response.Write("数据库错误，错误原因：" + ex.Message);
        Response.End();
    }
    Page.ClientScript.RegisterStartupScript(GetType(), "Course",
      "<script>alert('操作成功！') ;</script>");
}
/// <summary>
/// 更新记录过程
/// </summary>
/// <param name="sender"></param>
/// <param name="e"></param>
protected void GridView1_RowUpdating(
  object sender, GridViewUpdateEventArgs e)
{
    int ID = int.Parse(GridView1
      .DataKeys[e.RowIndex].Values[0].ToString());
    string updatecmd = "UPDATE t_Teacher Set IsApproved=@IsApproved
      where TeacherID=@TeacherID";
    SqlParameter parTid =
      new SqlParameter("@TeacherID", SqlDbType.Int);
    parTid.Value = ID;
    SqlParameter Isp = new SqlParameter("@IsApproved", SqlDbType.Bit);
    Isp.Value = true;
    sqlhp.ExcuteSQL(updatecmd, parTid, Isp);
    //因为页面使用了Ajax异步无刷新，所以在此须用ScriptManager方法来注册
    ScriptManager.RegisterStartupScript(UpdatePanel1,
      typeof(UpdatePanel), "alert", "alert('审批成功 ！');", true);
    GridView1.EditIndex = -1;
    sqlhp.BindGV(GridView1,
      "select * from AdminTeacher where IsApproved is null");
}
/// <summary>
/// 分页事件
/// </summary>
/// <param name="sender"></param>
/// <param name="e"></param>
protected void GridView1_PageIndexChanging(
  object sender, GridViewPageEventArgs e)
{
    GridView1.PageIndex = e.NewPageIndex;
    sqlhp.BindGV(GridView1,
      "select * from AdminTeacher where IsApproved is null");
}
protected void Cbquan_CheckedChanged(object sender, EventArgs e)
{
    for (int i=0; i<=GridView1.Rows.Count-1; i++)
    {
        CheckBox cbox =
          (CheckBox)GridView1.Rows[i].FindControl("CheckBox1");
        if (Cbquan.Checked == true)
```

```
            {
                cbox.Checked = true;
            }
            else
            {
                cbox.Checked = false;
            }
        }
    }
    protected void btnCancel_Click(object sender, EventArgs e)
    {
        Cbquan.Checked = false;
        for (int i=0; i<=GridView1.Rows.Count-1; i++)
        {
            CheckBox cbox =
              (CheckBox)GridView1.Rows[i].FindControl("CheckBox1");
            cbox.Checked = false;
        }
    }
    protected void btnShenpi_Click(object sender, EventArgs e)
    {
        Cbquan.Checked = false;
        for (int i=0; i<=GridView1.Rows.Count-1; i++)
        {
            CheckBox cbox =
              (CheckBox)GridView1.Rows[i].FindControl("CheckBox1");
            if (cbox.Checked == true)
            {
                //更新 Gridview
                try
                {
                    int tid = (int)GridView1.DataKeys[i].Value;
                    string updatecmd = "UPDATE t_Teacher Set
                      IsApproved=@IsApproved  where TeacherID=@TeacherID";
                    SqlParameter parTid =
                      new SqlParameter("@TeacherID", SqlDbType.Int);
                    parTid.Value = tid;
                    SqlParameter Isp =
                      new SqlParameter("@IsApproved", SqlDbType.Bit);
                    Isp.Value = true;
                    sqlhp.ExcuteSQL(updatecmd, parTid, Isp);
                }
                catch (Exception err)
                {
                    Response.Write(err.Message.ToString());
                }
            }
        }
        Page.ClientScript.RegisterStartupScript(GetType(), "Tea",
          "<script>alert('审批成功！');</script>");
        sqlhp.BindGV(GridView1,
```

```
        "select * from AdminTeacher where IsApproved is null");
    }
}
```

当登录后，运行该页面，显示需要审批的记录，如图 11.17 所示。

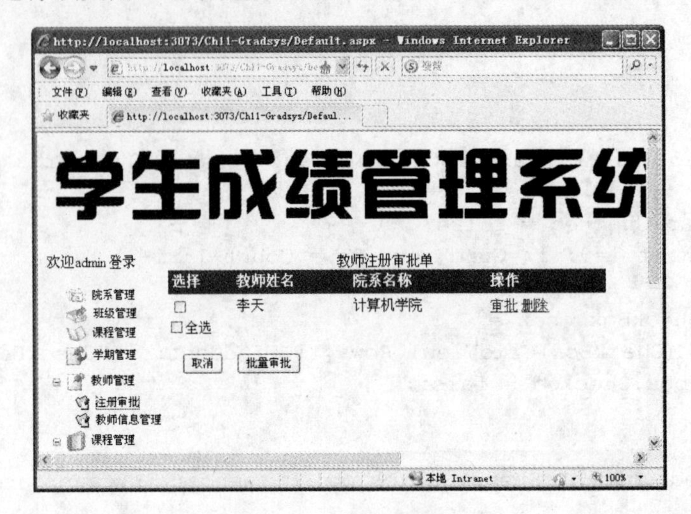

图 11.17　审批教师页面

11.10.3　教师管理页面

教师管理主要实现对审批通过的教师进行管理。

(1) 在网站中添加一个窗体“AdminTeacher.aspx”，打开这个文件，其页面的布局如图 11.18 所示。

教师信息管理

教师姓名	院系名称	操作
数据绑定	数据绑定	编辑 删除
数据绑定	数据绑定	编辑 删除
数据绑定	数据绑定	编辑 删除
数据绑定	数据绑定	编辑 删除
数据绑定	数据绑定	编辑 删除

图 11.18　前台界面

(2) 其前台主要代码如下所示：

```
<form id="form1" runat="server">
<div>
<div style="height: 266px">
           
<table class="style1">
<tr>
<td class="style4"></td>
<td class="style5">
 
```

```
<asp:GridView ID="GridView1" runat="server" AutoGenerateColumns="False"
  BackColor="White"
  BorderColor="#CCCCCC" BorderStyle="None" BorderWidth="1px"
  CellPadding="4" DataKeyNames="TeacherID"
  ForeColor="Black" GridLines="Horizontal"
  OnPageIndexChanging="GridView1_PageIndexChanging"
  OnRowCancelingEdit="GridView1_RowCancelingEdit"
  OnRowDataBound="GridView1_RowDataBound"
  OnRowDeleting="GridView1_RowDeleting"
  OnRowEditing="GridView1_RowEditing"
  OnRowUpdating="GridView1_RowUpdating"
  Width="507px" Caption="教师信息管理">
    <EmptyDataTemplate>
       现在还没有任何记录!
    </EmptyDataTemplate>
    <Columns>
       <asp:BoundField DataField="TeacherID" HeaderText="编号"
         Visible="False" />
       <asp:TemplateField HeaderText="教师姓名">
          <ItemTemplate>
             <asp:Label ID="lbName" runat="server"
               Text='<%#Eval("TeacherName") %>'>
             </asp:Label>
          </ItemTemplate>
          <EditItemTemplate>
             <asp:TextBox ID="txtName" runat="server"
               Text='<%#Eval("TeacherName") %>'>
             </asp:TextBox>
          </EditItemTemplate>
          <FooterStyle HorizontalAlign="Left" />
          <HeaderStyle HorizontalAlign="Left" />
          <ItemStyle HorizontalAlign="Left" />
       </asp:TemplateField>
       <asp:TemplateField HeaderText="院系名称">
          <ItemTemplate>
             <asp:Label ID="lDepartName" runat="server"
               Text='<%#Eval("DepartName") %>'>
             </asp:Label>
          </ItemTemplate>
          <EditItemTemplate>
             <asp:Label ID="LbName" runat="server"
               Text='<%#Eval("DepartName")%>' Visible="false">
             </asp:Label>
             <asp:DropDownList ID="DropDownList1" runat="server">
             </asp:DropDownList>
          </EditItemTemplate>
          <FooterStyle HorizontalAlign="Left" />
          <HeaderStyle HorizontalAlign="Left" />
          <ItemStyle HorizontalAlign="Left" />
       </asp:TemplateField>
       <asp:TemplateField HeaderText="操作">
```

```
            <EditItemTemplate>
               <asp:LinkButton ID="LinkButton1" runat="server"
                CausesValidation="True" CommandName="Update" Text="更新">
               </asp:LinkButton>
               <asp:LinkButton ID="LinkButton2" runat="server"
                CausesValidation="False" CommandName="Cancel" Text="取消">
               </asp:LinkButton>
            </EditItemTemplate>
            <ItemTemplate>
               <asp:LinkButton ID="LinkButton4" runat="server"
                CausesValidation="False" CommandName="Edit" Text="编辑">
               </asp:LinkButton>
               <asp:LinkButton ID="LinkButton3" runat="server"
                CausesValidation="False" CommandName="Delete"
                OnClientClick="return confirm('确认要删除吗？');"
                Text="删除">
               </asp:LinkButton>
            </ItemTemplate>
            <FooterStyle HorizontalAlign="Left" />
            <HeaderStyle HorizontalAlign="Left" />
            <ItemStyle HorizontalAlign="Left" />
         </asp:TemplateField>
      </Columns>
      <FooterStyle BackColor="#CCCC99" ForeColor="Black" />
      <HeaderStyle BackColor="#333333" Font-Bold="True"
       ForeColor="White" />
      <PagerStyle BackColor="White" ForeColor="Black"
       HorizontalAlign="Right" />
      <SelectedRowStyle BackColor="#CC3333" Font-Bold="True"
       ForeColor="White" />
      <SortedAscendingCellStyle BackColor="#F7F7F7" />
      <SortedAscendingHeaderStyle BackColor="#4B4B4B" />
      <SortedDescendingCellStyle BackColor="#E5E5E5" />
      <SortedDescendingHeaderStyle BackColor="#242121" />
</asp:GridView>
</td>
<td class="style6">
<br />
</td>
</tr>
</table>
</div>
</div>
</form>
```

(3) 在后台编写如下代码：

```
using System;
using System.Data;
using System.Configuration;
using System.Collections;
```

```
using System.Web;
using System.Web.Security;
using System.Web.UI;
using System.Web.UI.WebControls;
using System.Web.UI.WebControls.WebParts;
using System.Web.UI.HtmlControls;
using System.Data.SqlClient;
using System.Drawing;

public partial class Admin_AdminTeacher : System.Web.UI.Page
{
    SQLHelper sqlhp = new SQLHelper();
    protected void Page_Load(object sender, EventArgs e)
    {
        if (Session["AID"] == null)
        {
            Response.Write("<script language=javascript>alert('请先登录');
              location='../Default.aspx'</script>");
        }
        if (!IsPostBack)
            sqlhp.BindGV(GridView1,
              "select * from AdminTeacher where IsApproved=1");
    }
    protected void GridView1_RowDataBound(object sender,
      GridViewRowEventArgs e)
    {
        DataSet dat = new DataSet();
        if (e.Row.RowType == DataControlRowType.DataRow)
        {
            DropDownList ddl = (DropDownList)e.Row.FindControl("DropDownList1");
            string sql = "select * from t_Depart";
            sqlhp.ExcuteSQL(sql, ref dat);

            if (ddl != null)
            {
                ddl.DataSource = dat;
                ddl.DataTextField = "DepartName";
                ddl.DataValueField = "DepartID";
                ddl.DataBind();
                ddl.SelectedValue =
                  DataBinder.Eval(e.Row.DataItem, "DepartName").ToString();
            }
        }
    }
    protected void GridView1_RowEditing(object sender, GridViewEditEventArgs e)
    {
        GridView1.EditIndex = e.NewEditIndex;
        //当前编辑行背景色高亮
        this.GridView1.EditRowStyle.BackColor = Color.FromName("#F7CE90");
        sqlhp.BindGV(GridView1,
          "select * from AdminTeacher where IsApproved=1");
```

```
}
/// <summary>
/// 取消编辑状态
/// </summary>
/// <param name="sender"></param>
/// <param name="e"></param>
protected void GridView1_RowCancelingEdit(object sender,
  GridViewCancelEditEventArgs e)
{
    GridView1.EditIndex = -1;
    sqlhp.BindGV(GridView1,
      "select * from AdminTeacher where IsApproved=1");
}
/// <summary>
/// 删除记录过程
/// </summary>
/// <param name="sender"></param>
/// <param name="e"></param>
protected void GridView1_RowDeleting(object sender,
  GridViewDeleteEventArgs e)
{
    //得到编号
    string tid = GridView1.DataKeys[e.RowIndex].Values[0].ToString();
    string str = "DELETE FROM t_Teacher where TeacherID="
      + "'" + tid + "'" + "";
    try
    {
        sqlhp.ExcuteSQL(str);
        //重新绑定数据
        sqlhp.BindGV(GridView1,
          "select * from AdminTeacher where IsApproved=1");
    }
    catch (Exception ex)
    {
        Response.Write("数据库错误，错误原因：" + ex.Message);
        Response.End();
    }
    Page.ClientScript.RegisterStartupScript(GetType(), "Teacher",
      "<script>alert('操作成功！') ;</script>");
}
/// <summary>
/// 更新记录过程
/// </summary>
/// <param name="sender"></param>
/// <param name="e"></param>
protected void GridView1_RowUpdating(object sender,
  GridViewUpdateEventArgs e)
{
    int ID = int.Parse(GridView1.DataKeys[e.RowIndex].Values[0].ToString());
    string tname = ((TextBox)this.GridView1.Rows[e.RowIndex]
      .FindControl("txtName")).Text;
```

```
    int dID = int.Parse(((DropDownList)this.GridView1.Rows[e.RowIndex]
      .FindControl("DropDownList1")).SelectedValue.ToString());
    string updatecmd = "UPDATE t_Teacher Set TeacherName=@TeacherName,
      DepartID=@DepartID where TeacherID=@TeacherID";
    SqlParameter parTid =
      new SqlParameter("@TeacherID", SqlDbType.Int);
    parTid.Value = ID;
    SqlParameter tName = new SqlParameter("@TeacherName", SqlDbType.VarChar);
    tName.Value = tname;
    SqlParameter did = new SqlParameter("@DepartID", SqlDbType.Int);
    did.Value = dID;
    sqlhp.ExcuteSQL(updatecmd, parTid, tName, did);
    Page.ClientScript.RegisterStartupScript(GetType(), "Teacher",
      "<script>alert('操作成功！') ;</script>");
    GridView1.EditIndex = -1;
    sqlhp.BindGV(GridView1,
      "select * from AdminTeacher where IsApproved=1");
  }
  /// <summary>
  /// 分页事件
  /// </summary>
  /// <param name="sender"></param>
  /// <param name="e"></param>
  protected void GridView1_PageIndexChanging(object sender,
    GridViewPageEventArgs e)
  {
    GridView1.PageIndex = e.NewPageIndex;
    sqlhp.BindGV(GridView1,
      "select * from AdminTeacher where IsApproved=1");
  }
}
```

11.10.4　课程安排页面

课程安排主要实现特定学期特定课程特定班级选择特定的教师，以建立学期、课程、班级、教师的对应关系。

(1) 在网站中添加一个窗体“AdminTCS.aspx”，打开这个文件，页面布局如图 11.19 所示。

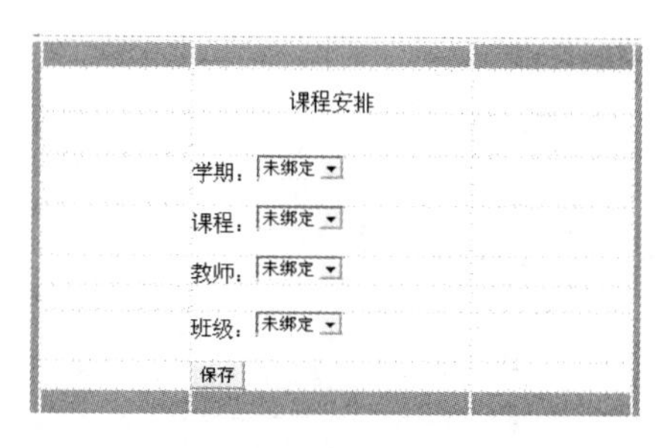

图 11.19　前台界面

(2) 其前台主要代码如下所示：

```
<form id="form1" runat="server">
<div>
    <table align="center" border="0" cellpadding="0" cellspacing="0"
        width="90%">
        <tr>
            <td bgcolor="#669999" rowspan="10" style="width: 7px;">
                 
            </td>
            <td bgcolor="#669999" class="style2">
                 
            </td>
            <td bgcolor="#669999" class="style8">
            </td>
            <td bgcolor="#669999" style="height: 20px" width="786">
                 
            </td>
            <td bgcolor="#669999" rowspan="10" style="width: 7px;">
                 
            </td>
        </tr>
        <tr>
            <td align="center" class="style3">
                 
            </td>
            <td align="center" class="style9">
                <br />
                课程安排
            </td>
            <td align="center">
                 
            </td>
        </tr>
        <tr>
            <td class="style3">
            </td>
            <td class="style9">
                     <br />
                   
            </td>
            <td>
            </td>
        </tr>
        <tr>
            <td class="style6">
            </td>
            <td class="style11">
                学期：<asp:DropDownList ID="dropTerm" runat="server">
                </asp:DropDownList>
                <br />
```

```
            <br />
        </td>
        <td class="style7">
        </td>
    </tr>
    <tr>
        <td class="style2">
             
        </td>
        <td class="style8">
            课程：<asp:DropDownList ID="dropCourse" runat="server">
            </asp:DropDownList>
            <br />
            <br />
        </td>
        <td class="style1">
             
        </td>
    </tr>
    <tr>
        <td class="style2">
             
        </td>
        <td class="style8">
            教师：<asp:DropDownList ID="dropTeacher" runat="server">
            </asp:DropDownList>
            <br />
        </td>
        <td class="style1">
             
        </td>
    </tr>
    <tr>
        <td class="style2">
        </td>
        <td class="style8">
             
        </td>
        <td class="style1">
        </td>
    </tr>
    <tr>
        <td class="style2">
             
        </td>
        <td class="style8">
            班级：<asp:DropDownList ID="dropClass" runat="server">
            </asp:DropDownList>
            <br />
            <br />
        </td>
```

```
            <td class="style1">
                 
            </td>
        </tr>
        <tr>
            <td class="style2">
                 
            </td>
            <td class="style8">
                <asp:Button ID="btnPaike" runat="server"
                    OnClick="btnPaike_Click" Text="保存" />
            </td>
            <td class="style1">
                 
            </td>
        </tr>
        <tr>
            <td bgcolor="#669999" class="style2">
                 
            </td>
            <td bgcolor="#669999" class="style8">
                 
            </td>
            <td bgcolor="#669999" style="height: 20px">
                 
            </td>
        </tr>
    </table>
</div>
</form>
```

(3) 在后台编写如下代码:

```
using System;
using System.Data;
using System.Configuration;
using System.Collections;
using System.Web;
using System.Web.Security;
using System.Web.UI;
using System.Web.UI.WebControls;
using System.Web.UI.WebControls.WebParts;
using System.Web.UI.HtmlControls;
using System.Data.SqlClient;
public partial class Admin_AdminTCS : System.Web.UI.Page
{
    SQLHelper sqlhp = new SQLHelper();
    protected void Page_Load(object sender, EventArgs e)
    {
        if (Session["AID"] == null)
        {
```

```
            Response.Write("<script language=javascript>alert('请先登录');
              location='../Default.aspx'</script>");
        }
        if (!IsPostBack)
        {
            BindClass();
            BindCourse();
            BindTeacher();
            BindTerm();
        }
    }
    /// <summary>
    /// 绑定教师
    /// </summary>
    void BindTeacher()
    {
        DataSet dat1 = new DataSet();
        string sql = "select * from t_Teacher where IsApproved=1";
        sqlhp.ExcuteSQL(sql, ref dat1);
        dropTeacher.DataSource = dat1;
        dropTeacher.DataTextField = "TeacherName";
        dropTeacher.DataValueField = "TeacherID";
        dropTeacher.DataBind();
    }
    /// <summary>
    /// 绑定学期
    /// </summary>
    void BindTerm()
    {
        DataSet dat2 = new DataSet();
        string sql = "select * from t_Term";
        sqlhp.ExcuteSQL(sql, ref dat2);
        dropTerm.DataSource = dat2;
        dropTerm.DataTextField = "TermName";
        dropTerm.DataValueField = "TermName";
        dropTerm.DataBind();
    }
    /// <summary>
    /// 绑定班级
    /// </summary>
    void BindClass()
    {
        DataSet dat3 = new DataSet();
        string sql = "select * from t_Class";
        sqlhp.ExcuteSQL(sql, ref dat3);
        dropClass.DataSource = dat3;
        dropClass.DataTextField = "ClassName";
        dropClass.DataValueField = "ClassID";
        dropClass.DataBind();
    }
    /// <summary>
```

```
/// 绑定课程
/// </summary>
void BindCourse()
{
    DataSet dat4 = new DataSet();
    string sql = "select * from t_Course";
    sqlhp.ExcuteSQL(sql, ref dat4);
    dropCourse.DataSource = dat4;
    dropCourse.DataTextField = "CourseName";
    dropCourse.DataValueField = "CourseID";
    dropCourse.DataBind();
}
protected void btnPaike_Click(object sender, EventArgs e)
{
    DataSet ds = new DataSet();
    //查找出该班所有学生
    string sql = "select StudentID from t_Student where ClassID="
      + dropClass.SelectedValue.ToString() + " and IsApproved=1 ";
    sqlhp.ExcuteSQL(sql, ref ds);
    if (ds != null && ds.Tables.Count > 0)
    {
        for (int i=0; i<ds.Tables[0].Rows.Count; i++)
        {
            string Sid = ds.Tables[0].Rows[i][0].ToString();
            string updatecmd = "insert into t_StudentCourse(TermName,
              StudentID,TeacherID,CourseID,Grade)values (@TermName,
              @StudentID,@TeacherID,@CourseID,@Grade)";
            SqlParameter TermName =
              new SqlParameter("@TermName", SqlDbType.VarChar);
            TermName.Value = dropTerm.SelectedValue.ToString();
            SqlParameter StudentID =
              new SqlParameter("@StudentID", SqlDbType.Int);
            StudentID.Value = int.Parse(Sid);
            SqlParameter TeacherID =
              new SqlParameter("@TeacherID", SqlDbType.Int);
            TeacherID.Value =
              int.Parse(dropTeacher.SelectedValue.ToString());
            SqlParameter CourseID =
              new SqlParameter("@CourseID", SqlDbType.Int);
            CourseID.Value =
              int.Parse(dropCourse.SelectedValue.ToString());
            SqlParameter Grade =
              new SqlParameter("@Grade", SqlDbType.TinyInt);
            Grade.Value = 0; //初始成绩为0
            sqlhp.ExcuteSQL(updatecmd, TermName, StudentID,
              TeacherID, CourseID, Grade);
        }
    }
    Page.ClientScript.RegisterStartupScript(GetType(), "Course",
      "<script>alert('排课成功！') ;</script>");
}
```

```
}
```

11.10.5　成绩管理页面

成绩管理主要实现对已经发布的成绩进行修改，这是管理员特有的权限。

(1) 在网站中添加一个窗体“AdninGrade.aspx”，打开这个文件，其页面的布局如图 11.20 所示。

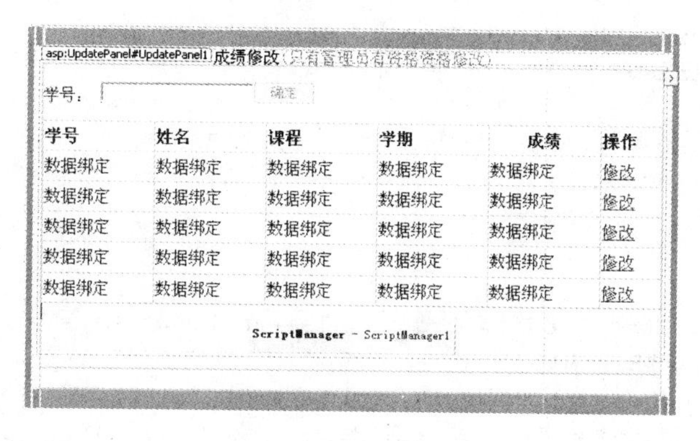

图 11.20　前台界面

(2) 其前台主要代码如下所示：

```
<form id="form1" runat="server">
<div>
<table align="center" border="0" cellpadding="0" cellspacing="0"
  width="90%">
<tr>
<td bgcolor="#669999" rowspan="5" style="width: 7px;">
 
</td>
<td bgcolor="#669999" class="style2">
 
</td>
<td bgcolor="#669999" class="style8">
</td>
<td bgcolor="#669999" style="height: 20px" width="786">
 
</td>
<td bgcolor="#669999" rowspan="5" style="width: 7px;">
 
</td>
</tr>
<tr>
<td align="center" class="style3">
 
</td>
<td align="center" class="style9">
成绩修改<span class="style10">(只有管理员有资格资格修改)</span>
</td>
```

```
<td align="center">
 
</td>
</tr>
<tr>
<td class="style2">
 
</td>
<td class="style8">
<asp:UpdatePanel ID="UpdatePanel1" runat="server">
<ContentTemplate>
<br />
学号:  <asp:TextBox ID="txtSID" runat="server"></asp:TextBox>
<asp:Button ID="btnSure" runat="server" CssClass="btn" Text="确定"
  OnClick="btnSure_Click" />
<br />
<br />
<asp:GridView ID="GridView1" runat="server" AutoGenerateColumns="False"
  DataKeyNames="BianHao"
  Height="176px" Width="603px" Style="margin-left: 0px"
  OnPageIndexChanging="GridView1_PageIndexChanging"
  OnRowCancelingEdit="GridView1_RowCancelingEdit"
  OnRowEditing="GridView1_RowEditing"
  OnRowUpdating="GridView1_RowUpdating" AllowSorting="True">
    <Columns>
        <asp:BoundField DataField="BianHao" HeaderText="编号"
          Visible="False" />
        <asp:TemplateField HeaderText="学号">
            <ItemTemplate>
                <asp:Label ID="xhName" runat="server"
                  Text='<%#Eval("StudentID") %>'>
                </asp:Label>
            </ItemTemplate>
            <EditItemTemplate>
                <asp:Label ID="xhtxtName" runat="server"
                  Text='<%#Eval("StudentID") %>'>
                </asp:Label>
            </EditItemTemplate>
            <FooterStyle HorizontalAlign="Left" />
            <HeaderStyle HorizontalAlign="Left" />
        </asp:TemplateField>
        <asp:TemplateField HeaderText="姓名">
            <ItemTemplate>
                <asp:Label ID="lbName" runat="server"
                  Text='<%#Eval("StudentName") %>'>
                </asp:Label>
            </ItemTemplate>
            <EditItemTemplate>
                <asp:Label ID="txtName" runat="server"
                  Text='<%#Eval("StudentName") %>'>
                </asp:Label>
```

```
        </EditItemTemplate>
        <FooterStyle HorizontalAlign="Left" />
        <HeaderStyle HorizontalAlign="Left" />
    </asp:TemplateField>
    <asp:TemplateField HeaderText="课程">
        <ItemTemplate>
            <asp:Label ID="lbCName" runat="server"
             Text='<%#Eval("CourseName") %>'>
            </asp:Label>
        </ItemTemplate>
        <EditItemTemplate>
            <asp:Label ID="txtCName" runat="server"
             Text='<%#Eval("CourseName") %>'>
            </asp:Label>
        </EditItemTemplate>
        <FooterStyle HorizontalAlign="Left" />
        <HeaderStyle HorizontalAlign="Left" />
    </asp:TemplateField>
    <asp:TemplateField HeaderText="学期">
        <ItemTemplate>
            <asp:Label ID="lbTCName" runat="server"
             Text='<%#Eval("TermName") %>'>
            </asp:Label>
        </ItemTemplate>
        <EditItemTemplate>
            <asp:Label ID="txtTCName" runat="server"
             Text='<%#Eval("TermName") %>'>
            </asp:Label>
        </EditItemTemplate>
        <FooterStyle HorizontalAlign="Left" />
        <HeaderStyle HorizontalAlign="Left" />
    </asp:TemplateField>
    <asp:TemplateField HeaderText="成绩">
        <ItemTemplate>
            <asp:Label ID="lblGrade" runat="server"
             Text='<%#Eval("Grade") %>'>
            </asp:Label>
        </ItemTemplate>
        <EditItemTemplate>
            <asp:TextBox ID="txtGrade" runat="server"
             Text='<%#Eval("Grade") %>'>
            </asp:TextBox>
        </EditItemTemplate>
    </asp:TemplateField>
    <asp:TemplateField HeaderText="操作">
        <EditItemTemplate>
            <asp:LinkButton ID="LinkButton1" runat="server"
             CausesValidation="True" CommandName="Update" Text="更新">
            </asp:LinkButton>
            <asp:LinkButton ID="LinkButton2" runat="server"
             CausesValidation="False" CommandName="Cancel" Text="取消">
```

```
                </asp:LinkButton>
            </EditItemTemplate>
            <ItemTemplate>
                <asp:LinkButton ID="LinkButton4" runat="server"
                  CausesValidation="False" CommandName="Edit" Text="修改">
                </asp:LinkButton>
            </ItemTemplate>
            <FooterStyle HorizontalAlign="Left" />
            <HeaderStyle HorizontalAlign="Left" />
        </asp:TemplateField>
    </Columns>
</asp:GridView>
<br />
<asp:ScriptManager ID="ScriptManager1" runat="server">
</asp:ScriptManager>

</ContentTemplate>
</asp:UpdatePanel>
<br />
</td>
<td class="style1">
 
</td>
</tr>
<tr>
<td class="style2">
 
</td>
<td class="style8">
<br />
</td>
<td class="style1">
 
</td>
</tr>
<tr>
<td bgcolor="#669999" class="style2">
 
</td>
<td bgcolor="#669999" class="style8">
 
</td>
<td bgcolor="#669999" style="height: 20px">
 
</td>
</tr>
</table>
</div>
</form>
```

(3) 其后台代码如下：

```
using System;
using System.Data;
using System.Configuration;
using System.Collections;
using System.Web;
using System.Web.Security;
using System.Web.UI;
using System.Web.UI.WebControls;
using System.Web.UI.WebControls.WebParts;
using System.Web.UI.HtmlControls;
using System.Data.SqlClient;
using System.Drawing;

public partial class Admin_AdninGrade : System.Web.UI.Page
{
    SQLHelper sqlhp = new SQLHelper();
    string sql;
    protected void Page_Load(object sender, EventArgs e)
    {
        if (Session["AID"] == null)
        {
            Response.Write("<script language=javascript>alert('请先登录');
              location='../Default.aspx'</script>");
        }
        if (!IsPostBack)
        {
            BindGrv();
        }
    }
    void BindGrv()
    {
        if (txtSID.Text == "")
        {
            sql = "select * from VAdminGrade";
        }
        else
        {
            string sid = txtSID.Text.Trim();
            sql = "select * from VAdminGrade where StudentID =" + sid;
        }
        sqlhp.BindGV(GridView1, sql);
    }
    protected void GridView1_RowEditing(object sender,
      GridViewEditEventArgs e)
    {
        GridView1.EditIndex = e.NewEditIndex;
        //当前编辑行背景色高亮
        this.GridView1.EditRowStyle.BackColor = Color.FromName("#F7CE30");
        BindGrv();
    }
```

```
/// <summary>
/// 取消编辑状态
/// </summary>
/// <param name="sender"></param>
/// <param name="e"></param>
protected void GridView1_RowCancelingEdit(object sender,
  GridViewCancelEditEventArgs e)
{
    GridView1.EditIndex = -1;
    BindGrv();
}
/// <summary>
/// 更新记录过程
/// </summary>
/// <param name="sender"></param>
/// <param name="e"></param>
///
protected void GridView1_RowUpdating(object sender,
  GridViewUpdateEventArgs e)
{
    int ID =
      int.Parse(GridView1.DataKeys[e.RowIndex].Values[0].ToString());
    int grade = int.Parse(((TextBox)this.GridView1.Rows[e.RowIndex]
      .FindControl("txtGrade")).Text.ToString());
    string updatecmd =
    "UPDATE t_StudentCourse Set Grade=@Grade  where BianHao=@BianHao";
    SqlParameter parTid = new SqlParameter("@BianHao", SqlDbType.Int);
    parTid.Value = ID;
    SqlParameter Grade = new SqlParameter("@Grade", SqlDbType.TinyInt);
    Grade.Value = grade;
    sqlhp.ExcuteSQL(updatecmd, parTid, Grade);
    ScriptManager.RegisterStartupScript(UpdatePanel1,
      typeof(UpdatePanel), "alert", "alert('修改成功！');", true);
    GridView1.EditIndex = -1;
    BindGrv();
}
/// <summary>
/// 分页事件
/// </summary>
/// <param name="sender"></param>
/// <param name="e"></param>
protected void GridView1_PageIndexChanging(object sender,
  GridViewPageEventArgs e)
{
    GridView1.PageIndex = e.NewPageIndex;
    BindGrv();
}

protected void btnSure_Click(object sender, EventArgs e)
{
    if (txtSID.Text != "")
```

```
    {
        string sid = txtSID.Text.Trim();
        sql = "select * from VAdminGrade where StudentID =" + sid;
        sqlhp.BindGV(GridView1, sql);
    }
    else
    {
        ScriptManager.RegisterStartupScript(UpdatePanel1,
          typeof(UpdatePanel), "alert",
          "alert('学号不存在或错误 ！');", true);
    }
  }
}
```

11.11　教师的主要模块

任课教师主要模块有系统使用注册、学生申请批准、学生成绩管理。

为了便于管理，在网站的根目录为教师建立“Teacher”文件夹，主要有以下文件。

- TeRegister.aspx：教师注册页面。
- TeacherIndex.aspx：教师登录后的主页。
- TeApproved.aspx：学生审批页面。
- TeGrade.aspx：学生成绩登记页面。

11.11.1　教师注册页面

教师在使用系统前，必须先进行注册，然后由管理员批准后，才能使用系统。

(1) 在网站中添加一个窗体“TeRegister.aspx”，打开这个文件，页面布局如图 11.21 所示。

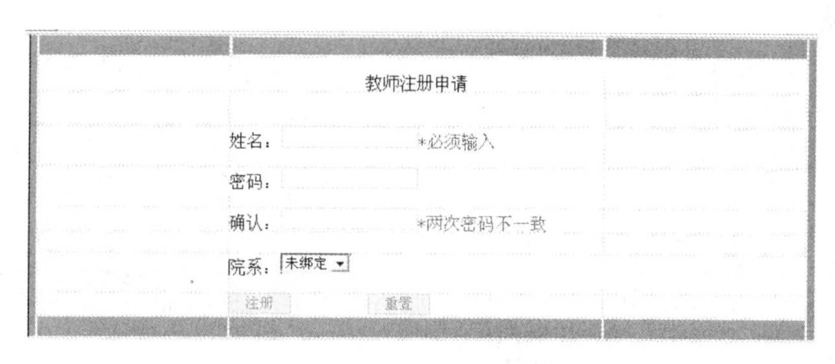

图 11.21　前台界面

(2) 其前台的主要代码如下所示：

```
<form id="form1" runat="server">
  <table align="center" border="0" cellpadding="0" cellspacing="0"
   width="90%">
```

```
<tr>
    <td bgcolor="#669999" rowspan="10" style="width: 7px;">
         
    </td>
    <td bgcolor="#669999" class="style2">
         
    </td>
    <td bgcolor="#669999" class="style8">
    </td>
    <td bgcolor="#669999" style="height: 20px" width="786">
         
    </td>
    <td bgcolor="#669999" rowspan="10" style="width: 7px;">
         
    </td>
</tr>
<tr>
    <td align="center" class="style3">
         
    </td>
    <td align="center" class="style9">
        <br />
        教师注册申请
    </td>
    <td align="center">
         
    </td>
</tr>
<tr>
    <td class="style3">
    </td>
    <td class="style9">
                 
        <br />
           
    </td>
    <td>
    </td>
</tr>
<tr>
    <td class="style6">
    </td>
    <td class="style11">
        姓名: <asp:TextBox ID="txtName" CssClass="txtbox"
          runat="server">
        </asp:TextBox>
        <asp:RequiredFieldValidator ID="RequiredFieldValidator2"
          runat="server" ControlToValidate="txtName"
          ErrorMessage="*必须输入" ForeColor="Red">
        </asp:RequiredFieldValidator>
        <br />
```

```
            <br />
        </td>
        <td class="style7">
        </td>
    </tr>
    <tr>
        <td class="style2">
             
        </td>
        <td class="style8">
            密码：<asp:TextBox ID="TxtPw1" CssClass="txtbox"
              runat="server" TextMode="Password">
            </asp:TextBox>
            <br />
            <br />
        </td>
        <td class="style1">
             
        </td>
    </tr>
    <tr>
        <td class="style2">
             
        </td>
        <td class="style8">
            确认：<asp:TextBox ID="txtPw2" CssClass="txtbox"
              runat="server" TextMode="Password">
            </asp:TextBox>
            <asp:CompareValidator ID="CompareValidator1" runat="server"
              ControlToCompare="txtPw2" ControlToValidate="TxtPw1"
              ErrorMessage="*两次密码不一致" ForeColor="Red">
            </asp:CompareValidator>
            <br />
        </td>
        <td class="style1">
             
        </td>
    </tr>
    <tr>
        <td class="style2">
        </td>
        <td class="style8">
             
        </td>
        <td class="style1">
        </td>
    </tr>
    <tr>
        <td class="style2">
             
        </td>
```

```
            <td class="style8">
                院系：<asp:DropDownList ID="dropDepart" runat="server">
                </asp:DropDownList>
                <br />
                <br />
            </td>
            <td class="style1">
                 
            </td>
        </tr>
        <tr>
            <td class="style2">
                 
            </td>
            <td class="style8">
                <asp:Button ID="btnReg" runat="server" Text="注册"
                 CssClass="btn" OnClick="btnReg_Click" />
                        
                <input id="Reset1" type="reset" class="btn" bvalue="重置" />
            </td>
            <td class="style1">
                 
            </td>
        </tr>
        <tr>
            <td bgcolor="#669999" class="style2">
                 
            </td>
            <td bgcolor="#669999" class="style8">
                 
            </td>
            <td bgcolor="#669999" style="height: 20px">
                 
            </td>
        </tr>
    </table>
    <div>
    </div>
</form>
```

(3) 编写后台代码，如下所示：

```
using System;
using System.Data;
using System.Configuration;
using System.Collections;
using System.Web;
using System.Web.Security;
using System.Web.UI;
using System.Web.UI.WebControls;
using System.Web.UI.WebControls.WebParts;
```

```
using System.Web.UI.HtmlControls;
using System.Data.SqlClient;

public partial class Teacher_TeRegister : System.Web.UI.Page
{
    SQLHelper sqlhp = new SQLHelper();

    protected void Page_Load(object sender, EventArgs e)
    {
        if (!IsPostBack)
        {
            BindDepart();
        }
    }

    void BindDepart()
    {
        DataSet dat = new DataSet();
        string sql = "select * from t_Depart";
        sqlhp.ExcuteSQL(sql, ref dat);
        dropDepart.DataSource = dat;
        dropDepart.DataTextField = "DepartName";
        dropDepart.DataValueField = "DepartID";
        dropDepart.DataBind();
    }

    protected void btnReg_Click(object sender, EventArgs e)
    {
        string insertcmd = "insert into
          t_Teacher(TeacherName,TeacherPw,DepartID)
          values (@TeacherName,@TeacherPw,@DepartID)";

        SqlParameter TName =
          new SqlParameter("@TeacherName", SqlDbType.VarChar);

        TName.Value = txtName.Text.Trim();
        SqlParameter TPw =
          new SqlParameter("@TeacherPw", SqlDbType.VarChar);
        TPw.Value = TxtPw1.Text.Trim();
        SqlParameter did = new SqlParameter("@DepartID", SqlDbType.Int);
        did.Value = int.Parse(dropDepart.SelectedValue.ToString());
        sqlhp.ExcuteSQL(insertcmd, TName, TPw, did);
        Page.ClientScript.RegisterStartupScript(GetType(), "Treg",
          "<script>alert('申请成功，等待批准！');</script>");
        txtName.Text = "";
        TxtPw1.Text = "";
        txtPw2.Text = "";
    }
}
```

教师注册页面开发完成，运行界面如图 11.22 所示。

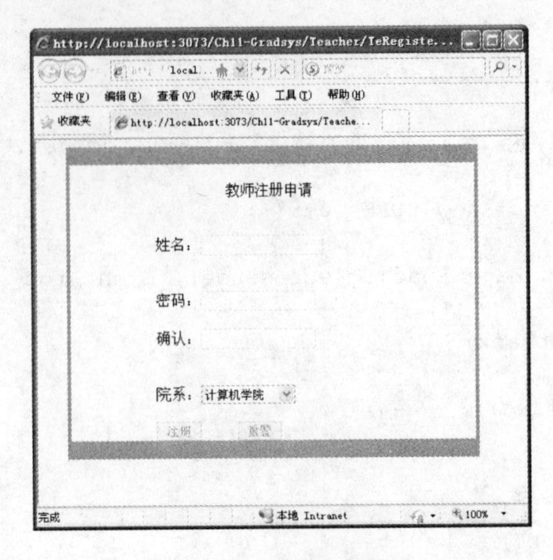

图 11.22　教师注册页面

11.11.2　学生审批页面

学生审批页面主要对学生的注册进行审批，并且只能批准自己的学生。

(1) 在网站中添加一个窗体“TeApproved.aspx”，打开这个文件，页面布局如图 11.23 所示。

学生注册审批单

选择	学生姓名	班级	学期	操作
┌	数据绑定	数据绑定	数据绑定	审批 删除
┌	数据绑定	数据绑定	数据绑定	审批 删除
┌	数据绑定	数据绑定	数据绑定	审批 删除
┌	数据绑定	数据绑定	数据绑定	审批 删除
┌	数据绑定	数据绑定	数据绑定	审批 删除

┌ 全选

ScriptManager - ScriptManager1

取消　批量审批

图 11.23　前台界面

(2) 其前台的主要代码如下所示：

```
<asp:GridView ID="GridView1" runat="server" AutoGenerateColumns="False"
  BackColor="White"
  BorderColor="#CCCCCC" BorderStyle="None" BorderWidth="1px"
  CellPadding="4" DataKeyNames="StudentID"
  ForeColor="Black" GridLines="Horizontal"
  OnPageIndexChanging="GridView1_PageIndexChanging"
  OnRowCancelingEdit="GridView1_RowCancelingEdit"
  OnRowDeleting="GridView1_RowDeleting"
  OnRowEditing="GridView1_RowEditing"
  OnRowUpdating="GridView1_RowUpdating" Width="507px"
  Caption="学生注册审批单">
    <Columns>
       <asp:TemplateField HeaderText="选择">
          <ItemTemplate>
```

```
            <asp:CheckBox ID="CheckBox1" runat="server" />
        </ItemTemplate>
        <FooterStyle HorizontalAlign="Left" />
        <HeaderStyle HorizontalAlign="Left" />
    </asp:TemplateField>
    <asp:BoundField DataField="StudentID" HeaderText="学号"
      Visible="False" />
    <asp:TemplateField HeaderText="学生姓名">
        <ItemTemplate>
            <asp:Label ID="lbName" runat="server"
              Text='<%#Eval("StudentName") %>'>
            </asp:Label>
        </ItemTemplate>
        <EditItemTemplate>
            <asp:Label ID="txtName" runat="server"
              Text='<%#Eval("StudentName") %>'>
            </asp:Label>
        </EditItemTemplate>
        <FooterStyle HorizontalAlign="Left" />
        <HeaderStyle HorizontalAlign="Left" />
    </asp:TemplateField>
    <asp:TemplateField HeaderText="班级">
        <ItemTemplate>
            <asp:Label ID="lbclassName" runat="server"
              Text='<%#Eval("ClassName") %>'>
            </asp:Label>
        </ItemTemplate>
        <EditItemTemplate>
            <asp:Label ID="txtclassName" runat="server"
              Text='<%#Eval("ClassName") %>'>
            </asp:Label>
        </EditItemTemplate>
        <FooterStyle HorizontalAlign="Left" />
        <HeaderStyle HorizontalAlign="Left" />
    </asp:TemplateField>
    <asp:TemplateField HeaderText="学期">
        <ItemTemplate>
            <asp:Label ID="lbTermName" runat="server"
              Text='<%#Eval("TermName") %>'>
            </asp:Label>
        </ItemTemplate>
        <EditItemTemplate>
            <asp:Label ID="txtTermName" runat="server"
              Text='<%#Eval("TermName") %>'>
            </asp:Label>
        </EditItemTemplate>
        <FooterStyle HorizontalAlign="Left" />
        <HeaderStyle HorizontalAlign="Left" />
    </asp:TemplateField>
    <asp:TemplateField HeaderText="操作">
        <EditItemTemplate>
```

```
                <asp:LinkButton ID="LinkButton1" runat="server"
                  CausesValidation="True" CommandName="Update" Text="通过">
                </asp:LinkButton>
                <asp:LinkButton ID="LinkButton2" runat="server"
                  CausesValidation="False" CommandName="Cancel" Text="取消">
                </asp:LinkButton>
            </EditItemTemplate>
            <ItemTemplate>
                <asp:LinkButton ID="LinkButton4" runat="server"
                  CausesValidation="False" CommandName="Edit" Text="审批">
                </asp:LinkButton>
                <asp:LinkButton ID="LinkButton3" runat="server"
                  CausesValidation="False" CommandName="Delete"
                  OnClientClick="return confirm('确认要删除吗？');"
                  Text="删除">
                </asp:LinkButton>
            </ItemTemplate>
            <FooterStyle HorizontalAlign="Left" />
            <HeaderStyle HorizontalAlign="Left" />
        </asp:TemplateField>
    </Columns>
    <FooterStyle BackColor="#CCCC99" ForeColor="Black" />
    <HeaderStyle BackColor="#333333" Font-Bold="True"
      ForeColor="White" />
    <PagerStyle BackColor="White" ForeColor="Black"
      HorizontalAlign="Right" />
    <SelectedRowStyle BackColor="#CC3333" Font-Bold="True"
      ForeColor="White" />
    <SortedAscendingCellStyle BackColor="#F7F7F7" />
    <SortedAscendingHeaderStyle BackColor="#4B4B4B" />
    <SortedDescendingCellStyle BackColor="#E5E5E5" />
    <SortedDescendingHeaderStyle BackColor="#242121" />
</asp:GridView>
```

(3) 编写后台代码：

```
using System;
using System.Data;
using System.Configuration;
using System.Collections;
using System.Web;
using System.Web.Security;
using System.Web.UI;
using System.Web.UI.WebControls;
using System.Web.UI.WebControls.WebParts;
using System.Web.UI.HtmlControls;
using System.Data.SqlClient;
using System.Drawing;

public partial class Teacher_TeApproved : System.Web.UI.Page
{
```

```
SQLHelper sqlhp = new SQLHelper();

protected void Page_Load(object sender, EventArgs e)
{
    if (Session["TID"] == null)
    {
        Response.Write("<script language=javascript>alert('请先登录');
          location='../Default.aspx'</script>");
    }
    if (!IsPostBack)
        BindGrv();
}
/// <summary>
/// 绑定申请为教师 ID 且未批准的记录
/// </summary>
void BindGrv()
{
    string teaID = Session["TID"].ToString();
    string sql = "select * from  TAdminS where  ApprovedID=" + "'"
      + teaID + "'" + " and IsApproved is null";
    sqlhp.BindGV(GridView1, sql);
}
protected void GridView1_RowEditing(object sender,
  GridViewEditEventArgs e)
{
    GridView1.EditIndex = e.NewEditIndex;
    //当前编辑行背景色高亮
    this.GridView1.EditRowStyle.BackColor = Color.FromName("#F7CE90");
    BindGrv();
}
/// <summary>
/// 取消编辑状态
/// </summary>
/// <param name="sender"></param>
/// <param name="e"></param>
protected void GridView1_RowCancelingEdit(object sender,
  GridViewCancelEditEventArgs e)
{
    GridView1.EditIndex = -1;
    BindGrv();
}
/// <summary>
/// 删除记录过程
/// </summary>
/// <param name="sender"></param>
/// <param name="e"></param>
protected void GridView1_RowDeleting(object sender,
  GridViewDeleteEventArgs e)
{
    //得到编号
    string tid = GridView1.DataKeys[e.RowIndex].Values[0].ToString();
```

```
    string str = "DELETE FROM t_Student where StudentID=" + "'"
     + tid + "'" + "";
    try
    {
        sqlhp.ExcuteSQL(str);
        //重新绑定数据
        BindGrv();
    }
    catch (Exception ex)
    {
        Response.Write("数据库错误，错误原因：" + ex.Message);
        Response.End();
    }
    ScriptManager.RegisterStartupScript(UpdatePanel1,
     typeof(UpdatePanel), "alert", "alert('操作成功！');", true);
}
/// <summary>
/// 更新记录过程
/// </summary>
/// <param name="sender"></param>
/// <param name="e"></param>
protected void GridView1_RowUpdating(object sender,
  GridViewUpdateEventArgs e)
{
    int ID = int.Parse(
      GridView1.DataKeys[e.RowIndex].Values[0].ToString());
    string termname = ((Label)this.GridView1.Rows[e.RowIndex]
      .FindControl("txtTermName")).Text;
    string updatecmd = "UPDATE t_Student Set IsApproved=@IsApproved,
      TermName=@TermName where StudentID=@StudentID";
    SqlParameter sid = new SqlParameter("@StudentID", SqlDbType.Int);
    sid.Value = ID;
    SqlParameter term =
      new SqlParameter("@TermName", SqlDbType.VarChar);
    term.Value = termname;
    SqlParameter tsp = new SqlParameter("@IsApproved", SqlDbType.Bit);
    tsp.Value = true;
    try
    {
        sqlhp.ExcuteSQL(updatecmd, tsp, term, sid);
    }
    catch (Exception err)
    {
        Response.Write(err.Message.ToString());
        Response.End();
    }
    ScriptManager.RegisterStartupScript(UpdatePanel1,
      typeof(UpdatePanel), "alert", "alert('审批成功！');", true);
    GridView1.EditIndex = -1;
    BindGrv();
}
```

```
/// <summary>
/// 分页事件
/// </summary>
/// <param name="sender"></param>
/// <param name="e"></param>
protected void GridView1_PageIndexChanging(object sender,
  GridViewPageEventArgs e)
{
    GridView1.PageIndex = e.NewPageIndex;
    BindGrv();
}
protected void Cbquan_CheckedChanged(object sender, EventArgs e)
{
    for (int i=0; i<=GridView1.Rows.Count-1; i++)
    {
        CheckBox cbox =
          (CheckBox)GridView1.Rows[i].FindControl("CheckBox1");
        if (Cbquan.Checked == true)
        {
            cbox.Checked = true;
        }
        else
        {
            cbox.Checked = false;
        }
    }
}
protected void btnCancel_Click(object sender, EventArgs e)
{
    Cbquan.Checked = false;
    for (int i=0; i<=GridView1.Rows.Count-1; i++)
    {
        CheckBox cbox =
          (CheckBox)GridView1.Rows[i].FindControl("CheckBox1");
        cbox.Checked = false;
    }
}
protected void btnShenpi_Click(object sender, EventArgs e)
{
    Cbquan.Checked = false;
    for (int i=0; i<=GridView1.Rows.Count-1; i++)
    {
        CheckBox cbox =
          (CheckBox)GridView1.Rows[i].FindControl("CheckBox1");
        if (cbox.Checked == true)
        {
            try
            {
                int ID = (int)GridView1.DataKeys[i].Value;
                string termname = ((Label)this.GridView1.Rows[i]
                  .FindControl("lbTermName")).Text;
```

```
                string updatecmd = "UPDATE t_Student Set
                  IsApproved=@IsApproved, TermName=@TermName
                  where StudentID=@StudentID";
                SqlParameter sid =
                  new SqlParameter("@StudentID", SqlDbType.Int);
                sid.Value = ID;
                SqlParameter term =
                  new SqlParameter("@TermName", SqlDbType.VarChar);
                term.Value = termname;
                SqlParameter tsp =
                  new SqlParameter("@IsApproved", SqlDbType.Bit);
                tsp.Value = true;
                sqlhp.ExcuteSQL(updatecmd, sid, term, tsp);
            }
            catch (Exception err)
            {
                Response.Write(err.Message.ToString());
                Response.End();
            }
        }
    }
    Page.ClientScript.RegisterStartupScript(GetType(), "TS",
      "<script>alert('审批成功！');</script>");
    GridView1.EditIndex = -1;
    BindGrv();
  }
}
```

当教师登录后，运行此页面，效果如图 11.24 所示。

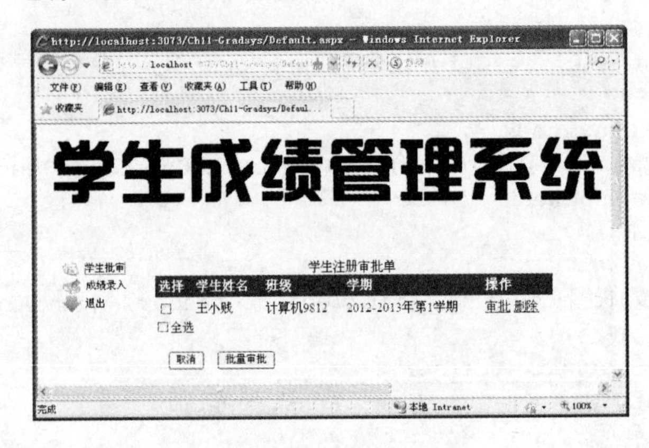

图 11.24　运行效果

11.11.3　成绩录入页面

教师录入成绩的时候，只针对自己的课程，并且选择了该课程的学生。当录入成绩后，可以选择发布，也可以批量发布所有成绩。在没发布前，教师可以随时修改成绩，一旦发布，将不能修改。

(1) 在网站中添加一个窗体“TeGrade.aspx”，打开这个文件，页面的布局如图 11.25 所示。

图 11.25　前台界面

(2) 其前台的主要代码如下所示：

```
<table align="center" border="0" cellpadding="0" cellspacing="0"
 width="90%">
<tr>
<td bgcolor="#669999" rowspan="5" style="width: 7px;">
 
</td>
<td bgcolor="#669999" class="style2">
 
</td>
<td bgcolor="#669999" class="style8">
</td>
<td bgcolor="#669999" style="height: 20px" width="786">
 
</td>
<td bgcolor="#669999" rowspan="5" style="width: 7px;">
 
</td>
</tr>
<tr>
<td align="center" class="style3">
 
</td>
<td align="center" class="style9">
成绩录入
</td>
<td align="center">
 
</td>
</tr>
<tr>
<td class="style2">
 
```

```
</td>
<td class="style8">
<asp:UpdatePanel ID="UpdatePanel1" runat="server">
<ContentTemplate>
<br />
我的课程:
<asp:DropDownList ID="dropCourse" runat="server" Height="20px"
  AutoPostBack="True"
  OnSelectedIndexChanged="dropCourse_SelectedIndexChanged"
  Width="132px">
</asp:DropDownList>
 <br />
<br />
<asp:GridView ID="GridView1" runat="server" AutoGenerateColumns="False"
  DataKeyNames="BianHao"
  Height="176px" Width="603px" Style="margin-left: 0px"
  OnPageIndexChanging="GridView1_PageIndexChanging"
  OnRowCancelingEdit="GridView1_RowCancelingEdit"
  OnRowDeleting="GridView1_RowDeleting"
  OnRowEditing="GridView1_RowEditing"
  OnRowUpdating="GridView1_RowUpdating" AllowSorting="True">
    <Columns>
        <asp:TemplateField HeaderText="选择">
            <headertemplate>
                <asp:CheckBox ID="CheckBox1" runat="server" Text="全选"
                  AutoPostBack="true" OnCheckedChanged="CheckAll" />
            </headertemplate>
            <Itemtemplate>
                <asp:CheckBox ID="ItemCheckBox" runat="server"
                  AutoPostBack="true" OnCheckedChanged="ItemCheck"/>
            </ItemTemplate>
            <FooterStyle HorizontalAlign="Left" />
            <HeaderStyle HorizontalAlign="Left" />
        </asp:TemplateField>
        <asp:BoundField DataField="BianHao" HeaderText="编号"
          Visible="False" />
        <asp:TemplateField HeaderText="姓名">
            <ItemTemplate>
                <asp:Label ID="lbName" runat="server"
                  Text='<%#Eval("StudentName") %>'>
                </asp:Label>
            </ItemTemplate>
            <EditItemTemplate>
                <asp:Label ID="txtName" runat="server"
                  Text='<%#Eval("StudentName") %>'>
                </asp:Label>
            </EditItemTemplate>
            <FooterStyle HorizontalAlign="Left" />
            <HeaderStyle HorizontalAlign="Left" />
        </asp:TemplateField>
        <asp:TemplateField HeaderText="课程">
```

```
        <ItemTemplate>
            <asp:Label ID="lbCName" runat="server"
              Text='<%#Eval("CourseName") %>'>
            </asp:Label>
        </ItemTemplate>
        <EditItemTemplate>
            <asp:Label ID="txtCName" runat="server"
              Text='<%#Eval("CourseName") %>'>
            </asp:Label>
        </EditItemTemplate>
        <FooterStyle HorizontalAlign="Left" />
        <HeaderStyle HorizontalAlign="Left" />
    </asp:TemplateField>
    <asp:TemplateField HeaderText="学期">
        <ItemTemplate>
            <asp:Label ID="lbTCName" runat="server"
              Text='<%#Eval("TermName") %>'>
            </asp:Label>
        </ItemTemplate>
        <EditItemTemplate>
            <asp:Label ID="txtTCName" runat="server"
              Text='<%#Eval("TermName") %>'>
            </asp:Label>
        </EditItemTemplate>
        <FooterStyle HorizontalAlign="Left" />
        <HeaderStyle HorizontalAlign="Left" />
    </asp:TemplateField>
    <asp:TemplateField HeaderText="成绩">
        <ItemTemplate>
            <asp:Label ID="lblGrade" runat="server"
              Text='<%#Eval("Grade") %>'>
            </asp:Label>
        </ItemTemplate>
        <EditItemTemplate>
            <asp:TextBox ID="txtGrade" runat="server"
              Text='<%#Eval("Grade") %>'>
            </asp:TextBox>
        </EditItemTemplate>
    </asp:TemplateField>
    <asp:TemplateField HeaderText="操作">
        <EditItemTemplate>
            <asp:LinkButton ID="LinkButton1" runat="server"
              CausesValidation="True" CommandName="Update" Text="更新">
            </asp:LinkButton>
            <asp:LinkButton ID="LinkButton2" runat="server"
              CausesValidation="False" CommandName="Cancel" Text="取消">
            </asp:LinkButton>
        </EditItemTemplate>
        <ItemTemplate>
            <asp:LinkButton ID="LinkButton4" runat="server"
              CausesValidation="False" CommandName="Edit"
```

```
                    Text="录入成绩">
                </asp:LinkButton>
                <asp:LinkButton ID="LinkButton3" runat="server"
                    CausesValidation="False" CommandName="Delete"
                    OnClientClick="return confirm('确认要删除吗？');"
                    Text="删除">
                </asp:LinkButton>
            </ItemTemplate>
            <FooterStyle HorizontalAlign="Left" />
            <HeaderStyle HorizontalAlign="Left" />
        </asp:TemplateField>
    </Columns>
</asp:GridView>
<br />
<asp:ScriptManager ID="ScriptManager1" runat="server">
</asp:ScriptManager>
</ContentTemplate>
</asp:UpdatePanel>
<br />
<asp:Button ID="btnGrade" runat="server" Text="发布"
  OnClick="btnGrade_Click" />
</td>
<td class="style1">
 
</td>
</tr>
<tr>
<td class="style2">
 
</td>
<td class="style8">
<br />
</td>
<td class="style1">
 
</td>
</tr>
<tr>
<td bgcolor="#669999" class="style2">
 
</td>
<td bgcolor="#669999" class="style8">
 
</td>
<td bgcolor="#669999" style="height: 20px">
 
</td>
</tr>
</table>
```

(3) 编写后台代码：

```
using System;
using System.Data;
using System.Configuration;
using System.Collections;
using System.Web;
using System.Web.Security;
using System.Web.UI;
using System.Web.UI.WebControls;
using System.Web.UI.WebControls.WebParts;
using System.Web.UI.HtmlControls;
using System.Data.SqlClient;
using System.Drawing;

/// <summary>
/// 本页主要实现学生成绩的登记和发布
/// 本页面的全选按钮，与前面的有所不同，读者可以仔细体会
/// </summary>
public partial class Teacher_TeGrade : System.Web.UI.Page
{
    SQLHelper sqlhp = new SQLHelper();
    protected void Page_Load(object sender, EventArgs e)
    {
        if (!IsPostBack)
        {
            //页面初始化
            BindCourse();
            BindGrv();
        }
    }
    /// <summary>
    /// 绑定课程，实现按课程来登记成绩
    /// </summary>
    void BindCourse()
    {
        DataSet ds = new DataSet();
        string teaID = Session["TID"].ToString();
        string sql =
          "select CourseName,CourseID from  VCourseT where  TeacherID="
          + teaID;
        sqlhp.ExcuteSQL(sql, ref ds);
        dropCourse.DataSource = ds;
        dropCourse.DataTextField = "CourseName";
        dropCourse.DataValueField = "CourseID";
        dropCourse.DataBind();
    }
    /// <summary>
    /// 绑定 GridView
    /// </summary>
    void BindGrv()
    {
```

```
        string cid = dropCourse.SelectedValue.ToString();
        string sql = "select * from VAdminGrade where CourseID =" + cid;
        sqlhp.BindGV(GridView1, sql);
    }

    protected void GridView1_RowEditing(object sender,
     GridViewEditEventArgs e)
    {
        GridView1.EditIndex = e.NewEditIndex;
        //当前编辑行背景色高亮
        this.GridView1.EditRowStyle.BackColor = Color.FromName("#F7CE30");
        BindGrv();
    }

    /// <summary>
    /// 取消编辑状态
    /// </summary>
    /// <param name="sender"></param>
    /// <param name="e"></param>
    protected void GridView1_RowCancelingEdit(object sender,
     GridViewCancelEditEventArgs e)
    {
        GridView1.EditIndex = -1;
        BindGrv();
    }
    /// <summary>
    /// 删除记录过程
    /// </summary>
    /// <param name="sender"></param>
    /// <param name="e"></param>
    protected void GridView1_RowDeleting(object sender,
     GridViewDeleteEventArgs e)
    {
        //得到GridVeiw的索引，以便后续数据库的操作
        string tid = GridView1.DataKeys[e.RowIndex].Values[0].ToString();
        string str = "DELETE FROM t_StudentCourse where BiaoHao=" + "'"
          + tid + "'" + "";
        try
        {
            sqlhp.ExcuteSQL(str);
            //重新绑定数据
            sqlhp.BindGV(GridView1, "select * from VAdminGrade");
        }
        catch (Exception ex)
        {
            Response.Write("数据库错误，错误原因：" + ex.Message);
            Response.End();
        }
        ScriptManager.RegisterStartupScript(UpdatePanel1,
          typeof(UpdatePanel), "alert", "alert('删除成功！');", true);
    }
```

```
/// <summary>
/// 更新记录过程
/// </summary>
/// <param name="sender"></param>
/// <param name="e"></param>
///
protected void GridView1_RowUpdating(object sender,
  GridViewUpdateEventArgs e)
{
    int ID =
      int.Parse(GridView1.DataKeys[e.RowIndex].Values[0].ToString());
    int grade = int.Parse(((TextBox)this.GridView1.Rows[e.RowIndex]
      .FindControl("txtGrade")).Text.ToString());
    string updatecmd =
      "UPDATE t_StudentCourse Set Grade=@Grade where BianHao=@BianHao";
    SqlParameter parTid = new SqlParameter("@BianHao", SqlDbType.Int);
    parTid.Value = ID;
    SqlParameter Grade = new SqlParameter("@Grade", SqlDbType.TinyInt);
    Grade.Value = grade;
    sqlhp.ExcuteSQL(updatecmd, parTid, Grade);
    ScriptManager.RegisterStartupScript(UpdatePanel1,
      typeof(UpdatePanel), "alert", "alert('登记成功！');", true);
    GridView1.EditIndex = -1;
    BindGrv();
}

/// <summary>
/// 分页事件
/// </summary>
/// <param name="sender"></param>
/// <param name="e"></param>
protected void GridView1_PageIndexChanging(object sender,
  GridViewPageEventArgs e)
{
    GridView1.PageIndex = e.NewPageIndex;
    BindGrv();
}
//实现全选
protected void CheckAll(object sender, EventArgs e)
{
    CheckBox cbx = (CheckBox)sender;
    foreach (GridViewRow gvr in GridView1.Rows)
    {
        CheckBox cx = (CheckBox)gvr.FindControl("ItemCheckBox");
        cx.Checked = cbx.Checked;
    }
}
protected void ItemCheck(object sender, EventArgs e) //单选
{
    CheckBox ck = (CheckBox)sender;
    CheckBox CBA =
```

```
            (CheckBox)this.GridView1.HeaderRow.FindControl("CheckBox1");
        CBA.Checked = false;
    }
    /// <summary>
    /// 此函数主要实现实时按课程来刷新GridView控件
    /// </summary>
    /// <param name="sender"></param>
    /// <param name="e"></param>
    protected void dropCourse_SelectedIndexChanged(object sender,
      EventArgs e)
    {
        string cid = dropCourse.SelectedValue.ToString();
        string sql = "select * from VAdminGrade where CourseID =" + cid;
        sqlhp.BindGV(GridView1, sql);
    }
    protected void btnGrade_Click(object sender, EventArgs e)
    {
        for (int i=0; i<=GridView1.Rows.Count-1; i++)
        {
            CheckBox cbox =
              (CheckBox)GridView1.Rows[i].FindControl("ItemCheckBox");
            if (cbox.Checked == true)
            {
                //同时更新Gridview
                try
                {
                    int ID = (int)GridView1.DataKeys[i].Value;
                    string updatecmd = "UPDATE t_StudentCourse Set
                      IsPub=@IsPub where BianHao=@BianHao";
                    SqlParameter parTid =
                      new SqlParameter("@BianHao", SqlDbType.Int);
                    parTid.Value = ID;
                    SqlParameter IsPub =
                      new SqlParameter("@IsPub", SqlDbType.Bit);
                    IsPub.Value = true;
                    sqlhp.ExcuteSQL(updatecmd, parTid, IsPub);
                }
                catch (Exception err)
                {
                    Response.Write(err.Message.ToString());
                }
            }
        }
        ScriptManager.RegisterStartupScript(UpdatePanel1,
          typeof(UpdatePanel), "alert", "alert('成绩发布成功！');", true);
        BindGrv();
    }
}
```

当教师登录后，选择“录入成绩”的时候，页面运行效果如图11.26所示。

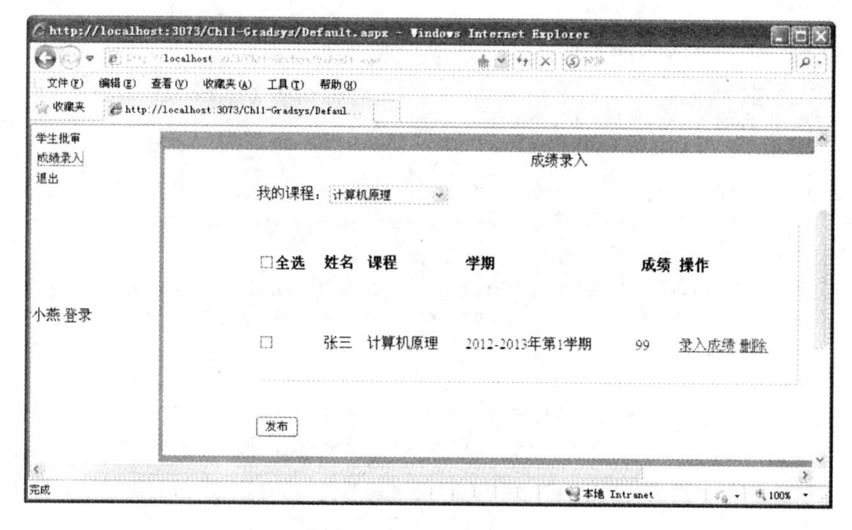

图 11.26　录入成绩页面

11.12　学生主要模块

学生主要模块有系统使用注册申请和课程成绩查询。主要有以下页面。

- StuRegister.aspx：学生注册页面。
- StuVierGrade.aspx：学生查看成绩页面。

同样地，在网站根目录新建一文件夹“Student”，把以上页面放入此文件夹中。

11.12.1　学生注册页面

学生在使用系统前，必须进行注册。注册申请的时候，必须提交班级、院系及教师，便于教师来审批自己的学生。

(1) 在网站中添加一个窗体“StuRegister.aspx”，打开这个文件，页面布局如图 11.27 所示。

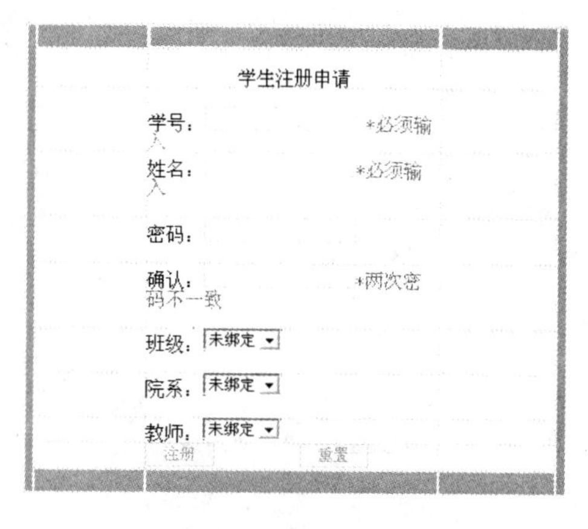

图 11.27　前台界面

(2) 其前台的主要代码如下所示：

```
<table align="center" border="0" cellpadding="0" cellspacing="0"
 width="90%">
<tr>
<td bgcolor="#669999" rowspan="11" style="width: 7px;"> </td>
<td bgcolor="#669999" class="style2"> </td>
<td bgcolor="#669999" class="style8"></td>
<td bgcolor="#669999" style="height: 20px" width="786"> </td>
<td bgcolor="#669999" rowspan="11" style="width: 7px;"> </td>
</tr>
<tr>
<td align="center" class="style3" > </td>
<td align="center" class="style9" ><br />学生注册申请</td>
<td align="center"> </td>
</tr>
<tr>
<td class="style4"></td>
<td class="style10">
         <br />
学号:
<asp:TextBox ID="txtxh"  CssClass="txtbox" runat="server"></asp:TextBox>
 
<asp:RequiredFieldValidator ID="RequiredFieldValidator1" runat="server"
 ControlToValidate="txtxh" ErrorMessage="*必须输入" ForeColor="Red">
</asp:RequiredFieldValidator>
         </td>
<td class="style5"></td>
</tr>
<tr>
<td class="style6"></td>
<td class="style11">
姓名:
<asp:TextBox ID="txtName" CssClass="txtbox" runat="server">
</asp:TextBox>
<asp:RequiredFieldValidator ID="RequiredFieldValidator2" runat="server"
 ControlToValidate="txtName" ErrorMessage="*必须输入" ForeColor="Red">
</asp:RequiredFieldValidator>
<br />
<br />
</td>
<td class="style7"></td>
</tr>
<tr>
<td class="style2"> </td>
<td class="style8">
密码:
<asp:TextBox ID="TxtPw1" CssClass="txtbox"  runat="server"
 TextMode="Password">
</asp:TextBox>
<br />
```

```
<br />
</td>
<td class="style1"> </td>
</tr>
<tr>
<td class="style2"> </td>
<td class="style8">
确认：
<asp:TextBox ID="txtPw2"
 CssClass="txtbox" runat="server" TextMode="Password">
</asp:TextBox>
<asp:CompareValidator ID="CompareValidator1" runat="server"
 ControlToCompare="txtPw2" ControlToValidate="TxtPw1"
 ErrorMessage="*两次密码不一致" ForeColor="Red">
</asp:CompareValidator>
<br />
<br />
</td>
<td class="style1"> </td>
</tr>
<tr>
<td class="style2"></td>
<td class="style8">
班级：
<asp:DropDownList ID="dropClass" runat="server"></asp:DropDownList>
<br />
<br />
</td>
<td class="style1"></td>
</tr>
<tr>
<td class="style2"> </td>
<td class="style8">
院系：
<asp:DropDownList ID="dropDepart" runat="server"></asp:DropDownList>
<br />
<br />
</td>
<td class="style1"> </td>
</tr>
<tr>
<td class="style2"> </td>
<td class="style8">
教师：
<asp:DropDownList ID="dropTeacher" runat="server"></asp:DropDownList>
<br />
</td>
<td class="style1"> </td>
</tr>
<tr>
<td class="style2"> </td>
```

```
<td class="style8">
<asp:Button ID="btnReg" runat="server" Text="注册" CssClass="btn"
 onclick="btnReg_Click" />
        
<input id="Reset1" type="reset" class="btn" value="重置" />
</td>
<td class="style1"> </td>
</tr>
<tr>
<td bgcolor="#669999" class="style2"> </td>
<td bgcolor="#669999" class="style8"> </td>
<td bgcolor="#669999" style="height: 20px"> </td>
</tr>
</table>
```

(3) 编写其后台代码：

```
using System;
using System.Data;
using System.Configuration;
using System.Collections;
using System.Web;
using System.Web.Security;
using System.Web.UI;
using System.Web.UI.WebControls;
using System.Web.UI.WebControls.WebParts;
using System.Web.UI.HtmlControls;
using System.Data.SqlClient;

public partial class Student_StuRegister : System.Web.UI.Page
{
    SQLHelper sqlhp = new SQLHelper();
    protected void Page_Load(object sender, EventArgs e)
    {
        if (!IsPostBack)
        {
            BindClass();
            BindDepart();
            BindTeacher();
        }
    }
    /// <summary>
    /// 绑定班级
    /// </summary>
    void BindClass()
    {
        DataSet dt = new DataSet();
        string sql = "select * from t_Class";
        sqlhp.ExcuteSQL(sql, ref dt);
        dropClass.DataSource = dt;
        dropClass.DataTextField = "ClassName";
        dropClass.DataValueField = "ClassID";
```

```
        dropClass.DataBind();
    }
    /// <summary>
    /// 绑定院系
    /// </summary>
    void BindDepart()
    {
        DataSet dat = new DataSet();
        string sql = "select * from t_Depart";
        sqlhp.ExcuteSQL(sql, ref dat);
        dropDepart.DataSource = dat;
        dropDepart.DataTextField = "DepartName";
        dropDepart.DataValueField = "DepartID";
        dropDepart.DataBind();
    }
    void BindTeacher()
    {
        DataSet dat = new DataSet();
        string sql = "select * from t_Teacher";
        sqlhp.ExcuteSQL(sql, ref dat);
        dropTeacher.DataSource = dat;
        dropTeacher.DataTextField = "TeacherName";
        dropTeacher.DataValueField = "TeacherID";
        dropTeacher.DataBind();
    }
    protected void btnReg_Click(object sender, EventArgs e)
    {
        string insertcmd = "insert into t_Student (StudentID,
          StudentName,StudentPw,ClassID,DepartID,ApprovedID)
          values (@StudentID,@StudentName,@StudentPw,@ClassID,
          @DepartID,@ApprovedID)";
        SqlParameter sid = new SqlParameter("@StudentID", SqlDbType.Int);
        sid.Value = int.Parse(txtxh.Text.Trim().ToString());
        SqlParameter SName =
          new SqlParameter("@StudentName", SqlDbType.VarChar);
        SName.Value = txtName.Text.Trim();
        SqlParameter SPw = new SqlParameter("@StudentPw", SqlDbType.VarChar);
        SPw.Value = TxtPw1.Text.Trim();
        SqlParameter cid = new SqlParameter("@ClassID", SqlDbType.Int);
        cid.Value = int.Parse(dropClass.SelectedValue.ToString());
        //根据选择的值输出相应的 ID
        SqlParameter did = new SqlParameter("@DepartID", SqlDbType.Int);
        did.Value = int.Parse(dropDepart.SelectedValue.ToString());
        SqlParameter aid = new SqlParameter("@ApprovedID", SqlDbType.Int);
        aid.Value = int.Parse(dropTeacher.SelectedValue.ToString());
        sqlhp.ExcuteSQL(insertcmd, sid, SName, SPw, cid, did, aid);
        Page.ClientScript.RegisterStartupScript(GetType(), "Sreg",
          "<script>alert('申请注册成功，等待批准！');</script>");
        txtxh.Text = "";
        txtName.Text = "";
        TxtPw1.Text = "";
```

```
        txtPw2.Text = "";
    }
}
```

(4) 运行该页面，效果如图 11.28 所示。

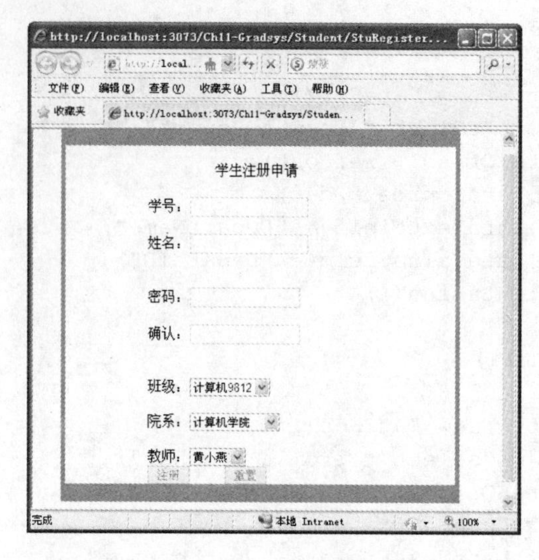

图 11.28　学生注册页面

11.12.2　成绩查看页面

当教师对学生某课程的成绩进行发布后，学生可以登录系统查看成绩。

(1) 在网站中添加一个窗体“StuVierGrade.aspx”，打开该文件，页面布局如图 11.29 所示。

我的成绩

姓名	课程编号	课程名称	成绩	教师	学期名称
数据绑定	数据绑定	数据绑定	数据绑定	数据绑定	数据绑定
数据绑定	数据绑定	数据绑定	数据绑定	数据绑定	数据绑定
数据绑定	数据绑定	数据绑定	数据绑定	数据绑定	数据绑定
数据绑定	数据绑定	数据绑定	数据绑定	数据绑定	数据绑定
数据绑定	数据绑定	数据绑定	数据绑定	数据绑定	数据绑定
数据绑定	数据绑定	数据绑定	数据绑定	数据绑定	数据绑定
数据绑定	数据绑定	数据绑定	数据绑定	数据绑定	数据绑定
数据绑定	数据绑定	数据绑定	数据绑定	数据绑定	数据绑定
数据绑定	数据绑定	数据绑定	数据绑定	数据绑定	数据绑定
数据绑定	数据绑定	数据绑定	数据绑定	数据绑定	数据绑定

1 2

图 11.29　前台界面

(2) 其前台的主要代码如下所示：

```
<table align="center" border="0" cellpadding="0" cellspacing="0"
 width="90%">
<tr>
<td bgcolor="#669999" rowspan="4" style="width: 7px;"> </td>
```

```
<td bgcolor="#669999" class="style2"> </td>
<td bgcolor="#669999" class="style8"></td>
<td bgcolor="#669999" style="height: 20px" width="786"> </td>
<td bgcolor="#669999" rowspan="4" style="width: 7px;"> </td>
</tr>
<tr>
<td align="center" class="style3"> </td>
<td align="center" class="style9"><br />我的成绩</td>
<td align="center"> </td>
</tr>
<tr>
<td class="style3" colspan="3">
         <br />
   
<asp:GridView ID="GridView1" runat="server" AutoGenerateColumns="False"
 class="msgtable" Width="99%" Style="text-align: center"
 AllowPaging="True" AllowSorting="True">
   <EmptyDataTemplate>
      现在还没有任何成绩!
   </EmptyDataTemplate>
   <Columns>
      <asp:BoundField DataField="StudentName" HeaderText="姓名" />
      <asp:BoundField DataField="CourseID" HeaderText="课程编号" />
      <asp:BoundField DataField="CourseName" HeaderText="课程名称" />
      <asp:BoundField DataField="Grade" HeaderText="成绩" />
      <asp:BoundField DataField="TeacherName" HeaderText="教师" />
      <asp:TemplateField HeaderText="学期名称">
         <ItemTemplate>
            <asp:Label ID="lbID" runat="server"
             Text='<%#Eval("TermName") %>'>
            </asp:Label>
         </ItemTemplate>
         <EditItemTemplate>
            <asp:TextBox ID="txtName" runat="server"
             Text='<%#Eval("TermName") %>'>
            </asp:TextBox>
         </EditItemTemplate>
         <ItemStyle HorizontalAlign="Center" />
      </asp:TemplateField>
   </Columns>
</asp:GridView>
</td>
</tr>
<tr>
<td bgcolor="#669999" class="style2"> </td>
<td bgcolor="#669999" class="style8"> </td>
<td bgcolor="#669999" style="height: 20px"> </td>
</tr>
</table>
```

(3)　编写后台代码:

```
using System;
using System.Data;
using System.Configuration;
using System.Collections;
using System.Web;
using System.Web.Security;
using System.Web.UI;
using System.Web.UI.WebControls;
using System.Web.UI.WebControls.WebParts;
using System.Web.UI.HtmlControls;
using System.Data.SqlClient;
public partial class Student_StuVierGrade : System.Web.UI.Page
{
   SQLHelper sqlhp = new SQLHelper();
   protected void Page_Load(object sender, EventArgs e)
   {
      if (!IsPostBack)
         BindGrv();
   }
   void BindGrv()
   {
      string sid = Session["SID"].ToString();
      string sql = "select * from VStuVGrade where StudentID=" + sid;
      sqlhp.BindGV(GridView1, sql);
   }
}
```

(4) 当学生登录后，显示学生成绩，如图 11.30 所示。

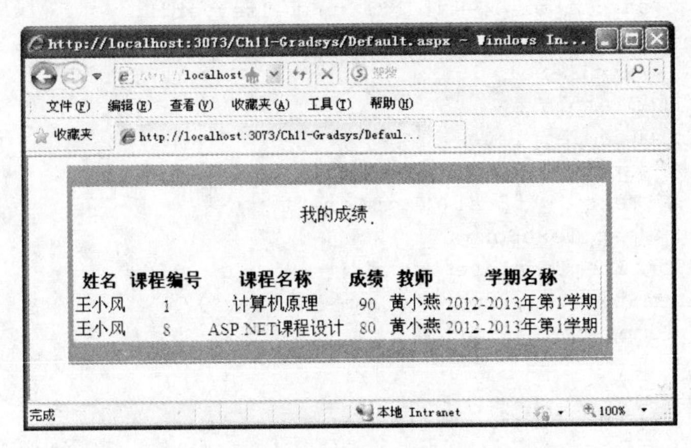

图 11.30 显示成绩

11.13 总 结

本章介绍了学生成绩管理系统的开发，对学生成绩管理系统的需求进行了详细的分析，根据系统分析对其数据库等也进行了设计。对于此系统的主要模块进行了介绍，在开发的过程中，有些页面使用了 Ajax Extensions 组件和 ASP.NET 内置组件，二者相结合。

在公共数据访问层，封装了所有对数据库的操作，这在大型系统开发的过程中是十分有用的，需要读者仔细体会。对于此网站的部署和发布，这里就不再繁述了，可以参考第 10 章的案例。当然，此案例还有待完善，比如安排课程和教师之间的关系，如何进行回滚操作等，仍需更加细致的考虑。

11.14　上机实训

(1) 为本系统增加数据库备份和恢复功能。

(2) 在后台安排课程和教师之间的关系后，增加“取消教师的任课安排”功能。

(3) 管理员登录后，增加查询功能，查询某教师的历史任课记录。

附录　习题答案

第 1 章

一、填空题

(1)　ASP(Active Server Pages)

(2)　公共语言运行时(Common Language Runtime，CLR)和.NET 框架类库(Framework Class Library，FCL)

(3)　IIS(Internet Information Server)

(4)　可视元素、页面逻辑元素

(5)　单文件页模式、代码隐藏页模式

第 2 章

一、选择题

(1)D　(2)A　(3)A　(4)B

二、填空题

(1);　(2)蓝

(3)break、continue、goto、return

(4)f/F, m/M

(5)创建对象和调用构造函数，用于成员访问

(6)私有访问　(7)virtual　(8)object

三、判断题

(1)对　(2)对　(3)错　(4)错　(5)对

第 3 章

一、选择题

(1)A　(2)B　(3)D　(4)C　(5)A

二、填空题

(1)System.Web.UI　(2)System.Web.HttpRequest　(3)post、get

(4)Write　(5)MachineName

(6)Expires　(7)HttpSessionState

三、判断题

(1)错 (2)对 (3)错 (4)错 (5)错

第 4 章

一、选择题

(1)A (2)D (3)C (4)C (5)B (6)A (7)A (8)B

二、填空题

(1)form (2)password (3)MultiLine (4)SelectedIndexChanged (5)数据访问
(6)ErrorMessage (7)"\d" (8)Web.sitemap

三、判断题

(1)对 (2)错 (3)对 (4)对 (5)对

第 5 章

一、选择题

(1)D (2)C (3)B (4)A (5)D

二、填空题

(1)Windows 身份验证 (2)SQL Server Management Studio (3)32,767
(4)MDF 和 NDF (5).NET 框架数据提供程序、DataSet

三、判断题

(1)错 (2)错 (3)对 (4)对 (5)对

第 6 章

一、选择题

(1)D (2)A (3)C (4)B (5)D

二、填空题

(1)Windows 认证方式登录 (2)AllowPaging=true (3)RowDataBound
(4)DataSourceID、DataSource (5)插入

三、判断题

(1)错 (2)对 (3)错 (4)对 (5)对

第 7 章

一、选择题

(1)C (2)A (3)D (4)A (5)B

二、填空题

(1)Asynchronous JavaScript And XML、JavaScript、XML、XSLT、CSS、DOM、XMLHttpRequest

(2)创建 XMLHttpRequest 对象、向服务器发送请求、 服务器响应

(3)ChildrenAsTriggers

(4)AssociatedUpdatePanelID

(5)MinimumPrefixLength

(6)Expires

(7)HttpSessionState

三、判断题

(1)对 (2)错 (3)对 (4)对

第 8 章

一、选择题

(1)B (2)A (3)C (4)A (5)D

二、填空题

(1)外观、级联样式表(CSS)、图像和其他资源 (2)skin (3)SkinID
(4)ContentPlaceHolder

三、判断题

(1)错 (2)对 (3)错 (4)对 (5)对

第 9 章

一、选择题

(1)C (2)A (3)A (4)B

二、填空题

(1)LoggingIn、Authenticate、LoggedIn (2)LoginView (3)Forms
(4)aspnet_regsql (5)Web.config (6)FormsAuthenticationModule

三、判断题

(1)对 (2)错